谨将此书
献给云南大学 90 周年华诞

污染生态学

（第3版）

主　编　王焕校
副主编　段昌群　王宏镔　常学秀　李　元

Pollution Ecology

高等教育出版社·北京

郑重声明

高等教育出版社依法对本书享有专有出版权。任何未经许可的复制、销售行为均违反《中华人民共和国著作权法》，其行为人将承担相应的民事责任和行政责任；构成犯罪的，将被依法追究刑事责任。为了维护市场秩序，保护读者的合法权益，避免读者误用盗版书造成不良后果，我社将配合行政执法部门和司法机关对违法犯罪的单位和个人进行严厉打击。社会各界人士如发现上述侵权行为，希望及时举报，本社将奖励举报有功人员。

反盗版举报电话　　（010）58581897　58582371　58581879
反盗版举报传真　　（010）82086060
反盗版举报邮箱　　dd@hep.com.cn
通信地址　　北京市西城区德外大街4号　高等教育出版社法务部
邮政编码　　100120

图书在版编目（CIP）数据

污染生态学/王焕校主编. --3版. --北京：高等教育出版社, 2012.6 (2021.12重印)
ISBN 978-7-04-035467-6

Ⅰ. ①污… Ⅱ. ①王… Ⅲ. ①污染生态学-高等学校-教材 Ⅳ. ①X171.5

中国版本图书馆CIP数据核字（2012）第088692号

策划编辑　林金安　　责任编辑　孟　丽　　封面设计　张　楠　　责任印制　刁　毅

出版发行	高等教育出版社	网　　址	http://www.hep.edu.cn
社　　址	北京市西城区德外大街4号		http://www.hep.com.cn
邮政编码	100120	网上订购	http://www.landraco.com
印　　刷	河北鹏盛贤印刷有限公司		http://www.landraco.com.cn
开　　本	787mm×1092mm 1/16	版　　次	2000年5月第1版
印　　张	22.25		2012年6月第3版
字　　数	540千字	印　　次	2021年12月第8次印刷
购书热线	010-58581118	定　　价	38.00元
咨询电话	400-810-0598		

本书如有缺页、倒页、脱页等质量问题，请到所购图书销售部门联系调换
版权所有　侵权必究
物　料　号　35467-00

本书各章编者

绪　　论：王宏镔　王焕校

第一章：王宏镔

第二章：张　玲

第三章：王海娟

第四章：祖艳群

第五章：常学秀

第六章：段昌群

第七章：李　元

第八章：陈海燕

第九章：张国盛

第十章：李俊梅　陆轶峰

后　　记：王焕校

第3版前言

《污染生态学》(第2版)出版至今,已近10年。在这期间,污染生态基础理论研究和应用研究成果于污染治理方面的内容非常丰富,这就让我们有了出版第3版的想法。

第3版是在第2版基础上经修改、补充完成的,整体思路、学术体系和编写框架没有变化。污染生态学属应用生态学科范畴,是生态学下的一个分支学科。生态学研究生物与环境之间的关系规律,生物是主体,环境是生物赖以生存、发展的条件,属客体。污染生态学研究生物与污染环境的关系规律,生物是主体,污染的环境是影响生物生存发展的制约条件,也属客体;生物是污染生态学研究的主要对象。

本书以污染物在生物体内的生物过程为主线索,以生物与污染环境之间的关系规律为主要内容,其中,生物抗性、生态适应与进化、生物治理污染为重点。

所谓生物过程是指生物对污染物的吸收,污染物在生物体内各器官、组织间迁移,在迁移过程中污染物在体内各器官、组织内富集。在富集到一定程度后污染物对生物产生毒害,同时生物也能对污染物进行解毒。在吸收、迁移、富集、毒害、解毒的综合作用下,有些生物个体死亡,有些生物会发生相应的变异,逐步适应污染条件形成抗性,形成"逆进化"。我们把上述整个过程称为生物过程,它和营养元素在生物体内的吸收迁移规律相似。

第3版共10章,分基础篇(上篇)和应用篇(下篇)两部分。上篇偏重于基础理论和规律性问题,下篇是运用上篇的理论和规律治理污染的环境。这种划分也是相对的,上篇也有应用的内容,下篇也包含不少的基础理论和规律性问题。

第3版大量增加绪论的内容。这是因为随着污染生态学的研究和实践的进展,人们对污染生态学的认识逐步加深,要求掌握更多的污染生态学规律性问题和今后发展趋势,这些要求和内容必须在绪论中反映,所以绪论增加内容是必然的。

第2版把生物净化与抗性合为一体,第3版将它分为两章。因为抗性强的生物不一定净化能力强,抗性是吸收、迁移、富集、毒害、净化的综合结果,也是生物过程的一个结果。同时,生物在污染环境中通过生物过程使生物发生变异、适应和进化,第五章实际上是向第六章过渡和彼此衔接的一章。第3版中在第十章增加了"环境污染的生态和健康风险评价"一节。上述章节的变化是否合适还有待教学实践的验证。需要说明的是,在关于生物过程的讨论中,本书按三大类生物类群(植物、动物和微生物)进行阐述,这样的划分未免会使有些毒害、解毒和抗性机理在不同生物间重复,希望在使用本书时注意运用比较的方法,理解三大生物类群在这些机理上的异同点。

参加第3版修订的人员在第2版的基础上做了适当调整:绪论(王宏镔、王焕校),第一章(王宏镔),第二章(张玲),第三章(王海娟),第四章(祖艳群),第五章(常学秀),第六章

(段昌群),第七章(李元),第八章(陈海燕),第九章(张国盛),第十章(李俊梅、陆轶峰)。全书最后由王焕校修改、统稿和定稿。原参加第2版编写的文传浩、孟玲、高圣义、谭晓勇因种种原因没有参加第3版的编写工作,但第3版是在第2版基础上修改补充的,他们对本书的贡献应给予充分肯定。研究生袁嘉丽、魏大巧、杨树华、周鸿、张云孙、孙赛初、杨红玉、李华林、彭鸣、李素英、李森林、单振光、余国营、秦天才对本书也作出了贡献。因此,本书是大家共同劳动的成果。

本书可作为生态学专业、环境科学专业及环保、农林系统相关专业本科生和研究生的教学用书,也可供科研人员参考。由于本书涉及面广,各校在使用时可根据自己的专业特点加以取舍。建议在教与学的过程中,请大家参看后记,这对加深对本课程的理解有好处。

尽管这是第3版,但因涉及面太广,在内容上肯定有不当或错误之处,敬请批评指正。

王焕校

2012年1月于昆明

第 2 版前言

由于环境污染日趋严重,认识和解决由环境污染带来的问题已是当务之急。因此,我有了要开设污染生态学课的设想。几经努力,1981 年终于在云南大学生物系首次开设了"污染生态学"课。该课程的开设引起学生们很大的兴趣,也得到他们的鼓励和支持,这就增强了我开好这门课的信心。

1984 年受中国环境科学学会环境生物学专业委员会的委托,在昆明举办全国污染生态学培训班,由我讲授"污染生态学"课(王德铭先生讲环境生物学,余叔文先生讲环境生理学,樊德芳先生讲农药污染)。由于教学需要,我编写了《污染生态学基础》讲义。其后经过不断的教学实践和反复修改,终于在 1990 年由云南大学出版社正式出版《污染生态学基础》教材。该书凝聚了我多年教学和科研的心血,也得到研究生们(杨树华、周鸿、张云孙、孙赛初、杨红玉、李华林、彭鸣、李素英、高圣义、李森林、李元、丁认泉、单振光、段昌群、余国营、秦天才)的大力帮助。因此该书是大家共同劳动的成果。

1998 年高教出版社委托我编写《污染生态学》教材,该书由我主编,吸收部分教师和研究生参加。该书是以原《污染生态学基础》一书为基础,吸收近期国内外最新研究成果,经修改、补充完成的。全书由原来的八章扩大为十章,各章的题目和具体编写人员是:绪论(王焕校)、第一章污染物在生物体内的迁移规律(王宏镔)、第二章生物富集(张玲、高圣义)、第三章污染物的毒害作用及机理(谭晓勇、李俊梅)、第四章生物对环境污染物的抗性(常学秀、孟玲)、第五章环境污染的生物监测(常学秀、文传浩)、第六章生物对长期污染的生态效应与适应进化(段昌群)、第七章水污染及生物防治(李元)、第八章大气污染及生物防治(陈海燕、李俊梅)、第九章土壤污染及生物防治(文传浩)、第十章环境质量评价中的污染生态问题(李俊梅、陈海燕)。其中生物对长期污染的生态效应与适应进化和土壤污染及生物防治两章是新增加的。最后全书由我修改、统稿。此外,研究生吕朝晖、马建民、魏大巧、许桂莲等同志对本书的出版也给予了帮助。

本书的资料除少数采用自己的科研成果外,大多数是引用国内外同行学者的研究成果。我们能有这本书,首先要感谢各位专家、学者提供的资料。由于当时疏忽,少数图表没有注明出处,在此深表歉意!原作者如见本书后敬请速与我们联系。在此除表示歉意外,我们将在本书第二次印刷时一定补上。

本书是以污染物在生物体内的生物过程为主线索,生物与污染环境之间的关系规律为主要内容,生物抗性形成和生物防治污染为重点,力求在内容上保证系统性、完整性和达到学以致用。全书力求能反映国内外该领域最新研究成果,因此涉及面较广。各校在使用时可根据自己专业特点加以取舍。然而污染生态学在近年来发展极为迅速,加上我们能力所限,虽已尽全力,但书中错误和不当之处在所难免,敬请国内广大同行专家学者批评指正。

本书可作为环境科学专业、生态学专业以及环保、农林系统相关专业研究生的教材,也适用于上述专业本科生教学用书。

王焕校

2001 年 12 月于云南大学

目 录

绪论 ………………………………… 1
 第一节 污染生态学的形成、发展和
   定义 ……………………………… 1
  一、污染生态学形成和发展的时代
    背景 …………………………… 1
  二、可持续发展的需要 …………… 2
  三、污染生态学的定义 …………… 2
  四、污染生态学与相关学科的
    关系 …………………………… 3
 第二节 污染生态学的研究内容与
   任务 ……………………………… 4
  一、污染生态学的研究内容 ……… 4
  二、污染生态学的任务 …………… 4
 第三节 污染生态学的学科发展
   动态 ……………………………… 5
  一、污染生态学的学科发展趋势 … 5
  二、中国污染生态学的优先研究
    领域 …………………………… 6
 第四节 污染生态学的研究方法 …… 6
  一、野外调查 ……………………… 7
  二、受控实验 ……………………… 7
  三、多学科交叉 …………………… 7
  四、新技术的运用 ………………… 7
  小结 ………………………………… 8
  思考题 ……………………………… 8
  建议读物 …………………………… 8
  推荐网络资讯 ……………………… 9

上 篇 基础篇

第一章 生物对污染物的吸收和
  迁移 ……………………………… 13
 第一节 基本概念 …………………… 13
  一、污染物 ………………………… 13
  二、优先污染物 …………………… 14
  三、持久性有机污染物 …………… 14
  四、环境内分泌干扰物 …………… 14
  五、持久性有毒物 ………………… 15
  六、持久性生物累积性有毒污
    染物 …………………………… 15
  七、挥发性有机物 ………………… 16
  八、剂量 …………………………… 16
 第二节 植物对污染物的吸收与
   迁移 ……………………………… 17
  一、植物对污染物的吸收 ………… 17
  二、污染物在植物体内的迁移 …… 23
 第三节 动物对污染物的吸收与
   迁移 ……………………………… 27
  一、污染物通过动物细胞膜的
    方式 …………………………… 28
  二、动物体对污染物质的吸收 …… 28
  三、污染物在动物体内的迁移与
    排出 …………………………… 29
 第四节 微生物对污染物的吸收 …… 30
  一、微生物细胞吸收污染物的
    机理 …………………………… 30

I

二、影响微生物吸收污染物的
　　　　因素 …………………………… 30
第五节　影响植物吸收、迁移污染物
　　　　的因素 …………………………… 31
　　一、植物种的生物学、生态学
　　　　特性 …………………………… 31
　　二、污染物的种类及其形态
　　　　差异 …………………………… 33
　　三、pH …………………………… 33
　　四、氧化还原电位 ………………… 35
　　五、土壤阳离子交换量 …………… 36
　　六、污染物间的不同效应 ………… 36
　　七、土壤性质的影响 ……………… 38
　　八、根际微生物的作用 …………… 41
　　　小结 ………………………………… 41
　　　思考题 ……………………………… 42
　　　建议读物 …………………………… 42
　　　推荐网络资讯 ……………………… 43

第二章　生物富集 …………………… 44
第一节　生物富集的概念 ……………… 44
第二节　生物富集机制 ………………… 45
　　一、生物学特性 …………………… 45
　　二、污染物的性质 ………………… 52
　　三、污染物的浓度和作用时间 …… 55
　　四、环境特点 ……………………… 56
　　五、富集与食物链 ………………… 56
第三节　研究生物富集的方法 ………… 57
　　一、模拟研究 ……………………… 58
　　二、调查试验研究 ………………… 59
　　　小结 ………………………………… 60
　　　思考题 ……………………………… 60
　　　建议读物 …………………………… 60
　　　推荐网络资讯 ……………………… 60

第三章　污染物的毒害作用及
　　　　　机理 …………………………… 61
第一节　污染物的毒害作用 …………… 61
　　一、污染物对植物的影响 ………… 61
　　二、污染物对动物和人体健康的
　　　　影响 …………………………… 77
　　三、污染物对土壤微生物的
　　　　影响 …………………………… 87
第二节　受害机理 ……………………… 88
　　一、生物活性点位 ………………… 88
　　二、重金属对生物毒性效应的
　　　　分子机理 ……………………… 89
　　三、金属离子对生物大分子活
　　　　性点位的竞争及其与金属
　　　　生物毒性的关系 ……………… 90
　　四、分子、原子结构理论解释 …… 91
第三节　受害条件 ……………………… 92
　　一、毒物性质 ……………………… 92
　　二、外界条件 ……………………… 94
第四节　化学元素间的作用关系 ……… 96
　　一、化学元素的颉颃作用 ………… 96
　　二、化学元素的协同作用 ………… 101
　　三、化学元素的相加作用 ………… 101
　　　小结 ………………………………… 101
　　　思考题 ……………………………… 101
　　　建议读物 …………………………… 102
　　　推荐网络资讯 ……………………… 102

第四章　生物对污染物的解毒
　　　　　作用 …………………………… 103
第一节　生物对污染物的结合
　　　　钝化 …………………………… 103
　　一、植物对污染物的结合钝化 …… 103

二、动物对污染物的结合钝化 ·· 106
　　三、微生物对污染物的结合
　　　　钝化 ……………………… 107
第二节　生物对污染物的代谢
　　　　解毒 ………………… 108
　　一、植物对污染物的代谢解毒 … 108
　　二、动物对污染物的代谢解毒 … 110
　　三、微生物对污染物的代谢
　　　　解毒 ……………………… 112
第三节　生物对污染物的遗传解毒
　　　　控制 ……………………… 117
　　一、植物对污染物的遗传解毒
　　　　控制 ……………………… 117
　　二、微生物对污染物的遗传解毒
　　　　控制 ……………………… 119
第四节　生物对污染物及其代谢
　　　　产物的排出作用 ………… 122
　　一、植物对污染物及其代谢产物
　　　　的排出作用 ……………… 122
　　二、动物对污染物及其代谢产物
　　　　的排出作用 ……………… 122
　　三、微生物对污染物及其代谢产
　　　　物的排出作用 …………… 123
　　小结 …………………………… 124
　　思考题 ………………………… 124
　　建议读物 ……………………… 125
　　推荐网络资讯 ………………… 125

第五章　生物对污染物的抗性及
　　　　　生物监测 …………… 126
第一节　生物对污染物的抗性及
　　　　抗性生物 ………………… 126
　　一、抗性的概念和类型 ……… 126

　　二、生物抗性的指标 ………… 130
　　三、抗性生物的筛选方法 …… 131
　　四、抗性生物运用的利弊分析 … 131
第二节　环境污染的生物监测与
　　　　指示 ……………………… 132
　　一、生物监测与指示概述 …… 132
　　二、大气污染的生物监测与
　　　　指示 ……………………… 134
　　三、水体污染的生物监测与
　　　　指示 ……………………… 138
　　四、土壤污染的生物监测与
　　　　指示 ……………………… 141
　　五、环境污染生物监测的方法 … 144
　　小结 …………………………… 157
　　思考题 ………………………… 157
　　建议读物 ……………………… 158
　　推荐网络资讯 ………………… 158

第六章　生物对长期污染的生态
　　　　　效应与适应进化 …… 159
第一节　生物多样性的丧失 ……… 160
　　一、遗传多样性的丧失 ……… 161
　　二、物种多样性的丧失 ……… 162
　　三、生态系统水平的响应 …… 163
第二节　生物对污染的适应 ……… 165
　　一、生物对污染适应的一般
　　　　原理 ……………………… 165
　　二、生物对污染的适应性反应 … 166
第三节　污染条件下生物的分化
　　　　与微进化 ………………… 172
　　一、污染选择下的种群响应 …… 172
　　二、污染条件下生物种群适应性
　　　　分化的过程 ……………… 174

三、影响植物污染抗性进化的
　　生物因素 ·············· 174
四、生物对污染适应的代价 ······ 177
五、污染条件下生物分化与进化的
　　一般趋势 ·············· 178

小结 ························ 180
思考题 ······················ 180
建议读物 ···················· 181
推荐网络资讯 ················ 181

下　篇　应用篇

第七章　水体污染及其生物
　　　　　防治 ················ 185

第一节　水体污染 ············ 186
一、水体污染的概念 ············ 186
二、水体污染源 ················ 186
三、水体污染物及其化学行为 ··· 187

第二节　水体富营养化 ········ 188
一、主要水质指标与标准 ········ 189
二、富营养化形成的条件 ········ 191
三、富营养化形成的指标与
　　评价 ···················· 191

第三节　水体污染对生物的影响 ··· 197
一、水体富营养化对水生生态
　　系统的影响 ·············· 197
二、污水灌溉对农田生态系统的
　　影响 ···················· 199

第四节　水体污染的生物防治 ···· 201
一、氧化塘技术 ················ 201
二、土地处理系统 ·············· 206
三、湿地系统 ·················· 211
　　小结 ···················· 217
　　思考题 ·················· 217
　　建议读物 ················ 217
　　推荐网络资讯 ············ 218

第八章　大气污染及其生物
　　　　　防治 ················ 219

第一节　大气污染概述 ········ 219
一、大气污染的概念 ············ 219
二、大气污染的危害 ············ 220
三、我国大气污染的特点 ········ 220

第二节　温室效应 ············ 220
一、温室效应与温室气体 ········ 221
二、温室效应的后果 ············ 221
三、温室效应的防治对策 ········ 223

第三节　酸雨 ················ 224
一、酸雨及其形成机理 ·········· 224
二、酸雨的危害 ················ 228
三、酸雨的防治对策 ············ 231

第四节　臭氧层衰减与 UV-B 辐射
　　　　增强 ················ 232
一、臭氧层介绍 ················ 232
二、臭氧层衰减的危害 ·········· 233
三、防治措施 ·················· 235

第五节　大气污染与生物防治 ···· 235
一、植物对空气中有毒有害物质
　　的吸收 ·················· 236
二、不同树种对大气污染物的吸
　　收与抗性 ················ 236
三、城市绿化工作的原则 ········ 238

小结 ………………………… 239
　　思考题 ……………………… 239
　　建议读物 …………………… 239
　　推荐网络资讯 ……………… 240

第九章　土壤污染与生物防治 … 241
第一节　土壤污染概述 ………… 241
　　一、土壤污染的特点 ………… 242
　　二、土壤污染的类型 ………… 243
第二节　土壤污染的生态效应 … 245
　　一、重金属污染的生态效应 … 245
　　二、土壤有机废物污染的生态
　　　　效应 …………………… 251
　　三、农药、化肥施用不当的生态
　　　　效应 …………………… 253
　　四、致病生物对土壤的影响 … 259
　　五、土壤中放射性污染物的生态
　　　　效应 …………………… 260
第三节　土壤污染的生物防治 … 262
　　一、土壤重金属污染的生物防治
　　　　技术 …………………… 262
　　二、土壤有机污染的生物防治
　　　　技术 …………………… 264
　　小结 ………………………… 266
　　思考题 ……………………… 267
　　建议读物 …………………… 267
　　推荐网络资讯 ……………… 267

第十章　污染生态学中的环境
　　　　　质量评价问题 ……… 268
第一节　环境容量 ……………… 268
　　一、研究的程序 ……………… 268
　　二、研究基本内容和参数 …… 269
　　三、生态系统容量的制定 …… 272
第二节　环境评价及分区 ……… 276
　　一、土壤污染评价及分区 …… 276
　　二、生物污染评价及分区 …… 277
　　三、生态质量评价 …………… 281
　　四、生态系统健康评价 ……… 285
第三节　人群健康环境影响评价 … 287
　　一、污染物沿食物链进入人体 … 287
　　二、人群健康环境影响评价 … 289
第四节　环境污染的生态和健康
　　　　　风险评价 ……………… 292
　　一、环境污染的生态风险评价 … 292
　　二、环境污染的健康风险评价 … 295
　　小结 ………………………… 301
　　思考题 ……………………… 301
　　建议读物 …………………… 302
　　推荐网络资讯 ……………… 302

参考文献 …………………………… 303

后记 ………………………………… 325
　　一、我与污染生态学 ………… 325
　　二、章节安排及彼此之间的
　　　　关系 …………………… 326
　　三、研究的进展 ……………… 328
　　四、存在问题和建议 ………… 329

术语表 ……………………………… 330

Contents

Introduction 1

Chapter 1 Uptake and translocation of pollutants in organisms 13
- Section 1 Some basic concepts 13
  1. Pollutant 13
  2. Priority pollutant 14
  3. Persistent Organic Pollutants (POPs) 14
  4. Environmental Endocrine Disruptors (EEDs) 14
  5. Persistent Toxic Substances (PTS) 15
  6. Persistent Bio-accumulative Toxins (PBTs) 15
  7. Volatile Organic Compounds (VOCs) 16
  8. Dosage 16
- Section 2 Uptake and translocation of pollutants in plants 17
  1. Uptake of pollutants in plants 17
  2. Translocation of pollutants in plants 23
- Section 3 Uptake and translocation of pollutants in animals 27
  1. Patterns of pollutant passing through the animal cell membrane 28
  2. Uptake of pollutants in animals 28
  3. Translocation and exclusion of pollutants in animals 29
- Section 4 Uptake of pollutants in microorganisms 30
  1. Mechanisms of pollutant uptake in the cells of microorganisms 30
  2. Factors affecting the uptake of pollutants in microorganisms 30
- Section 5 Factors affecting uptake and translocation of pollutants in plants 31
  1. Biological and ecological properties of plants 31
  2. Types and speciation of pollutants 33
  3. pH value 33
  4. Oxidation-reduction potential 35
  5. Cation exchange capacity of soil 36
  6. Interaction among pollutants 36
  7. Effects of soil properties 38
  8. Effects of rhizospheric microorganisms 41
- Summary 41
- Review questions 42
- Suggested readings 42
- Web materials 43

Chapter 2 Bioenrichment 44
- Section 1 The concept of bioenrichment 44
- Section 2 Mechanisms of bioenrichment 45
  1. Biological characteristics 45

I

2. Characteristics of pollutants ······ 52
3. Concentration and action time of pollutants ·················· 55
4. Characteristics of environment ······ 56
5. Bioenrichment and food chain ······ 56
Section 3 Methods for bioenrichment research ················ 57
1. Modeling research ················ 58
2. Investigation research ············· 59
Summary ························ 60
Review questions ················ 60
Suggested readings ············· 60
Web materials ···················· 60

Chapter 3 The toxic effect and mechanisms of pollutants ·············· 61

Section 1 The toxic effect of pollutants ······················ 61
1. Effect of pollutants on plant ······ 61
2. Effects of pollutants on animal and human health ················ 77
3. Influence of pollutants on Soil Microorganism ···················· 87
Section 2 Toxic mechanisms ········· 88
1. Biological sites ···················· 88
2. Molecular mechanism of heavy metals toxicity in organisms ······ 89
3. Relationships between biological macromolecules competition and toxicity of metal ions ············· 90
4. Expaination from the the theory of molecular and atomic structure ························· 91
Section 3 Toxic conditions ··········· 92
1. The nature character of toxicants ························ 92

2. External conditions ················ 94
Section 4 The interaction between chemical elements ············· 96
1. Antagonism of chemical elements ························ 96
2. Synergistic action of chemical elements ························ 101
3. The addition effect of chemical elements ························ 101
Summary ························ 101
Review questions ················ 101
Suggested readings ············· 102
Web materials ···················· 102

Chapter 4 Detoxification of organisms to pollutants ······ 103

Section 1 Inactivation of organisms to pollutants ···················· 103
1. Inactivation of plants to pollutants ························ 103
2. Inactivation of animals to pollutants ························ 106
3. Inactivation of microorganisms to pollutants ···················· 107
Section 2 Metabolic detoxification of organisms to pollutants ······ 108
1. Metabolic detoxification of plants to pollutants ················ 108
2. Metabolic detoxification of animals to pollutants ················ 110
3. Metabolic detoxification of microorganisms to pollutants ············· 112
Section 3 Genetic detoxification of Organisms to Pollutants ······ 117
1. Genetic detoxification of plants to pollutants ···················· 117
2. Genetic detoxification of microor-

　　　　ganisms to pollutants 119
Section 4 Exclusion of pollutants and
　　　　metabolites in organisms ... 122
　1. Exclusion of pollutants and metabolites in plants 122
　2. Exclusion of pollutants and metabolites in animals 122
　3. Exclusion of pollutants and metabolites in microorganisms 123
　Summary 124
　Review questions 124
　Suggested readings 125
　Web materials 125

Chapter 5 Biological resistance and monitoring to environmental pollution 126

Section 1 Biological resistance to pollutants and resistant organisms 126
　1. Concept and types of Bio-resistance 126
　2. Indicators of Bio-resistance 130
　3. Screening of Resistant Organisms 131
　4. Advantages and Disadvantages of Bio-resistance 131
Section 2 Biological monitoring and indicating to environmental pollution 132
　1. Introductions of Biological monitoring and indicating 132
　2. Biological monitoring and indicating to air pollution 134
　3. Biological monitoring and indicating to water pollution 138
　4. Biological monitoring and indicating to soil pollution 141
　5. Methods of Biological monitoring and indicating 144
　Summary 157
　Review questions 157
　Suggested readings 158
　Web materials 158

Chapter 6 Ecologic responses and adaptative evolution under long-termed pollution 159

Section 1 Loss of biodiversity 160
　1. Loss of genetic diversity 161
　2. Loss of species diversity 162
　3. Loss of ecosystem diversity 163
Section 2 Biological adaptation to pollution 165
　1. General principles of biological adaptation to pollution 165
　2. Adaptive responses to pollution 166
Section 3 Differentiation and microevolution under pollution 172
　1. Population responses to the selection of pollution 172
　2. Differentiation process of population under pollution 174
　3. Biotic factors affecting plant evolution under pollution 174
　4. Adaptation cost 177
　5. General trends of adaptation and evolution under anthropogenic pollution 178
　Summary 180
　Review questions 180
　Suggested readings 181

Web materials ·················· 181

Chapter 7 Water pollution and its biological control ······ 185
　Section 1 Water pollution ············· 186
　　1. Concept of water pollution ······ 186
　　2. Water pollution sources ········ 186
　　3. Water pollutants and their chemical behaviors ···················· 187
　Section 2 Eutrophication of water body ······················ 188
　　1. The water quality parameters and standard values ··············· 189
　　2. Formation conditions of eutrophication ···················· 191
　　3. The parameters and evaluation of eutrophication ················ 191
　Section 3 Effects of water pollution on organisms ·················· 197
　　1. The effects of eutrophication on the aquatic ecosystem ·········· 197
　　2. The effects of sewage irrigation on farmland ecosystem ········· 199
　Section 4 Biological control of water pollution ···················· 201
　　1. Oxidation ponds ················ 201
　　2. Wetland system ················· 206
　　3. Land treatment system of sewage ························ 211
　　Summary ·························· 217
　　Review questions ················ 217
　　Suggested readings ·············· 217
　　Web materials ·················· 218

Chapter 8 Air pollution and it's biological control ······ 219
　Section 1 Summary of Air Pollution ··· 219
　　1. Concept of air pollution ········ 219
　　2. Dangers of air pollution ········ 220
　　3. Characteristics of air pollution in China ······················ 220
　Section 2 Greenhouse effect ············ 220
　　1. Greenhouse effect and greenhouse gases ···················· 221
　　2. Consequences of greenhouse effect ······················ 221
　　3. Greenhouse effect control ········ 223
　Section 3 Acid rain ···················· 224
　　1. Formation mechanisms of acid rain ························ 224
　　2. Dangers of acid rain ············· 228
　　3. Acid rain control ··············· 231
　Section 4 Ozone layer depletion and enhanced UV-B radiation ··· 232
　　1. Introduction of ozone layer ······ 232
　　2. Dangers of ozone layer depletion ························ 233
　　3. Control ························· 235
　Section 5 Air pollution and it's biological control ················ 235
　　1. Plant absorption of toxic and harmful substances in air ········ 236
　　2. Absorption and resistance to air pollutants in different tree species ······················ 236
　　3. Principles of urban afforestation ························ 238
　　Summary ·························· 239
　　Review questions ················ 239
　　Suggested readings ·············· 239
　　Web materials ·················· 240

Chapter 9 Soil pollution and its biological control ······ 241

Section 1 Summary of soil pollution ··· 241
 1. Characteristics of soil pollution ················ 242
 2. Types of soil pollution ············ 243
Section 2 Ecological effects of soil pollution ···················· 245
 1. Ecological effects of soil heavy metal pollutant ···················· 245
 2. Ecological effects of soil organic waste pollutant ················ 251
 3. Ecological effects of unsuitable using of fertilizer and pesticide ··· 253
 4. Ecological effects of soil pathogenic organisms ···················· 259
 5. Ecological effects of soil radio contaminant ······················ 260
Section 3 Biological control of soil pollution ···················· 262
 1. Mechanisms and types of bioremediation of soil pollution ······ 262
 2. Bioremediation techniques of soil heavy metal pollution ······ 264
 3. Bioremediation techniques of soil organic waste pollution ··········
  Summary ························ 266
  Review questions ················ 267
  Suggested readings ············ 267
  Web materials ···················· 267

Chapter 10 The issues on environmental assessment in pollution ecology ······ 268

Section 1 Environmental capacity ······ 268

 1. Research progrom ···················· 263
 2. Basic contents and parameters ··· 269
 3. Establishment of ecosystem capacity ································ 272
Section2 Environmental assessment and division ·························· 276
 1. Soil pollution assessment and division ························ 276
 2. Biological pollution assessment and division ·························· 277
 3. Ecological quality assessment ··· 281
 4. Evaluation of ecosystem health ·························· 285
Section 3 Environmental impact assessment of human health ······· 287
 1. Preventing contaminants into the human body along food chain ··· 287
 2. Environmental impact assessment of human health ···················· 289
Section 4 Environmental pollution ecology and health risk assessment ································ 292
 1. Eecological risk assessment of environmental pollution ················ 292
 2. Health risk assessment of environmental pollution ···················· 295
  Summary ························ 301
  Review questions ················ 301
  Suggested readings ············ 302
  Web materials ···················· 302

Terms ································ 330

绪 论

第一节 污染生态学的形成、发展和定义

一、污染生态学形成和发展的时代背景

20世纪随着工农业生产的发展,三废(废气、废水、废渣)的排放量和农药、化肥的施投量急剧增加。从20世纪30年代开始,污染不断加重,环境逐渐恶化,导致庄稼受害,家畜(禽)中毒,公害病频发,癌症和怪病发病率增加,人体健康水平普遍下降。震惊世界的公害病事件有:1930年12月比利时马斯河谷的二氧化硫等大气污染事件,受害者症状为胸痛、咳嗽、呼吸困难,有60多人死亡;1948年10月美国宾夕法尼亚多诺拉镇发生的二氧化硫与金属元素的复合污染事件,发病者5 911人,占全镇总人口的43%,症状为胸闷、呕吐、腹泻,死亡17人;40年代初期,美国洛杉矶市多次发生以臭氧为主的光化学烟雾事件;1952年12月英国伦敦烟雾事件,4 000多人死亡;1961年日本四日市的二氧化硫和金属粉尘复合污染事件,出现大量呼吸道系统疾病,其中主要是支气管哮喘,有些患者不堪忍受痛苦而自杀;1953—1956年日本水俣市食用含汞的鱼造成汞中毒事件,中毒者283人,死亡60人,受害者大多是脑神经受到伤害,痛苦万分,不少人是以自杀求得解脱;1955—1972年日本富山县神通川流域,由于铅锌冶炼厂排放的含镉废水污染水稻田,居民食用含镉稻米和含镉水而造成镉中毒,镉进入人体后破坏整个骨骼系统,使骨质变脆易折,其中一典型病人骨折70多处,惨不可言;1968年日本北九州市爱知县发生米糠油事件。20世纪80年代以来,也发生了一些突发性的严重公害事件,如1984年12月,印度中央邦博帕尔市45 t异氰酸甲酯泄漏,造成1 408人死亡,2万人严重中毒,15万人接受治疗,20万人逃离;1985年1月,英国威尔士一家化工公司将酚排入河流,造成200万居民饮用水污染,44%的人中毒;2009年,在中国陕西凤翔和湖南武冈,两地均有千人左右被查出血铅超标,且绝大部分是小孩;2004年4月世界卫生组织发表的一份公告指出,空气、土、水及其他环境污染导致全球每年300万5岁以下的儿童死亡。上述公害病事件以及城市和工矿区大气和水体的严重污染,引起人们的震惊和恐慌,似乎地球上已经没有一片干净的土地、清洁的空气、安全可靠的水和放心食用的食品,悲观情绪笼罩着整个世界。60年代具悲观情绪的《寂静的春天》《上帝救救我们吧》《科学家救救我们》等书应运而生。特别要提到的是在1960年美国科学家福伊斯特在 Science 杂志上发表了一篇震撼全球的论文:《世界末日》。作者根据全球人口、资源、环境等资料的分析,得出结论:世界末日是公元2026年11月23日星期五。这更加重了人们对环境的危机感,也促使人们去重视环境问题,研究环境污染,寻找治理污染的途径和方法,以保证人类有一个安全、舒适的生态环境。

为了研究在污染条件下生物受害的原因及防治措施,人们开始研究污染物在环境及生

态系统中迁移转化规律,研究生物受害机理、净化机制;研究污染物沿食物链富集规律和人体受害原因。同时研究生物抗性形成原因和生物防治污染的工程措施。在上述研究的基础上逐步形成了一门新的分支学科——污染生态学。

二、可持续发展的需要

1987年,世界环境与发展委员会(World Commission on Environment and Development, WCED)向联合国提交了题为《我们共同的未来》的研究报告,第一次提出了"可持续发展"的概念。所谓可持续发展,就是既满足当代人需要又不危害后代人满足其需要的发展模式。

生物资源属可更新资源,但是,由于环境污染日益严重,生物在污染环境中的生存条件已发生了很大改变,不能适应污染的生物只能逐步退化甚至灭绝。生物资源又是宝贵的资源,是生态系统中有生命的成分。盖亚假说认为,地球表面的温度和化学组成是受地球表面的生命总体(生物圈)主动调节的,生物保证了整个地球系统的稳定性。生物如何在污染环境中保持可持续发展,必须深入研究污染条件下生物与环境之间的相互关系规律,将污染对生物的破坏和干扰减少到最低程度。因此,污染生态学的产生是可持续发展的需要。

三、污染生态学的定义

污染生态学是以生态系统理论为基础,用生物学、化学、数学分析等方法研究在污染条件下生物与环境之间相互关系及其规律的一门学科。污染生态学研究的对象是污染生态系统。

污染生态学属于应用生态学的范畴。污染生态学侧重于研究污染条件下生物的生物过程和生态效应,核心是分析环境中的污染物在生态系统中的行为及其对生物的影响,目的是要利用生物控制污染和改善环境质量,并对环境质量进行综合评价和预测,提出生态规划和管理对策(乔玉辉,2008)。

具体而言,污染生态学研究生物受污染后的生活状态、受害程度,以确定受害阈值及致死剂量;研究生物对污染物的吸收,污染物在生物体内转移、富集和降解规律,以采取生物净化的有效措施;研究污染物沿食物链(网)逐级富集的规律,以避免或尽量减少污染物通过食物链进入人体;研究生态系统接受污染物的负荷能力,以确定生态系统的容量,预测环境质量变化的趋势,提出综合防治措施和生物监测指标;研究在污染条件下,生态系统能流、物流的规律,以充分发挥生态系统总体净化环境的生态效益,达到保护环境,造福于人的目的。

国外大多把"污染生态学"称为"环境保护生态学(ecology for environment protection)"。从20世纪80年代开始,国内一些有关污染生态学的专著和教材陆续出版,主要有:《土壤-植物系统污染生态研究》(高拯民,北京:中国科学技术出版社,1986)、《环境污染生态学》(张志杰,北京:中国环境科学出版社,1989)、《复合污染生态学》(周启星,北京:中国环境科学出版社,1995)、《污染生态学基础》(王焕校,昆明:云南大学出版社,1990)、《污染生态学》(王焕校,北京:高等教育出版社,2000)、《内陆水域污染生态学——原理与应用》(黄玉瑶,北京:科学出版社,2001)、《污染生态学》(孙铁珩等,北京:科学出版社,2001)、《污染生态学》(第 2 版)(王焕校,北京:高等教育出版社,2002)、《污染生态学研究》(王焕校和吴玉树,北京:科学出版社,2006)、《污染生态学》(乔玉辉,北京:化学工业出版社,2008)以及最近出版的《污染生态化学》(周启星和罗义,北京:科学出版社,2011)等。此外,"*Environmental Science & Technology*"、"*New Paytologist*"、"*Plant, Cell & Environment*"、"*Ecotoxicology*"等以及国内的《生态学报》、《应用生态学报》、《环境科学学报》、《中国环境科学》、《生态学杂志》、《生态毒理学报》和《应用与环境生物学报》等杂志均刊载污染生态学研究方面的最新文章。

四、污染生态学与相关学科的关系

1. 环境生物学

有人把污染生态学作为环境生物学的一个分支学科。环境生物学(environmental biology)是研究生物与受人类干扰的环境之间相互关系的学科。环境生物学所指的受人类干扰的环境包括两方面的内容:其一是环境污染;其二是指人类对自然资源的不合理利用,如对森林的乱砍滥伐、对草原的滥垦和过度放牧、围湖造田等造成对环境的破坏。因此,环境生物学包括污染生态学。关于环境生物学的详细内容,可参阅已出版的《环境生物学》(林昌善,1986;孔繁翔,2000;熊治廷,2000,2010;段昌群,2004,2010)等。

2. 环境生态学

环境生态学(environmental ecology)属于生态学与环境科学的交叉学科之一,它是研究人为干扰下,生态系统内在的变化机制、规律和对人类的反效应,寻求受损生态系统恢复、重建和保护对策的科学。这里说的"人为干扰",包括的内容非常广泛,如森林的乱砍滥伐,草原的过度放牧,水产品的过度捕捞,农药、杀虫剂等污染物的大量使用。因此,环境生态学中的一部分内容也属于污染生态学,只不过环境生态学的研究范畴更加广泛。关于环境生态学的详细内容,可参阅已出版的《环境生态学》(金岚,1992;张合平和刘云国,2002;卢升高和吕军,2004;刘树华,2009)和《环境生态学导论》(盛连喜,2002,2009;李元,2009)等。

3. 生态毒理学

生态毒理学(ecotoxicology)是研究有毒有害因素对生态环境中非人类生物及生态系统的损害作用和防护的科学(孟紫强,2009)。根据本定义,生态毒理学的研究对象不包括人类。然而,国外很多学者认为人类应该包括在生态毒理学的研究对象中。如 Truhaut(1977)对生态毒理学下的最初定义是:生态毒理学是关注自然和合成污染物引起的对生态系统组成成分——动物(包括人类)、植物和微生物——的有毒效应在整体范围水平上的研究;Newman 和 Unger(2003)在"*Fundamentals of Ecotoxicology*"中,也将生态毒理学定义为"研究生物圈中的污染物及其对生物圈中包括人类在内的各成分的效应的一门科学"。由此可见,不同学者对生态毒理学研究对象是否包括人类的观点不一致。关于生态毒理学的详细内容,可参阅已出版的《生态毒理学》(周启星等,2004;孟紫强,2009)、《生态毒理学概论》(史志诚等,2005)、《生态毒理学原理与方法》(孟紫强,2006)等。

4. 环境毒理学

环境毒理学(environmental toxicology)是研究环境污染物,特别是化学污染物对生物有机体,尤其是对人体的损害作用及其机理的科学(孟紫强,2003)。孔志明(2006)认为,环境毒理学是利用毒理学方法研究环境,特别是空气、水和土壤中已经存在或即将进入的有毒化学物质及其在环境中的转化产物,对人体健康的有害影响及其作用规律的一门科学。因此,在环境毒理学中的"生物"以人类为主,其他生物为辅。而在生态毒理学中的"生物",倾向于以其他生物为主,人类为辅。当然,这种区分也并不是截然的。生态毒理学主要从生态学科出发,环境毒理学主要从环境科学出发,因为经典的生态学研究以生物为中心,而环境科学研究以人类为中心。关于环境毒理学的详细内容,可参阅已出版的《环境毒理学》(孟紫强,2000;惠秀娟,2003;孔志明,2006;李建政,2006,2010)、《环境毒理学基础》(孟紫强,2003,2010)和《环境毒理学教程》(焦安英等,2009)等。

第二节　污染生态学的研究内容与任务

一、污染生态学的研究内容

污染生态学的研究内容主要包括如下几个方面:
1. 污染物在生物体内的生物过程

污染物在生物体内的生物过程主要包括:生物体对污染物的吸收、迁移和富集,污染物对生物体的毒害,生物体对污染物的解毒、抗性和适应等过程及机理。换言之,也就是污染物在生物体内的归趋、对生物的影响以及生物如何应对等过程。这些过程虽然在本书中分开讨论,但彼此之间不能机械分割,应是一个相互联系、协调、制约的整体。

2. 环境污染的生物防治与修复

污染物在对生物体造成毒害的同时,生物自身会在代谢机能上作出调整,通过解毒、抗性和适应等方式应对污染物的毒害,比如重金属超富集植物对重金属能超量吸收等。因此,利用生物能钝化、吸纳或降解污染物的功能,可将其用于污染环境的生物防治和修复中,使污染生态学基础理论能在实践中找到用武之地。

3. 环境污染的生物指示、监测和评价

生物的生长状况是对环境条件的综合反应,因此,可以利用生命系统及其相互关系的变化做"仪器"来检测环境质量状况及其变化。目前,常规的环境监测主要通过理化分析,但是近几年来,生物监测引起了广泛重视,如生态系统的健康评估、诊断等需要很多生物学指标。对污染物敏感的生物及其生态系统可以作为环境污染的指示或监测生物,充分发挥其在环境监测中的优势,以弥补理化监测的缺陷。

二、污染生态学的任务

污染生态学的任务主要包括以下几个方面:
1. 阐明污染物在生物体内的生物过程,为环境污染控制提供理论依据

污染生态学的研究,需要阐明生物受污染后的生活状态和受害程度,确定受害阈值及致死剂量;阐明生物对污染物的吸收,污染物在生物体内转移、富集和降解规律,以采取生

物净化的有效措施;阐明污染物沿食物链(网)逐级富集的规律,以避免或尽量减少污染物通过食物链进入人体;阐明污染物对生物体的毒害效应以及生物自身的解毒机制,以解释生物抗性的形成和适应机制等。

2. 寻求解决环境污染问题的生态学途径

将污染生态学基础理论知识用于大气、水体、土壤等的生物防治中,例如,充分利用绿色植物对有毒有害气体的吸收作用、对粉尘的吸收滞留作用、对噪声的削减作用、对病原微生物的杀灭作用等来净化大气污染;充分利用良性水生生态系统的构建防治水体富营养化;充分利用绿色植物对污染物的超强吸收、固定、挥发、降解等特征对污染土壤进行植物修复和微生物修复等。

3. 建立和完善污染环境的生物监测评价体系

生物监测是环境监测的一种方法,但长期以来,理化监测占据了主导地位,生物监测没有引起足够重视。在污染生态学研究中,对污染抗性弱、反应敏感的生物种群、群落或生态系统,可望用于环境污染的生物监测与指示,通过症状指示、生长势和产量评价指标(植物茎、叶、花、果实、种子发芽率等)、生理生化指标(细胞膜透性、气孔开放度、酶活性等)、行为学指标(繁殖、摄食、运动等)以及敏感种群消长和群落结构的变化等,建立和完善污染环境的生物监测评价体系。

第三节 污染生态学的学科发展动态

一、污染生态学的学科发展趋势

随着学科之间的不断交叉渗透,污染生态学的发展呈现出了一些新特点:

1. 向宏观和微观两极分化,宏观更宏,微观更微

当前污染生态学的研究明显呈现出向宏观和微观两极发展的趋势。从基因—细胞—个体—种群—群落—生态系统—景观—区域—生物圈等生命组织层次上,都有它们与污染物相互关系的研究。比如在宏观层次,有污染物随大气环流、海洋洋流全球迁移和大尺度下生态系统退化机理的研究,景观结构、功能与动态变化特别是在污染条件下景观的破碎化和全球污染物的生物地球化学循环研究等;在中观层次,主要是污染导致的种群遗传组成上微小差异导致的微观进化研究;在微观层次,有在细胞水平上研究污染条件下染色体的变异与在分子水平上研究基因和基因组的变化以及相应的蛋白质和蛋白质组的变化。此外,还要通过微观和宏观相结合,研究污染物从个体(主要是微观方面)—种群—群落—生态系统的迁移、转化和净化规律,力求组成合理高效的水生和陆生生态系统,以保证被污染的区域的环境质量得到改善。

2. 复合污染生态学成为学科研究的热点和难点

环境中的污染物以单个存在的情况是很少的,大多数情况下是无机污染物之间、有机污染物之间以及无机和有机污染物联合作用构成的复合污染。由于复合污染下污染物对生物有机体的效应与单一污染物作用存在差异,因此,复合污染研究更能客观体现出环境中污染物与生物有机体之间的相互作用规律和机理。复合污染研究对于客观揭示环境中

污染物的行为具有重要意义。但是,由于环境因素的复杂性、污染物种类的多样性以及生物体对污染物耐受的差异广泛性,使得复合污染的规律更为复杂。因此,对于复合污染的研究在理论和方法上还需要进行更多的探索和创新。

3. 新材料、新化合物的污染生态效应得到密切关注

目前全世界每天大约要产生近千种新的化合物,很多化合物进入环境后,人们对其毒性和生物的适应性还一无所知。纳米材料、绿色离子液体、抗生素等的广泛使用,虽然改善了人们的生产生活,但其对环境和生物的生态风险必须引起足够的重视。近几年来,持久性有机污染物、内分泌干扰物、纳米材料等新型污染物的环境归趋、生物毒性和生物降解等一直是污染生态学研究的热点。

4. 与食品安全、生物安全和生态安全的联系更加紧密

污染问题引起人们的广泛关注最先是从其对人体健康的影响开始的,因此长期以来对污染物的行为与人体健康就存在着千丝万缕的联系。特别是我国加入世界贸易组织(WTO)后,农产品中重金属超标问题已成为国际贸易中的一道绿色壁垒,阻碍我国产品打入国际市场。我们与国外农产品的竞争在某种程度上是"绿色食品"、"有机食品"、"食品安全"意义上的竞争。随着近年来"奶粉三聚氰胺"、"非食用食品添加剂"等食品安全事件频发,食品安全问题引起了国内外的广泛关注。国家自然科学基金委生命科学部在制定"十一五"学科发展战略和优先发展领域中,曾经将"食品安全的重要基础研究"列为26个生命科学优先发展领域之一。

二、中国污染生态学的优先研究领域

2010年11月,在广州召开的全国污染生态学年会上,中国生态学会污染生态学专业委员会主任周启星在大会报告《污染生态学——学科思考与研究展望》中,提出了污染生态学8大科学前沿,它们是:

(1)(新型)化学污染物的生态行为与生态过程;
(2)典型界面污染物的多形态转化与生物有效性;
(3)多个污染物的交互作用及复合污染生态效应;
(4)污染生态效应的分子联合毒理;
(5)生态安全基准与诊断新方法;
(6)生物标记物与污染进化机制应用;
(7)污染土壤及地下水的生态-化学修复技术;
(8)复合污染控制的生态学原理与环境工程基础。

第四节 污染生态学的研究方法

污染生态学的研究方法是把生态系统作为一个整体来研究生物与受污染环境之间的相互关系,但在具体研究时常把它"分解"为各个单元进行研究,最后综合为整体。污染生态学研究通常采用野外调查、各种规模的受控实验、多学科相互结合以及运用新技术的研

究方法等。

一、野外调查

野外调查是真实获得生物与污染环境相互关系第一手资料的关键步骤。如要了解水体和土壤生态系统的污染状况,如要对水样和土壤按规范的方法进行采集;如要了解大气系统污染的程度,需要在工厂周边进行小气候特征调查、大气污染物含量调查以及生物生长状况调查,记录生物的各种受害症状。能否采集到有代表性的样本是野外调查的关键,在开展野外调查前,需要精心做好准备,准备好需要带的实验仪器、必需试剂、采样工具、照相机和采样记录本,对群落的调查事先应准备好表格。采样的记录根据调查目的而定,但要完整,所记载的参数要全面,一般应包括调查时间、地点、调查人、环境各因素的记录及观测生物因素记录等。

二、受控实验

受控实验是在模拟自然生态系统的受控生态实验系统中研究单项或多项因子相互作用及其对种群或群落影响的方法技术(郑师章等,1994)。由于野外干扰因素多,生物对污染的反应是对综合环境条件的反应,要探索单一污染物或污染物之间对生物的联合作用,在实验室内需要进行添加外源污染物的受控实验,比如运用人工熏气法进行污染受害症状的观测;通过配制一定浓度梯度的污染物溶液研究生物对污染物的吸收、迁移和富集规律,根据污染物浓度和暴露时间的长短可分为急性、亚慢性(亚急性)和慢性毒性试验;运用微宇宙(microcosm)试验模拟小型生态系统,研究污染物在生态系统中迁移、转化规律,以及在生态系统各单元之间的富集规律。微宇宙法是研究污染物在生物种群、群落、生态系统和生物圈水平上生物效应的一种方法,又被称为模型生态系统法(model ecosystem)。微宇宙是自然生态系统的一部分,包括生物和非生物的组织及其过程,能提供自然生态系统的群落结构和功能。但是,微宇宙不完全等于自然生态系统,它没有自然生态系统庞大和复杂,不能包含自然生态系统的所有组成。

三、多学科交叉

污染生态学是生态学中实践意义较强的一个分支,是生态学与环境科学相融合、相交叉的产物。因此,生态学和环境科学等学科的研究方法均可借鉴到污染生态学的研究中。在实际研究过程中,经常要借助化学、土壤学、物理化学、植物学、动物学、微生物学、地理学、水文学、气象学等学科的研究手段。为了更进一步研究微观和宏观层次下生物与环境的相互关系,还需要借助分子生物学、细胞生物学、遗传学、生物化学、生理学、景观生态学、全球生态学等的研究方法。因此,污染生态学研究需要广博的相关学科基础知识。

四、新技术的运用

近十年来在生态学研究中,分子生态学、景观生态学和全球生态学是新兴的颇受重视的领域,各种新方法和研究手段不断出现,为进一步深入了解生物与污染环境的相互作用规律和机理提供了可能。比如应用免疫分析技术检测环境中的残留农药,采用生物芯片监测环境微生物,利用荧光原位杂交(fluorescence in situ hybridization,FISH)、PCR-变性梯度胶电泳(PCR-denaturing gel electrophoresis,PCR-DGGE)技术和PCR-单链构象多态性(PCR-single-strand conformation polymorphism,PCR-SSCP)等监测污染环境中微生物群落的结构和群落动态等。上述技术也运用于污染条件下植物和动物受害机理和抗性机制研究。在宏观方面,运用"3S"(遥感、地理信息系统和全球定位系统)研究污染物在空间环境中的分布规律等。因此,在污染生态学研究中应该注意吸收新技术和新方法。

污染生态学是一门非常年轻的学科,本身不够完整、不够系统,学科之间的界限也不是很明确。由于它具有很强的时代性和应用性,因此,具有很强的生命力。同时,它将随国民经济建设的发展而迅速发展,为我国经济建设、保障人体健康创造必要的环境条件。

小结

污染生态学是伴随着环境污染加剧和环境科学的兴起、在一系列公害病相继出现以及环境污染已阻碍经济社会可持续发展的背景下产生的,它是研究污染条件下生物与环境之间相互关系及其规律的一门学科,属于应用生态学的范畴。污染生态学研究的对象是污染生态系统。污染生态学与环境生物学、环境生态学、生态毒理学和环境毒理学等相关学科有一定的区别和联系。

污染生态学的研究内容主要包括:①污染物在生物体内的生物过程;②环境污染的生物防治与修复;③环境污染的生物指示、监测和评价。污染生态学的任务是:①阐明污染物在生物体内的生物过程,为环境污染控制提供理论依据;②寻求解决环境污染问题的生态学途径;③建立和完善污染环境的生物监测评价体系。

污染生态学的发展趋势可概括为:①向宏观和微观两极分化,宏观更宏,微观更微;②复合污染生态学成为学科研究的热点和难点;③新材料、新化合物的污染生态效应得到密切关注;④与食品安全、生物安全和生态安全的联系更加紧密。(新型)化学污染物的生态行为与生态过程、典型界面污染物的多形态转化与生物有效性、多个污染物的交互作用及复合污染生态效应等8大污染生态学研究前沿成为目前本学科的优先研究领域。

污染生态学的主要研究方法有野外调查、受控实验、多学科交叉和新技术的应用等。

思考题

1. 污染生态学是在什么样的历史背景下产生的?
2. 简述污染生态学的定义、研究内容和任务。
3. 通过图书馆、网络了解目前污染生态学的学科发展动态。
4. 污染生态学的研究方法主要有哪些?你准备如何学好污染生态学?

建议读物

1. 乔玉辉,李花粉,马祥爱. 污染生态学. 北京:化学工业出版社,2008.
2. 孙铁珩,周启星,李培军. 污染生态学. 北京:科学出版社,2001.

3. 王焕校,吴玉树. 污染生态学研究. 北京:科学出版社,2006.
4. 王焕校. 污染生态学. 2版. 北京:高等教育出版社,2002.

推荐网络资讯

1. 环境生态网:http://eedu.org.cn/
2. 《生态毒理学报》网站:http://www.stdlxb.cn/ch/index.aspx
3. 《应用与环境生物学报》网站:http://www.cibj.com/
4. Methodology of Pollution Ecology: Problems and Perspectives: http://wenku.baidu.com/view/7c66256eb84ae45c3b358c76.html

上篇

基础篇

第一章

生物对污染物的吸收和迁移

了解生物体对污染物的吸收和迁移是研究污染物在生物体内富集、毒害以及生物体解毒、抗性作用的基础,是污染物对生物体产生生理、生态、遗传、分子毒性效应的第一步。本章介绍了污染物的基本概念、性质、分类以及生物对污染物的吸收、迁移规律,最后阐述了影响植物吸收、迁移污染物的几个主要因素。

第一节 基 本 概 念

一、污染物

1. 定义

何谓污染物(pollutant)?《辞海》中的定义是:进入环境后能直接或间接危害人类的物质,如火山灰、二氧化硫、汞等;《中国大百科全书·环境科学卷》将其解释为:进入环境后使环境的正常组成发生直接或间接有害于人类的变化的物质。

这两种解释都把污染物的作用对象仅指向于人类,我们认为,其作用对象应包括所有(包括人在内的)生物。因而污染物可作如下定义:进入环境后使环境的正常组成发生直接或间接有害于生物生长、发育和繁殖的变化的物质。这类物质有自然排放的,也有人类活动产生的。环境科学研究的主要是人类生产和生活排放的污染物。

2. 污染物的性质

(1)一种物质成为污染物,必须在特定的环境中达到一定的数量或浓度,并且持续一定的时间。

污染物原本是生产中的有用物质,有的甚至是人和生物必需的营养元素。生物是吸收、同化环境中非生物的物质演化来的,因而,环境中的物质特点和各元素的组成能深刻地反映在生物体的组成成分中;同时,由于长期适应的结果,生物对环境中各元素形成依赖和共存的关系。因此,环境中化学元素及其比例和生物体内所含的元素及其比例有其相似性。某污染物的数量或浓度低于某个水平或只短暂存在,就不产生毒害,甚至还有益。例如:微弱的 X 线能使水蚤的生命延长 1~2 倍;低剂量的 DDT 能延长雄性大鼠的生命;硒是阻氧化剂,铬能减缓动脉硬化过程,能协助胰岛素改善糖和脂肪的代谢。但是,若这些物质排放量过大,超过了环境的承受负荷,便会转变为污染物。

(2)污染物会在环境中发生转化,即具有易变性。

污染物进入环境后并非一成不变,它们会发生一系列复杂的物理、化学或生物的反应生成其他物质,生成的新物质可能危害更大,但也可能无害或毒性减轻。如,人体吸收的硝酸盐会转变成毒性更大的强致癌物——亚硝酸盐;汞转变成甲基汞或亚甲基汞后毒性增强;一些污染物(如农药)通过生物体降解后毒性降低。不同污染物共存时,相互间会发生加和、协同、颉颃等作用使毒性增大或降低。

3. 污染物的分类

污染物可有多种分类方法,按《中国大百科全书·环境科学卷》的方法可作如下分类:

(1) 按污染物的来源分　可分为自然来源和人为来源的污染物。

(2) 按受污染物影响的环境要素分　可分为大气、水体和土壤污染物等。

(3) 按污染物的形态分　可分为气体、液体和固体污染物。

(4) 按污染物的性质分　可分为化学、物理和生物污染物。化学污染物又可分为无机和有机污染物;物理污染物又可分为噪声、微波辐射、放射性污染物等;生物污染物又可分为病原体、变应原污染物等。

(5) 按污染物在环境中物理、化学性状的变化分　可分为一次和二次污染物。

此外,为了强调某些污染物对人体的有害作用,还可划分出致畸物、致突变物和致癌物、可吸入的颗粒物以及恶臭物质等。

二、优先污染物

由于有毒物质品种繁多,不可能对每一种污染物都制定控制标准,因而提出在众多污染物中筛选出潜在危险大的作为优先研究和控制对象,称之为优先污染物(priority pollutant)。

1988 年我国初步提出水中优先污染物黑名单,共 14 类 68 种。14 类分别是:挥发性卤代烃、苯系物、氯代苯类、多氯联苯、酚类、硝基苯类、苯胺类、多环芳烃类、酞酸酯类、农药、丙烯醛、亚硝胺类、氰化物、重金属及其化合物。

三、持久性有机污染物

持久性有机污染物(persistent organic pollutants,POPs),指一类具有半挥发性、难降解、高脂溶性等理化性质,可进行远距离甚至全球尺度的迁移扩散,并通过食物链在生物体内浓缩积累,对人体和生态环境产生毒性影响的有机污染物。如 DDT、PCB 等。

POPs 的主要环境特点是:持久性、生物累积性、长距离运输和生物毒性。首批列入《关于持久性有机污染物的斯德哥尔摩公约》受控名单的 12 种 POPs 是:①有意生产:有机氯杀虫剂(滴滴涕、氯丹、灭蚁灵、艾氏剂、狄氏剂、异狄氏剂、七氯、毒杀芬);②有意生产:工业化学品六氯苯和多氯联苯;③无意排放:即工业生产过程或燃烧产生的副产品二噁英(多氯二苯并-p-二噁英)、呋喃(多氯二苯并-呋喃)。

四、环境内分泌干扰物

环境内分泌干扰物(environmental endocrine disruptors,EEDs),又叫环境激素,是指那些由于人类活动而释放到环境中,且能干扰生物体正常激素功能,引起内分泌紊乱,使生殖机能失常的化学物质,也称为"环境荷尔蒙"、"外因性内分泌干扰物质"。

环境内分泌干扰物包括二噁英(TCDD)、二氯二苯氯乙烷(DDT)、多氯联苯(PCBs)、石棉、汞、镉及其化合物、苯乙烯、聚碳酸酯塑料等有害物质。

五、持久性有毒物

上述持久性有机污染物(POPs)仅指有机化合物,但是,环境中具有持久性、生物累积性、长距离运输和生物毒性的污染物不一定只是有机物。因此,提出了"持久性有毒物(persistent toxicity substances,PTS)"的定义,它是对 POPs 定义的丰富和发展。环境中的 PTS 主要有 POPs 和重金属两大类。

联合国环境规划署(United Nations Environment Programme,UNEP)制定的持久性有毒化学污染物(PTS)清单目前包括 27 种有毒化学污染物:①艾氏剂(Mdrin);②氯丹(chorldane);③滴滴涕(DDT);④狄氏剂(Dieldrin);⑤异狄氏剂(Endrin);⑥七氯(heptachlor);⑦六氯苯(hexachlorobenzene);⑧灭蚁灵(mirex);⑨毒杀芬(toxaphene);⑩多氯联苯(PCBs);⑪二噁英(dioxins);⑫多氯苯并呋喃(furans);⑬十氯酮(chlordecone);⑭六溴二苯(hexabromobiphenyl);⑮林丹(六六六,HCH);⑯多环芳烃(PAHs);⑰多溴二苯醚(PBDE);⑱氯化石蜡(chlorinated paraffins);⑲硫丹(endosulphan);⑳阿特拉津(atrazine);㉑五氯酚(pentachlorophenol);㉒有机汞(organic mercury compounds);㉓有机锡(organic tin compounds);㉔有机铅(organic lead compounds);㉕酞酸酯(phthalates);㉖辛基酚(octylphenols);㉗壬基酚(nonylphenols)。

这些污染物在全球普遍存在,具有生物累积性、难以降解、可远距离传输、致癌致突变性和内分泌干扰等特性,它们所引起的环境与健康问题已经引起国际环境保护组织、各国政府和民众的高度关注。

六、持久性生物累积性有毒污染物

我们关注环境污染物,最重要的是应关注其生物效应。虽然持久性有毒物和持久性有机污染物一样,具有生物累积性,但这两种命名都没有从字面上显示出"生物累积"。因此,人们提出了一个更完整的定义"持久性生物累积性有毒污染物(persistent bioaccumulative & toxic chemicals,PBTs)",特别强调了该类物质的"生物累积性"。表 1-1 列出了目前确定的 PBT 物质清单,它和 PTS 有些类似。

表 1-1 现有确定的 PBT 物质清单

类别	PBT 物质			
	Stockholm 公约规定的 12 种 POPs(2000 年)		除 12 种 POPs 外,其他公约/政策列入的 PBTs	
	中文名称	英文名称	中文名称	英文名称
农药	滴滴涕[2,3,4]	DDT	林丹[2]	hexachlorocyclohexane(HCH)
	艾氏剂[2,3,4]	Aldrin	十氯酮[2]	chlordecone
	氯丹[2,3,4]	chorldance		
	狄氏剂[2,3,4]	Dieldrin		

续表

类别	PBT 物质			
	Stockholm 公约规定的 12 种 POPs（2000 年）		除 12 种 POPs 外,其他公约/政策列入的 PBTs	
	中文名称	英文名称	中文名称	英文名称
农药	异狄氏剂[2,3]	Endrin		
	七氯[2,3]	heptachlor		
	灭蚁灵[2,3,4]	mirex		
	毒杀芬[2,3,4]	toxaphene		
	六氯苯[1,2,3,4]	hexachlorobenzene（HCB）		
有机工业品	多氯联苯[1,2,3,4]	polychlorinated biphenyls（PCBs）	六溴联苯[2]	hexabromobiphenyl
	六氯苯[1]	hexachlorobenzene（HCB）	氯化石蜡（短链）[3]	chlorinated paraffins（short-chain）
			十氯苯乙烯[4]	octachlorolatyrene
重金属工业品			碱基铅[4]	alkyl-lead
			汞及汞化合物[4]	mercury and mercury compounds
非故意副产物	多氯二苯并-p-二噁英[2,3,4]	polychlorinated dibenzo-p-dioxin（PCDDs）	多环芳烃[2]	polycyclic aromatic hydrocarbons（PAHs）
	多氯二苯并-呋喃[2,3,4]	polychlorinated dibenzo-furans（PCDFs）	苯并[a]芘[4,5]	benzo[a]pyrene
	六氯苯[1]	HCB		
	多氯联苯[1]	PCBs		

注:[1]六氯苯和多氯联苯同时也被公约列为非故意副产物;[2]列在 UNCEC-LRTAP-POPs（1988）控制名单中;[3]列在加拿大 TSMP 优先控制 PBTs 清单之中（1995）;[4]列在美国 EPA 首批优先控制 12 类 PBTs 污染物清单之中（1998）;[5]"苯并[a]芘"属于"2"中"多环芳烃"中之一。（刘建国等,2003）

七、挥发性有机物

根据世界卫生组织（WHO）的定义,挥发性有机物（volatile organic compounds,VOCs）是指沸点在 50~200 ℃、室温下饱和蒸汽压超过 133.32 Pa 的一系列易挥发性化合物,成分为烃类、氧烃类、含卤烃类、氮烃及硫烃类等,主要来源于石油、化工、建材、橡胶、油漆等行业。据美国环境保护署（EPA）的预测,全球工业 VOCs 产生量高达 1.45×10^5 t/a。

八、剂量

给予机体的或机体接触的外源化学物数量称为剂量（dosage）。毒理学常用的剂量概念如下:

1. 安全浓度

生物与某种污染物长期接触,仍未发现受害症状,这种不会产生受害症状的浓度称为安全浓度(safe concentration)。

2. 最大无作用浓度

未能观察到任何损害作用的最高剂量称为最大无作用浓度(maximal no-effect level)。

3. 最小有作用浓度

能使生物体开始出现毒性反应的最低剂量称为最小有作用浓度(minimal effect level)。

4. 效应浓度

在某一期限内导致某一特殊反应的毒物浓度称为效应浓度(effective concentration, EC)。可以用 EC_{50}、EC_{70}、EC_{90} 分别代表在该浓度下有 50%、70%、90% 的个体出现特殊效应。

5. 致死浓度

一次染毒后引起受试动物死亡的浓度称为致死浓度(lethal concentration, LC)。致死浓度分绝对致死浓度、半数致死浓度和最小致死浓度等(指一次染毒后引起受试动物个别死亡的浓度)。

可以用 LC_{50}、LC_{70}、LC_{90}、LC_{100} 分别代表毒害致死 50%、70%、90%、100% 的个体的阈值。有人把一周内甲基汞的致死阈值定在 0.2 mg/人(按 0.003 3 mg/kg 计);总汞量周致死阈值是 0.3 mg/人(按 0.005 mg/kg 计);镉的周致死浓度是 0.4～0.5 mg/人(按 0.006 7～0.008 3 mg/kg 计);铅的周致死浓度是 3 mg/人(按 0.05 mg/kg 计)。

第二节 植物对污染物的吸收与迁移

一、植物对污染物的吸收

(一) 植物对气态污染物的黏附和吸收

随着大气污染的加剧,大气中充斥着各种有害气体,如 SO_2、NO_x、光化学烟雾、飘尘、降尘等,使大气质量降低。

植物能黏附和吸收气态污染物。植物黏附污染物的数量,主要决定于植物表面积的大小和粗糙程度等。例如,云杉、侧柏、泪松、马尾松等枝叶能分泌油脂;杨梅、榆、朴、木槿、草莓等叶表面粗糙、表面积大,具有很强的吸滞粉尘的能力;女贞、大叶黄杨等叶面硬挺,风吹不易抖动,也能吸附尘埃。而加拿大杨等叶面比较光滑、叶片下倾、叶柄细长、风吹易抖动,滞尘能力较弱。

据研究,几种针、阔叶树种截获粉尘的数量是:山毛榉 5.90%,橡树 7.15%,鹅耳枥 7.92%,白蜡 8.68%,花楸 9.99%,白桦 10.59%,杨 12.80%,刺槐 17.58%,松 2.32%,落叶松 4.05%,云杉 5.42%。叶片吸附粉尘,能减少空气中含尘量,再经雨水淋洗后,又能重新吸附粉尘(王焕校,1990)。

氟化物是一种积累性的大气污染物,能通过叶片气孔或茎部皮孔进入植物体。气孔是叶片吸收污染物的主要部位。SO_2 伤害植物的过程首先是通过气孔进入叶片后,被叶肉吸收,高浓度的 SO_2 可导致植物气孔张开和关闭的机能瘫痪。光化学烟雾的主要成分之一——臭氧,能进入气孔损害叶片的栅栏组织。

(二) 植物对水溶态污染物的吸收

植物吸收污染物的主要器官是根,但叶片也能吸收污染物。

1. 水溶态污染物到达植物根(或叶)表面

水溶态的污染物到达根表面,主要有两个途径:一条是质体流途径(mass flow),即污染物随蒸腾拉力,在植物吸收水分时与水一起到达植物根部;另一条是扩散途径(diffusion),即通过扩散而到达根表面。如在土壤中,重金属的扩散一般遵循 Fick 的第二法则,它的平均扩散距离为:

$$L = \sqrt{2Dt}$$

式中,D:扩散系数(cm^2/s);t:时间(s)。

土壤中重金属离子的扩散系数为:Zn^{2+},$3 \times 10^{-10}\ cm^2/s$;$Mn^{2+}$,$3 \times 10^{-8}\ cm^2/s$。如用上述公式求算 100 d 内 Zn^{2+} 和 Mn^{2+} 移动的平均距离,则 Zn^{2+},$L = 7.2 \times 10^{-2}\ cm = 0.72\ mm$;$Mn^{2+}$,$L = 7.2 \times 10^{-1}\ cm = 7.2\ mm$。

结果证明两种重金属移动速率(扩散)是很慢的,只是靠近根部的重金属才能通过扩散作用到达根表面。可见,污染物主要通过质体流途径到达根表面。

到达根表面的污染物不一定被植物根所吸收。植物吸收土壤中污染物的种类和数量除决定于土壤特性、污染物的种类和数量外,还决定于植物的特性。

环境中有机污染物占有一定比重。特别是近年来农药在农业生产中的大量施用,使植物面临一个新的生活环境,植物对有机污染物的吸收与迁移也就成了许多研究者关注的对象。

大量的农药被喷施在植物叶片上。叶片对农药的吸收经两种途径进行,即气孔吸收与角质层吸收。农药喷施在茎叶表面时,药液在植物叶面的附着性能是影响药效的重要因素。表面活性剂能显著降低水溶液的表面张力,因而可极大地改善药液在植物叶面的附着性(由振国等,1994)。

刘支前等(1998)研究了表面活性剂对草甘膦(一种灭生性除草剂)在蚕豆叶面吸收的影响。结果发现,不加任何表面活性剂时,草甘膦药液不能直接经气孔吸收;添加 5 g/L 的常规表面活性剂 MON 0818 或 Triton X - 45 均不能诱导气孔吸收;而添加 5 g/L 的有机硅表面活性剂 Silwet L - 77 后,草甘膦的气孔吸收率可达 85.4%(表 1 - 2)。但同时又发现,气孔吸收草甘膦的程度与表面活性剂的浓度、植物种类、光照强度和水分状况密切相关,如对于小麦叶片,即使添加 5 g/L 的 Silwet L - 77,其气孔的吸收率亦不足 20%。

表 1 - 2　草甘膦在蚕豆叶片上的气孔吸收

表面活性剂	吸收率/%	表面活性剂	吸收率/%
草甘膦(对照)	0.3 ± 0.5	+5 g/L Triton X - 45	1.2 ± 0.7
+5 g/L MON 0818	0.7 ± 0.3	+5 g/L Silwet L - 77	85.4 ± 3.5

(刘支前等,1998)

2. 水溶态污染物进入细胞的过程

植物的细胞壁是污染物进入植物细胞的第一道屏障,在细胞壁中的果胶质成分为结合污染物提供了大量的交换位点。Wierzibika(1987)指出:从溶液中吸收的铅首先沉积在根表面,然后以非共质体(apoplast)方式扩散进入根冠细胞层。在根的成熟区域,在皮层细胞壁和表皮细胞壁都可发现铅的沉积。彭鸣等(1989)的研究也证明(图 1-1),玉米根吸收的铅大量沉积于细胞壁,说明植物最初对铅的迅速吸收主要靠细胞内自由空间的非代谢性扩散运动。在环境中,当铅浓度较低和刚开始吸收时,铅首先是被细胞壁吸附,与细胞壁上带有负电荷的"道南"牢固结合。当这种结合达到平衡后,才有粗颗粒的铅沿细胞壁的水分自由空间沉积、迁移。同时从电镜相片上可看到(图 1-2),当外界铅浓度相当大时,也有部分细颗粒铅透过细胞壁,穿过质膜进入细胞质中。这说明细胞壁、质膜是铅进入细胞内部的障碍。由于它们的保护,铅较难进入细胞内部。因而,这也是细胞对重金属的一种排斥机制。

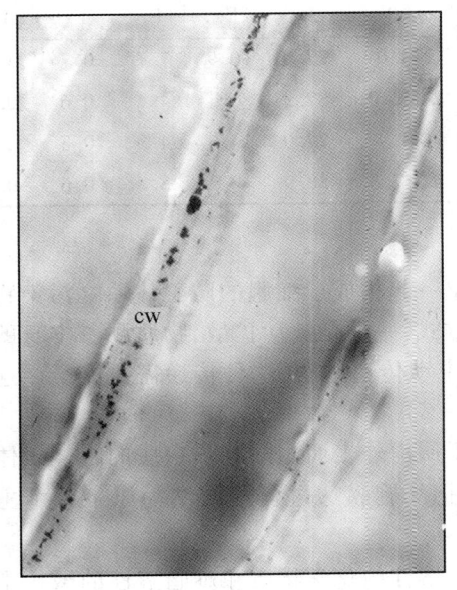

图 1-1　500 mg/L Pb 处理玉米 5 d,沿根的细胞壁沉积的铅
(×15 000,CW:细胞壁)
(彭鸣等,1989)

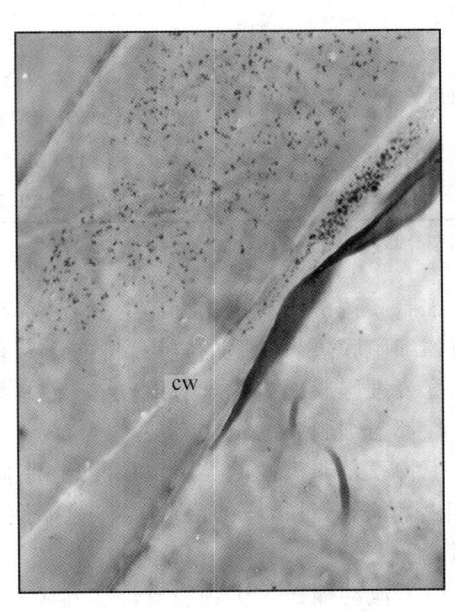

图 1-2　500 mg/L 铅处理 5 d,玉米根细胞中细胞壁及进入细胞质中的铅
(×10 000,CW:细胞壁)
(彭鸣等,1989)

除了细胞壁的吸附、非共质体沉积的方式吸收重金属外,重金属可以透过质膜在细胞内积累已被很多实验所证实。Weigel(1979)和 Fujita(1985)的实验表明,大豆等植物中镉的亚细胞分布,大约70%的镉沉积在细胞质部分,只有8%~10%结合到细胞壁及其他细胞器中;杨居荣等(1993)研究了镉、铅在植物细胞内的分布,也得到了类似结果。镉以可溶性成分所占比例最大,为45%~69%,而铅则以沉积于细胞壁成分占绝大比例,可达77%~79%,可溶性成分仅与0.2%~3.8%,如表1-3、表1-4所示。(表中F_1为细胞壁及未破碎残渣,F_2是细胞核为主的成分,F_3为线粒体成分,F_4为核蛋白成分,F_5为可溶性组分)。

表 1-3　黄瓜、菠菜细胞各组分 Cd 的含量及分配率

植物	部位	鲜组织各组分含 Cd 量/($\mu g \cdot g^{-1}$)						Cd 的分配率/%				
		F_1	F_2	F_3	F_4	F_5	合计	F_1	F_2	F_3	F_4	F_5
黄瓜	茎叶	5.52	0.97	1.05	1.00	7.21	15.74	35.0	6.1	6.7	6.3	45.8
	根	107.30	13.71	11.22	0.21	152.81	285.2	537.6	4.8	3.9	0.1	53.6
菠菜	茎叶	0.28	0.03	0.02	0.03	0.79	1.13	23.9	2.5	2.0	2.2	69.4
	根	44.36	40.63	18.52	4.55	85.43	193.48	22.9	21.0	9.6	2.2	45.2

（杨居荣等，1993）

表 1-4　黄瓜、菠菜细胞各组分 Pb 的含量与分配率

植物	部位	鲜组织各组分含 Pb 量/($\mu g \cdot g^{-1}$)						Pb 的分配率/%				
		F_1	F_2	F_3	F_4	F_5	合计	F_1	F_2	F_3	F_4	F_5
黄瓜	茎叶	210.9	29.9	21.0	1.8	10.4	274.0	77.0	10.9	7.7	0.7	3.8
	根	2481.5	200.7	124.3	16.1	19.3	2842.0	87.3	7.1	4.4	0.6	0.7
菠菜	茎叶	151.5	28.0	8.4	1.5	5.0	194.4	77.9	14.4	4.3	0.8	2.5
	根	4636.0	235.5	304.1	29.7	12.0	5217.3	88.9	4.5	5.8	0.6	0.2

（杨居荣等，1993）

细胞膜调节物质进出细胞的过程，它与细胞壁一起构成了细胞的防卫体系。污染物通过植物细胞膜进入细胞的过程，目前认为有两种方式：一种是被动扩散，物质顺着本身的浓度梯度或细胞膜的电化学势流动；一种是物质的主动传递过程，这种传递需要能量。这两种过程都与细胞膜的结构有关。

生物膜是非极性的类脂双层膜，在脂质双分子层内外表面镶嵌着蛋白质的特异载体分子，正常情况下对物质的吸收具有选择性。Park 把细胞膜透过机理归纳为以下几个主要方面：

（1）流动输送　生物膜有许多孔隙和细孔，水溶性的化学物质和难脂溶性的微粒子化合物随水流通过细胞膜。如果水溶性和难脂溶性化合物的粒子直径在 8.4 nm 以上就不能通过膜。

（2）脂质层受控扩散　脂溶性化合物受这类扩散的影响。脂溶性化合物在水中扩散是以乳液状态存在，当与生物体膜接触，部分脂溶性化合物溶解在细胞膜中，借助于扩散作用而进入细胞内。脂溶性化合物进入细胞的速度受水-生物膜之间的分配系数与相对分子质量制约。若分配系数相同，则相对分子质量愈小，通过速度愈快。

（3）媒介输送与能动载体输送　担任化合物输送任务的是生物膜内的载体，它使化合物在生物体内得以输送。促使媒介输送的能量为浓度比（扩散）；促使能动载体输送的能量来自生物化学作用。因此，前者称为被动运输（passive transport），后者被称为主动运输（active transport）。后者的运输如：

$$CW + (C \underset{K_2}{\overset{K_1}{\rightleftharpoons}} CW \cdot C \overset{扩散}{\longrightarrow} CW \cdot C \overset{K_3}{\longrightarrow} C) + Cf$$

生物膜

［CW：水中的化合物；C：载体；CW·C：化合物与载体形成的复合载体；Cf：化合物］

有人认为这种载体是一种蛋白质(或分子),载体和某些物质结合,由于变构作用将离子或化合物转移到膜内,然后吸收能量,恢复原状,卸下离子。这种作用的能量来自 ATP 分解过程中释放出的能量。

张笑一等(1997)认为,在有机体对阳离子的吸收中,一些重金属离子便可能通过电荷相同、电子构型相似、离子半径相近的必需金属离子的吸收途径进入有机体内。对于一些能迅速形成金属有机化合物的重金属,由于对细胞膜的亲和性,比二价离子更容易通过细胞膜,有机体对这类化合物的选择性就更低。另外,生物大分子众多配位点中的"软碱"(配位原子电负性小,半径大,易给出电子的分子或离子,如 S^{2-}、—SH 等),与属于"软酸"(正电荷较少,半径较大,外层电子被束缚较松而易变形的阳离子)及"中界酸"(性质界于"软碱"与"软酸"之间)之间的亲和作用,也是重金属进入有机体的重要渠道。

植物细胞能对环境胁迫进行适应性调节,从而在一定范围和程度上阻止有害物质进入细胞(罗立新等,1998)。但如果污染物毒性强使膜脂中不饱和脂肪酸氧化降解(即脂质过氧化),产生多种自由基如脂过氧自由基 LOO·,脂氧自由基 LO·和脂自由基 L·,小分子产物如丙二醛(MDA),就能引起多种细胞功能的损伤(刘晓麒等,1994)。

农药经气孔或角质层进入植物体后,一般能被植物体消解,从而减轻了对植物体的毒害。杨培苏等(1998)在北京和沈阳两地研究了烟嘧黄隆在玉米和土壤中的残留分析和消解动态,结果如表 1-5。

表 1-5 烟嘧黄隆在玉米植株中的消解动态

年份 地点	距施药时间 /d	植株中残留量 /(mg·kg^{-1})	消解率/%	回归方程及相关 系数(r)	半衰期 /d
1995 北京	0	7.770			
	1	5.653	27.25	$C = 7.691e^{-0.428t}$	1.62
	3	2.142	72.43	$r = -0.997$	
	5	0.641	91.75		
	7	0.462	94.05		
1995 沈阳	0	9.820			
	1	8.527	13.17	$C = 7.180e^{-0.376t}$	1.84
	3	3.940	59.88	$r = -0.930$	
	5	0.380	96.13		
	7	0.187	98.10		

(杨培苏等,1998)

许多研究结果表明,若按常规施用,经植物吸收的农药能被降解,在植物体内的积累作用不大。有关植物体对农药的解毒机理在本书以后章节有详述,在此从简。

3. 污染物透过细胞膜过程的物理化学解释

植物吸收环境中的污染物有两种方式,一种是细胞壁等质外空间的吸收;一种是污染物透过细胞质膜进入细胞的生物过程。

污染物透过细胞膜的过程,可以用物理化学的原理进行解释:

(1)不带电荷分子的跨膜扩散 假设分子从膜一侧通过膜进入另一侧的速度为 v,则 $v = PA(C_1 - C_2)$

式中,P 为膜的扩散系数;A 为脂质区域的面积;C_1 为膜外侧的溶质浓度;C_2 为膜内侧的溶质浓度。

另有研究表明,溶质分子在有机相的溶解度与膜对溶质分子的透性相关;溶质分子的大小也是一个非常重要的因素,它能影响溶质的扩散系数 D,即 $D = D_0 Mr^{-1.22}$

式中,D_0:单位分子质量的溶质扩散系数;Mr:相对分子质量。

溶质分子进入细胞的速度受水-生物膜之间的分配系数和相对分子质量制约,具有相同分配系数而又有较小相对分子质量的溶质则通透性较快。

(2) 带电离子的跨膜扩散 金属离子(或水合离子)从膜的一侧进入膜时,则要从介电常数较高的水溶液进入介电常数较低的类脂双层膜,这要克服很高的位垒。根据两相(水相和脂质相)中 Gibbs 自由能的变化,可得到金属离子在水溶液中和磷脂双分子层间的分配系数:

$$K = \frac{C_{mem}}{C_{water}} = \exp\{[\mu_i^0(w) - \mu_i^0(m)]/RT\}$$

式中,C_{mem} 为膜相中金属离子浓度;C_{water} 为水相中金属离子浓度;$\mu_i^0(w)$ 为水溶液中的标准化学势;$\mu_i^0(m)$ 为磷脂膜表面的标准化学势;R 为气体常数;T 为绝对温度。

在 1.01×10^5 Pa、298 K 时,K^+ 的分配系数为 $10^{-44.6}$,其他金属离子的分配系数更小。离子的电荷与半径是决定分配系数的重要因素。仅仅靠扩散,金属离子是很难进入和通过生物膜的。

一般说来,金属离子跨膜的运输是需要能量的。跨膜运输有两种方式:其一是顺电化学梯度的被动运输,能量主要来源于产生并保持膜两侧的电化学梯度;其二是逆电化学梯度的主动运输。促进离子运输的驱动力是化学势、电位差及其具有电特性的力如摩擦力等。

(3) 离子被动运输 污染物被动运输与膜两侧建立的电化学梯度和膜的通透性紧密相关。

① 离子运输:通过膜的金属离子的通量根据 Nernst-Planck 方程可得:

$$J_i(x) = -D_i\left(\frac{dC_i}{dx} + \frac{Z_i C_i F}{RT} \times \frac{d\Phi}{dx}\right)$$

式中,J_i 为物质 i 在距离膜表面 x 处的流量;C_i 为离子 i 的浓度;Z_i 为离子 i 的电荷;D_i 为离子 i 的扩散系数;Φ 为电位;F 为法拉第常数;R 为气体常数。

过膜的扩散电位 $\Delta\Phi = (-2.3RT/ZF) \times \lg(C_i/C_w)$

其中,Φ、F、R 同上式;Z 为离子所带的电荷数;C_i 为膜内离子的浓度;C_w 为膜外离子的浓度。

根据实验结果可知,在低浓度状态下,金属离子(或水合离子)也很难进入细胞。

细胞膜对金属离子的运输存在两种观点(Bonting 和 Depont,1981)。一种观点认为膜上存在着载体(carrier),包括载动载体和扩散载体。离子 M 与载体的结合有两种:一是金属离子与载体在膜表面结合(不同相反应),复合物通过膜,金属离子在膜另一侧被释放;二是金属离子与载体在同一水相中相结合,复合物进入膜,然后在膜另一侧水相中分离。另一种观点认为膜上存在着通道(达维多夫 A.C.,1990),膜上不仅存在着允许水分子通过的小孔(6^{-11} nm,占膜面积的 0.06%),而且存在着直径等于或超过离子直径的较大的孔。

② 促进运输:环境中的配体及生物大分子与重金属离子结合对其迁移能力有很大影响。金属离子所带电荷越小,亲脂性越大,就越容易透过生物膜。如 CH_3Hg^+ 在细胞上的通透性大于 Hg^{2+},而 $(CH_3)_2Hg$ 的通透性又大于 CH_3Hg^+。此外,重金属离子与膜的配体的亲和力也有很大影响。

Chapel 等研究膜对离子选择性转运后发现,在溶液中没有缬氨霉素的情况下,类脂双分子层的电阻率是 $10^7 \sim 10^8 \ \Omega/cm^2$,它比典型生物膜的电阻率 ($10 \sim 10^4 \ \Omega/cm^2$) 要高几个数量级。一旦加入少量缬氨霉素(约 10^{-7} g/mol),脂类双分子层的电阻率下降了5个数量级。对于其他一些抗生素的研究也得到类似的结果。

(4) 主动运输　就是指离子或分子发生一定距离的转运或相当大量的转运,而这种转运又是不服从扩散定律或电化学平衡定律的。这种过程只有从外部输入能量才能发生。利用前面讲过的 Nernst 公式,可以判断一个转运过程究竟是主动的还是被动的。

Nernst 公式表示膜两侧的电势差与膜内外同一种物质的化学势的关系:

$$\Delta \Phi = -(2.3RT/ZF) \times \lg(C_i/C_w)$$

假定 T 为 20 ℃,则上式可简化成: $\Delta \Phi = (-58/Z) \times \lg(C_i/C_w)$,若温度为 25 ℃,则式中的数字为 59。

只要在膜的两侧某种离子能够建立真正的平衡(例如不形成沉淀或衍生物),而且这种离子能够自由地透过膜(在两个方向透过的情况相同),就可以利用上述公式来判断是否发生了离子的积累或排出(即主动转运)。用超微型的电极和灵敏的电位计测定膜两侧的电位差 $\Delta \Phi$,同时用微量化学方法测定细胞内外某离子的浓度。假设这些数据不符合 Nernst 公式,那就必定是发生了主动运输,或是离子的积累,或是排出。通常的判定方法是,通过测定膜外离子的浓度及植物根内部与外界溶液之间的电位差,然后根据 Nernst 公式得出膜内离子浓度的计算值,最后把该值与膜内离子浓度的实测值进行比较。如果实测值与计算值相等或接近,就是没有发生主动运输;如果实测值大于计算值,则表示发生了这种离子的主动累积;如果实测值小于计算值,则表示发生了离子的主动排出。

二、污染物在植物体内的迁移

从根表面吸收的污染物能横穿根的中柱,被送入导管。进入导管后随蒸腾拉力向地上部移动。一般认为穿过根表面的无机离子到达内皮层可能有两种通路:第一条为质外体(apoplast)通道,即无机离子和水在根内横向迁移,到达内皮层是通过细胞壁和细胞间隙等质外空间;第二条是共质体(symplast)通道,即通过细胞内原生质流动和通过细胞之间相连接的细胞质通道(图 1-3)。

彭鸣等(1989)用扫描电子显微镜与 X 线显微分析的结果证明(表 1-6),不同重金属在玉米根内的横向迁移方式不同。镉主要是以共质体方式在玉米根内横向迁移,铅主要以质外体方式在玉米根内移动。在根的横切面不同组织中,铅的分布有差别。根的皮层组织中铅的积累最高,进入中柱后,铅的净积分和相对含量明显降低。在中柱内部,木质部薄壁组织积累了较多的铅,导管中相对较少。对根的横切面进行铅峰线扫描时得到进一步证实,见图 1-4。从该图可知:在皮层,特别是在内皮层外侧,积累了大量的铅;进入中柱,铅

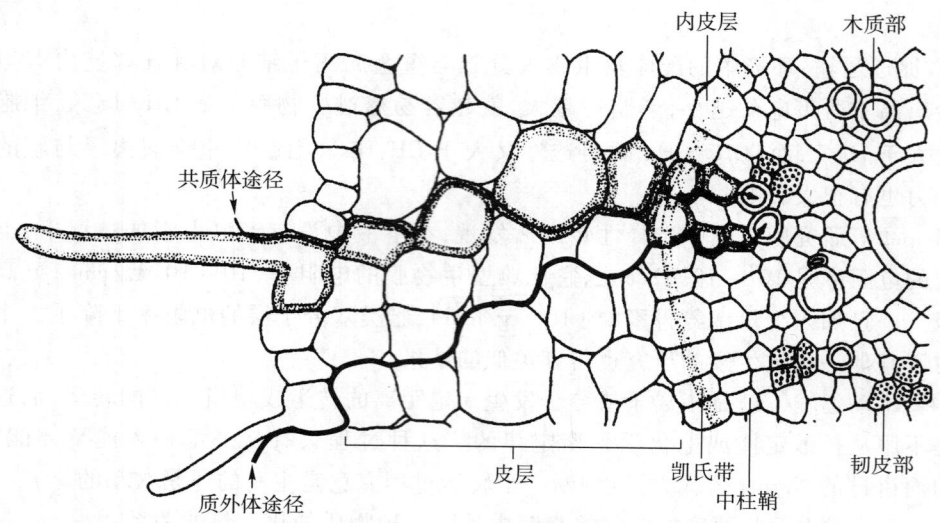

图1-3 穿过根表面的无机离子到达内皮层的两种通路(Salisbury 和 Ross,1992)

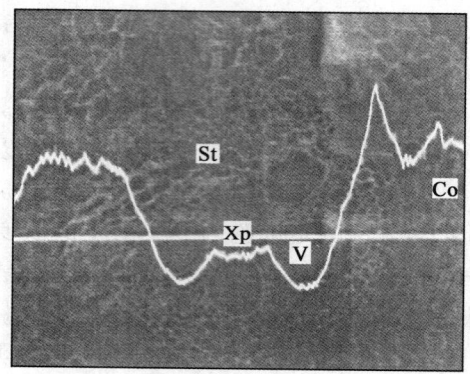

图1-4 1 000 mg/L 铅处理 5 d 后,X 线显微分析对玉米根横切面的 Pb 线扫描图像
(Co:皮层;St:中柱;V:导管;X_p:木质部薄壁组织)(彭鸣等,1989)

表1-6 不同质量浓度 Pb^{2+} 处理玉米 5 d 后 X 线显微分析结果

质量浓度/(mg·L^{-1})	组织	计数净积分[①]	相对含量/%
对照	根	0	0
100	皮层	57	24.5
	中柱	56	11.43
	导管	13	4.08
	木质部薄壁组织	24	6.83
500	皮层	272	31.51
	中柱	48	13.49
	导管	43	11.93
	木质部薄壁组织	140	31.88
1 000	皮层	541	53.46
	中柱	228	40.61
	导管	580	39.79
	木质部薄壁组织	580	39.79

①铅的含量除去背景值的 X 线强度得净积分。(彭鸣等,1989)

含量突然降低;在中柱内部,在导管处形成峰谷;木质部薄壁组织处铅峰略有升高。因此,可以认为铅主要以质外体方式在玉米根内横向移动。因为从皮层到中柱,铅浓度存在明显的梯度,即沿表皮到中柱铅的浓度下降,表明扩散是限制共质体运输的主要因子。同时从铅定位的电镜照片上也可看到(图1-1),铅主要沉积在细胞壁。这充分说明铅进入根表面后,由于凯氏带的阻挡,只能通过胞间连丝进入中柱,因而进入中柱的量大大减少。通过胞间连丝进入中柱的铅,在中柱共质体内运动。铅在导管中相对较少,在木质部薄壁组织中较多,这说明木质部薄壁组织具有主动吸收、积累离子的能力。Pitman等(1971)早就发现木质部薄壁组织能主动分泌离子进入导管。

镉的迁移有不同于铅的特点。从表1-7看,在10 mg/L和25 mg/L镉处理的玉米幼苗根内,镉在根皮层的积累较低,而进入中柱后镉含量却大为增加。在中柱内部,导管中镉的含量明显高于木质部薄壁组织。但在50 mg/L镉处理时,其积累表现为皮层高于中柱。从表中还可看出从根表皮到根中柱内镉的离子浓度上升。这表明主动运输过程是主要的。在外界浓度不高时,镉通过质膜进入细胞,在细胞质流的帮助下,逐个细胞迁移直至进入导管。此时根的皮层细胞起着原始积累作用,而中柱在镉的径向运输中起着主动吸收、积累的作用;而在较高浓度区,镉可以质外体形式迁移(Cuteler,1974),也可以通过质膜大量被动渗透,在细胞内扩散。

表1-7 不同Cd^{2+}处理5 d后X线显微分析结果

质量浓度/(mg·L^{-1})	组织	净积分[①]	相对含量/%
对照	根	0	0
10	皮层	18	7.02
	中柱	30	15.03
	导管	17	8.12
	木质部薄壁组织	4	1.82
	叶	3	0.86
25	皮层	18	4.24
	中柱	45	13.92
	导管	21	12.58
	木质部薄壁组织	24	7.69
	叶	8	2.28
50	皮层	78	12.64
	中柱	36	6.04
	导管	30	14.50
	木质部薄壁组织	61	9.75
	叶	50	2.8

①镉的含量除去背景值的X线强度得净积分。(彭鸣等,1989)

污染物可以从根部向地上部运输,通过叶片吸收的污染物也可从地上部向根部运输。

不同的污染物在植物体内的迁移、分布规律存在差异。由于污染物具有易变性,可通过不同的形态和结合方式在植物体内运输和储存。根吸收的部位不同,向地上部移动的速率也有差异。如小麦根尖端 1~4 cm 区域吸收的离子最易向地上部转移,由更成熟的部位吸收的离子,移动速度就慢得多。向地上部移动还和植物的发育阶段有关,禾谷类在抽穗前 10 d 左右吸收的离子最易向地上部转移。王焕校等(1990)在水稻不同发育阶段施硝酸铅,结果表明拔节期施铅的地上部含铅量最高。

此外,土壤或培养液中离子浓度的高低,能直接影响离子的运输速率。浓度过高时,离子向地上部运输的速率相应变小。土壤中离子浓度高低还影响离子的形态。根据导管分泌液的电泳实验证明,在高浓度的 Ni 影响下,分泌液中除含有众多的有机复合物外,还存在离子态 Ni。这是因为在根部没有足够多的有机物和重金属离子结合而使部分 Ni 保持离子态进入导管。若浓度更高,根的组织被破坏,以离子态进行移动的比例就更高。简言之,环境中重金属元素浓度低时,则以络合成有机络合物的形态迁移,并按第二种通路进行高效移动;在高浓度情况下,是以游离的离子态形式存在,主要是按非代谢的第一种通路移动。当离子进入内皮层中柱周围的细胞内,就会在这里沉积,使移动速率变慢。

很多研究结果表明,根是植物吸收重金属的主要器官,大量的重金属分布在根部。流动性大的元素则可向上运输到茎、叶、果实中。杨居荣等(1994)对农作物耐 Cd 性的种间差异研究结果表明,粮食作物对 Cd 的耐性普遍高于蔬菜类(表 1-8),在一般情况下,作物吸收 Cd 量及自根部向地上部的转运比率是决定其耐受性的重要机制。吸收量相对较低,并且大部分累积在根部,较少向地上部移动的作物,耐受性相对较强;反之易向地上部输送的作物,耐受性差。Cd 在几种蔬菜中的分配规律:小白菜是根 > 地上部分;萝卜是地上部分(叶) > 直根;莴苣是根 > 叶 > 茎;辣椒和豇豆的食用部分(果实),镉含量较其他营养器官低;萝卜和莴苣的食用部分分别为肉质根和肉质茎,在植株中含镉量相对较低,较少受到污染的影响。植物对 Cr 的吸收和迁移能力比 Hg、Cd 弱得多,作物中各部位的含量一般是根 > 茎叶 > 子粒(陈英旭等,1994);水稻根部吸收的铅分布于根部的占 90%~98%,分布于糙米的仅占 0.05%~0.5%(周泳等,1993);不同元素在水稻体内迁移、积累特性不同,Zn、Cd 迁移能力强,Pb、As 大部分积累在根部,难于向地上部迁移(王新等,1997)。

表 1-8 不同作物对 Cd 的吸收、蓄积能力

作物	植株各部位含量/($\mu g \cdot g^{-1}$)			单位组织吸收量 /($\mu g \cdot g^{-1}$)	地上部吸收量所占比例(%)
	根	茎	叶		
旱稻	335.590	196.327	168.587	204.670	54.10
大豆	657.491	21.801	15.336	61.280	27.69
冬小麦	270.761	46.173	27.900	55.065	49.77
小黑麦	424.658	112.442	54.693	105.117	53.94
玉米	217.704	50.430	36.891	73.389	58.50
水稻	396.447	212.708	182.782	219.836	64.52
油菜	947.907	56.902	92.307	114.431	69.05
菜豆	510.664	65.447	33.191	68.689	54.46

续表

作物	植株各部位含量/($\mu g \cdot g^{-1}$)			单位组织吸收量/($\mu g \cdot g^{-1}$)	地上部吸收量所占比例(%)
	根	茎	叶		
笋	260.660	163.184	78.603	111.248	77.23
黄瓜	883.893	53.803	82.796	93.165	67.41
番茄	458.753	80.294	121.548	112.850	71.01
韭菜	234.503	94.279(茎和叶)		135.754	48.91

(杨居荣等,1994)

重金属的物理形态不同,植物对其吸收、迁移的方式也不同。有研究表明,植物可吸收大气汞,也可吸收土壤汞。当植物汞源于气汞时,其地上部汞含量高于根部;源于土壤汞时,则根汞高于地上部汞(王定勇等,1998)。

尽管很多实验表明重金属主要分布在植物根部,但还可以通过导管向上迁移到叶片。

有研究发现,在较低质量浓度的铅处理时(100 mg/L 处理玉米 5 d),玉米叶肉细胞内只沉积少量铅;而经高质量浓度的铅处理(1 000 mg/L 时),在叶片维管束内的导管中有大量铅沉积。在透射电镜下,发现铅主要沉积在导管壁上,导管内沉积的铅量较少,还发现从导管向外直到周围的叶肉细胞,铅的沉积量大为减少(彭鸣等,1989)。叶肉细胞壁的部分铅进入细胞后,沿叶绿体外膜沉积,少数进入叶绿体,沉积在类囊体上。因此,铅主要通过木质部导管到达叶片。进入叶导管的铅跨过维管束鞘,进入叶肉细胞;在叶肉细胞中沉积的铅,有一部分通过筛管进入可食部分。有实验证明,豆科植物根吸收的锌经导管输送到成熟叶片,经沉淀后,有一部分进入筛管而运到可食部分。而水稻的锌经根的导管上升似乎是通过茎节直接转移到筛管,再转移到幼嫩器官。

叶片吸收的重金属也能向下移动。王焕校等(1985)模拟大气污染(Pb)的试验,用不同浓度的硝酸铅涂在蔬菜(白菜、萝卜、莴苣)叶片上,证明叶片中的铅能向下移动。以莴苣为例,设正常条件为对照组的土壤、根、肉质茎和叶片中含铅量为100%,则在施加不同质量浓度的硝酸铅后,各部位铅增加量见表 1-9。

表 1-9　用硝酸铅涂莴苣叶片后各部位铅的增加量　　　　单位:%

处理	土	根	肉质茎(可食部分)	叶片
对照	100	100	100	100
500 mg/L PbNO$_3$	12.1	12.6	59.5	2 814
2 000 mg/L PbNO$_3$	9.5	34.2	826.5	13 663
3 000 mg/L PbNO$_3$	2.6	102	939.4	17 664

(王焕校,1990)

第三节　动物对污染物的吸收与迁移

包括人体在内的动物体都能吸收和迁移污染物。与植物细胞不同,动物细胞缺乏细胞壁,因此细胞膜起着更大的屏障作用。

一、污染物通过动物细胞膜的方式

污染物通过动物细胞膜的方式有两大类:被动运输与特殊转运。被动运输又包括简单扩散和滤过作用;特殊转运又可分为载体转运、主动运输、吞噬和胞饮作用。可见,这些方式与植物体有类似之处,体现了生物膜结构与功能的高度统一。下面简要介绍吞噬和胞饮作用。

某些固态物质与细胞膜上某种蛋白质有特殊亲和力,当其与细胞膜接触后,可改变这部分膜的表面张力,引起细胞膜外包或内凹,将固态物质包围进入细胞,这种方式称为吞噬作用;如吞食细胞外液的微滴和胶体物质(即液态物质,特别是蛋白质)也可通过这种方式进入细胞称为胞饮作用。

二、动物体对污染物质的吸收

动物对污染物的吸收一般是通过呼吸道、消化道、皮肤等途径。

1. 经呼吸道吸收

空气中的污染物进入呼吸道后通过气管进入肺部,其中直径小于 5 nm 的粉尘颗粒能穿过肺泡被吞噬细胞所吞食;部分毒物如苯并[a]芘、石棉、铍等能在肺部长期停留,会使肺部致敏纤维化或致癌;部分毒物运至支气管时刺激气管壁产生反应性咳嗽而吐出或被咽入消化道。肺泡总面积约 55 m^2,是皮肤的 40 倍。肺泡上皮细胞膜对脂溶性、非脂溶性分子及离子都具有高度的通透性。因此当肺泡中吸入的污染物达到一定量,容易进入血液并很快引起中毒。当然,肺泡壁有丰富的毛细血管网,能起到部分解毒的作用。

NO_2 通过呼吸道时与 SO_2 相比,很少停留在上呼吸道,而从下呼吸道侵入肺的深部。在 0.5~5.0 mg/L 时,人体在正常呼吸状态下,能摄取吸入量的 80% 以上,最大呼吸时可达 90% 以上(Wagner,1970)。用 0.3~0.9 mg/L[13] NO_2 对猴子进行试验,证明有 50%~60% 分布在肺内部,且不久通过血液向肺外移动。

动物对臭氧和 SO_2 的吸收各有其特点。根据 Yokoyama(1972) 和 Frank(1969) 等对狗的实验证明,低流量经鼻吸入时,SO_2 摄入率(气管上部)几乎为 100%,而臭氧仅 72%。高流量经口吸入时,两者的摄取率都有很大程度下降,但臭氧的摄取率更低。这至少可说明在同一呼吸条件下,臭氧到达下呼吸道的程度要比 SO_2 大。这可能和两者对水的溶解度不同有关(35 ℃时,100 g 水可溶解 SO_2 6.47 g,臭氧仅 0.000 77 g),因此吸入臭氧可能损伤支气管末梢。

大多数汞化合物的挥发性很高,特别是金属汞蒸气气压高,易通过呼吸道进入体内。金属汞在呼吸过程中很难被呼吸道黏膜吸附、阻拦,易达肺部。实验证明,动物肺泡吸收率可达 50%~100%,人体可达 75%~85%。有机汞也易从呼吸道进入肺部,如给小鼠蒸熏二甲基汞 45 s,小鼠就可吸收 50%~80%,这说明肺泡有极高的吸收率。

2. 经消化道吸收

消化道是动物吸收污染物的主要途径,肠道黏膜是吸收污染物的主要部位之一。整个消化道对污染物都有吸收能力,但主要吸收部位是在胃和小肠,一般情况下主要由小肠吸收,因小肠黏膜上有微绒毛,可增加吸收面积约600倍。

肠道吸收量因污染物化学形态不同而有很大差异。例如甲基汞和乙基汞被肠道的吸收量远高于离子态汞。因为有机汞是脂溶性,能随脂类物质被消化道吸收,其吸收率达95%以上;而肠道对无机汞中的离子态和金属汞的吸收率在20%以下,人体为1.4%～15.6%,平均为7%。Hg^{2+}不易为肠壁吸收,主要是易与氨基酸(特别是含硫氨基酸)形成络合物,不易被吸收,即使进入肠道上表皮细胞的Hg^{2+}也容易随细胞的脱落与粪便一起排出体外。镉在呼吸道的吸收率为10%～14%,消化道为5%～10%。

肠道吸收可因某种物质的存在而加强或减弱。当投予甲基汞时,若存在足够的半胱氨酸就会促进肠道黏膜上的氨基酸特别是半胱氨酸的主动运输。利用半胱氨酸与甲基汞的结合,就能增加肠道对甲基汞的吸收(高桥,1974)。乙醇对肺泡吸收汞有抑制作用,这是因为组织内金属汞转变为无机离子态汞要经过氧化酶的作用,而乙醇能阻碍氧化酶的氧化。

3. 经皮肤及其他途径的吸收

皮肤是动物体对污染物吸收的一道重要防卫体系,它由表皮和真皮构成。表皮又分为角质层、透明层、颗粒层和生发层;真皮是表皮下一层致密的结缔组织,又分为乳头层和网状层。

经皮肤吸收一般有两个阶段。第一阶段是污染物以扩散的方式通过表皮,表皮的角质层是最重要的屏障;第二阶段是污染物以扩散的方式通过真皮。

三、污染物在动物体内的迁移与排出

镉有1/3～1/2蓄积在肝和肾,影响人体健康。肠道吸收的镉,首先输送到肝,促进肝中金属硫蛋白的合成;同时,与金属硫蛋白结合的锌相置换。长期投予镉的动物,其肝中的大部分镉与金属硫蛋白结合。镉以某种机理进入血液,血浆中的镉大都与高相对分子质量蛋白质结合,再输送到肾外的其他器官。在红细胞中,与血红蛋白或与金属硫蛋白结合的镉因不易通过红细胞膜,因而难以完成从肝输送到其他器官的作用而为肾小球过滤。被肾小管吸收的镉蛋白结合体,在肾小管内被异化,或重新合成金属硫蛋白。肾皮质中的大部分镉,与金属硫蛋白结合。

进入血液中的汞化合物是以和红细胞或血浆中的蛋白质结合的形式向各组织转移,但无机离子态汞与低级烷基汞有明显不同。投入甲基汞后积累在红细胞中的比例,小鼠为75%～95%,大鼠为95%以上,家兔和猴子为90%以上(Norseth,1970;Berlin,1963;Nordberg,1971)。在大鼠皮下注射无机离子态汞,注射24～48 h后,被红细胞所接收的约为全血的20%。

低级烷基汞对膜的渗透性也高,容易通过红细胞膜。进入红细胞中的甲基汞可能和谷胱甘肽这类低相对分子质量物质结合。汞在体内迁移,血浆可作为主要途径,红细胞直接参与金属在组织内的迁移。

无机离子态汞在肾内积累的最多,其次是肝、脾、甲状腺。血液中的汞浓度变动较大,刚投入时很高,但比其他组织减少得快。

接触汞蒸气后,被吸入体内的金属汞都被氧化成无机离子态汞,因而分布几乎遍及脏器。金属汞极易通过血脑屏障而到达脑中枢,进入后很快被氧化为 Hg^{2+},就很难从脑中排出。

有关动物排出污染物的机理,目前尚不清楚,但由于粪便中含有剥离的肠膜,证明可以从消化道直接排出。通过胆汁向消化道排出也是主要途径之一,认为胆汁中的汞结合了胆汁中特异的高相对分子质量蛋白质。低级烷基汞从尿中排出量少,对人而言,从粪便排出约为尿排出量的 10 倍。在排出汞之前的转移过程中,有机汞已产生脱烷基化,因此粪便中排出的汞大部分是无机汞。尿中的汞是由肾小管排出,其中 6%~25% 是无机汞,并随时间的推移有增加的趋势。

粪和尿以外的排出途径还有乳汁、呼气、毛发等。

第四节 微生物对污染物的吸收

微生物是分布广、种类多、繁殖快、生存能力强的一大类生物,正是由于其本身的这些特点,有实验表明微生物对污染物有着很强的吸收与分解能力。利用这一性质,在环境污染的治理过程中已筛选出一批优良的微生物品种。

一、微生物细胞吸收污染物的机理

污染物连接到微生物细胞壁上有 3 种作用机制:离子交换反应、沉淀作用和络合作用。大多数微生物都具有结合污染物的细胞壁,细胞壁固定污染物的性质和能力与细胞壁的化学成分和结构有关。革兰氏阳性菌的细胞壁有一层很厚的、网状的肽聚糖结构,在细胞壁表面存在的磷壁酸质和糖醛酸磷壁酸质连接到网状的肽聚糖上。磷壁酸质的磷酸二酯和糖醛酸磷壁酸质的羧基使细胞壁带负电荷,具有离子交换的性质,能与溶液中带正电荷的离子进行交换反应。革兰氏阴性菌的细胞壁中,两层膜之间只有很薄的一层肽聚糖结构,因此,一般说来它们固定污染物的量比较低。

另外,细胞的能量转移系统在物质转运过程中不能区分电荷相同的是否为代谢所需物质,所以一些污染物可能随代谢必需物进入微生物细胞(黄淑惠,1992)。

黄淑惠(1991)研究发现,芽枝状枝孢(*Cladosporium cladosporioides* AS 3.3995)在最适 pH 和温度下,具有对 Au^{3+} 的最大吸附量 140 mg/g(干重)。电镜观察表明,Au^{3+} 在细胞壁的表面慢慢还原为不溶的元素金(Au^0),并沉积在细胞壁和菌丝的横隔上。

据报道(牛慧等,1993),能吸附铅的微生物有蕈状芽孢杆菌(*Bacillus mycoides*)、小刺青霉(*Penicillium spinulosum*)、长木链霉(*Streptomyces longwoodensis*)、产黄青霉(*P. chrysogenum*)等。

二、影响微生物吸收污染物的因素

培养液的 pH、培养时间、污染物的浓度、培养温度等都能影响微生物吸收污染物。黄淑惠(1991)的研究表明,芽枝状枝孢吸附 Au^{3+} 的最适 pH 是 5 以下,该范围内吸附率都在 97% 以上,随 pH 升高,吸附率降低(图 1-5);细胞和含 Au^{3+} 溶液接触 5 min,吸附率达到

87.5%,随时间延长,吸附率增加较慢(图1-6);Au³⁺浓度越低,吸附速度越快(图1-7);温度在30~50℃时,对吸附作用无影响,低于20℃,吸附率略有降低。

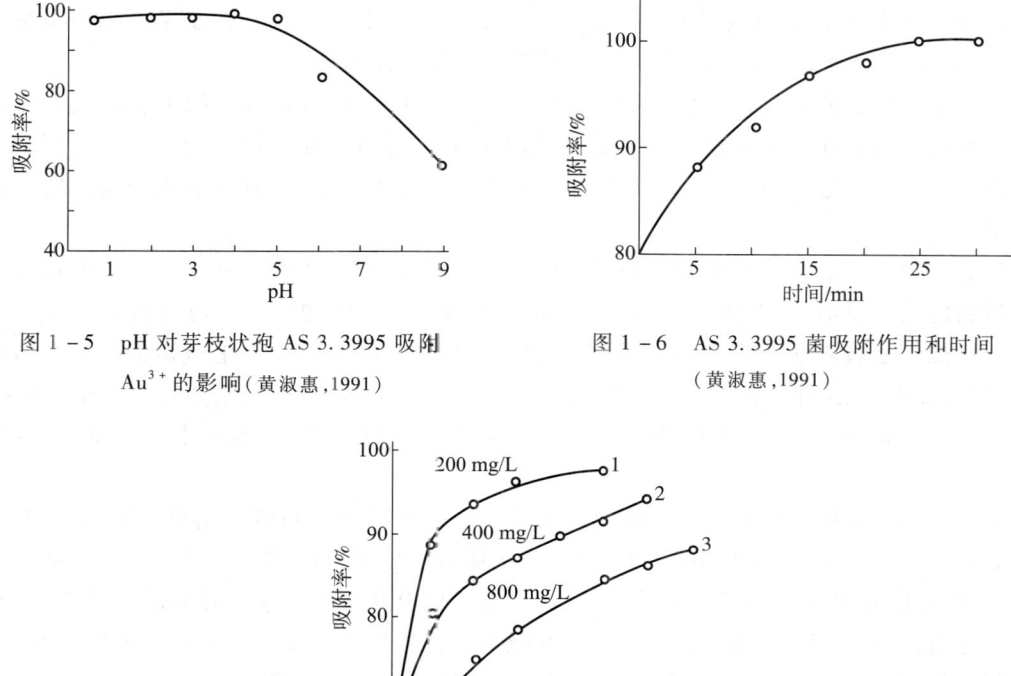

图1-5　pH对芽枝状孢AS 3.3995吸附 Au³⁺的影响(黄淑惠,1991)

图1-6　AS 3.3995菌吸附作用和时间 (黄淑惠,1991)

图1-7　Au³⁺的质量浓度对吸附作用的影响(黄淑惠,1991)

第五节　影响植物吸收、迁移污染物的因素

影响植物吸收、迁移污染物的因素很多,主要决定于植物种的生物学、生态学特性、污染物的种类、形态以及外界环境等特点。

一、植物种的生物学、生态学特性

不同植物种对污染物的吸收、积累量差异很大。例如,蕨类植物吸收镉的量特别多,体内含镉量可高达1 200 mg/kg;双子叶植物吸镉量也相当高,如向日葵、菊花体内含镉量可高达400 mg/kg和180 mg/kg;单子叶植物含镉量比双子叶植物少。在酸性土壤中,石松科植物的铺地蜈蚣($Palhinhaea\ cernua$)、石松($L.\ clavatum$)、地刷子($L.\ complanatum$)、野牡丹科的野牡丹($Melastoma\ candidum$)、铺地锦($M.\ dodecandrum$)能富集大量的铝,有的竟高达1%以上(占干重),而酸性土上生长的其他植物只有0.05%。

Peterson(1971)指出,生长在含硒土壤上的黄芪(*Astragalus* sp.)灰分中硒的含量可高达 15 000 mg/kg,而伴生的牧草却小于 0.01 mg/kg,两者相差高达 100 万倍;生长在汞矿山上的纸皮桦(*Betula papyrifera*)含有 1 150 mg/kg 的汞;蛇纹岩土壤上的十字花科植物 *Alyssum bertonii* 灰分中含有高达 5%～10% 的镍;在含钴的土壤上生长的野百合(*Crotalaria cobalticola*)灰分中含有 1.8% 的钴,被认为是至今含钴最高的植物。

生态型之间的差异也很明显。把生长在冶炼厂的木槿属(*Hibiscus*)的种和生长在非污染区的种同时栽种在含铅量相同的土壤上,结果前者比后者的吸铅量要少得多。这是因为生长在污染区的生态型在生理、生化和遗传上发生相应的变化,形成与环境相适应的抗铅生态型。

生态类型之间对污染物吸收的差异比较复杂。吴玉树等(1983)研究了水生维管植物对水体铅污染的反应,表明各种植物吸收、富集铅的能力与植物的生态习性有关。沉水植物整个植株都是吸收面,相对吸收量就比浮水、挺水植物高。湿生、沼生植物吸收重金属量比中、旱生植物少是因为它们生长在终年淹水的还原性土壤环境中,重金属多与硫化物等结合、沉淀,植物不易吸收;中生、旱生植物的土壤处于氧化状态,重金属多呈离子态,容易被吸收。

同一植物的不同部位吸收污染物也有差异。许皖菁等(1998)研究结果表明,第一叶位桑叶表面吸氟变化幅度($9.13\ \mu g/dm^2$)明显大于第五叶位桑叶($4.24\ \mu g/dm^2$),这可能与它处于桑树顶端,较易受环境因素影响有关,而第五叶位桑叶由于上面叶片的阻挡作用,其吸附氟变化量明显减少。而第二、三、四叶位的吸附氟积累情况不存在显著性差异。并且,大气氟化物暴露剂量、降水、气温、日照因素都能影响植物叶片的氟吸附量。

沈阳林业土壤研究所对稻苗吸收培养液中镉的速度测定如表 1-10 所示。从表中可以看出,稻苗在水溶液中经过 8 h 后,植株根系积累了镉,而地上部含量极微。随着处理时间的增加,植株地上部能积累一定量的镉。但是,经过 5 d 后,绝大部分的镉(约 86%)仍然积累在根部。

表 1-10　稻苗吸收镉的速度　　　　　　　　单位:脉冲/分/50 mg 干物

处理时间	地上部吸收速度	地下部吸收速度
8 h	6[①]	236
24 h	28	570
3 d	210	2 017
5 d	315	2 715

①未超过本底。(陈铨荣和石英,1978)

水稻不同生育期对土壤中的镉的吸收量差别很大,如表 1-11。从表中可以看出,如以成熟期每盆植株吸收的总镉量为 100 计,则在抽穗开花期以前吸收的镉量就占整个生育期吸收总镉的 91%。抽穗开花期以后,虽然植株还能吸收土壤中一定量的镉,但其吸收速度极缓慢,只占整个生育期吸收总镉量的 9%。试验结果表明,水稻植株对土壤中镉的吸收,绝大部分是在营养生长期。

表 1-11　水稻不同生育期对镉的吸收

生育期	吸收镉总量/($\mu g \cdot 盆^{-1}$)	柜对比较(以成熟期为100)
分蘖期	0.23	0.1
抽穗开花期	32.0	91.1
灌浆期	33.13	94.2
成熟期	35.11	100

(陈铨荣和石英,1978)

二、污染物的种类及其形态差异

植物对有些元素容易吸收而对另一些元素很难吸收。例如,植物对 Cr、Hg、As、Cd 的吸收就说明了这一点(表 1-12)。同一元素的不同价态吸收系数差别很大。如水稻对 Cr^{3+} 的吸收系数平均值为 0.032,而对 Cr^{6+} 则为 0.056,可见对 Cr^{6+} 的吸收系数大于 Cr^{3+}。用同样浓度的 CdS、$CdSO_4$、CdI_2 和 $CdCl_2$ 灌溉水稻,这些化合物在糙米中积累率之比为 1:1.9:3.7:3.9,因为上述化合物在水中的解离常数是 $CdS < CdSO_4 < CdI_2 < CdCl_2$。

表 1-12　植物对几种元素吸收的比较

化学元素	岩石的克拉克值/(%)	陆生植物灰分平均含量/($mg \cdot kg^{-1}$)	生物吸收系数①	元素生物吸收序数
Cr	8.3×10^{-3}	5×10^{-4}	$0.0n$	微量摄取元素
Hg	8.3×10^{-6}	$n \times 10^{-6} \sim n \times 10^{-5}$	$0.n \sim n$	中度摄取元素
As	1.47×10^{-4}	5×10^{-4}	n	强度累积元素
Cd	1.3×10^{-5}	$n \times 10^{-4}$	n	强度累积元素

①生物吸收系数 = 植物灰分中某元素的含量/环境中某元素的含量。(王焕校,1990)

三、pH

土壤中绝大多数重金属都是以难溶态存在,它的可溶性受 pH 控制。pH 降低可导致碳酸盐和氢氧化物结合态的重金属溶解、释放;同时也趋于增加吸附态重金属的释放。如以氢氧化物、碳酸盐、磷酸盐等形态存在的镉为例,上述形态镉的溶解度与 pH 有如下的关系:

$Cd(OH)_2: \lg[Cd^{2+}] = 14.3 - 2pH$　　$Cd(CO_3)_2: \lg[Cd^{2+}] = 6.08 - \lg p_{CO_2} - 2pH$

从式中可以看出,镉离子浓度是随 pH 增加而减少。

Lexmond 对玉米根吸收 Cu^{2+} 和土壤 pH 关系的研究结果表明,它们之间有着如下的相关关系:$\lg[Cu^{2+}] = 4.8 - 0.72(p[Cu^{2+}] - 0.50pH)$。陈同斌(1998)研究也发现,小麦地上部吸 Cu 量与 pH 呈显著负相关,土壤 pH 升高一个单位,则植物吸 Cu 量减少 19 μg/盆。水体 pH 对沉积物镉、锌化学性质稳定性的影响,如图 1-8。从图可知,随 pH 升高,镉、锌趋于稳定;在低 pH 时,沉积物中生物可给态的水溶液和可交换态 Cd、Zn 的浓度有明显增加。不同的是还原态镉含量相对减少,且不受 pH 变化的影响。在酸性氧化条件下,镉的释放量远高于其他重金属的释放量。研究还指出,天然水体中胶体水合氧化物的吸附、共沉淀是控制沉积物中铅、锌释放的主要机制;而硫化物、有机物和碳酸盐结合态则是控制汞、镉释放的重要机制。在低 pH 氧化性水体中,这些组分结合的金属都易被释放,因此,也直接影响植物对金属的吸收,如表 1-13。从表 1-13 可看出,pH 影响莙荙菜对镉的吸收。

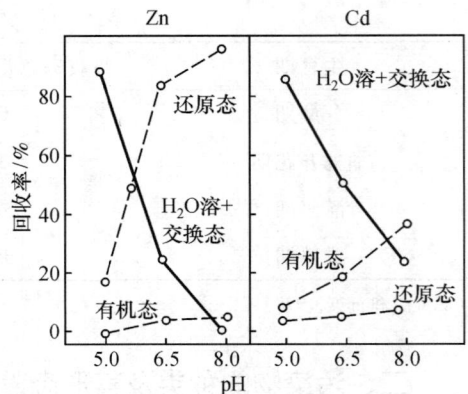

图 1-8 水体对沉积物中 Cd、Zn 化学稳定性的影响(Jeroml,1980)

表 1-13 不同 pH 影响莙荙菜对镉的吸收

投镉量/(mg·kg^{-1})	土壤 pH		
	4.5	5.2	7.4
	叶片干重含镉量/(μg·g^{-1})		
0	1.6	1.8	0.8
0.5	8.4	5.2	3.0
1.0	14.0	10.0	3.7
1.5	18.0	3.9	4.6
2.0	16.0	7.2	5.3

(王焕校,1990)

廖敏等(1998)研究了 Cd 在土水系统中的迁移特征,结果表明 pH 是重要的影响因素之一。随 pH 的升高,土壤对 Cd 的吸附率增大;在较低的 pH 下,四土样对镉离子的吸附率均较小,也就是说溶液中存在较多的游离态镉,易被生物吸收(图 1-9)。将不同 pH 下土壤吸附的镉离子用 0.1 mol/L CaCl$_2$ 进行解吸实验,结果如图 1-10。从图可看出,pH 6 以下,吸附态镉的解吸率随 pH 升高而增大;当 pH>6 时,解吸速度则迅速减少,即生物有效态镉的含量减少。

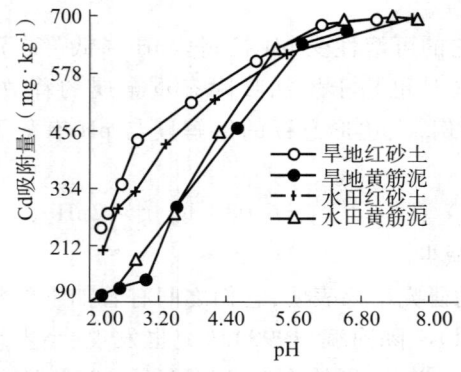

图 1-9 土壤对镉的吸附量与 pH 关系
(廖敏等,1998)

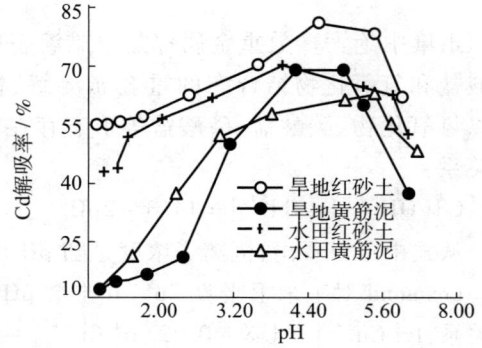

图 1-10 镉在不同 pH 下吸附后的解吸
(廖敏等,1998)

土壤 pH 能影响植物对农药的吸收。如 2,4-D 在 pH 3~4 的条件下,能分解为有机阳离子,而在 pH 6~7 的条件下解离为有机阴离子。前者为带负电荷的土壤胶体所吸附,后者为带正电荷的土壤胶体所吸附。

同一类农药,相对分子质量愈大,吸附的能力也愈强;在溶液中溶解度小的农药,土壤吸附能力也愈强。

四、氧化还原电位

重金属是过渡元素,在不同的氧化还原状态下,有不同的形态。

硫化物是重金属难溶化合物的主要形态,硫的氧化还原电位:

$$E_h = -0.139 + 0.0074 \times \lg \frac{[SO_4^{2-}]}{[\Sigma H_2S]}$$

随着 E_h 的降低,硫化物大量形成,土壤溶液中的重金属离子就减少。例如,在镉污染区,在水稻抽穗一周后,在不同氧化还原电位的条件下,对糙米含镉量的测定结果表明,氧化还原电位 416 mV 时,糙米含镉量为 165 mV 时的 2.5 倍。湿润条件下水稻根的含镉量为淹水条件下的 2 倍,茎叶是 5 倍,糙米是 6 倍。因为在淹水还原条件下,Fe^{3+} 还原成 Fe^{2+},Mn^{4+} 还原成 Mn^{2+},SO_4^{2-} 还原成硫化物,结果形成难溶的 FeS、MnS 和 CdS。

在含砷量相同的土壤中,水稻易受害,而对旱地作物几乎不产生毒害。这也是因为在淹水条件下易形成还原态的三价砷(亚砷酸),而旱地常以氧化态的五价砷存在。三价砷的毒性比五价砷高。

在不同氧化还原电位条件下,沉积物中重金属的结合形态可互相转化,如图 1-11。在还原条件下,有机结合态镉最稳定,但在氧化条件下,有机结合态镉则被转化为生物可利用的水溶态、可交换态或溶解络合态而释放到水中,并随氧化还原电位增大,释放量增多。

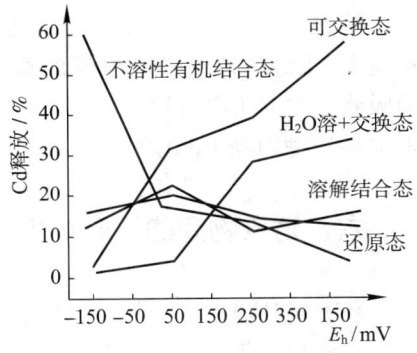

图 1-11 氧化还原电位对镉结合形态转化的影响(Jeroml,1980)

中国科学院沈阳应用生态所的研究结果也表明,土壤落干与淹水状况不同,致使糙米吸收量有明显差异(如表 1-14)。在重金属含量相同的情况下,落干土壤的氧化还原毫伏数高于淹水处理,引起糙米中重金属含量略有增高。并且在水稻不同生长发育期进行落干处理,影响也有差异。

表 1-14 水稻不同生育期落干处理土壤 E_h 变化及其对大米质量的影响

元素	临界值/(mg·kg^{-1})	处理	分蘖期/mV	拔节期/mV	乳熟期/mV	大米含量/(mg·kg^{-1})
Cd	3	落干	303	293	233	0.278
		淹水	234	281	224	0.145
Pb	500	落干	289	305	261	0.500
		淹水	255	270	255	0.225
Cr	100	落干	264	266	274	0.230
		淹水	258	261	266	0.210

(许嘉琳和杨居荣,1995)

如综合 E_h – pH 的关系,则金属元素形态与两者都密切相关。例如,锰在 pH 6～8 时水溶态锰的浓度取决于 E_h 和 pH,而在 pH 5 时,主要决定于 pH,E_h 影响不大。如表 1–15。

表 1–15　E_h – pH 体系中水溶态锰的浓度变化　　　　　　　　单位:mg·kg^{-1}

E_h/mV	pH 5.0	pH 6.5	pH 8.0
-200	13	4.7	2.7
0	15	5.9	0.5
+250	17	1.3	<0.1
+500	18	1.2	<0.1

(王焕校,1990)

五、土壤阳离子交换量

增加土壤有机质含量,提高土壤对阳离子的固定率,就能减少植物对镉等重金属的吸收。如加马粪的土壤固定率为 92.2%,不加的仅为 86.2%。在含镉量 50 mg/kg 的土壤中加入约为土重 5% 的马粪,头茬种小米,第二茬种冬小麦。加马粪的小米含镉量为 0.16 mg/kg,冬小麦子粒为 5.1 mg/kg;不加马粪的小米为 0.75 mg/kg,冬小麦子粒为 5.3 mg/kg。

植物根表面能与根际环境的重金属发生离子交换吸附,根表面与土壤溶液的离子交换量越大,重金属离子进入根部的概率也越大。徐红宁等(1994)的研究表明,作物根对 Cd 的吸收与根系 CEC 呈显著正相关;根系 CEC 大的豆科植物对 Cd 最敏感,而根系 CEC 小的禾本科作物耐受 Cd 的能力较强。

六、污染物间的不同效应

在现实环境中,单种污染物对生物体孤立作用的情况是比较少见的,在大多数情况下,往往是多种污染物对生物体产生复合污染。目前,复合污染生态学已引起广泛重视,但这方面的研究由于干扰因素多,存在着一定的困难。

一般而言,复合污染时污染物的联合作用方式有 4 种类型:

1. 相加作用

多种化学物质的混合物,其联合作用时所产生的毒性为各单个物质产生毒性的总和,称为相加作用(addition)。如丙烯腈与乙腈,稻瘟净与乐果等。如以死亡率(M)为指标,两种污染物毒性作用的死亡率分别为 M_1 和 M_2(下同),则联合作用的死亡率为 $M = M_1 + M_2$。

2. 协同作用

多种化学物质联合作用的毒性,大于各单个物质毒性的总和,称为协同作用(synergism)。如稻瘟净与马拉硫磷,臭氧与硫酸气溶胶等。作用公式为 $M > M_1 + M_2$。

3. 颉颃作用

两种或两种以上化学物质同时作用于生物体,其结果每一种化学物质对生物体作用的毒性反而减弱,其联合作用的毒性小于单个化学物质毒性的总和称为颉颃作用(antagonism)。如二氯甲烷与乙醇,铁和锰等。作用公式为 $M < M_1 + M_2$。

4. 独立作用

各单一化学物质对机体作用的途径、方式及其机理均不相同,联合作用于某机体时,在机体内的作用互不影响称为独立作用(independent joint action)。但常出现在一种有毒物质作用后使机体的抵抗力下降,而使另一种毒物再作用时毒性明显增强。作用公式为 $M = M_1 + M_2(1 - M_1)$ 或 $M = 1 - (1 - M_1) \times (1 - M_2)$。

水体或土壤中的无机元素,不仅会影响金属的氧化还原状态,而且还会与金属离子竞争悬浮物,它们或吸附在表层沉积物颗粒表面,或与金属离子竞争离子交换位点,降低颗粒表面的吸附能力,导致金属离子的释放。从图 1-12 可以看出,在 0.05% 的海水中,镉的释放率为 30%;在 0.5% 的海水中,可达 70%。

水体含盐量增加,促使沉积物中的重金属部分地释放出来,尤其是结合在颗粒表面离子交换位点上的重金属。其中汞、镉、镍、铅、锌的释放较显著;铬、铁、锰基本不被释放;镉的释放率高达 90% 以上。

水体含盐量增加,还会导致水合氧化物和有机物的絮凝、沉淀作用增强。已知氧化铁的吸附、共沉淀是去除溶解态重金属的重要作用机制,还会导致沉淀还原性的增强。

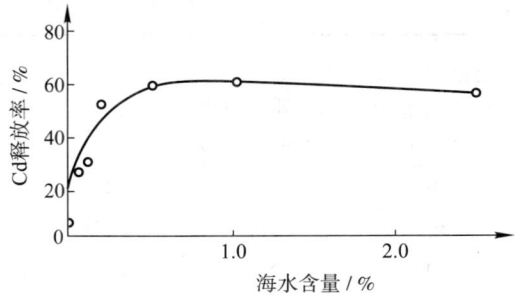

图 1-12 海水浓度对镉释放率的影响
(中村文雄和酒井道则,1977)

锌能颉颃凤眼莲对镉的吸收。未加锌时,1.0 mg/L 和 5.0 mg/L 镉处理 30 d,凤眼莲含镉量分别为 459.5 mg/kg 和 1 760.5 mg/kg;当加入 1.0 mg/L 锌后,凤眼莲的含镉量分别下降为 209.1 mg/kg 和 191.1 mg/kg,如图 1-13。但是,当镉质量浓度超过 5 mg/L 后再加锌,锌又能促进植物对镉的吸收。例如,10 mg/L 镉单独处理 30 d,凤眼莲的含镉量为 2 070.1 mg/kg,当加入 1.0 mg/L 锌后,镉的含量上升至 5 540.5 mg/kg。

同时,镉也能抑制植物对锌的吸收。对蚕豆研究表明(表 1-16),单独镉处理,蚕豆根中含锌量明显下降,二者呈明显的负相关

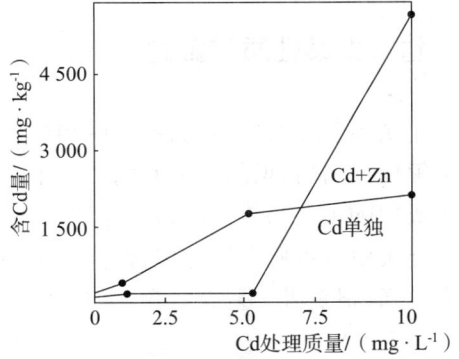

图 1-13 加锌前后,凤眼莲的镉含量与
镉处理质量浓度的关系(李森林等,1990)

($r = -0.97$),颉颃作用明显。在锌的任何组合中,只要再加入镉,都能降低根中含锌量。董慕新等(1992)对水稻的研究结果表明,在锌、镉共存时,植株中的锌减少而镉含量明显增加;缺锌时镉的吸收量增加,但缺锌加施镉则植株中的锌含量提高。

烟草对铅和镉的吸收,也受其他元素的影响。在相同铅质量浓度处理下,随土壤中含锌量增加,烟草吸收铅总量降低,具体表现在烟草根中铅的积累量及所占比率明显降低,而茎叶中铅含量的比率增加(表 1-17)。

表 1-16　镉、锌处理与蚕豆根中含锌量　　　　　　　　　　　　单位：mg·kg^{-1}

Cd＼Zn 根含锌量	0	2.5	5	10	20	200
0	325	450	700	1 375	1 650	6 100
0.5	290	260	310	300	360	1 285
2.5	290	210	210	210	210	970
12.5	210	160	200	175	250	700

（王焕校，1990）

表 1-17　Zn 对烟草吸收 Pb 的影响及器官中 Pb 所占比率

处理		质量浓度/(mg·kg^{-1})				比率/%		
Pb 质量浓度/(mg·L^{-1})	Zn 质量浓度/(mg·L^{-1})	叶	茎	根	总和	叶	茎	根
0	0	12.50	25.0	99.75	137.25	9.11	18.20	72.68
300	100	41.50	110.00	460.00	611.75	6.80	18.00	75.23
300	500	25.00	72.00	145.00	242.00	10.33	29.75	59.00
300	1 000	47.50	70.50	107.50	225.50	21.06	31.26	47.67
300	1 500	99.75	85.00	36.50	221.25	45.08	38.41	16.49

（李素英和王焕校，1990）

七、土壤性质的影响

土壤类型和特性不同，能影响植物根系对污染物的吸收。某些重金属常形成络合物，其溶解度提高后，增加根系对它的吸收。如 Hg^{2+}、Cd^{2+}、Pb^{2+}、Zn^{2+} 与羟基络合；氯与汞络合生成 $[HgCl_4]^{2-}$；铜与氨络合生成 $[Cu(NH_3)_2]^{2+}$ 都能提高其溶解度而增加根系的吸收。

土壤中有机质含量愈多，提供了更多的能沉淀、络合污染物的基团，从而对污染物吸附能力愈强，根系吸毒量就愈少。如以溶出系数代表可溶性元素的可给态量，其公式为：

$$溶出系数 = \frac{在一定 pH 时，土壤中重金属溶于水的量}{土壤中某种重金属的总量}$$

如 pH = 6.0，则如表 1-18 所示。

表 1-18　土壤质地和金属离子的溶出系数

黏粒/%	腐殖质/%	溶出系数			
		Cd	Cr	Cu	Pb
2.4	2.1	0.005	0.003 6	0.005 2	0.003 6
11.3	2.3	0.003 1	0.001 6	—	—
22.8	11.8	0.001 7	0.000 8	0.008	0.001 2
33.2	13.6	0.001	近于 0	0.002	0

（王焕校，1990）

不同类型的金属离子,被土壤吸附的数量、强弱是不同的。黏土矿物、蒙脱石和高岭石对金属离子吸附都有差异。金属离子被土壤胶体吸附是它们从液相转入固相的重要途径之一。金属元素若被吸附在黏土矿物表面交换点上,则较易被交换,如被吸附在晶格中,则很难被释放。

金属离子形成有机螯合物后,植物对它们的吸收主要取决于所形成螯合物的溶解性。Schnitzer报道,金属与腐殖酸的螯合物的水溶性取决于两者的比率,通常腐殖酸中的富里酸与金属之比大于2时,有利于形成水溶性的络合物,小于2时易形成难溶性络合物。在腐殖质组成中,胡敏酸和金属形成的胡敏酸盐除一价碱金属盐外,一般是难溶的。富里酸与金属形成的螯合物,一般是易溶的。据研究,重金属与腐殖质形成可溶性稳定螯合物,能有效地阻止重金属作为难溶盐而沉淀。腐殖质和 Fe、Al、Ti、U、V 等形成螯合物易溶于中性、弱酸或弱碱性土壤溶液中,使它们以螯合物形态迁移。当缺乏腐殖质时,便沉淀。

土壤对农药的吸附作用,有物理和物理化学吸附两类。其中主要是物理化学吸附(或称离子交换吸附)。土壤类型不同,植物从中吸收的有毒物质差异也很大(表 1-19)。

表 1-19 作物对各类土壤中残留农药的吸收率

作物	土壤	农药[①]	吸收率/%
胡萝卜	腐殖质	A+D	0.24
	黏土	A+D	26.15
	砂壤土	A+D	40
	砂质土	H+HO	70
甘蓝叶	砂壤土	林丹	0
	砂质土	林丹	22
	腐殖质	林丹	1

[①] A:艾氏剂;D:狄氏剂;H:七氯;HO:七氯环氧化物。(朱泮民和陈寒玉,2011)

根据土壤能吸附、螯合、络合污染物的特点,因此,可以从改良土壤入手以减少植物对污染物的吸收。王焕校等(1983)曾用施加腐肥的办法以减少萝卜对铅的吸收(表 1-20)。

表 1-20 腐肥与萝卜铅含量[①]

投加铅含量/(mg·kg^{-1})	与对照组相比较萝卜含铅量下降百分数/%
0	100
166.7	4.78
666.7	28.39
1 000	34.2
1 667	50.70

[①] 腐肥含量:有效氮 4%,有效磷 3%,K_2O 3%,腐殖酸 25%。(王焕校等,1983)

腐殖质与铅等重金属结合,主要是因为腐殖酸含有活性基团(如羟基、羧基、甲氧基、醌基)。这些活性基团具有亲水性、阳离子交换性,并具有较强的络合能力和较高的吸附性能,能使腐殖酸与重金属形成重金属-腐殖酸螯合物。例如,羧基腐殖酸对重金属结合具有以下两个特点:

$$R\genfrac{}{}{0pt}{}{COOH}{HO} + Me^{2+} \rightleftharpoons R\genfrac{}{}{0pt}{}{COO}{O}Me + 2H^+$$

$$RCOOH + \frac{1}{n}Me^{n+} \rightleftharpoons RCOO\frac{1}{n}Me^{n+} + H^+$$

添加腐殖质等土壤改良剂还能影响重金属形态的变化,进而影响植物的吸收。例如,在添加胡敏酸、石灰、钙、镁、磷等各种组合的改良剂后,与对照相比,代换态镉明显减少,残渣中的镉和碳酸盐结合态的镉有不同程度的增加,如表1-21。

表1-21 镉污染的土壤加不同改良剂后镉形态的变化[①]　　　　　单位:$mg \cdot kg^{-1}$

处理	全量	代换态		残渣		碳酸盐结合态		与铁镁氧化物结合		与有机物结合	
		Cd	%	Cd	%	Cd	%	Cd	%	Cd	%
对照	12.2	3.2	26.2	0.93	7.6	0.48	3.9	4.24	34.7	2.76	22.6
加石灰和Ca、Mg、P肥	7.4	0.8	10.8	0.775	10.5	1.41	19.1	3.12	42.1	1.24	16.8
加石灰和胡敏酸	7.5	1.0	13.3	1.2	16.0	1.22	16.2	2.44	32.5	1.12	14.9
加石灰7.2 g	9.7	2.12	21.85	0.8	8.2	0.48	4.9	4.64	47.8	1.74	17.9
加石灰9.6 g	10	2.28	22.8	0.8	8.0	0.40	4.0	2.72	27.2	2.72	27.2
加石灰24 g	10	2.12	21.2	0.93	9.3	0.48	4.8	2.96	29.6	2.72	27.2
加石灰60 g	10.5	1.84	17.5	1.2	11.4	0.60	5.7	3.24	30.8	2.72	25.9

①加石灰和Ca、Mg、P肥:每盆2.5 kg土,加石灰2 g,Ca、Mg、P肥4 g,折合每亩施石灰100 kg,Ca、Mg、P肥200 kg;加石灰和胡敏酸:每盆土2.5 kg,加胡敏酸8 g,折合每亩施石灰100 kg,胡敏酸400 kg;单加石灰者每盆为8 kg土。(孔庆新和吴燕玉,1984)

王新等(1995)研究了在复合污染土壤上加石灰与Ca、Mg、P肥处理对重金属迁移、积累的影响以及重金属对作物的效应,结果表明处理后可减少重金属向作物子实的迁移和积累,特别是对于Cd、Pb、As 3种元素。改性以后,水稻、小麦对Cd的吸收量比改性前降低了31.5%~55%。4种作物对铅的吸收量降低了23.4%~57.8%,Cu、Zn的吸收量略有降低。重金属在土壤中存在的形态发生了变化,Cd、Pb、Zn的交换态百分含量不同程度地有所减少,而碳酸盐结合态有所增加,即可被植物利用的有效态含量降低。傅显华(1995)的研究也发现,糖厂废渣白滤泥能明显提高土壤的pH,降低镉、铅活性,在抑制镉、铅进入植物体的效果最好,能代替石灰。林玉锁(1995)研究表明,土壤对重金属的缓冲能力与土壤中几种主要成分有关,这些成分对锌的缓冲能力的顺序为$CaCO_3$>氧化物>有机质。

八、根际微生物的作用

根际(rhizosphere)是根土界面不足 1 mm 到几毫米范围的微区土壤,是植物根系与土壤接触的微域环境。根际土壤的物理、化学和生物性质与非根际有显著差异。根际微生物与植物根系组成一个特殊的生态系统,可引起重金属在根际中的分布、迁移机制和生物有效性的改变,进而影响植物对重金属的吸收和积累。

植物对重金属的吸收能够通过 2 种相互增效的方法来提高:一种是通过微生物产生含 Fe 细胞、分泌生物表面活化剂及有机酸等来提高金属在土壤中的移动性,促进植物吸收高浓度的金属;另一种则主要通过与促进植物生长的根际细菌(plant growth promoting rhizbacteria,PGPR)和丛枝菌根真菌(arbuscular mycorrhizal fungi,AMF)关联性来提高植物的生物量,从而增加重金属的积累量。

Whiting 等研究表明,由于根际细菌 *Microbacterium saperdae*、蒙氏假单胞菌(*Pseudomonas monteilii*)和 *Enterobacter cancerogenes* 产生的一些促进锌溶解的化合物,根际土壤中的水溶性生物有效态锌浓度显著增加,从而促进了天蓝遏蓝菜(*Thlaspi caerulescens*)对锌的吸收,与对照相比,地上部锌浓度增加了 2 倍,总锌浓度增加了 4 倍。

真菌也能促进植物对重金属的吸收。毛亮等(2011)将耐 Pb 真菌绿色木霉菌(*Hypocrea virens*)和耐 Cd 真菌淡紫拟青霉菌(*Paecilomyces lilacinus*)的混合液接种在 Cd、Pb 复合污染时,能较好地促进龙葵根系对 Pb 和 Cd 的吸收(图 1-14)。

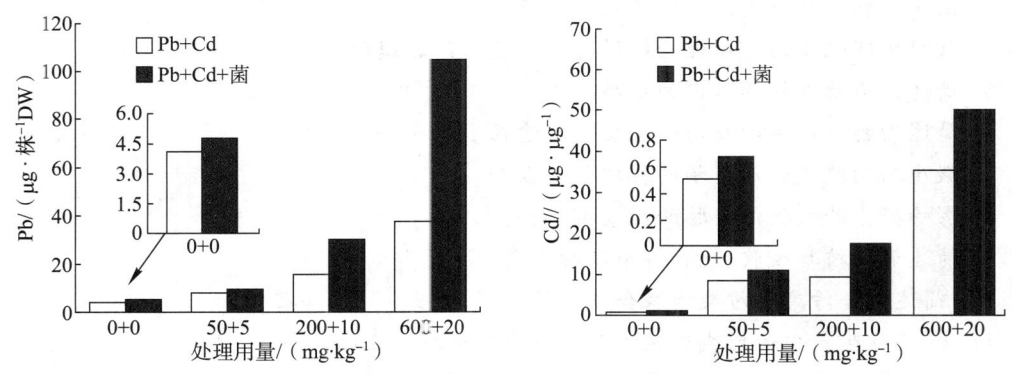

图 1-14　真菌对龙葵根系吸收 Pb、Cd 的影响
(毛亮等,2011)

丛枝菌根真菌也能增加植物对重金属的吸收。Leung 等(2006)从一个砷矿中分离到丛枝菌根真菌群落,并将其接种到蜈蚣草(*Pteris vittata*)中,发现蜈蚣草对砷的吸收增强。但是,Chen 等(2006)将 3 种丛枝菌根真菌(*Glomus mosseae*、*G. caledonium* 和 *G. intraradices*)分别接种于蜈蚣草,却发现对植物的砷吸收无影响。这可能是由于真菌种类的差异造成的。

小结

污染物是指进入环境后使环境的正常组成发生直接或间接有害于人类的变化的物质。根据研究的

第一章　生物对污染物的吸收和迁移

兴趣和关注点不同,从污染物中抽取的一小部分性质更为独特、对生态环境和人类健康危害更大的一部分物质进行重点研究,便出现了优先污染物、持久性有机污染物(POPs)、持久性有毒物(PTS)、环境内分泌干扰物(EEDs)、持久性生物累积性有毒污染物(PBTs)和挥发性有机污染物(VOCs)等概念。

剂量是毒理学研究中的一个重要概念,一般指给予机体的或机体接触的外源化合物数量。毒理学常用的剂量概念有安全浓度、最大无作用浓度、最小有作用浓度、效应浓度和致死浓度。

植物吸收污染物的主要器官是根,但叶片也能吸收污染物。根部对土壤溶液中污染离子的吸收过程可以分为4个步骤:①将离子吸附到根细胞表面;②离子通过自由空间(外部空间)进入皮层内部;③离子通过内部空间进入木质部;④离子进入导管。污染物的跨膜转运主要有被动转运(简单扩散、易化扩散)和主动转运。动物对污染物的吸收一般是通过呼吸道、消化道、皮肤等途径;污染物在植物体内迁移是通过维管系统,在动物体内迁移是通过循环系统。污染物连接到微生物细胞壁上有3种作用机制:离子交换反应、沉淀作用和络合作用。细胞壁固定污染物的性质和能力与细胞壁的化学成分和结构有关。

影响植物吸收、迁移污染物的因素很多,主要决定于植物种的生物学、生态学特性,污染物的种类、形态以及外界环境(pH、氧化还原电位、土壤阳离子交换量、污染物间的不同效应、土壤性质、根际微生物)等特点。

❓ 思考题

1. 何谓污染物?它具有哪些性质?如何分类?
2. 简述持久性有机污染物(POPs)、持久性有毒物(PTS)、环境内分泌干扰物(EEDs)和持久性生物累积性有毒污染物(PBTs)几个概念之间的联系与区别。
3. 简述植物对水溶态污染物的吸收过程。
4. 试用物理化学的有关理论解释污染物透过细胞膜的过程。
5. 简述污染物在植物体内的迁移方式。
6. 简述动物体对污染物质的主要吸收途径。
7. 微生物细胞吸收污染物的机理是什么?
8. 影响微生物吸收污染物的因素有哪些?
9. 简述影响植物吸收、迁移污染物的因素。
10. 简述复合污染时污染物联合作用的类型。
11. 在实际生产中如何减少植物对土壤中污染物的吸收?
12. 试比较动物、植物、微生物3种生物类型在吸收、迁移污染物的途径、机理方面的异同。

📖 建议读物

1. 彭鸣,等. 铅镉在玉米幼苗中的积累和迁移. 环境科学学报,1989,9(1):61-67.
2. 王焕校. 污染生态学基础. 昆明:云南大学出版社,1990.
3. 许嘉琳,杨居荣. 陆地生态系统中的重金属. 北京:中国环境科学出版社,1996.
4. Chaney R L. Plant uptake of inorganic waste constituents//Parr J F, Marsh P D, Kla J M. eds. Land Treatment of Hazadous Wastes. Park Ridge, NJ: Noyes Data Corporation. 1983, 50-76.

5. Meharg A A, Hartley-Whitaker J. Arsenic uptake and metabolism in arsenic resistant and nonresistant plant species. New Phytologist, 2002, 154:29 – 43.

推荐网络资讯

1. 中国持久性有机污染物信息网：http://www.china-pops.com/
2. 中国POPs科技网：http://www.china-pops.net
3. 浙江大学《环境生物学》国家级精品课程网站：http://www.jingpinke.com/course/details? uuid = eb3d2c31 - 127a - 1000 - 09f3 - b7b5f3b2d8d7&courseID = S0900147

第二章

生物富集

人们最初在研究污染物对单个生物体的毒害作用时即发现，许多有机和无机污染物在生物体内的浓度远远大于其在环境中的浓度，并且只要环境中的这种污染物继续存在，生物体内污染物的浓度就会随着生长发育时间的延长而增加。对于一个受污染的生态系统而言，处于不同营养级上的生物体内的污染物浓度，不仅高于环境中污染物的浓度，而且具有明显的随营养级升高而增加的现象。污染物在食物链中的迁移和富集，对人类健康和生活质量的提高构成了严重威胁，因此，研究污染物的生物富集现象及其机制，具有十分重要的意义。

第一节 生物富集的概念

生物从环境中吸收营养物质以满足其生长发育的同时，还会主动和被动从环境中吸收许多生长发育所非必需的物质。有些物质（如酚类）在生物体内易于降解，存在的时间不长，生物在不断从外界环境中吸收的同时，其分解过程也在不停地进行，因而不易积累；而有些物质（如有机氯化合物、金属元素）在生物体内不易被降解，可在生物体内以原来的形态或其他形态长时间存在。由于这类物质在生物体内的分解过程十分缓慢，生物吸收的数量远远大于分解的数量，导致这类物质在生物体内积累。生物积累的物质，可以是生长发育所必需的营养物质或元素，也可能是生长发育不需要的物质，还可能是对生物的生长发育有毒性作用的物质。污染生态学的主要研究内容之一就是环境中的污染物在生物体内的积累现象及积累机制。

生物个体或处于同一营养级的许多生物种群，从周围环境中吸收并积累某种元素或难分解的化合物，导致生物体内该物质的浓度超过环境中浓度的现象，叫做生物富集（bio-enrichment），又称生物浓缩（bio-concentration）。生物富集常用富集系数（enrichment factor）或浓缩系数（concentration factor），即生物体内污染物的浓度与其生存环境中该污染物浓度的比值）来表示。

还有人用生物积累、生物放大等术语来描述生物富集现象，但这两个概念与生物富集既有联系也有区别。生物放大（bio-magnification）是指在生态系统的同一食物链上，由于高营养级生物以低营养级生物为食，某种元素或难分解的化合物在机体中的浓度随着营养级的提高而逐步增大的现象；生物积累（bio-accumulation）是指同一生物个体在其整个代谢活跃期中的不同阶段，机体内来自环境的元素或难分解化合物的浓缩系数不断增加的现象。

研究生物富集，对于了解污染物对生物的毒害作用及生物解毒机理具有重要的意义，并为利用生物工程治理环境污染提供理论依据。

第二节 生物富集机制

影响生物富集的因素很多,生物种的特性、污染物的性质、污染物的浓度和作用时间以及环境特点是主要的决定性因素。

一、生物学特性

(一) 生物体内能与污染物结合的物质

生物富集主要决定于生物本身的特性,特别是生物体内存在的,能与污染物相结合的活性物质的活性强弱和数量多寡。生物体内凡是能和污染物形成稳定结合物的物质,都能增加生物富集量。生物体内有很多组分都能和污染物特别是重金属相结合而形成稳定的结合物,从而消除或缓解重金属的毒害作用。

糖类物质中的葡萄糖和果糖等,其分子结构中都有醛基(果糖是酮糖,但易变为醛糖);二糖中的麦芽糖、乳糖,多糖中的纤维素等都是由半缩醛羟基与醇羟基缩合而成,其分子结构中都具有 1,4 -苷键,并因此保留一个半缩醛羟基,使其中一个单糖有可能转变为醛式而具有还原性。在还原性环境中,重金属离子易被还原,导致活性下降,并和糖类结合形成不溶性化合物。

蛋白质和氨基酸也具有与重金属及某些农药相结合的位点。一般认为蛋白质所含有的酸性氨基酸比碱性氨基酸多,其等电点接近于 pH 5。如果在中性环境中,蛋白质往往呈阴离子状态,易和金属阳离子结合:

$$P{<}^{NH_4^+}_{COO^-} \xrightarrow[OH^-]{pH > 等电点} P{<}^{NH_2}_{COOMe}$$

同时氨基酸含有羧基和氨基,它们都能与金属相结合而形成金属螯合物:

$$R-\underset{\underset{NH_2}{|}}{CH}-COOMe$$

许多氨基酸还含有—N 基、—SH 基等,这些基团也都能与金属结合形成复杂的金属螯合环。例如,当金属离子与咪唑核的—N 基或半胱氨酸的—SH 基结合形成多核螯合环时,稳定性增加。

在能与重金属结合的蛋白质中,最重要的是金属硫蛋白及类金属硫蛋白。金属硫蛋白是生物有机体在某些金属的诱导下合成的一类脱辅基硫蛋白,其特性为:①是低相对分子质量(6 000~10 000)的蛋白质;②含有高达 30% 的半胱氨酸,故与金属离子有很强的结合力,对重金属具有很高的结合量;③S—S 不能与芳香族氨基酸结合;④镉硫蛋白在 250 nm 处吸收最强;⑤属热稳定性蛋白质;⑥局限于细胞质中;⑦作为细胞内蛋白质存在,不存在于一般体液中。

脂类含有极性酯键,这类酯键能和金属离子结合而形成络合物或螯合物,从而把重金属储存在脂肪内。

核酸在生物富集中的作用,目前研究还不多,但已有的研究表明,它在生物富集中具有十分重要的作用。核酸是极性化合物,既含有磷酸基又含有碱性基团,属两性电解质。在一定的 pH 条件下能解离而带电荷,所以能和金属离子结合。例如,嘌呤碱基中的鸟嘌呤与腺嘌呤因含—N、—OH、—NH$_2$ 等基团,很容易和金属离子结合。因此尽管生物体内核酸含量不多,但仍是生物富集的重要原因之一。

污染物质和上述生物各组分结合,并被固定在生物体各部位,降低了污染物的活性,从而加速生物的吸收,增加富集量。

生物对复杂有机化合物的富集能力与其体内存在的分解该类物质的酶的活性有关。酶活性愈强,则愈不易富集;酶活性愈弱,则愈易富集。例如,鱼对某些农药的富集能力强是因为鱼体内环氧化物水化酶和艾氏剂环氧化酶的活性小于人类、鸟、昆虫的缘故,如表 2-1。

表 2-1 各种动物体的酶的活性差别

动物	环氧化物水化酶 /(nmol 醇·mg^{-1} 酶·min^{-1})	艾氏剂环氧化酶 /(nmol 狄氏剂·mg^{-1} 酶·min^{-1})
哺乳动物	4.5 ~ 80	0.08 ~ 0.34
鸟	0.1 ~ 1.26	0.009 ~ 0.31
鱼	0 ~ 0.029	0.006
昆虫	无数据	0.003 ~ 2.15

(王焕校,1990)

金属元素在各类生物体内的半衰期长短不同,能直接影响生物富集量。例如,甲基汞的半衰期为:狗、鱼 640 ~ 780 d,鲤鱼 230 d,鲶鱼 190 d,硬头鳟鱼 220 d,人 70 d,大鼠 70 ~ 80 d(Lockhalt,1972)。无机汞的半衰期要短得多,在鼠类体内仅 100 d(山中、山田荣,1974),因此在生物体内甲基汞较无机汞易于富集。

富集还和某些元素的代谢有关,例如,进入动物体内的无机砷有一部分在体内被甲基化,不易排出体外,因此,有机砷化合物远比无机砷化合物容易在体内富集。

生物体吸收污染物后,由于其特有的生物学特性,可以降低污染物的毒性,从而使其在体内富集。主要表现为:①污染物和生物体中某些成分结合(络合、螯合),不能再参加代谢活动,使污染物失去毒性,从而可以在生物体内富集;②体内污染物在酶的作用下通过氧化、还原、水解、脱烃、脱卤、苯环羟基化和异构化过程,毒性降低,甚至彻底分解,失去毒性,从而加速生物的吸收,增加生物富集量。

(二) 不同器官

生物的不同器官对污染物的富集量有很大差异。这是因为各类器官的结构和功能不同,与污染物接触时间的长短、接触面积的大小等也都存在很大差异。

对 3 种鱼(鲢鱼、草鱼、鲤鱼)的研究证明,在相同铅浓度下,3 种鱼各部位的富集规律都一致,即鳃 > 内脏 > 骨骼 > 头 > 肌肉(表 2-2)。这是由于鳃是呼吸器官,始终与水中的铅接触,使大量铅吸附在鳃耙、鳃丝上,因此含铅量高,进入鳃的铅被送入血液,约 4% 留在血浆中与血浆蛋白结合,其他铅随血液循环到达代谢旺盛的内脏,在肝、肾中大量沉积。此外,内脏还通过食物的消化、吸收,储存更多的铅。骨骼是铅的最后仓库,当血液中的铅通过骨骼的组织时,便以 $Pb_3(PO_4)_2$ 的形式沉积。肌肉含铅量低则与该组织代谢力强和对铅的亲和力较弱有关。了解鱼积累重金属的规律,并以此来评价重金属对鱼的污染,对于制定环境污染标准及食品卫生标准具有重要意义。

表2-2 3种鱼不同器官中铅的富集差异   单位:mg·kg^{-1}

铅投放含量/(mg·L^{-1})	鱼种	肌	头	骨	脏	鳃	鳞	卵	整体
0	鲢	7.51	15.23	16.30	20.90	25.69			
	草	6.57	16.46	15.99	19.19	27.28		—	—
	鲤	7.21	14.34	14.40	16.34	28.19		6.50	
0.05	鲢	8.13	20.80	23.91	29.05	32.21			
	草	8.12	21.59	22.00	27.90	30.14		—	6.61
	鲤	8.78	18.02	23.53	29.26	41.08			
0.4	鲢	9.76	23.39	18.85	48.12	49.31			
	草	—	—	—	—	—			31.77
	鲤	13.73	23.20	28.10	50.17	63.10			
1	鲢	15.93	26.71	27.98	60.12	96.45	66.56		
	草	14.68	34.61	36.21	61.24	69.34	—	—	
	鲤	19.59	26.71	32.02	65.13	82.13	75.25		
3	鲢	23.57	37.05	40.37	64.41	87.99			
	草	21.35	33.07	47.12	54.64	72.50		—	—
	鲤	19.01	37.80	38.84	69.84	89.22		9.06	

(王焕校等,1985)

对鱼的鳞片、卵的分析表明,鳞片的含铅量相当高。这是因鳞片能大量吸附铅,同时鱼在铅的刺激下皮肤分泌大量黏液,易于大量吸附铅。卵的含铅量虽低,但积累时间很短,以单位时间计,含铅量还是很高的。

鸡各部位含铅量如表2-3所示。

表2-3 鸡各部位含铅量   单位:mg·kg^{-1}

项目	骨	肠	肝	肉	肚内小蛋	蛋
含铅量	239.78	95.25	91.15	50.20	63.56	46.73
以肌肉为100计各部位比值	477.6	189.7	181.6	100	126.6	93.1

(王焕校等,1985)

水稻铅污染模拟试验的结果表明,各器官铅的富集量差别很大(表2-4)。各器官含铅量的大小次序为:根>叶>茎>谷壳>米。

第二章 生物富集

表2-4 水稻各器官含铅量[①]　　　　　　　　　　　　　　单位:$mg \cdot kg^{-1}$

项目	土壤	根	叶	茎	谷壳	米
平均统计值	79 663	5 357.5	282.2	77.2	3.1	2.5
以根为100的比值		100	5.27	1.44	0.058	0.047

[①] 采用100、500、1 000、1 500、2 000、3 000 $mg \cdot kg^{-1}$在不同发育期污灌的平均浓度计算。(杨树华等,1986)

水生维管束植物各器官富集总规律与上述陆生植物相同,但器官之间的差异没有陆生植物明显(表2-5)。特别是沉水植物狐尾藻,它的所有器官(根、茎、叶)都能吸收水中的污染物,都可称为吸收器官,以 0.005 mg/L 镉液培养后测定其含镉量,以根含镉量为100%,则茎为10.9%、叶是41%。

表2-5 在镉水中放养10 d的水生植物各器官的镉富集量[①](以植物干重计)

单位:$mg \cdot kg^{-1}$

镉浓度	荇菜		水葫芦		狐尾藻		紫背萍	
	根茎	叶	根茎	叶	根	茎	叶	根茎
0.005	102.86	58.6	137.62	15.75	278.68	30.30	114.30	113.10
1	315.76	200.28	541.71	106.72	934.36	277.12	719.20	506.20
2	427.87	374.08	589.49	215.60	1 663.53	334.10	1 710.54	777.24
4	1 136.00	591.33	1 272.16	369.02	2 597.97	421.22	2 555.69	1 146.8
8	1 302.25	1 166.46	2 189.06	620.40	3 184.48	852.41	3 174.78	1 629.77
10	2 369.37	1 677.02	2 813.84	1 343.66	4 008.53	945.39	3 670.87	1 966.77
均值	942.35	678.46	1 257.31	445.19	2 111.26	476.34	1 990.90	1 023.31

[①] 富集量 = 放养在含镉水体中植物含量 - 对照植物含镉量。(王焕校等,1984)

(三) 不同生育期

生物在不同生育期接触污染物,体内富集量有明显差异。对水稻的研究表明(表2-6和图2-1),在水稻的不同生育期施铅,根对铅的富集顺序为:拔节期>分蘖期>苗期>抽穗期>结实期。叶片和茎对铅的富集量也以拔节期施铅最高。谷壳和糙米的富集量则不同,都是以结实期施铅富集量最高,其富集顺序为:结实期>苗期>拔节期>抽穗期>分蘖期。

表2-6 不同生育期水稻各器官的铅富集浓度　　　　　　　　单位:$mg \cdot kg^{-1}$

器官	生育期	施铅量						相关系数 (r)	对照含铅量	平均含铅量	积累百分率(%)	方差分析	
		100	500	1 000	1 500	2 000	3 000					方差源[①]	F
根	苗期	190	734	1 835	1 545	2.369	3.433	0.87*	93.00	1 521.69	100	A	4.29**
	分蘖期	419	978	1 691	2 301	3.868	4.339	0.98				B	17.53**
	拔节期	244	1 136	2 166	2 257	2.681	5.076	0.93**				A×B	1.11
	抽穗期	197	868	975	1 287	2.993	2.820	0.89**					
	结实期	132	394	1 179	1 591	926	2.773	0.89**					

续表

器官	生育期	施铅量						相关系数（r）	对照含铅量	平均含铅量	积累百分率（%）	方差分析	
		100	500	1 000	1 500	2 000	3 000					方差源①	F
叶	苗期	14	12	22	23	15	36	0.75	23.00	40.72	2.70	A	5.42**
	分蘖期	21	21	18	68	72	39	0.67				B	5.49**
	拔节期	48	40	42	42	91	132	0.86*				A×B	0.89
	抽穗期	25	35	49	40	64	69	0.92**					
	结实期	18	25	41	48	87	93	0.97**					
茎	苗期	27	13	24	15	15	32	0.11	12.00	20.28	1.30	A	17.64**
	分蘖期	0	0	0	17	18	36	0.95**				B	5.22**
	拔节期	28	35	40	38	46	63	0.80*				A×B	1.15
	抽穗期	0	18	18	20	41	33	0.82*					
	结实期	10	12	10	9	15	20	0.85					
谷壳	苗期	4.86	2.94	3.43	3.78	4.63	2.11	-0.48	3.26	3.44	0.23	A	9.86**
	分蘖期	2.94	3.47	2.20	2.74	2.11	2.20	-0.67				B	0.82
	拔节期	3.43	3.66	2.92	2.61	3.28	3.16	-0.08				A×B	0.36
	抽穗期	3.78	4.23	3.30	3.12	2.54	3.02	-0.43					
	结实期	4.63	4.07	4.49	4.07	4.68	4.24	0.19					
糙米	苗期	4.74	3.37	3.49	3.18	3.00	3.17	0.51	2.86	3.05	0.20	A	22.35**
	分蘖期	2.48	2.78	2.74	2.68	2.32	2.29	-0.72				B	1.22
	拔节期	2.77	2.46	3.72	3.40	2.50	3.46	0.11				A×B	1.25
	抽穗期	2.64	2.54	2.71	3.57	2.57	2.85	0.71					
	结实期	4.34	3.17	3.29	3.77	3.61	3.80	0.02					

①A 为生育期的影响，B 为施铅量的影响，* 表示差异显著，** 表示差异极显著。（杨树华等，1986）

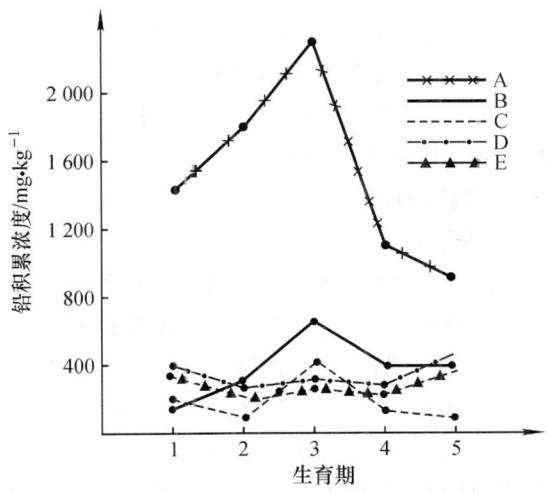

图 2-1 不同生育期水稻各器官对铅的积累
1. 苗期；2. 分蘖期；3. 拔节期；4. 抽穗期；5. 结实期
A. 根；B. 叶；C. 茎；D. 谷壳；E. 糙米

小麦在不同发育阶段施六六六的结果也证明这一点。以扬花期为界，在扬花期前施药，原粮残毒量未超标（0.5 mg/kg），扬花期后，特别是灌浆期施药，麦粒中六六六含量最高。这是因为该时期是代谢物质向穗部运转最旺盛的时期（表 2-7）。上述例子说明，结实期接触污染物,禾谷类可食性部分富集污染物量最高,要引起足够重视。

表2-7 六六六在小麦子粒中消长动态

施药期	生育期	施药离收刈间隔天数	六六六异构体含量/(mg·kg^{-1})				六六六总含量/(mg·kg^{-1})	消失率/%
			α	β	γ	δ		
对照	未施药	—	0.044	0.039	0.017	0.009	0.109	—
5月5日	始穗	40	0.046	0.022	0.016	0.013	0.097	94.7
5月16日	扬花	30	0.313	0.100	0.077	0.034	0.524	71.6
5月24日	灌浆	22	0.506	0.146	0.133	0.053	0.838	—
6月1日	灌浆	15	2.780	0.250	0.335	0.190	3.555	—
6月9日	乳熟	7	0.502	0.014	0.053	0.078	0.646	64.9
6月13日	黄熟	3	0.416	0.377	0.072	0.126	0.991	46.2
6月14日	黄熟	1	0.778	0.400	0.127	0.155	1.460	20.7
6月16日	完熟	当天	0.857	0.110	0.688	0.188	1.842	—

(王焕校,1990)

植物地上部分含铅量与富集时间(植株生长天数)无关,但与根部含铅量呈正相关,与地上部分干重成反比;根部含铅量随施铅后植株生长天数增加有一定增加,这可能是与根干重和表面积增加有关。它们之间的关系,用多元回归分析如下:

施铅浓度(mg/kg)	回归方程式	复相关系数(R)
100	$y = 73.35 + 0.18x_1 - 2.18x_3$	0.82
500	$y = 415.89 - 8.22x_3$	0.73
1 500	$y = 82.01 + 0.1x_1 - 4.65x_3$	0.86
2 000	$y = 727.28 - 14.09x_3$	0.72
3 000	$y = 90.02 + 0.37x_1 - 25.59x_3$	0.87

回归方程式中,y:地上部分铅积累浓度;

x_1:根积累铅浓度;

x_3:地上部分干重。

尽管地上部分铅含量与根的含铅量之间有极显著的相关关系,但这种关系也可随生育期的不同而异。把各生育期根的含铅量与地上部分含铅量作回归分析,其F值如下:

苗期	分蘖期	拔节期	抽穗期	结实期
14.58*	13.54**	8.78**	7.96*	4.28

(*:$P<0.05$, **:$P<0.01$)

从F值可以看出,随生育期后延,地上部分含铅量与根含量之间的相关关系逐渐减弱。

何孟常等(1994)研究了水稻对土壤锑的积累规律,结果发现不同生育期水稻植株体内的含锑量也是变化的,水稻同一器官在不同生育期其含锑量不同,随着生长天数增加和水稻生育期的变化,吸收累积的锑量逐渐增加,其吸收累积系数随着生育期的变化逐渐增大。累积系数不同的原因,可能是不同生育期水稻的生理特性和生长特性不同、土壤理化性状的改变以及环境气候条件的变化所致。

在鱼类及哺乳动物体内,有机氯化物含量存在着明显的季节波动,这与动物性别及繁殖活动有密切关系,如鳕鱼、鳗鱼、鲦鱼体内 DDT 含量,在产卵期间迅速下降,产卵结束后又增加,在海豹分娩和哺乳期间,体内有机氯化物的富集较少。

(四) 不同生物种

不同生物种对污染物的吸收累积情况存在差异。薛栋森等(1995)对美国华盛顿州 Tacoma 冶炼厂下风向林地土壤上植物中汞的含量和分布进行了研究,发现菌耳和地衣因为具有很强的吸收微量元素的能力,比同一区域内的树木可吸收累积更多的汞。

黄会一等(1989)研究了木本植物对土壤中镉的吸收、积累和耐性,认为镉被植物根系吸收进入植物体后迁移量是较大的。镉在植物体内的迁移,因树种的生物学特性不同而有差异。木本植物从根部吸收的镉在各器官的分配不是按一般所谓的金字塔形分配(根 > 叶 > 茎),而是根据各树种的生物学特性不同而有差异。由于土壤理化性质、气候条件和抚育管理措施的不同,即使处于同一土壤污染量下,相同树种的不同植株之间对土壤镉的吸收量也不尽一致,有时变动较大,但在体内的运转和分配率基本是稳定的。黄会一等(1988)还研究了木本植物对土壤汞污染防治功能。结果表明,加拿大杨树对土壤中的汞具有较强的吸收富集能力,几种杨树富集汞的强弱顺序为:加拿大杨 > 晚花杨 > 旱杨 > 辽杨。

颜素珠等(1990)研究了 8 种水生植物对铜的吸收,发现受试植物对铜的吸收和沉降规律为:苦草(2 种) > 黑藻 > 水龙 > 喜旱莲子草 > 大藻 > 心叶水车前 > 水车前。

于常荣等(1992)作了松花江鱼类汞污染现状研究,发现生活在同一江段的不同鱼类总汞与甲基汞平均含量各不相同,表现为(按含汞量由高到低顺序):雷氏七鳃鳗 > 鲶鱼、花鳅、青鱼、黄鱼 > 鲤鱼、银鲫、犬首 > 银鲷。雷氏七鳃鳗总汞与甲基汞平均含量最高,主要是因为其营寄生生活,而且体表无鳞,头部有 7 个鳃孔,可通过皮肤和鳃孔直接吸收环境中的汞。王敏健等(1990)研究发现,肉食性鱼类对有机物的富集能力高于草食和杂食性鱼类。

海洋生物比淡水生物所富集的砷要多得多。Patt 等人和 Gilderhus 分别报导过各种淡水鱼的砷的富集系数为 3~30 和 10~40。海洋生物砷的富集系数则比这些淡水鱼及甲壳动物要高出 10~100 倍(表 2-8)。

表 2-8 砷在水生生物中的富集

种类	生物体组织中的砷[①]/(mg·kg^{-1})	BR 值[②]
黑线鳕	2~10.8	1 000~5 400[③]
鳕鱼	8.86	4 430
淡水甲壳类	1.5~3.1	750~1 550
贝壳类动物	0.018~1.06	9~530
杂色淡水鱼	0.076~2.27	38~1 135
杂色海水鱼	<1~6.4	<500~3 200[③]
海虾	3.6~4.8	1 836~64 100[③]
鲭鱼	4.7~9.2	2 350~4 600[③]
鳕鱼	24.3	12 150
杂色海水鱼	0.1~0.2	10~20
杂色淡水鱼	0.035~0.298	3~30[④]

[①]生物组织中的砷含量(单位为 mg/kg);[②]所有 BR 值以海洋水中含砷含量为 2 μg/L 计算;[③]以干重计;[④]水的砷含量假设为 10 μg/L。(王焕校,1990)

（五）超量积累的植物

有些植物能超量吸收和积累重金属。Brook 称能超量吸收和积累重金属的植物为重金属超量积累植物（hyperaccumulator）。这类植物现已发现了 450 多种，其中大多数为十字花科植物，以超量积累 Ni 的植物最多，约有 320 种。这类植物有 3 个主要特征：①体内某一元素浓度大于一定的临界值，如 Ni、Cu、Pb、Co 和 Cr 为 1 000 mg/kg，Zn 和 Mn 为 10 000 mg/kg，Cd 和 Se 为 100 mg/kg，Hg 为 10 mg/kg，Au 为 1 mg/kg，这些临界值基本上是正常非超富集植物地上部相应金属含量的 100 倍以上；②植物吸收的重金属大部分分布在地上部，即有较高的地上部/根浓度比率；③在重金属污染的土壤上这类植物能良好的生长，一般不会发生重金属毒害现象（沈振国，1998）。

有研究发现小蜡叶片对大气中的 Pb 和 Cr 的富集能力较强（胡星明等，2008）。也有研究发现，蜈蚣草（*Pteris vittata*）是砷超富集植物，能够高效富集大量的砷（Ma 等，2001；陈同斌等，2002）。通过人工种植蜈蚣草 7 个月后，土壤中砷的修复效率达到 8%（陈同斌等，2004）。提高介质中钙浓度可明显抑制蜈蚣草根系生长，钙浓度过高还会显著限制地上部生长。一定范围内提高介质中砷的浓度可促进砷向地上部运输，而钙却明显抑制砷向地上部转运。钙和砷的浓度过高时，植株均会出现中毒症状。钙中毒表现为叶脉变褐和叶肉坏死；而砷中毒现象表现在叶尖和叶缘变褐。介质中砷限制蜈蚣草根部对磷的吸收，但对地上部磷浓度无显著影响。介质中添加砷，植物体内钙浓度升高，可能起缓解砷毒的作用。钙、砷对蜈蚣草羽片砷累积量和总累积量均有极显著的交互作用，钙是负交互效应，砷是正交互效应（廖晓勇等，2003）。

（六）超量积累的微生物

有些微生物能超量吸收和积累重金属。有研究已经证实，与绿色植物相比，大型真菌能够积累更高浓度的 Pb、Cd 和 Hg 等重金属（Kuusi 等，1981；Cast 等，1988；Michelot 等，1998；Kalac 和 Svaboda，2000）。安鑫龙等（2008）在平板培养条件下，研究了镉、铅及其复合污染对羊肚菌菌丝体生长的影响，并建立了羊肚菌菌丝体对生长基质中镉、铅生物富集的方法。

除以上主要特点外，生物有机体的大小、性别、食性、食量、生活区域、脂肪含量、生长发育季节等也都会影响生物对污染物的富集。

二、污染物的性质

污染物的性质主要包括污染物的价态、形态、结构形式、相对分子质量、溶解度或溶解性质、物理稳定性、化学稳定性、生物稳定性、在溶液中的扩散能力和在生物体内的迁移能力等。

化学稳定性和高脂溶性是生物富集的重要条件。例如，氯化碳氢化合物（以总 DDT 为代表）具有很高的理化和生物稳定性，其理化性质能在环境中和在生物体内的迁移过程中长时间保持稳定。特别是 DDT，属脂溶性物质，在水中溶解度很低，仅 0.02 mg/kg，但能大量溶解在脂类化合物中，其浓度可达 1.0×10^5 mg/kg，比在水中的溶解度大 500 万倍。因此，这类污染物与生物接触时，能迅速地被吸收，并贮存在脂肪中，很难被分解，也不易排出体外。有机氯农药由于难以被化学降解和生物降解,极易通过食物链而大量累积,目前已被禁用。

有机磷农药和氨基甲酸酯类农药与有机氯农药相比,较易被生物降解,它们在环境中的滞留时间较短,在土壤和地表水中降解速率较快,在水中的溶解度较大。因此被沉积物吸附和生物富集过程是次要的。然而当它们在水中浓度较高时,有机质含量高的沉积物和脂类含量高的水生生物也会吸收相当数量的该类污染物。

酚类污染物具有较高的水溶性,且易于为生物所降解,因此,大多数酚类污染物都不能在生物体内富集,主要残留在水中。然而苯酚分子氯化程度增高时,在水中的溶解度下降,脂溶性增强,就易被生物累积,例如五氯苯酚。

除草剂具有较高的水溶解度和低蒸气压,易从溶液中挥发而不易发生生物富集。

多氯联苯(PCB)具有很高的化学稳定性和热稳定性,广泛用作变压器、电容器的冷却剂和绝缘材料、耐腐蚀性涂料等。PCB极难溶于水,不易分解,但易溶于有机溶剂和脂肪,具有高的辛醇-水分配系数,能强烈地分配到沉积物的有机质和生物的脂肪中,因而极易为生物有机体所富集。PCB在水体中呈现的分布规律是:在水中的浓度非常低,在水生生物体内和沉积物中的浓度却很高。1964年夏,日本发生的米糠油事件,就是因为在米糠油脱臭过程中,作为热载体的多氯联苯400(kc-400,以含氯48%的四氯联苯为主要成分的PCB混合物)大量混入米糠油,人们食用后引起PCB及有关化合物的亚急性中毒。

生物对甲基汞的富集能力很强,因为甲基汞具有更高的化学稳定性。C—Hg的共价键较稳定,不易破裂,再加上生物体的活性—SH基的解离常数为-17,所以不管溶液多稀,甲基汞都是以不可逆转的方向在体内积累。甲基汞和无机汞的稳定性还和其配位体络合物的稳定常数有关,表2-9中列出的几种配位体络合物几乎都不解离。

表2-9 甲基汞及汞离子络合物的稳定常数

配位体	CH_3Hg^+	Hg^{2+}	配位体	CH_3Hg^+	Hg^{2+}
OH	9.5	10.3	半胱氨酸	15.7	14
组氨酸(NH_2)	8.8	10	白蛋白	22	13

(王焕校,1990)

生物富集还与生物对污染物的解毒能力(即污染物的生物稳定性)有关。解毒能力愈强,则富集能力愈弱;反之则富集能力愈强。解毒能力又与污染物的化学结构有关。例如PCB中可置换的氯的数目或位置不同,其代谢、解毒、富集的情况差别就很大。许多研究者(Sundstrom等,1976)对氯置换数不同的各种单一PCB成分进行深入研究,得出以下几条规律:

(1) 四氯以下的低氯代PCB,几乎都能代谢为单酚,部分可进而形成二酚,所以易分解,不易富集。

(2) 五氯或六氯代PCB同样可以氧化为单酚,但速度相当慢,较易富集。

(3) 七氯以上的高氯代PCB则几乎不被代谢,能高度富集。

(4) 氯数目相同的PCB,相邻位置未被置换或邻位为氯置换的,比没有这两种情况的易被代谢而不易被富集。

由于上述种种原因,很多有机农药的富集量很大,如 PCB 富集系数可达 3.4×10^6,DDT 为 3.3×10^6,狄氏剂为 1.35×10^5,毒杀芬为 $1.5\times10^4\sim1.1\times10^5$,$\gamma$-六六六为 $4\times10^2\sim1.5\times10^3$。

污染物渗透能力的强弱即在生物体内穿透能力的强弱,决定了污染物在生物体内富集的部位不同。穿透力强的农药多富集于果肉、米粒;穿透力弱的种类则多停留在果皮、米糠之中。从表 2-10、表 2-11 中可看出,pp'-DDT、杀菌丹、艾氏剂、杀螟松等渗透能力弱,有 95% 以上富集在果皮部位。γ-六六六在水中溶解度高,容易渗透并贮存在白米(胚乳)中,富集量达 60%。pp'-DDT 在水中溶解度低,属脂溶性,渗透力弱,在苹果中多停留在果皮中(97%);在稻米中有 70% 积留在糠中,白米中仅 30%。因此,在食用喷有 pp'-DDT 类的果实时应去皮。

表 2-10 农药的渗透力与在大米中的富集/%

农药类型	糠	米	农药类型	糠	米
pp'-DDT	70	30	苯硫磷	80	20
γ-六六六	40	60	乙拌磷	65	35
马拉硫磷	87	13	倍硫磷	94	6

(王焕校,1990)

表 2-11 农药的渗透力与在水果中的富集/%

农药	果实	果皮	果肉
pp'-DDT	苹果	97	3
西维因	苹果	22	78
敌菌丹	苹果	97	3
倍硫磷	桃	70	30
异狄氏剂	柿	96	4
杀螟松	葡萄	98	2
乐果	橘子	85	15

(王焕校,1990)

基质溶液中,污染物可给态(可溶性)数量的多少直接影响植物的吸收和富集。表 2-12 是水稻盆栽实验结果,在施铅后,土壤中可溶性铅的含量与施铅量成正相关;根吸收和富集的铅的数量与可溶性铅量显著相关,相关系数 r 基本在 0.9 以上。

表 2-12 土壤总铅量、可溶性铅量与根含铅量的相关关系[①]

生育期及测定项目		施铅量/(mg·kg^{-1})							相关系数 /r
		0	100	500	1 000	1 500	2 000	3 000	
苗期	I A	262	376	495	1 007	1 118	1 060	2 214	0.95
	I B	3.75	5.0	5.0	25.5	51.3	75.0	95.0	0.92
	I C	1.43	1.32	1.00	2.5	4.45	7.00	4.30	
	II A	222	407	2 005	3 096	2 452	5 101	8 234	0.89
	II B	5.0	15.0	221.5	575.5	515.0	772.5	2 208	0.89
	II C	2.25	3.70	10.75	18.60	21.00	15.10	24.85	

续表

生育期及测定项目			施铅量/(mg·kg^{-1})							相关系数/r
			0	100	500	1 000	1 500	2 000	3 000	
拔节期	Ⅰ	A	260	376	970	1 745	1 880	2 010	1 889	0.97
		B	1.35	6.6	32.9	122.3	151.2	130.0	120.0	0.97
		C	0.50	1.75	3.25	5.95	8.05	6.45	6.30	
	Ⅱ	A	227	709	2 310	3 565	6 785	8 596	8 993	0.93
		B	5.0	22.5	150.5	396.3	1 357.5	1 962	2 750	0.90
		C	2.20	3.10	6.55	10.35	18.35	23.05	30.25	
结实期		A	245	593	2 511	3 392	4 377	4 446	7 805	0.97
		B	5.0	17.5	270.0	468.8	795.0	925.0	2 162.5	0.96
		C	2.00	2.90	10.10	13.45	18.20	20.00	26.60	

①Ⅰ.施铅后两周取样;Ⅱ.成熟时取样。A.总铅量(mg/kg);B.可溶性铅量(mg/kg);C.可溶性铅所占的百分率(%)。(杨树华等,1986)

重金属作为一类特殊的污染物,具有显著的不同于其他污染物的特点。首先,重金属在环境中不会被降解,只会发生形态和价态变化,同时,重金属在土壤环境中的迁移能力很差,因此,重金属可以在环境中长期存在。其次,许多重金属是生物生长发育所必需的营养元素,如铜、锌、铬等,这些重金属具有很强的生物富集效应。只有在超过一定的浓度时,它们才可以被称作污染物,会产生更高的生物积累,并对生物的生长发育产生副作用。有些重金属为生物生长发育所非必需,它们具有与许多矿质营养元素相同或相似的外层电子层结构,能通过扩散和细胞膜渗透进入生物体内,发生生物积累。这类重金属在环境中只要微量存在,即可产生毒性效应,影响生物的生长发育。第三,环境中的某些重金属可在微生物的作用下转化为毒性更强的重金属化合物,如汞的甲基化作用。第四,重金属在进入生物体内后,不易被排出,在食物链中的生物放大作用十分明显,在较高营养级的生物体内可成千万倍地富集起来,然后通过食物链进入人体,在人体的某些器官中蓄积起来造成慢性中毒,影响人体健康。

三、污染物的浓度和作用时间

生物体内污染物的富集量与环境中污染物的浓度成正相关,但富集系数与环境中污染的浓度没有显著的正相关性,相反有随污染物浓度增高而逐渐下降的趋势。4 种高等水生植物的研究结果表明(表 2-5),镉的富集系数在水中镉浓度为 0.005 mg/L 时达到最大值,然后急速下降。这说明,水中镉浓度在 1.0 mg/L 以下,植物能更有效地吸收镉;镉浓度增至 1.0 mg/L 后,植物的富集系数很快下降,这与镉的毒害作用等问题有关。富集量不仅与污染物浓度有关,还与作用时间密切相关。污染物的浓度越高,作用时间越长,则生物体内污染物富集量也愈多。Hitchcock 等(1971)最早在紫花苜蓿(*Medicago sativa*)及鸭茅(*Dactylis glomerata*)的试验中提到这两种植物的作用剂量(浓度×作用时间)的富集回归方程:

$$\Delta F(紫花苜蓿) = 1.89ct + 0.74$$
$$\Delta F(鸭茅) = 1.13ct + 1.17$$

式中，ΔF 为植物体内氟化物的富集量，$\mu g/g$；c 为空气中 HF 浓度，$\mu g/m^3$；t 为作用时间，h。

后来，美国科学院于 1971 年提出了剂量积累公式：

$$\Delta F = kct$$

式中，k 为积累系数；c、t 同上。

表 2-8 中海水生物和淡水生物对砷富集系数不同的原因就在于生物体长期所处的环境中的砷的浓度不同。淡水中的砷的浓度通常较海水中的低。

四、环境特点

环境要素通过影响生物的生长发育和污染物的性质间接影响污染物的生物富集。土壤重金属作物效应的区域差异就是环境要素作用的结果。

土壤环境对植物的富集作用有十分重要的影响。土壤水分过多，污染物以还原态为主，活性受到抑制，富集量减少。土壤水分过少，污染物的可给态数量少，富集量亦因此而减少。土壤 pH 低，有利于污染物的活化，富集量增加。土壤中有机质和矿质元素的大量存在，会极大地降低植物富集重金属的数量。不同类型的土壤，对不同种类的有机和无机污染物具有不同的降解、吸附和淋溶作用，并因此而影响土壤生物和植物对污染物的生物积累。

气态污染物主要通过气孔进入植物体，凡是能影响光合作用的因素均能影响气态污染物在植物体内的积累。

鱼体内积蓄的几乎都是甲基汞。鱼体内富集的甲基汞多少和湖底有机质含量有关，湖底有机质含量越高，则湖底甲基汞占总汞量越高而鱼体含汞量越低。例如，含有机质 50% 的底泥中汞含量很高，水中甲基汞含量低，因此，鱼体中含汞量很低（表 2-13）。

表 2-13 底质-水-鱼体系平衡状态下汞的分布

基质	底质的含汞量 /($\mu g \cdot kg^{-1}$)		浓度系数 （底质/水）		水中含汞量 /($\mu g \cdot kg^{-1}$)		水中甲基汞的平均浓度/($\mu g \cdot kg^{-1}$)	鱼体甲基汞浓度 /($\mu g \cdot kg^{-1}$)	甲基汞蓄积率[①]（h）
	无机	甲基	无机	甲基	无机	甲基			
砂	800	16.0	4 000	170	0.204	0.095	0.063	92.9	2.9
木屑	1 048	93.5	50 000	4 020	0.023	0.031	0.021	28.1	2.7

①甲基汞蓄积率计算：先求出鱼体甲基汞的富集系数，所得的值再除以时间。木屑中含 50% 的有机质。（王焕校，1990）

五、富集与食物链

在生态系统内，污染物沿食物链流动的过程中，含量逐级增加，其富集系数在各营养级中均可达到极其惊人的程度（图 2-2）。以美国长岛河口区生物对 DDT 的富集为例，该地区大气中 DDT 的含量为 3×10^{-6} mg/m^3（标准状况），其中溶于水中的量更微乎其微。但是水中浮游生物体内的 DDT 含量为 0.04 mg/kg,富集系数为 1.3 万(以大气中 DDT 含量作基数);浮游生物为小鱼(如银汉鱼)所食,小鱼体内 DDT 增加到 0.5 mg/kg,富集 16.7 万倍;其后小鱼等为大鱼所食,大鱼体内 DDT 浓度增加到 2 mg/kg,富集系数为 66.7 万;海鸟捕食鱼,其体内 DDT 增加到 25 mg/kg,富集系数高达 833 万。如果人吃鱼和海鸟,DDT 就会在人体内大量富集,导致 DDT 中毒。从这个例子看出,空气和水中的 DDT 含量很低,没有超标,但在生态系统中由于通过食物链逐级富集,可以致人于死命。因此,在研究环境污染时,除了要监测大气、水、土壤污染外,更要注意低浓度污染物的长时间作用,以及污染物在生态系统中沿食物链逐级富集的规律。

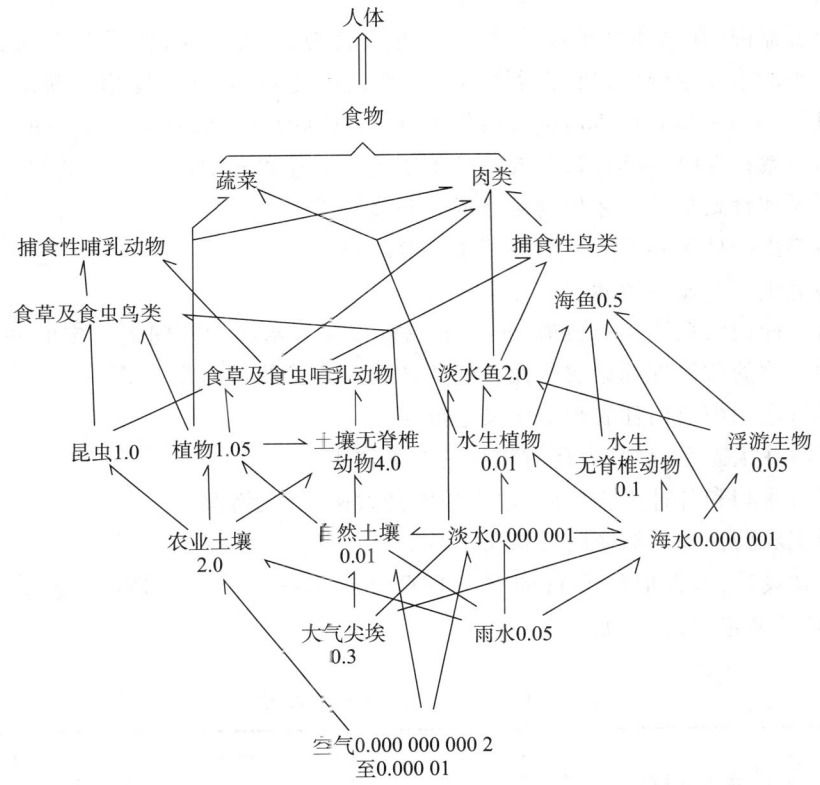

图 2-2　DDT 残留物(mg/kg)在生态系统中各种生物间转移和富集示意图
(摘自《环境科学与进展》,1986)

在生态系统中,多条食物链相互交叉形成食物网,污染物沿食物网流动、富集,其过程和结果则更复杂(图 2-2)。研究食物网中污染物的迁移、富集规律,具有非常重要的意义。

第三节　研究生物富集的方法

生物富集的研究,可在个体(单独生物种)和食物链两个水平上进行。前述的许多富集规律就是在个体水平研究的基础上得出的。在食物链水平上研究生物富集,对于弄清污染物在食物链中的迁移和积累规律,弄清污染物对生态系统结构和功能的影响以及对人类健康的影响具有非常重要的意义。

生物富集的研究,无论在哪个水平上进行,都可以采取野外采样调查、室内分析的方法和室内模拟实验的方法。前者的优点在于污染物的富集是各种因素综合作用的结果,与实际情况相符。后者的优点在于影响富集的各种因素便于控制,便于分析各个因素各自的作用和它们的综合作用。也可以将两种方法相结合,互相印证。

一、模拟研究

在1个容器内,栽培和放养若干种生物,并按食物、营养关系,组成若干条食物链。在这样1个小小的生态系统中,研究污染物在食物链中的迁移、富集规律。例如,有人设计,玻璃缸1只(25 cm×30 cm×50 cm),内装15 kg石英砂作陆相,加入一定量的营养液作水相。在陆相中栽种50株高粱苗,并放养若干条毛虫。在水相中放养一定量的藻类、浮游生物、瓶螺、孑孓和食蚊鱼。上述生物可组成两条食物链:

高粱→毛虫→硅藻→浮游生物→孑孓→食蚊鱼。

高粱→毛虫→绿藻→瓶螺。

将放射性标记农药涂在石英砂、植物上或直接加入水相中。间隔一定时间后,测定砂和水中各种生物的放射性标记农药及其代谢产物。实验的目的是:

(1)了解水相中放射性农药的污染速度。

(2)了解在生态系统中,农药对生物的毒害作用。

(3)了解水相和各种生物体内,放射性农药代谢、变化情况。

(4)测定农药在各生物体内的富集系数。

根据上述设计,有人把5.0 mg的^{14}C-DDT(1%丙酮溶液)涂在模拟生态系统的高粱叶上,经1个月后测定的结果,如表2-14。

表2-14 DDT在生物系统中的转移[①]

农药及其代谢产物	水中残留量 /(mg·L^{-1})	孑孓		瓶螺		食蚊鱼	
		残留量 /(mg·kg^{-1})	富集系数	残留量 /(mg·kg^{-1})	富集系数	残留量 /(mg·kg^{-1})	富集系数
14C-DDT	0.000 22	1.8	8 181	7.6	34 545	18.6	84 545
14C-DDE	0.000 26	5.2	20 000	12.0	46 154	29.2	112 309
14C-DDD	0.000 12	0.4	3 333	1.6	1 333	5.3	44 166
14C水溶性代谢产物	0.003 2	1.5	467	0.98	306	0.85	265

①DDT的国家卫生标准:粮食0.2 mg/kg,蔬菜0.1 mg/kg,鱼1 mg/kg,肉1~2 mg/kg。(王焕校,1990)

从表中可明显看出:DDT进入生物体中,能很快地转化为DDE,它比DDT更易在生物体内富集,富集系数可高达20 000~112 309。

二、调查试验研究

确定一个污染区,以污染源为中心,调查污染物在环境(气、水、土)中的含量、时空分布规律;生物对环境中污染物的富集规律以及污染物在生态系统中沿食物链逐级富集的规律以及对人体的危害。

1. 环境调查

(1) 大气　以污染源为中心,根据不同风向(方位),按一定距离梯度设调查点。调查点应以下风向为主。在调查点上,按规定(每年3~4次,每次以7 d为宜,每天采样4次)调查各点大气污染物的浓度及时间变化。在大气采样的同时,应测定大气温度、湿度、风向、风速、气压等。

(2) 土壤　在大气采样点及其附近,采集自然土及耕作土,分析污染物的含量。同时要分析土壤有机质、pH、土壤阳离子代换量等。

(3) 水　从污染源排污口起,沿排污渠道,调查不同距离的各个点的污染物含量及时空变化规律;分析污灌后灌区土壤和作物受影响的程度。

2. 植物

包括野生植物和栽培作物两大类。按大气和土壤采样点,同步采集野生植物(乔、灌木的叶片、草本全株)和栽培作物(禾谷类和蔬菜的根、茎、叶、果实)。在几个采集点最好采集相同种类的植物,以便比较。

3. 动物(家畜、家禽)

在上述采集点内,采集家畜(禽)的肉和内脏以及其他有关部位,分析污染物含量。

根据上述样品分析结果,可以得出几个系列(或食物链):

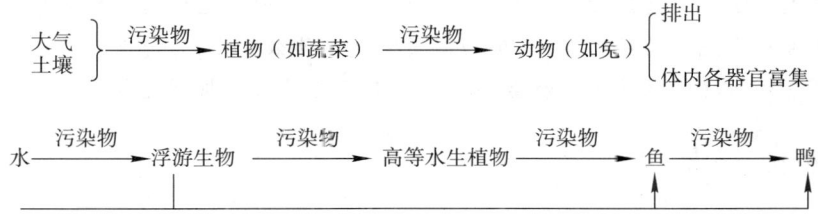

在各条食物链中,要计算各个营养级的富集系数,研究生物对污染物的吸收、转移、富集规律;研究食物链中各营养级之间的生物放大现象。为了更精确地研究生物体内污染物的吸收、转移、富集规律,可以采用模拟盆栽和驯养法以补充野外调查研究的不足。

上述研究最终要计算通过食物链进入人体内污染物的总量以及对人体可能造成的危害。具体计算方法有两种:其一是按每人每天食用的粮食、蔬菜、肉类、水中各种污染物的量,计算每人每天污染物的摄入总量,并根据FAO/WHO制定的每日最高允许摄入量标准,就能计算出各种污染物是否超标。还有一种办法是在集体单位调查公共食堂的膳食水平,分析饭、菜、水中各种污染物的含量,以此计算每人每天各种污染物的摄入总量。根据每人每日最高允许摄入量标准,就能计算出每人摄入的污染物是否超标。关于具体计算方法,请参阅第十章的有关内容。

小结

生物富集是指生物个体或处于同一营养级的许多生物种群,从周围环境中吸收并积累某种元素或难分解的化合物,导致生物体内该物质的浓度超过环境中浓度的现象,又称生物浓缩。生物富集常用富集系数或浓缩系数(即生物体内污染物的浓度与其生存环境中该污染物浓度的比值)表示。生物富集与生物放大、生物积累是既有联系又有区别的几个概念。

生物富集污染物根源于生物体内存在大量结合污染物的生物大分子,如糖类、蛋白质和氨基酸、脂类、核酸和有机酸等。影响生物富集的因素有很多,生物种的特性、污染物的性质、污染物的浓度和作用时间以及环境特点是主要的、决定性因素。研究生物富集的方法主要有模拟研究和调查试验研究法。

能超量吸收和积累重金属的植物称为重金属超量积累植物。这类植物有3个主要特征:①体内某一元素浓度大于一定的临界值;②植物吸收的重金属大部分分布在地上部,即有较高的地上部/根浓度比率;③在重金属污染的土壤上这类植物能良好的生长,一般不会发生重金属毒害现象。

思考题

1. 什么叫生物富集、生物放大和生物积累?它们之间有何联系和区别?
2. 生物为什么能富集污染物?
3. 污染物在生物体内富集后产生哪些效应,为什么?
4. 不同污染物类型和各种污染物质在不同生物及同一生物的不同器官、组织内富集量有明显差异,为什么?据此在不同类型污染地区农作物结构应如何合理布局,如何避免过多污染物进入人体?
5. 生物富集与环境之间有什么关系?
6. 什么叫超富集植物?这类植物的主要特征是什么?
7. 研究生物富集的最佳方法有哪些?请你设计一个研究生物富集的方案。
8. 通过生态系统食物链的延伸,生物富集将发生什么变化,为什么?
9. 有哪些生物具有很强的生物富集能力?其可能的富集机理是什么?

建议读物

1. 孔繁翔. 环境生物学. 北京:高等教育出版社,2000.
2. 乔玉辉. 污染生态学. 北京:化学工业出版社,2008.
3. Kalac P,Svaboda L. A review of trace element concentrations in edible mushrooms. Food Chemistry,2000,69:273 – 281.

推荐网络资讯

1. 浙江大学"环境生物学"国家精品课程网址:

http://www.jingpinke.com/course/details? uuid = eb3d2c31 – 127a – 1000 – 09f3 – b7b5f3b2d8d7&courseID = S0900147

2. 环境生态网:http://www.eedu.org.cn/

第三章
污染物的毒害作用及机理

环境中污染物数量不断增加,相应的生物体内的毒物含量也逐渐积累。进入生物体的污染物必然会在生物体内发生不同的变化反应,当富集到一定程度后,生物就开始出现受害症状,如生理、生化过程受阻,生长发育停滞,最后可能导致死亡。本章重点介绍了不同类型污染物进入生物体后会通过哪些新陈代谢过程影响生物体的健康,污染物浓度、接触时间和个体差异会对毒害效应有什么影响,污染物究竟如何对生物产生毒害作用,生物又怎样作出相应的反应以及毒害机理是什么,这是污染生态学研究的主要内容。

第一节 污染物的毒害作用

现代人类通过各种工业活动,如开采、冶炼各种金属、非金属物质,致使一些元素在环境中含量大增,当其含量超过了一定浓度后,就会对生物产生毒害作用。在20世纪50年代末60年代初,由于重金属污染引起农作物严重受害,甚至大面积死亡的事件在一些国家相继发生。日本的渡良濑川流域,由于受到冶炼厂的铜污染使水稻受到危害,甚至造成大面积死亡。我国一些矿山及冶炼厂周围的农田,由于长期使用重金属废水灌溉及受采、冶废物的影响,使周围农作物受到重金属危害的事例也时有发生,同时在人群中公害病频生。因此,污染物的危害成为人们关注的焦点。

一、污染物对植物的影响

(一) 对植物吸收的影响

污染物能影响植物根系对土壤中营养元素的吸收,原因之一是污染物能改变土壤微生物的活性,也能影响酶的活性。盆栽水稻分蘖期时,土壤酶活性与添加铅浓度呈显著负相关,如蛋白酶、蔗糖酶、β-葡萄糖苷酶、淀粉酶等,但是脲酶则随 Pb-Cd 复合作用浓度升高而增加,呈明显的正相关。由于土壤微生物和酶活性的变化,从而影响土壤中某些元素的释放和生物可利用态含量。其二是污染物能抑制植物根系的呼吸作用,影响根系的吸收能力。我们的研究证明,镉能明显影响玉米对氮、磷、钾、钙、镁、铁、锰、锌、铜的吸收(表3-1)。从表3-1可明显看出,镉能使玉米幼苗体内氮、磷、锌的含量降低;钙含量增加,均达到极显著水平;锰、铜含量略有降低。镉影响植物对氮、磷、锌的吸收可能是由于镉能抑制植物根系亚硝酸还原酶的活性,直接影响对氮的吸收;也可能是由于随土壤中镉含量的增加,土壤中速效氮($NO_3^- - N$)、速效磷和代换性锌的含量都明显降低。土壤中上述氮、磷、锌的有效态变化,可能与镉抑制土壤中微生物活性,使微生物的分解、硝化作用和 NO_3^- 的释放量减少有关;还由于在中性条件下,镉与锌形成难溶的 Cd – Zn 碳酸盐水合物,使锌的可溶性降低。

表 3 – 1　镉对玉米幼苗元素含量的影响　　　　　（单位:mg·kg^{-1}）

土壤镉含量	N	P	K	Ca	Mg	Fe	Mn	Zn	Cu	Cd
0	27 878.1	5 750.0	10 409.3	1 441.3	862.2	199.7	58.5	45.9	31.3	0.0
10	24 721.1	5 120.9	11 770.6	1 781.7	789.1	298.3	49.3	37.2	19.7	8.1
50	24 181.6	5 090.4	11 431.7	1 882.8	934.6	257.3	54.9	40.0	15.8	35.1
100	22 385.9	4 822.5	12 453.3	1 864.9	868.2	311.2	35.7	33.8	11.7	41.6
200	20 316.4	4 609.5	10 909.5	2 500.7	905.6	293.6	44.5	27.2	17.6	72.6
300	19 006.8	4 171.2	12 270.5	2 443.0	858.6	294.3	34.7	26.1	17.4	100.2
500	14 536.2	3 344.4	10 675.3	2 800.9	896.4	239.6	35.9	26.8	12.1	131.4
相关系数	-0.983[②]	-0.970[②]	0.120	0.933[②]	0.304	-0.025	-0.739	-0.823[①]	-0.501	0.938[②]

①相关显著,$P<0.05$;②相关极显著,$P<0.01$。(李华林,1985)

重金属影响植物对某些元素的吸收,可能还与元素之间的颉颃作用有关。锌、镍、钴等元素能严重妨碍植物对磷的吸收;铝能使土壤中磷形成不溶性的铝 – 磷酸盐,影响植物对磷的吸收;砷能影响植物对钾的吸收。据报道(涉谷正夫,1988),Pb 在培养基或根表面会使 P 难于溶解,从而阻碍 P 的吸收。山根等人(1988)的研究表明,由于 As 的化学行为与 P 类似,所以能妨碍二磷酸腺苷(ADP)的磷酸化,抑制三磷酸腺苷(ATP)的生成,使 K 的吸收也受到抑制。此外,还查明了 Cu、Mn 过剩会降低 Zn 的吸收,MnO_4^{2-} 能抑制 SO_4^{2-}、PO_4^{3-}、Cu^{2+} 的吸收。Schuize 等(1978)通过水培试验,当向培养液中添加 100 mg/L Cd^{2+} 时发现:从燕麦根部细胞产生的 ATP 酶的活性在短时间内下降,妨碍 K^+ 向根内输导,因而 Cd^{2+} 可降低 K^+ 的吸收。

有机污染物也对植物吸收营养元素产生影响。土壤、水体和大气中残留的有机污染物,如来源于石油的烃类、多氯联苯、多环芳烃、含氯溶剂、炸药和有机农药等,大多数属于持久性有机污染物(persistent organic pollutants,POPs),它们具有化学性质稳定、难以被生物降解和容易在生物体中富集等特点。这些有机污染物会影响植物对营养元素的吸收,不仅会使农作物减产或绝收,而且还会通过植物和动物进入食物链,对生态环境造成有害影响(易筱筠等,2002;杨柳春等,2002)。另一方面,有机污染物在人体内积累后有可能引起癌症、畸形和神经系统疾病等多种疾病,严重威胁人类的生存和健康。近年来,我国的整体环境质量在不断改善,但许多地区由有机污染物引起的污染现象却日益严重。

(二) 对植物细胞超微结构的影响

植物在受到重金属或其他污染物的影响而尚未出现可见症状之前,在组织和细胞中已发现生理生化和亚细胞显微结构等微观方面的变化。

1. 细胞核的变化

彭鸣等(1989)用电子显微镜观察了镉、铅对玉米根、叶细胞超微结构的影响后发现,经 10 mg/kg 镉处理 5 d 后,可观察到核变形、外膜肿大、内腔扩大,严重的核膜内陷;在 25 mg/kg 镉处理时,可观察到核的变形肿胀,核仁破碎趋边。除主核外,还可发现根尖细胞核发生微核化,并发现内质网扩张。在细胞主核附近,可发现许多溶酶体积累,高尔基体的形成面有许多小潴泡积累。叶细胞核受镉伤害程度,明显低于根细胞核。

玉米受铅污染后的根、叶细胞同样有明显的受害症状。经 100 mg/kg 铅处理 5 d 后核变化不明显,无明显受害症状。但经 500 mg/kg 铅处理 5 d 后,可看到细胞核明显变形肿胀。当 1 000 mg/kg 处理后,可看到细胞核已处于解体边缘;核仁虽存在,但正在分解。核质区出现大面积空泡,其余出现凝聚颗粒状,核膜也破裂。从核膜周围可看到核质颗粒正渗透出膜,进入细胞质。这证明了 1 000 mg/kg 铅处理后植物已形成细胞核的自溶解体。

2. 线粒体结构的变化

对照玉米幼根的线粒体具有完整的外膜,线粒体无肿胀,内腔中有许多嵴突。5 mg/kg 镉处理玉米 5 d 后,线粒体结构无明显变化;10 mg/kg 镉处理 5 d 后,线粒体出现受害症状,表现为凝聚性线粒体,膜扩张,内腔中嵴突消失,出现颗粒状内含物,中心区出现空泡;100 mg/kg 铅处理 5 d 后,线粒体没有明显的受害症状,但经 500 mg/kg 铅处理时,线粒体高度肿胀,腔内出现絮状沉积物;当 1 000 mg/kg 铅处理 5 d 后,线粒体肿胀成巨型线粒体,内腔中的各种物质已经解体成为空泡,有的内部残存颗粒状内含物,细胞质中多溶酶体。植物受铅污染的浓度虽远高于镉,但铅污染后都出现线粒体肿胀,膜的内陷、外伸等现象(彭鸣等,1989)。

3. 对叶绿体超微结构的影响

对照植物叶绿体单层排列在细胞内壁表面,叶绿体为长椭圆形,由许多基粒片层和基质片层组成。叶绿体有完好的外膜,基粒片层清晰,垛叠有规律,层次多,贯穿其间的基质片层密布,与基粒片层形成连续的膜系统。但经镉、铅污染后,叶绿体结构发生明显变化。在低浓度处理时(10 mg/kg 镉、100 mg/kg 铅处理 5 d),叶绿体首先表现出基粒片层稀疏,层次减少,分布不均;经 25 mg/kg 镉处理后,基粒片层很多都消失,类囊体空泡,基粒垛叠混乱,已不见基质片层,叶绿体内出现许多大的脂类小球;50 mg/kg 铅处理后,不仅基粒及基质系统很少,而且许多前质叶绿体破裂;当 1 000 mg/kg 铅处理时,在电镜下已见不到清楚的类囊体膜系统排列,膜系统已开始溃解,叶绿体呈球形皱缩,出现大而多的脂类小球,说明叶绿体功能已完全被破坏(彭鸣等,1989)。

4. 对根尖细胞分裂和染色体的影响

张义贤(1997)研究表明:大麦根尖经重金属离子处理后,细胞有丝分裂指数不同程度下降。由图 3-1 可见,Hg^{2+}、Cd^{2+} 和 Pb^{2+} 在所有浓度范围内一直表现出对细胞分裂的抑制。1×10^{-3} mol/L 以下浓度的 Ni^{2+} 和 Zn^{2+} 处理 48 h 时分裂指数略有上升,但随着处理时间延长又缓慢下降。可以看出,Zn^{2+} 对细胞分裂的抑制作用最小。值得注意的是,高浓度 (1×10^{-2} mol/L)的 Hg^{2+}、Pb^{2+} 和 Cd^{2+} 处理 24 h 后,分裂指数迅速下降,至 48 h 时分裂指数已降为零,这与前述的这几种重金属对根生长的影响有很好的一致性。同时也说明,重金属对根生长的抑制主要是由于抑制了细胞的有丝分裂。

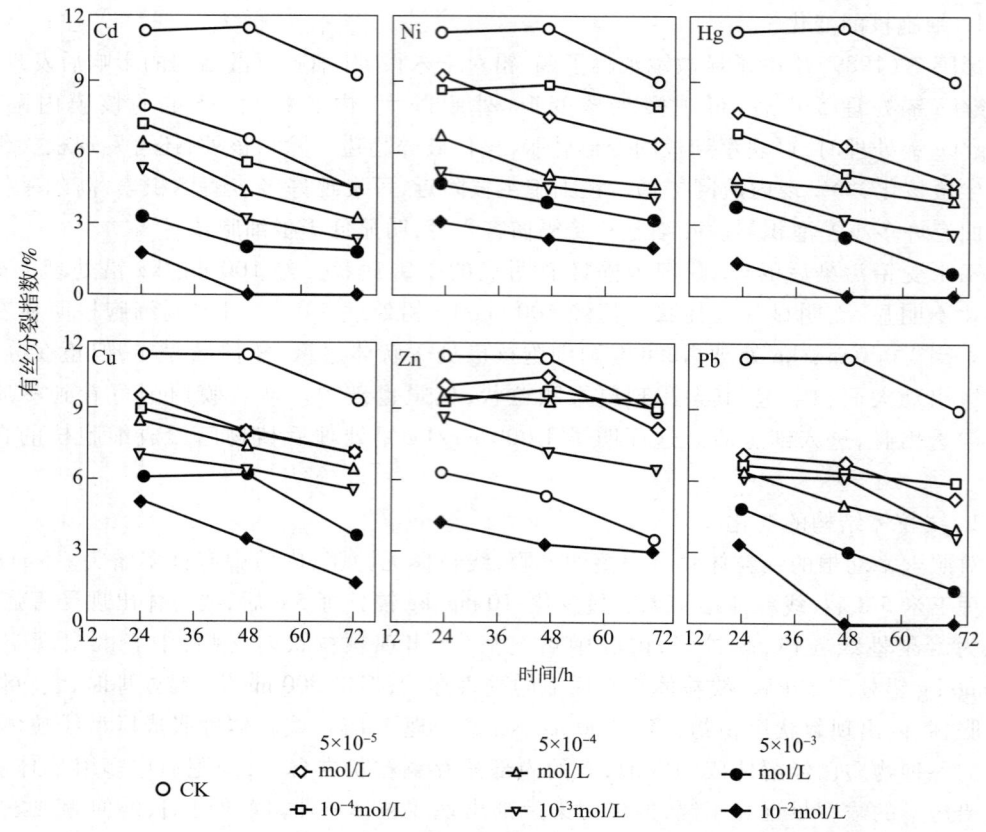

图 3-1 不同浓度重金属处理不同时间根尖细胞的有丝分裂指数(张义贤,1997)

重金属处理后的细胞中,有丝分裂出现异常,染色体畸变率与对照相比显著提高。在 $5\times10^{-5} \sim 1\times10^{-3}$ mol/L 浓度范围内,有丝分裂总畸变率随处理时间延长而上升,呈显著正相关。但 1×10^{-2} mol/L 的 Hg^{2+}、Cd^{2+} 和 Pb^{2+} 处理后却检测不出染色体畸变类型,这是由于细胞分裂被完全抑制,说明过高的浓度不利于有丝分裂异常的检出。从染色体畸变类型来看,Hg^{2+}、Pb^{2+} 处理后,细胞中染色体断裂、粘连的数量明显增多。Cd^{2+} 处理的细胞中观察到较多的微核。Cu^{2+} 和 Zn^{2+} 处理后 c-有丝分裂和染色体桥比较普遍,而 Ni^{2+} 可诱发较高比例的多倍化细胞。总的来看,Hg^{2+}、Cd^{2+} 的细胞学毒害作用最大,其次是 Pb^{2+} 和 Ni^{2+},Cu^{2+} 和 Zn^{2+} 最小。

5. 对核仁的影响

正常情况下,二倍体大麦细胞核中含有 1~4 个核仁。在重金属作用下,核仁的结构和数量也发生很大变化。银染结果显示,较高浓度($5\times10^{-4} \sim 5\times10^{-3}$ mol/L) 的 Hg^{2+}、Cd^{2+}、Pb^{2+} 处理 24 h 后和 Ni^{2+} 处理 48 h 后,根尖分生组织细胞内出现多核仁现象,核仁数目从 5、6、7 个至十几个不等。但新增加的核仁体积较小,一般为主核的 1/4~1/3。当处理时间超过 48 h,许多银染核仁颗粒从细胞核进入细胞质并分布在整个细胞中。而在同样条件下,Cu^{2+} 和 Zn^{2+} 处理的细胞中未观察到此现象。这表明重金属对核仁结构的损伤也是有差异的,其损伤程度与重金属毒性大小有关。张义贤(1997)认为,细胞质中所有的银染颗粒均来自核仁结构的解体,因为它们表现出与核仁相同的银染反应。这种现象与细胞核的损害有关。核仁结构受到破坏势必影响其功能的正常发挥,并对细胞的生理生化过程产生严重影响,这可能是重金属对植物产生细胞遗传学毒害效应的另一重要原因。

(三) 对种子生活力的影响

对蚕豆的实验证明,镉对根尖细胞有丝分裂以及对种子质量有明显的影响。

1. 含镉 F_1 种子的萌发

含镉 F_1 种子的发芽率随种子中镉积累量的增加而显著下降(图3-2)。种子中积累的镉(内源性镉)对种子萌发的抑制效应比外源性镉强得多。例如,用含镉 250 mg/L 的溶液处理正常种子,发芽率比对照降低5%;而镉积累量为 5 mg/kg 的 F_1 种子发芽率竟比对照降低约34%。

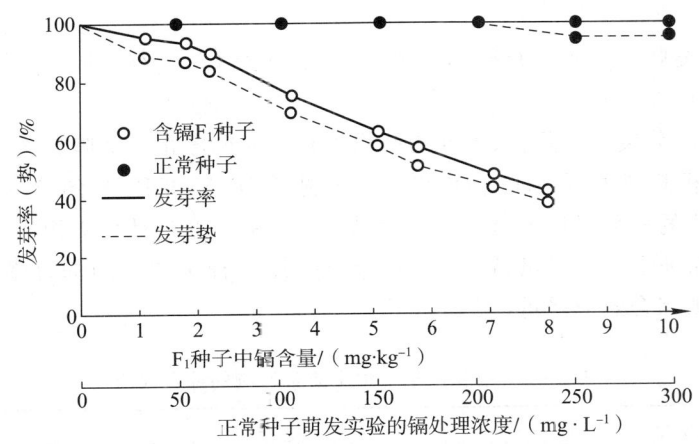

图3-2 含镉 F_1 种子与外源镉处理正常种子发芽率(势)的比较(张云孙,1986)

2. 含镉 F_1 种子萌发时几种酶活性的变化

含镉 F_1 种子萌发时,蛋白水解酶活性受到显著抑制。当种子含镉 1.15 mg/kg 时,该酶相对活性比对照降低约15%;当镉含量为 9.62 mg/kg 时,则比对照降低83%。由于种子蛋白水解酶活性严重受抑制,贮藏蛋白质难以水解为简单氮化物以满足幼胚发育的需要。

从图3-3可以看到含镉量为 1.68 mg/kg 的 F_1 种子,淀粉酶相对活性比对照略有提高(最高时超出对照4.5%)。当镉积累量大于 1.68 mg/kg 后,随着镉积累量的增加,淀粉酶活性不断下降,并且显著低于对照。淀粉酶活性的降低,限制了淀粉水解为葡萄糖,从而也限制了种子萌发过程中新细胞壁纤维素的合成以及蛋白质合成所需碳骨架的形成。

脱氢酶是参与呼吸作用和能量转化的酶,含镉 F_1 种子萌发时,该酶的活性也随着种子中镉积累量的增加逐渐减弱(图3-3)。

种子萌发时,贮藏物质水解和能量转化是关键的第一步,内源镉却不但阻碍了物质的水解,同时也影响到能量的转化。内源镉这种抑制作用的综合效应,构成了含镉 F_1 种子生活力降低的生物化学基础。

3. 含镉 F_1 种子萌发时根尖细胞有丝分裂频率的变化

植物的生长发育以细胞正常的分裂和分化为基础。含镉 F_1 种子萌发时,根尖细胞有丝分裂频率随着种子中镉积累的增加而下降。当种子含镉量由 1.68 mg/kg 增至 2.16 mg/kg

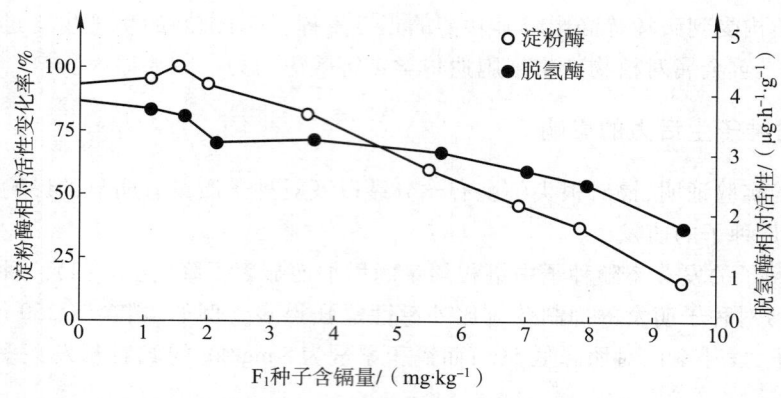

图 3-3 含镉 F_1 种子萌发时,淀粉酶和脱氢酶相对活性的变化(张云孙,1986)

时,细胞有丝分裂频率降低 21.8%;当镉含量达到 9.62 mg/kg 时,有丝分裂频率仅为 3.3%,比对照降低 65.5%。

根尖细胞有丝分裂频率降低,表现为胚根生长缓慢或停止。细胞有丝分裂频率降低原因,可能是镉的积累破坏了细胞核的结构,抑制了 DNA 和 RNA 的合成(Chin 和 Sina,1978)。种子中镉的积累对种子质量的影响是多方面的。通过计算镉积累对种子质量影响的综合指数,得知种子镉积累量低于 1.68 mg/kg 时,对种子质量的综合影响效应轻微;高于 1.68 mg/kg,则综合效应严重(表 3-2)。

表 3-2 镉积累量对种子质量影响的综合效应

种子中镉积累量/(mg·kg^{-1})	0.00(CK)	1.15	1.68	2.16	3.70	5.00	5.65	6.91	7.85	9.62
蛋白质含量变化指数	1	0.99	0.95	0.93	0.92	0.91	0.89	0.87	0.84	0.79
必需氨基酸含量变化指数	1	1.07	1.05	1.01	1.01	1.01	0.98	0.91	0.89	0.85
淀粉含量变化指数	1	0.94	0.84	0.73	0.71	0.66	0.59	0.52	0.46	0.21
可溶性糖含量变化指数	1	1.03	1.25	1.37	1.24	1.13	1.12	0.94	0.84	0.71
发芽率变化指数	1	0.97	0.97	0.87	0.77	0.70	0.60	0.53	0.47	0.07
蛋白水解酶活性变化指数	1	0.81	0.76	0.63	0.58	0.49	0.38	0.26	0.23	0.16
淀粉酶活性变化指数	1	1.01	1.04	0.99	0.89	0.77	0.66	0.54	0.47	0.26
脱氢酶活性变化指数	1	0.97	0.95	0.84	0.86	0.80	0.77	0.71	0.63	0.46
细胞分裂频率变化指数	1	0.73	0.72	0.44	0.30	0.21	0.17	0.10	0.07	0.05
综合变化指数[①]	1	0.94	0.94	0.86	0.81	0.74	0.69	0.60	0.54	0.40
综合影响效应	—	轻微		严重						

① $1/n\sum c/x$　c:含镉种子测定量;x:对照种子测定值;n:指标数目。(张云孙,1986)

(四) 对植物生长的影响

污染物对植物生长有明显的影响。不同浓度的 Hg^{2+} 对水稻种子胚根生长有明显的抑制作用。根据 Hg^{2+} 对水稻作用后第 4 天测定的结果,如表 3-3。

表 3-3 不同浓度 Hg^{2+} 溶液对水稻主胚根纵向生长的影响

处理/(mg·L^{-1})	重复次数	测定根数	主胚根平均长度/cm	P 值
0	5	459	1.61±0.10	—
0.1	4	384	2.31±0.16	<0.01
0.5	5	462	2.33±0.17	<0.01
1.0	2	189	1.56±0.16	<0.05
2.5	5	461	1.40±0.19	<0.05
5.0	4	354	1.47±0.13	<0.05
10.0	3	269	1.31±0.11	<0.01
15.0	5	427	1.15±0.05	—
20.0	3	216	1.03=	<0.05
30.0	5	458	1.27±0.09	

(白庆武等,1983)

从表 3-3 可以看出,0.1 mg/L、0.5 mg/L 低浓度 Hg^{2+} 对根纵向生长有刺激作用,生长明显增加;1~15 mg/L 处理的主胚根长度生长有明显的抑制作用,且随浓度增加,生长有递减的趋势;15.0 mg/L 和 20.0 mg/L 处理对胚根纵向生长具有强烈的抑制作用。

铅对幼苗根系生长的影响,与根系脱氢酶的活性有关。对幼苗根系脱氢酶活性的测定结果表明,随着铅处理浓度的升高,根系脱氢酶活性下降。

植物地上部分生长和环境中污染物浓度直接相关,这种关系也反映在叶片毒物含量与生长量的关系上。Garrec(1982)报道了在受氟污染的针叶林内,云杉针叶中氟浓度与木材生长率的关系为:

$$y = 10.7 + 11.02 \ln x \quad (r = 0.8)$$

式中,y 为生长损失(%);x 为叶片氟化物浓度(mg/kg)。

根据公式,叶片中氟化物超过 100 mg/kg 时,将引起生长量严重减少(减少 40%);另外有人计算,植物叶片含氟量与生长关系的阈值为:菜豆 300 mg/kg,紫花苜蓿 200 mg/kg,柑橘和黄杉 100 mg/kg。

污染物对水生植株生长及产量的影响也很明显。我们用不同浓度镉处理几种水生植物,随水中镉浓度升高,水生植物生产量明显降低(表 3-4)。

表 3-4 镉污染水体中植物的生产量(干重) 单位:g·kg^{-1}·d^{-1}

水体镉浓度/(mg·L^{-1})	水葫芦	荇菜	紫背萍	狐尾藻
0.005	4.13	1.30	2.30	2.23
1	2.92	1.18	0.65	1.12
2	2.89	0.93	1.24	2.31
4	2.37	0.93	0.37	1.20
8	2.07	0.16	-1.02	-0.90
10	2.10	0.80	-1.24	-2.83
均值	2.75	0.88	-0.28	0.52
相关系数(r)	-0.870[①]	-0.750[①]	-0.910[①]	-0.941[②]

[①]$P<0.01$;[②]$P<0.05$。(王焕校,1984)

(五) 对植物发育的影响

污染物对植物发育的影响，以花期最为明显。Bontle(1982)以 $5.4 \pm 0.4~\mu g/m^3$ HF 在草莓 3 个不同发育时期进行熏气，结果表明，凡是在开花受精期进行熏气的花，花托畸形率大大增加，而在开花前或开花后熏气则对花托均无影响(表 3-5)。

表 3-5　草莓不同生育阶段 HF 熏气对花托畸形和果重的影响

	开花前	开花受精期	成熟期	花托畸形率/%	平均果重/g
1	熏气	熏气	熏气	57	3.47
2	熏气	熏气	不熏	58	4.49
3	熏气	不熏	不熏	1.33	5.58
4	不熏	不熏	不熏	2.7	5.71
5	不熏	不熏	熏气	5.4	5.56
6	不熏	熏气	熏气	41.9	5.45

(汪嘉熙,1984)

为了进一步研究 HF 对草莓性器官发育的影响，还对雌性器官和雄性器官进行试验，结果如表 3-6 所示。

表 3-6　HF 熏气对草莓雌、雄性器官的影响

HF 浓度/($\mu g \cdot m^{-3}$)	处理器官	平均果重/g	畸形率/%
4.10	雌蕊	3.58	74
4.28	雄蕊	4.53	11

(汪嘉熙,1984)

表中 HF 通过伤害雌蕊后对果实重量有明显的影响。但是 HF 究竟是影响花粉在柱头上的发芽或花粉管伸长，还是直接影响子房或胚胎的发育？为了解决这个问题，进一步实验的结果如表 3-7。

表 3-7　HF 和萘乙酸对草莓结果的影响[①]

处理	平均果重/g	果实(花托)畸形率/%	每果种子(瘦果)数	受精瘦果/%
HF	3.20	80	55	75
HF + 萘乙酸	6.25	2	190	16
对照	6.40	2	233	79

①HF 处理为在开花期以 $3.9 \pm 0.3~\mu g/m^3$ 熏气，萘乙酸处理为在受精后 2 d,以含 2 000 mg/kg 萘乙酸的琼脂处理果实。(汪嘉熙,1984)

表 3-7 表明，开花期 HF 熏气影响受精，但萘乙酸处理可使果实(单性果实)正常发育，说明 HF 并未破坏子房及胚。

用电子探针技术，对花柱和柱头中氟化物积累量进行了测定。结果表明，柱头中氟化

物含量高达数千至上万单位(mg/kg)。人工培养花粉粒的实验表明,如在培养基中加入高浓度的氟化物,就会抑制花粉的发育。

植物产量还受污染物浓度的影响,浓度越高,产量越低。例如 Maclean 和 Schneider (1981)在小麦拔节期和扬花期分别以不同浓度的 HF 进行熏气,其结果如表 3-8 所示。

表 3-8 氟对小麦各生育期的影响

	熏气 HF/ ($\mu g \cdot m^{-3}$)	茎中积累的氟化物/ ($mg \cdot kg^{-1}$)	穗中积累的氟化物/ ($mg \cdot kg^{-1}$)	单穗干物质重/g	单株穗数	单株产量/g
拔节期	0	1.7	2	0.364	3.46	1.29
	0.9	5.5	1.8	0.306	3.45	1.03
	2.9	17.8	2	0.254	4.65	1.21
扬花期	0	1.9	1.8	0.488	3.55	1.57
	0.9	10.6	2.6	0.333	3.26	1.07
	2.9	35.6	2.3	0.326	2.99	0.93

(汪嘉熙,1984)

表 3-8 说明在拔节期时以低浓度 HF 熏气,对穗数影响不大,但穗重降低,因此产量下降,高浓度 HF 熏气虽然穗重降低,但由于杀死了生长点,促进了分蘖,单穗数反而增加,因而产量下降不明显;扬花期熏气,在低浓度下穗重减少,穗数稍显降低。在上述浓度范围内,均未出现明显外观受害症状,但已明显影响产量。根据以上研究,表明植物开花期对污染物特别是大气污染物最为敏感,属于大气污染的临界期。因此在开花期应尽量避免大气污染物的伤害作用。

根据大气污染物浓度、叶片含毒量以及叶片含毒量与产量的相关性,Leonard(1972)提出柑橘产量与叶片含氟量之间的关系可用线性回归方程表示:

$$y = a + bx$$

式中,y 为产量损失(%);x 为叶片含氟量(mg/kg);a 为接近 100% 的常数;b 为产量和叶片含氟关系斜率。

根据叶片含氟量计算产量是一种行之有效的好办法。

(六) 对植物生理生化的影响

污染物对植物生长发育的影响,主要通过生理生化过程实现。因此,研究对植物生理生化活动的影响,有极其重要的意义。

1. 对细胞膜透性的影响

污染物能影响细胞膜的透性,从而影响植物对营养物质的吸收。

SO_2 能与二硫化合物(如半胱氨酸)作用,切断二硫键:

$$R_1SSR_2 + SO_3^{2-} \longrightarrow R_1S^- + R_2SSO_3^-$$

由于二硫键断裂将引起含硫蛋白质变构,改变细胞膜透性。

O_3 也能改变细胞膜的透性。O_3 的氧化能力很强,能将质膜上的蛋白质(如半胱氨酸、甲硫氨酸、色氨酸、酪氨酸等)的活性基团和脂肪酸的双键氧化,使膜透性增加。例如,柠檬叶暴露在 O_3 中几天后,膜透性增加 2~6 倍。由于膜透性增加,使细胞内含物外渗,细胞释放 CO_2 的速度加快,显著提高了植物呼吸速率。同时臭氧还能明显减少植物对矿物质包括对重金属元素的吸收。

因此,细胞膜透性是评定植物对污染物反应的方法之一。水生植物叶组织外渗液的电导度和钾离子浓度测定的结果证明镉对植物细胞膜有严重的破坏作用(表 3-9)。表 3-9 证明细胞外渗液的电导度和钾离子浓度,都与水中的镉浓度呈非常显著的正相关。

表 3-9　镉处理 5 天的植物叶细胞透性

水体镉浓度/ ($mg·L^{-1}$)	凤眼莲		荇菜 电导度/ ($\mu\Omega^{-1}$)	紫背萍 钾浓度/ ($mg·kg^{-1}$)	狐尾藻	
	电导度/ ($\mu\Omega^{-1}$)	钾浓度/ ($mg·kg^{-1}$)			电导度/ ($\mu\Omega^{-1}$)	钾浓度/ ($mg·kg^{-1}$)
0	122	8.3	132	86	146	14.6
0.005	156	10.0	440	220	286	17.0
1	178	10.9	730	218	217	17.0
2	228	13.1	720	358	275	17.5
4	247	14.0	910	313	393	20.4
8	356	15.8	1 070	695	501	22.0
10	510	18.6	850	950	829	25.0
处理平均值	279	13.7	787	460	417	19.8
r	0.970	0.958	0.747[2]	0.965[2]	0.929	0.968[1]

[1]$P<0.05$;[2]$P<0.01$。(王焕校,1984)

2. 对光合作用的影响

污染物对光合作用的影响,是植物受害的重要原因。以 SO_2 为例,它一方面抑制二磷酸核酮糖(RuBP)羧化酶的活性,阻止对 CO_2 的固定;另一方面使光系统Ⅱ和非环式光合磷酸化受阻,影响 ATP 的合成,使光合速度降低。Akhan(1982)用 SO_2 熏气实验证明 SO_3^{2-} 在低浓度时,就能抑制光呼吸中的乙醇酸氧化酶的活性。SO_2 对光合作用影响还在于 SO_2 使细胞质基质 pH 改变,并使叶绿素失去 Mg^{2+} 而抑制光合作用。SO_2 的毒性还在于进入叶肉细胞后与由植物同化作用过程中有机酸分解所产生的 α-醛结合成羟基磺酸 $R_1(R_2)C(OH)SO_3$。

羟基磺酸是一种酶的抑制剂,能抑制乙醇酸代谢中的乙醇酸氧化酶,阻止气孔开放,抑制 CO_2 固定和光合磷酸化,干扰有机酸与氮的代谢;同时对光合和呼吸中 ATP 的形成、H^+ 和 Cl^- 的跨膜运输均有抑制作用。此外,这一反应截获了代谢中间产物的醛和酮,使其脱离正常代谢过程,从而影响整个生理活动。植物受 SO_2 伤害白天比晚上重,生长旺盛的功能叶比老叶、幼叶严重,就是因为白天功能叶光合作用旺盛,叶组织形成 α-醛较多的缘故。

重金属对植物光合作用的影响也较为广泛。如 Pb 能抑制菠菜叶绿素中光合电子传递,抑制光合作用对 CO_2 的固定;Cd 主要抑制光系统Ⅱ的电子运转,影响光合磷酸化作用,并增加叶肉细胞对气体的阻力,从而使光合作用下降。

以镉对水稻生长发育的影响为例。光合强度随 Cd^{2+} 浓度增加而降低。处理浓度为 0.01 mg/kg 时,水稻光合作用下降,拔节期减少 17%,开花期减少 4%;处理浓度为 0.05 mg/kg 时,拔节期减少 23%,开花期减少 8%;处理浓度为 0.1 mg/kg 时,拔节期减少 26%,开花期减少 70%;处理浓度为 1.0 mg/kg 时,拔节期减少 42%,开花期减少 70%。光合强度降低导致产量下降,1 mg/kg 时的产量为对照的 80%,5 mg/kg 时仅为对照的 21%。

镉污染不仅对叶绿素含量有影响,而且还能引起色素比率的改变。实验证明(表 3-10),水生植物叶绿素 a/b 随水体镉浓度上升而下降。这说明 Cd^{2+} 对叶绿素 a 的破坏作用大于叶绿素 b,而最重要的作用中心色素分子正是某些叶绿素 a 分子。此外,不同植物叶绿素 a/b 的下降也不一致。其中抗性最弱的紫背萍变化最大。

表 3-10 镉处理 5 d 后植物叶绿素 a/b 的变化

水体镉浓度/ ($mg \cdot L^{-1}$)	凤眼莲		紫背萍		狐尾藻	
	叶绿素 a/b	变化率/%	叶绿素 a/b	变化率/%	叶绿素 a/b	变化率/%
0	1.79	0.00	2.25	0.00	1.07	0.00
0.005	1.74	-2.3	2.09	-7.1	1.03	-3.7
1	1.61	-10.1	1.97	-12.4	1.00	-6.5
2	1.6	-10.6	1.57	-30.2	0.93	-13.1
4	1.42	-20.7	1.22	-45.8	0.96	-10.3
8	1.38	-22.9	1.1	-51.1	0.87	-18.7
10	1.02	-43.0	1.1	-51.1	0.81	-24.3

(王焕校,1984)

镉破坏叶绿素的机制可能有 3 种原因:镉进入叶绿体内在局部部位积累过多(与蛋白质上的—SH 等结合或取代其中 Fe、Zn 等),直接破坏叶绿体结构及其功能;镉间接地通过颉颃作用干扰了植物对铁、锌的吸收、转移,阻碍了营养元素向叶的输送,使之丧失合成叶绿素的能力;镉使叶绿素酶活性增加而使叶绿素分解。

3. 对呼吸作用的影响

镉对呼吸作用的影响与镉对呼吸酶的干扰有关。低浓度镉对酶活性的刺激和镉刺激三羧酸循环产生能量是呼吸增加的原因。但随镉的浓度增加,酶的活性受到抑制,呼吸作用下降。例如,我们测定受镉污染 4 h 后的绿藻苹果酸脱氢酶的活性,在低浓度下,对酶的活性有刺激作用,高浓度则明显受抑制,见表 3-11。

表 3-11 镉对苹果酸脱氢酶活性的影响

种类	镉浓度/($mg \cdot L^{-1}$)	活性(为对照的百分率)
斜生栅藻	0.0	100
	0.01	108
	0.5	51.3
	1.0	38.2

续表

种类	镉浓度/(mg·L^{-1})	活性(为对照的百分率)
蛋白核小球藻	0.0	100
	0.01	112
	0.5	59.8
	1.0	40.6

(杨红玉,1990)

镉对高等水生植物根系脱氢酶活性有明显影响。随镉浓度升高,根系脱氢酶活性明显下降,即镉对根系呼吸作用有明显抑制,如图3-4。各种植物酶呼吸变化的反应是不同的,当凤眼莲处于2 mg/L以上时,根系脱氢酶活性渐渐稳定,表现出较强的适应能力;而狐尾藻和苘菜仍有明显下降的趋势。镉对不同种植物根系影响的差异,可能是由于它们呼吸酶系中末端氧化酶有差异的结果。

4. 对蒸腾作用的影响

污染物对蒸腾作用有明显影响。在低浓度刺激下,细胞膨胀、气孔阻力减少,蒸腾加速。当污染物浓度超过一定值后,可能诱发脱落酸(ABA)浓度增加,使气孔蒸腾阻力增加或气孔关闭,蒸腾强度降低。如浓度太高,叶伤斑面积扩大,导致蒸腾急剧下降。这种情况下随毒物浓度升高,蒸腾比率明显按比例降低。

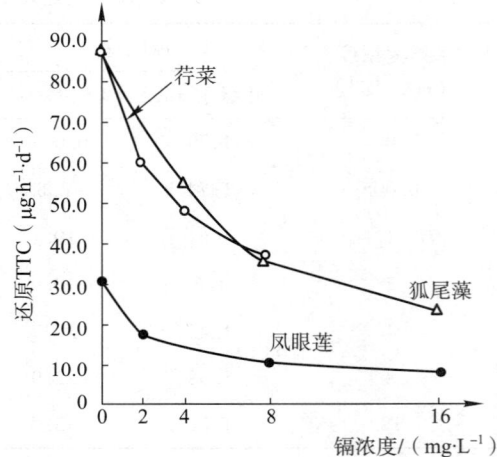

图3-4 镉处理6 d的水生植物根脱氢酶活性变化(孙赛初,1985)

5. 对生长素的影响

锌对吲哚乙酸有明显的抑制作用,但研究吲哚乙酸必须先研究丝氨酸,因为丝氨酸为色氨酸提供侧链,色氨酸又是吲哚乙酸合成的直接前体。

据研究,随着锌浓度升高,丝氨酸浓度急剧下降:2.5 mg/kg处理时下降17%,5 mg/kg时下降42%,20 mg/kg时则下降62%。锌对色氨酸的影响与丝氨酸有明显不同。在低浓度锌刺激下(2.5 mg/kg和5 mg/kg),色氨酸含量较对照分别降低4%和2%,下降不明显($r = -0.379$);在20 mg/kg和200 mg/kg锌处理时,色氨酸较对照分别增加162%和237%。色氨酸含量增加的可能原因是在锌充足的条件下,以锌为辅基的色氨酸合成酶的活性升高,促进色氨酸的合成,同时大量消耗丝氨酸;另外,当锌过量存在时,吲哚乙酸合成酶系统活性下降,使由色氨酸合成吲哚乙酸的活性减弱,造成色氨酸积累。

锌浓度升高能使吲哚乙酸酶活性升高,从而使吲哚乙酸含量急剧下降。即锌升高使吲哚乙酸合成受阻(Pratima,1984);吲哚乙酸氧化酶和过氧化物酶的活性升高,加速吲哚乙酸的分解。

6. 对植物化学成分的影响

污染物对植物体内的化学成分有明显影响。据SO_2对小麦、玉米多次实验表明,植物受SO_2污染后,总氮量与蛋白质含氮量均下降,且蛋白质中氮量下降要比总氮量下降更明显，这种下降率随处理时间的延长而增加。

植物体的营养成分也受重金属的影响。镉在蚕豆种子内的积累，能明显影响种子中氨基酸、蛋白质、糖、淀粉和脂肪的含量。表 3-12 展示了镉对蚕豆种子蛋白质、氨基酸含量的影响。

表 3-12 种子中 Cd 的积累量对各种氨基酸含量（g/100 g 样）的相对比较（±%）

Cd 含量 /(mg·kg^{-1})	0.00	1.15	1.68	2.16	3.70	5.00	5.65	6.91	7.85	9.62
赖氨酸	1.785	1.797	1.714	1.685	1.682	1.656	1.677	1.625	1.544	1.493
		+0.67	-3.92	-5.61	-5.77	-7.23	-6.05	-8.96	-13.51	-16.30
亮氨酸	1.996	2.054	1.985	1.924	1.824	1.813	1.808	1.784	1.745	1.492
		+2.91	-0.55	-3.61	-8.62	-9.17	-9.42	-10.62	-12.58	-25.25
异亮氨酸	0.990	1.027	1.018	0.998	0.953	0.963	0.953	0.917	0.854	0.759
		+3.74	+2.83	+0.81	-3.74	-2.73	-3.74	-7.37	-13.74	-23.33
苏氨酸	0.995	1.043	1.023	0.973	1.034	0.953	0.982	0.927	0.914	0.866
		+4.82	+2.81	-2.21	+3.90	-4.22	-1.31	-6.83	-8.14	-13.57
酪氨酸	0.865	0.850	0.872	0.809	0.890	1.017	0.776	0.743	0.789	0.933
		-1.73	+0.81	-6.47	+2.89	+17.57	-11.45	-14.11	-7.75	+7.86
苯丙氨酸	1.141	1.223	1.154	1.127	1.135	1.210	1.111	1.016	0.988	1.049
		+7.19	+1.14	-1.23	-0.53	+0.65	-2.63	-10.96	-13.41	-8.66
缬氨酸	0.832	1.197	1.150	1.135	1.158	1.085	1.087	0.794	0.733	0.699
		+43.87	+38.22	-36.42	+39.18	+30.41	+30.65	-4.57	-11.90	-15.99
甲硫氨酸	0.041	0.045	0.144	0.062	0.033	0.055	0.082	0.089	0.177	0.030
		+9.76	+251.22	+51.22	-19.51	+34.15	+100.00	+117.07	+331.71	-26.83
脯氨酸	0.472	0.649	0.561	0.638	0.643	0.956	0.544	0.458	0.433	0.394
		+37.50	+18.86	+36.74	+36.20	+102.5	+2.25	-2.97	-8.26	-12.33
甘氨酸	1.837	1.170	1.088	1.070	1.150	1.013	1.041	1.081	1.040	0.996
		-36.31	-40.77	-41.75	-37.40	-44.80	-43.33	-41.15	-43.39	-45.78
谷氨酸	4.906	4.663	4.334	4.267	4.146	3.995	4.071	6.465	4.194	3.918
		-4.95	-11.66	-13.02	-15.46	-18.57	-17.02	-8.99	-14.51	-20.12
组氨酸	0.688	0.675	0.660	0.636	0.651	0.596	0.631	0.631	0.604	0.588
		-1.89	-4.07	-7.56	-5.38	-13.38	-8.28	-8.28	-12.21	14.53
精氨酸	2.636	2.439	2.471	2.315	2.262	2.145	2.200	0.024	62.168	2.009
		-7.47	-6.26	-12.18	-14.19	-18.03	-15.54	-23.21	-17.75	-23.79

续表

Cd 含量/(mg·kg^{-1})	0.00	1.15	1.68	2.16	3.70	5.00	5.65	6.91	7.85	9.62
丙氨酸	1.214	1.223	1.199	1.150	1.212	1.083	1.144	1.142	1.072	1.014
		+0.74	-1.24	-5.27	-0.16	-10.79	-5.77	-6.10	-11.70	-16.47
半胱氨酸	0.271	0.279	0.279	0.219	0.243	0.267	0.232	0.215	0.243	0.203
		+2.95	+2.95	-19.19	-10.33	-1.48	-14.39	-20.66	-10.33	-25.09
天门冬氨酸	3.256	3.419	3.118	3.101	3.002	2.911	2.971	2.904	2.614	2.503
		+5.01	-4.24	-4.76	-7.91	-10.60	-8.75	-10.91	-10.72	-23.13
丝氨酸	1.352	1.426	1.278	1.337	1.324	1.204	1.245	1.234	1.190	1.096
		+5.47	-5.47	-1.11	-2.07	-10.95	-7.91	-8.73	-11.98	-18.93
总量	25.280	25.179	24.084	43.444	23.342	23.012	22.545	22.050	21.310	20.056
		-0.400	-4.88	27.27	-7.67	-8.98	-10.82	-12.78	-15.71	-20.66

(张云孙,1986)

当镉积累量由 1.15 mg/kg 增至 2.16 mg/kg 时,蛋白质含量由 25.22% 降至 23.48%。若以对照蛋白质含量为 100% 计,则在此镉积累量范围内,每增加 1 mg/kg 镉,种子蛋白质含量相对减少 6.87%。当镉积累量超过 2.16 mg/kg 时,蛋白质含量变化的百分率相对减弱(表 3-13)。

表 3-13 种子镉积累量对种子蛋白质和必需氨基酸含量的影响

种子镉积累量/(mg·kg^{-1})	0.00	1.15	1.68	2.16	3.70	5.00	5.65	6.91	7.85	9.62
蛋白质含量/(g·100 g^{-1}样)	25.33	25.22	24.09	23.48	23.40	23.11	22.59	22.11	21.36	20.09
%	100	99.57	99.10	92.69	92.38	91.23	89.19	87.29	84.33	79.31
±%		-0.43	-0.90	-7.31	-7.62	-8.77	-10.8	-12.7	-15.7	-20.7
相关系数		0.965*								
必需氨基酸/(g·100 g^{-1}样)	8.645	9.236	9.060	8.713	8.709	8.752	8.466	7.895	7.753	7.315
%	100	106.8	104.8	100.8	100.7	101.2	97.93	91.32	89.68	84.62
±%		+6.84	+4.80	+0.79	+0.74	+1.24	-2.07	-8.68	-10.3	-15.4
相关系数		-0.958*								

*:差异显著;**:差异极显著。(张云孙,1986)

种子中积累微量的镉能刺激必需氨基酸含量的增加。当镉积累量为 1.15 mg/kg 时,必需氨基酸含量高出对照 6.84%;但当镉积累量超过 5 mg/kg 后,种子必需氨基酸含量低于对照。镉积累量与种子必需氨基酸含量间总的关系,仍然表现为显著负相关。

种子中镉的积累量对各种氨基酸含量的影响明显不同。8 种必需氨基酸中,抑制赖氨酸含量所需的镉积累量最低,异亮氨酸次之,分别是 1.15 mg/kg 和 2.16 mg/kg;抑制苏氨酸和缬氨酸含量的镉积累量分别是 5.65 mg/kg 和 6.91 mg/kg;而甲硫氨酸、酪氨酸和苯丙氨酸含量的变化似乎与种子中镉的积累量无显著关系。9 种普通氨基酸中,谷氨酸、甘氨酸、组氨酸和精氨酸对镉的积累最为敏感,其含量从种子中一开始积累镉(< 1.15 mg/kg)就受到抑制(表 3 - 12)。在所分析的 17 种氨基酸中,脯氨酸、甘氨酸、缬氨酸和甲硫氨酸的含量随种子中镉的积累量变化特别剧烈。脯氨酸含量随着镉的积累,先是增加,直至高出对照 102.5%;当镉积累量超过 5 mg/kg 后,其含量又随着镉的增加而逐渐减少,直至低于对照 12.5%。脯氨酸含量的这种变化可能具有某种生理意义,通常把脯氨酸看做是植物体内的氨基酸库。当植物受到环境胁迫时,体内脯氨酸含量发生很大变化。因此,又把脯氨酸含量变化作为植物体内氨基酸代谢是否发生障碍的指标。

表 3 - 12 列出了 17 种氨基酸的分析结果,总的情况是,芳香族氨基酸含量随镉积累量的增加,变化没有一定的规律;杂环氨基酸对镉的积累较为敏感,表现出低镉积累量是能增加脯氨酸的含量而降低组氨酸的含量,高镉积累则降低二者的含量;脂肪族氨基酸对镉的积累也很敏感,其中以中性氨基酸甘氨酸及含硫的甲硫氨酸的含量变化最为强烈。种子中镉的积累没有造成某种氨基酸的缺失。氨基酸总量随着镉积累量的变化与蛋白质含量的变化相似。

至于种子中积累的镉是如何抑制蛋白质的含量尚不十分清楚。在蚕豆种子子叶发育的细胞伸展期,DNA 水平的持续增长与储藏蛋白质之间存在直接关系;并且从发育中的蚕豆种子中获得的蛋白质合成系统显示了对外源 Mg 和 K 的依赖;镉能诱导蚕豆 DNA 异常;镉的积累也严重影响禾本科、豆科作物体内 Mg 和 K 的含量;此外,积累在豆科植物体内的镉能与 9 种以上氨基酸的肽或蛋白质相结合合成镉 - 蛋白复合物。

上述结果表明,镉对氨基酸、蛋白质合成的影响是很复杂的。镉既可能与氨基酸、蛋白质相结合而对其合成发生直接作用;又可能通过干扰蛋白质合成系统的 Mg 和 K 而对其合成发生间接作用;还可能直接以 DNA 为靶子,限制基因表达,从而影响蛋白质合成。总之,种子中镉的积累对氨基酸、蛋白质合成的作用机理尚需进一步研究。

种子中镉的积累对种子中的糖含量及其成分也有影响。在种子中镉积累量低于 2.16 mg/kg 的范围内,可溶性糖含量随镉的积累而增加,高于 2.16 mg/kg 则降低;当镉积累量达 5.65 mg/kg 以上时,可溶性糖含量低于对照。同时,淀粉含量也明显受到镉的影响。随镉积累量增加,淀粉含量急剧降低,二者成极显著负相关($r = -0.968$)。镉积累量在 $1.15 \sim 2.16$ mg/kg 范围内,淀粉含量迅速降低,而此时可溶性糖含量明显增加。

可溶性糖由 3 种组分组成,其 R_f 值为 0.222 2(蔗糖)、0.046 0、0.103 4。镉对其组分无显著影响。3 种组分中,蔗糖含量明显高于 R_f 0.046 0 和 R_f 0.103 4,且变化的幅度也最大。随着镉积累量的不断增加,蔗糖含量成近似抛物线形变化。镉积累量大于 5.65 mg/kg 时,蔗糖含量低于对照。R_f 0.046 0 和 R_f 0.103 4 的变化甚微,但 3 种组分含量的变化趋势与总可溶性糖的变化趋势基本吻合。

种子中镉的积累对淀粉含量的影响,原因之一可能是镉阻碍了蔗糖向腺二磷酸葡萄糖(ADPG)或尿二磷酸葡萄糖(UDPG)的转化。蚕豆叶片光合同化产物主要是蔗糖,边合成边输出,在正常情况下,输入到种子内的蔗糖先转化为 A(U)DPG,然后再转化为葡萄糖,最后合成淀粉。由于种子中镉的积累,输入的蔗糖难以向 A(U)DPG 转化而直接贮存起来,表现在种子中蔗糖含量上升。而淀粉的合成因缺少葡萄糖供体而受到抑制。

镉对高等水生植物可溶性糖含量的影响,据我们研究发现,抗性较强的凤眼莲和较敏感的紫背萍叶片,可溶性糖含量都随水中镉浓度的升高而增加(表 3-14)。紫背萍抗性弱,在较低镉浓度中,叶内可溶性糖含量急剧上升,然后变得平缓;凤眼莲抗性强,可溶性糖含量的增加始终是缓慢的,因而叶内可溶性糖含量的改变,可作为鉴别植物抗性强弱的生理指标之一。

表 3-14 镉对植物叶片可溶性糖含量的影响

| 水中镉浓度 | 凤眼莲 | | 紫背萍 | |
/(mg·L^{-1})	可溶性糖含量/%	变化率/%	可溶性糖含量/%	变化率/%
0	0.2	0	0.11	0
4	0.23	15	0.29	164
8	0.25	25	0.32	191
20	0.29	45	0.34	209

(王焕校,1984)

植物被镉污染后叶片可溶性糖含量增加,原因之一是由于叶内不溶性糖及蛋白质等物质的分解和光合产物的合成运输受阻。Janiesch 的实验证明,随培养液中重金属含量的增加,植物体内的可溶性糖含量增加,而总糖量减少。

铅、镉复合污染对烟草品质的影响既有理论价值,又有实际意义。李素英等(1989)研究的结果如下:

(1) 低浓度镉处理能使烟叶中可溶性总糖增加,但降低蛋白质含量;其后,随镉含量增加,可溶性糖相应下降,蛋白质含量增加。铅污染的结果与之相反,低浓度能降低总糖,增加蛋白质含量,高浓度能增糖却降低蛋白质含量。铅、镉、锌两两元素和三元素复合污染都有增糖和降低蛋白质的效应。根据实验结果,蛋白质和总糖含量之间呈明显负相关,其原因尚不清楚,可能和铅、镉、锌能影响糖代谢以及影响糖向蛋白质转化有关。

(2) 低浓度镉处理能使烟叶烟碱含量增加,随镉浓度升高,烟碱含量降低;铅、锌能使烟碱含量下降;铅、镉、锌复合污染下,基本上能使烟碱含量下降。

(3) 在烟草质量评价中,优质烟可溶性总糖宜略高,蛋白质含量以 8% 为最佳。质量综合指标为:施木克值(糖/蛋白质)以 2~2.5 为优,糖碱比值(可溶性总糖/总烟碱)以 10 为佳,氮碱比值(总氮/总烟碱)以 1 为优。铅、镉、锌复合污染下,对施木克值产生有利影响,较对照更接近于标准值;对糖碱比值由于总糖量上升而偏高,破坏酸碱平衡,对品质不利;复合污染能使烟碱比例更接近于优质烟叶的标准,但由于烟碱含量降低过多,使烟叶劲头不足。

(4) 镉在烟草各器官中积累量的顺序是:叶片>根系>茎>种子(表 3-15)。在处理浓度 5~20 mg/kg 条件下,叶片含镉从 6.25 mg/kg 增到 34.0 mg/kg,叶片含镉量占全株从 37.7% 增到 64.4%。因此,通过吸烟将有大量镉进入人体。根据 ^{115}Cd 放射显像显示镉主要积累在叶脉,叶肉细胞较少。在制烟过程中如能采取剔除叶脉等相应措施,将减少人体对镉的吸收。

表 3-15 Cd 处理与烟草中的 Cd 含量及各器官所占比例

指标浓度	含量/(mg·kg⁻¹)					比例/%			
	种子	叶	茎	根	总和	种子	叶	茎	根
0	1.74	4.00	1.30	3.70	10.74	16.2	37.2	12.1	34.5
5	1.84	6.25	3.50	5.00	16.59	11.1	37.7	21.1	30.1
10	5.00	11.25	3.40	5.00	24.65	20.3	45.6	13.8	20.1
20	3.50	34.00	9.00	6.30	52.8	6.6	64.4	17.0	11.9
100	3.60	22.25	16.75	24.50	67.1	5.4	33.2	25.0	36.5

(李素英,1990)

很多毒物都能影响植物的化学成分。如喷洒一次致死剂量的 2,4-D 后,能使一种毒性很高的杂草含糖量增高,以诱使动物啃食、中毒。在含 1 mg/kg~100 mg/kg 七氯的土壤上生长的谷物和豆类,地上部分的 N、P、K、Ca、Mg、Fe、Cu、B、Sr、Zn 等元素都有明显变化。据报道,用 100 mg/kg 七氯喷洒豆类,能使植物锌含量提高 60%;每公顷施用 1.15 kg 的 2,4,5-T 能使苏丹草体内氰氢酸增加 69%。

二、污染物对动物和人体健康的影响

(一) 对动物的影响

污染对动物生命活动的影响十分普遍,也十分多样。

(1) 污染物对动物的组织器官和内脏的破坏作用　重金属元素能严重影响和破坏鱼类的呼吸器官,导致呼吸机能减弱。首先,这些重金属能黏积在鳃的表面,造成鳃的上皮和黏液细胞贫血和营养失调,从而影响对氧的吸收和降低血液输送氧的能力。重金属还能降低血液中呼吸色素的浓度,使红细胞减少。例如,当鱼类受铅、汞、锌的毒害时,能抑制鱼类血红蛋白的合成,使氧和血红蛋白分离曲线发生改变,影响鱼类血液输送氧的能力。

农药的转化与降解关系到农药是否残留,即其在环境中持久性和稳定性的问题。对农业生产而言,农药滞留时间越长,控制病虫害及杂草等的效果越好,但对环境的污染可能越重,对人体的危害也越大。因此,对农药的选择应遵循"高效、低毒、低残留"的原则。

农药急性中毒主要取决于其急性毒性,慢性毒性还包括蓄积毒性和远期效应,如致癌、生殖发育毒性、免疫功能损害等。3 种有机氯农药(二嗪农,甲基对硫磷、乐果)能使鲶鱼(*Chanus gachua*)的红细胞和血红蛋白下降;甲基对硫磷和乐果能使红细胞和核的直径减少。在农药等有机污染环境中,动物经常肝大,肾衰竭,常出现蛋白尿,心动过速,常因脏器受损而致死。

由于重金属元素的作用,还会使鱼类血液中的呼吸色素浓度发生变化,导致红细胞量异常(减少)。例如,用亚致死剂量镉处理鲽鱼(*Pleurohetes flecus*),有明显的贫血反应。有人提出用溶血性贫血和不成熟红细胞数目的增加,可以监测鱼的铅中毒。硝酸铅能使血浆

中 Na^+ 和 Cl^- 明显增加,血红蛋白和谷—草转氨酶(GOT)降低;$CdCl_2$ 使血浆中 Cl^- 和乳酸脱氢酶(LDH)增加,血糖降低;甲基汞使血红蛋白、血浆中的 Na^+ 和 Cl^- 增加。Cd 能干扰肝对维生素 B_{12} 的正常储存,Cd^{2+} 能干扰动物肝的 B_{12} 正常储存。

污染物对动物内脏的破坏作用极明显。用 $CdCl_2$ 处理 *Heterophenstes fossilis* 30 d 后,肝广泛受损,胃壁腐蚀,肠上皮退化。农药对鱼肝也有明显破坏作用;氯丹可使湖鳟肝退化。3.2×10^{-4} mg/L 的 DDT 可使鳟鱼鱼苗肝出现空泡;15~23 mg/kg 的林丹能使鳟鱼肝门三角受损。

(2) 污染对动物生长发育的干扰　在污染环境中,动物经常营养严重不良、个体偏小、体重偏轻,很多动物不能进入发情期,产生的后代数量少、质量低,生物种群往往不断走向衰退。鱼类、水鸟、哺乳动物等,如果生存的环境被有机氯类的农药污染,这些动物的繁殖率和繁殖质量将会受到严重的影响。

某些污染物还能使动物骨骼变形,例如,Pb、Cd 都能使鱼脊椎弯曲。

有机氯农药对鱼类、水鸟、哺乳动物的繁殖有严重影响。鳟鱼卵中 DDT 大于 0.4 mg/kg 时,幼鱼死亡率为 30%~90%;鳟鱼体内 DDT 为 1 mg/kg~2 mg/kg 时,卵中含 DDT 0.9 mg/kg 以上,幼鱼的死亡率更高;0.02 mg/kg~0.05 mg/kg 的 γ-六六六可使阔尾鳟鱼卵母细胞萎缩,抑制卵黄形成,抑制黄体生成素(LH)对排卵的诱导作用,卵中胚胎发育受阻。

有机氯农药能使许多鸟类蛋壳变薄、变软,幼鸟的繁殖成活率低。例如 DDE 能抑制输卵管内的碳酸酐酶与 ATP 酶的活性,阻碍碳酸钙在卵壳上的沉积。这是因为输卵管内钙的储量有限,要靠 ATP 酶的作用,使钙能从血液中得到补充;同时输卵管内壳腺放出的 CO_2 与水结合,再经碳酸酐酶的作用变为 H_2CO_3,再与 Ca 作用合成碳酸钙。如果 ATP 酶和碳酸酐酶被抑制,碳酸钙的形成就发生障碍。

1949、1954 和 1957 年在美国 Clear 湖先后 3 次试用 DDT 以控制湖中的蚊蚋,结果影响鹧鸪种群的发展。这种鸟体中 DDT 的含量高达 1 600 mg/kg,卵中 DDT 也高达 69.2~100.7 mg/kg,孵化率和成活率都很低。1969 年该湖引入一种小型鱼类(*Atherinid*),此鱼不易从水中吸收 DDT,因此,以鱼为食的鹧鸪鸟蛋的 DDT 含量显著降低,1970 年该鸟迅速繁殖起来。

巴伦支海与波的尼亚湾海豹(*Pusa hisipda*)繁殖率极低,在繁殖年龄雌豹的怀孕率只有 27%(正常是 80%~90%),体内农药 PCB 含量较高。用 5 mg/L 的 PCB 喂水貂,繁殖全部停止。我国鄱阳湖水貂繁殖差,雄貂有死精现象,估计也与农药污染有关。

动物行为是长期适应环境的结果,任何改变动物的行为都有可能严重影响动物的生存。例如,在含有一定浓度的 DDT 水中生长的鲑鱼,对低温非常敏感,它被迫改变产卵区,把卵产在温度偏高但鱼苗不能成活的水中。用 Smithion(生发水、化妆水)处理鳟鱼 24 h,鱼建立的条件反射全部消失,并且行动迟钝,易被其他鱼类吞食。

另据报道,香鱼(*Plecoglossus abtiuelis*)对洗涤剂的回避值为 LAS 1.5 μg/L;ABS 11.0 μg/L;肥皂 31 μg/L。用亚致死剂量 Zn 5 μg/L 处理雌鱼 9 d,因 Zn 能破坏嗅觉和味觉上皮组织,干扰性吸引信息系统反应而影响后代繁殖。

DDT 等有机氯污染物可以作用于神经轴索膜,使膜对 Na^+ 和 K^+ 的通透性发生改变,因此 DDT 的毒性作用与神经膜的离子通透性改变有关。

在大气污染环境中,很多动物经常出现呼吸道受损、呼吸急促等症状,常因大脑供氧不足而昏厥,严重的因窒息而死亡。

(3) 污染与衰老 现代遗传学证明,生物的长寿程度与生物自身DNA损伤修复能力直接相关。特别是哺乳动物,Hast和Settow研究了几种哺乳动物寿命和DNA修复(主要是切除修复)能力之间的关系,发现寿命越长修复能力也越强。

生物细胞遗传物质在正常条件下都会因内部微环境的改变和外部的影响而受到不同程度的损伤,不过DNA是生物体内唯一能自我修复的分子,为了维持遗传信息的正确和完整性,生物在进化中形成了几种酶促DNA修复过程,损伤和修复是一种动态平衡。

绝大多数污染物均能明显地干扰DNA的修复能力。DNA修复是一系列的酶促反应过程,在污染物作用时,酶促反应受到干扰,使修复作用失调,增大了DNA的损伤,从而影响生物的寿命。目前,各种环境污染物随大气、土壤、水体,通过呼吸、接触、饮食等途径进入生物体中,干扰DNA的修复能力,从而使包括人类在内的很多种生物在尚未活到生理寿命时就因污染而死亡。

(二) 对人体健康的影响

环境污染对人体健康的影响,已越来越引起人们的注意,但是,污染物如何对人体产生毒害作用,其毒害机理目前还有很多尚不清楚。研究污染物的毒害机理以及如何减轻毒害是污染生态学的主要研究内容之一。

1. 无机污染物对人体健康的影响

汞以有机汞的形式被人体吸收,能随血液循环进入脑部,并在脑部积累。进入脑部的甲基汞衰减缓慢,能引起神经系统损伤及运动失调等,严重时能疯狂痉挛致死。主要原因是甲基汞能抑制神经细胞膜表面的 $Na^+ - K^+ - ATP$ 酶活性,这种酶受到抑制后将导致膜去极化,从而影响神经细胞之间的神经传递。另外,甲基汞也能使有髓神经纤维出现鞘层脱节和分离,影响神经电信息传递的进程和速度。

氟是环境中主要污染物之一,在氟污染地区常引起氟中毒。氟引起的疾病有斑釉齿、骨质硬化症、骨质软化症及甲状腺肿瘤(Carlson,1960)。

人体每日摄取 8~10 mg 氟就会出现氟骨症,具体症状有:骨硬化(棘突、骨盆、胸廓);不规则骨膜骨的形成,异位钙化(韧带、囊、骨间膜、肌肉附着部位、肌腱);伴随骨髓腔缩小的骨密质增厚、密度增大;不规则骨赘;不规则外生骨疣;肌肉附着部位显著和粗糙;牙根的牙骨质过度增生(Teotia,1976)。

可通过检验尿氟和血浆中氟的含量以了解是否氟中毒。日本人尿氟的正常值为:30~40岁的男人平均为 0.72 ± 0.49 mg;女人平均为 0.54 ± 0.38 mg。正常人血浆中氟约为 $0.02 \mu g/ml$。

铅对人的威胁也很大。铅中毒会出现末梢红细胞的 ALA-D 活性下降、FEP 增加、尿中 δ-ALA 与粪卟啉增加以及低色素性贫血。ALA-D 活性降低是因为 ALA-D 由 8 个亚基组成,其中含有 1 个亚基的锌和 8 个 SH 基,其中有 2 个 SH 基是活性中心。如果加入 Pb 后,Zn 被取代,其中 SH 基(活性中心)形成硫醇盐而失去活性。

铅中毒引起贫血是因为亚铁螯合酶被干扰,使细胞和线粒体对铁的摄取量和利用率下降,这就干扰了卟啉对铁的螯合,抑制血红素的合成(图 3-5)。

尿 δ-ALA 增加主要是骨髓中 δ-ALA 合成能力亢进,其中有核红细胞线粒体及膜的变化增加。所形成的 δ-ALA 易向血清移动。氟化乙烯丙烯共聚物(FEP)的增加始于 δ-ALA 的原卟啉合成亢进和阻碍铁导入原卟啉。鸟粪卟啉增加是因为铅中毒引起 δ-ALA 的过量合成,再加上铁对原卟啉螯合的抑制,使 δ-ALA 和粪卟啉在尿中排出。

Ziethuis 指出,铅在体内存在 3 个库:①血液和软组织中的铅迅速交换;②皮肤和肌肉中的铅中速交换;③骨骼中的铅中速交换和骨质中的慢速交换。上述库的概念已被广泛接受,并在人体和动物体内得到证实。然而在组织和器官中有很多与铅的结合点,即存在很多小库,库与库之间的交换速率取决于铅复合物稳定性的大小、结合点的多少、竞争离子的浓度等等。

关于人体中含铅的标准,日本规定的标准如表 3-16。

三羧酸循环 ⟶ 琥珀酰-COA + 甘氨酸
↓ ALA 合成酶
δ-氨基酮戊二酸
Pb ⟶ ↓ ALA 脱水酶
原卟啉(PBG)
↓
尿卟啉Ⅲ   尿卟啉原Ⅰ
↓ 尿卟啉原脱羧酶
粪卟啉原Ⅲ
Pb ⟶ ↓ 粪卟啉原氧化酶
原卟啉-9
Pb ⟶ ↓ (Fe^{2+})亚铁螯合酶
血红素

图 3-5　Pb 对血红素合成的影响(山根靖弘,1981)

表 3-16　人体铅指标的标准值

	铅作业工人的临界值	日本		
		正常值	初筛界限	警告界限
血铅/($\mu g \cdot 100\ ml^{-1}$)	70	<30	30 以上	60 以上
尿铅/($\mu g \cdot 100\ ml^{-1}$)	130	<60	60 以上	150 以上
尿 δ-ALA/($mg \cdot L^{-1}$)	10	<5	5 以上	6 以上
尿粪卟啉/($\mu g \cdot L^{-1}$)	300	<100	100 以上	150 以上

(山根靖弘,1981)

关于铅的环境标准,居民区大气标准,我国是 0.000 1 mg/m^3(GB 3095—1996);谷类、豆类、薯类、禽畜肉类卫生标准为 0.2 mg/kg,蔬菜(球茎类、叶菜类、食用菌类除外)卫生标准分别是 0.1 mg/kg,球茎类、叶菜类分别为 0.3 mg/kg(GB 2762—2005)。

自从镉污染引起骨痛病后,已引起人们普遍关注并开展研究。短时间吸入高浓度镉的临界器官(critical organ)是肺,主要症状是肺水肿;长期吸入低浓度镉时,临界器官是肾和肺,主要症状是肾功能损害,特别是低分子蛋白尿和肺气肿。长期食用被镉污染的食物时,临界器官也是肾,主要症状也是低分子蛋白尿。

对骨骼的影响是镉中毒的另一症状。以骨质软化症为主的骨痛病是主要病例。镉作业工人所出现的骨质变化及骨盐代谢异常如图 3-6 所示。

骨痛病患者大多身材矮小,伴随脊椎与胸腔变形;大多出现末梢神经障碍;有正色素性贫血;肾小管功能障碍及中度肾小球障碍;低血压;肾小管再吸收障碍。

镉对健康影响的诊断:镉作业工人急性中毒的临界器官是呼吸器官,因此在进行咳嗽、咳痰、咽喉刺激感、鼻黏膜异常、气喘自觉症状调查的同时,还要进行胸部物理检查、肺换气功能检查。慢性接触时的临界器官是肺和肾。作为镉接触指标是门牙、犬牙有无镉环;其次是检查尿中蛋白、糖、氨基酸;再者进行尿沉渣中蛋白相对分子质量测定和肾功能检查。

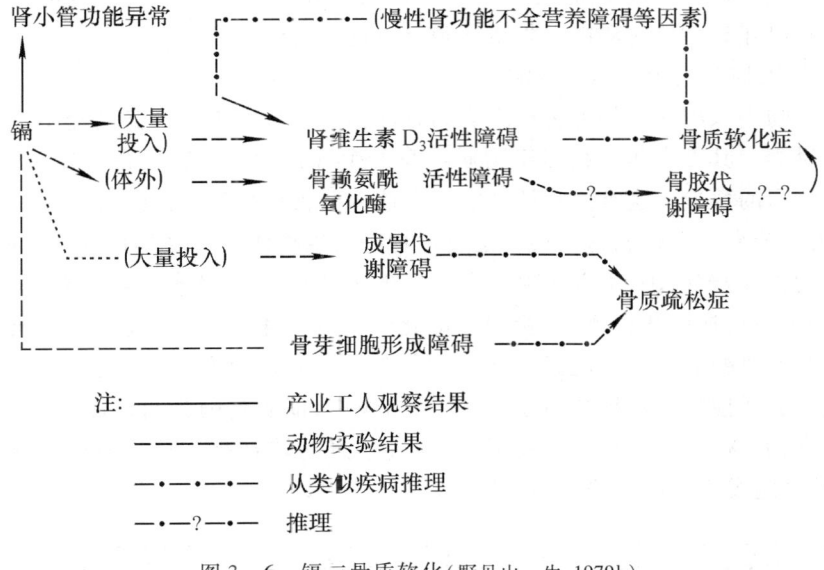

图 3-6 镉与骨质软化(野见山一生,1979b)

大气中镉含量在 50 μg/m³ 以下时,对健康不会有影响,含镉 0.2 mg/kg 以上的大米就不能食用,大米和叶菜类蔬菜的卫生标准是 0.2 mg/kg。

污染物的致癌或促癌作用,是人们最关心的问题,重金属等的致癌作用更引人注意。

铬及其化合物能引起染色体畸变,其中六价铬的诱变率大于三价铬(Nakamur,1978)。关于铬化合物引起染色体畸变的原因,Levis 等(1977、1978)研究证明重铬酸钾和三氯化铬都能损害脱氧核糖核酸(DNA)的合成,重铬酸钾的损害特别突出。

砷能致癌,特别是肺癌。但有人认为砷主要是对偶氮色素的致癌有促进作用。英国利物浦等 8 大城市居民一年可吸入 0.5 mg 砷。但吸烟者的危害更明显,一支香烟含亚砷酸 5 μg,吸烟比大气污染更危险。

SO_2 有促癌作用。Laskin(1975)研究大鼠、田鼠单独接触苯并[a]芘不致癌,如同时吸入 4~10 mg/m³ 的 SO_2,必定引起气管鳞状上皮细胞癌变。SO_2 促癌作用的原因,认为亚硫酸离子容易与核酸中的嘧啶碱基发生反应,由亚硫酸根离子和氧生成的游离基,能切断 DNA 链等作用;还有人认为亚硫酸对核酸的作用是因为 DNA 中的胞嘧啶不可逆地变为尿嘧啶,导致遗传信息变化而引起突变。如:

这是胞嘧啶的脱氨基反应。这个反应是对 DNA 中的胞嘧啶残基进行,使 DNA 复制时本来是 C—G 碱基对的物质变成了 U—A 碱基对,再进行复制时,就变成 T—A 碱基对。据认为 C—G 碱基对向 T—A 碱基对变换可引起突变。亚硫酸离子在中性条件下能对尿嘧啶的第六位置产生可逆的加成反应,形成5,6-二氢尿嘧啶-6-磺酸,这也可能诱发突变。但是人体内存在亚硫酸氧化酶能保护机体免受亚硫酸的致癌作用。

2. 有机污染物对人体健康的影响

有机化合物进入机体后的毒害机理有两方面:其一,毒性来自本身的化学结构,如生物碱、氯仿、乙醚等。其毒害作用相当于物质本身的生理毒性。该物质毒害作用的强弱决定于进入生物体内的数量。这类生理活性物质在体内能被酶分解、转化、降解。其二,毒性与代谢有关,大部分慢性毒性属这一类。这类毒物进入生物体后,在酶的作用下,能产生具有较强反应能力的不稳定中间代谢产物,其中一部分和蛋白质、核酸等细胞高分子成分发生共价结合,产生不可逆的化合物,使蛋白质的化学特性发生改变,导致组织坏死和变态;而核酸的化学特性改变能破坏细胞正常传递遗传信息,引起细胞突变、死亡,组织出现肿瘤。进一步研究这类活性物质对核酸特别是 DNA 的作用,证明是因为与形成氢键的碱基对的碱基直接结合,使 A—T,C—G 键不能形成,遗传信息的转录和正常的 DNA 复制就不能进行,结果导致细胞突变和组织癌变(图3-7)。

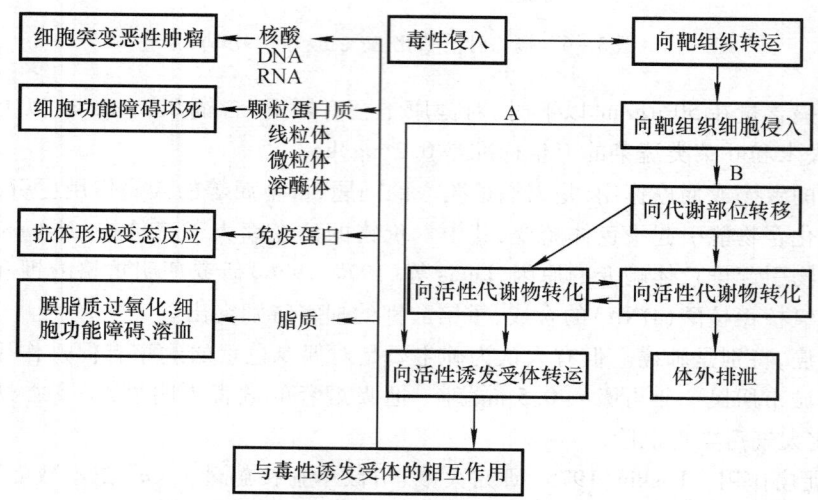

图 3-7 有机毒物体内的代谢、毒害及机理(渡部烈,1980)
A:不经代谢活化而直接作用的毒物;B:经代谢才能活化的毒物

1993年黄曲霉毒素被世界卫生组织的癌症研究机构划定为一类致癌物,是一种毒性极强的剧毒物质。黄曲霉毒素的危害性在于对人及动物肝组织有破坏作用,严重时,可导致肝癌甚至死亡。在天然污染的食品中以黄曲霉毒素 B1 最为多见,其毒性和致癌性也最强。0.4 mg/kg 的剂量就可以使大鼠 100% 诱发癌症。

以三氯甲烷、四氯化碳为代表的卤化烷烃,对肝具有强烈的毒性。卤代烷类的急性毒性是由于在肝微粒体 P-45 的参与下,碳—卤原子间产生均裂作用,并由此形成碳自由基,使细胞膜脂质成分中的不饱和脂肪酸形成自由基,这样自由基与氧结合,形成过氧化物自由基。这样,从均裂开始,形成了众多的自由基分子,如图3-8。结果对膜和整个细胞机能造成损害,阻碍蛋白质的合成,引起脂质的储留。此外,膜结构的破坏,对细胞膜、线粒体和溶酶体也有强烈的影响,致使细胞机能发生障碍。溶酶体的破坏,又可促进其中各种水解酶向细胞质释放,加速细胞坏死。

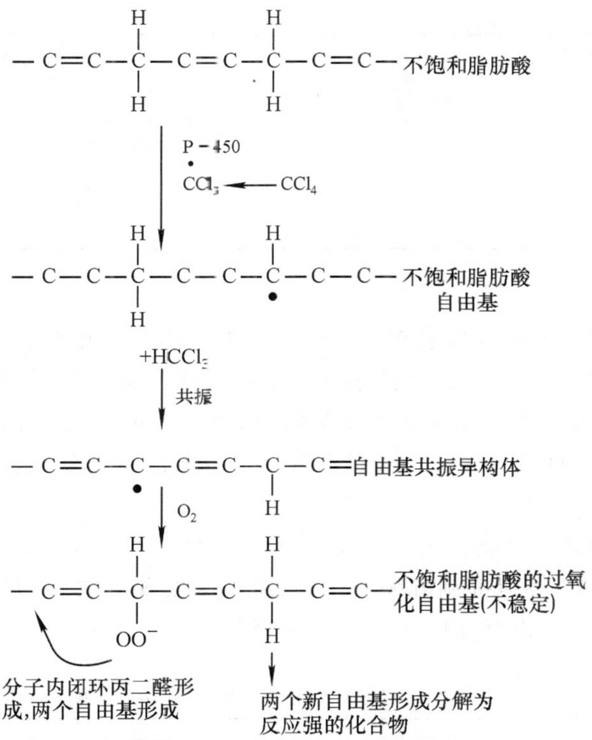

图 3-8　从四氯化碳生成三氯甲烷自由基所引起的不饱和脂肪酸的过氧化分解作用机理

有机磷农药能在体内产生抑制酶的代谢产物。这种代谢产物常可引起急性神经障碍症状。目前使用的对硫磷、马拉硫磷、乐果、杀螟松等都属该类农药。

氯乙酸与氟乙酰胺是对昆虫有强烈毒性的杀虫剂。这类物质本身并无毒性,当进入体内后被脂肪酸生物合成系统转换为氟乙酰-CoA,再被柠檬酸合成系统转换为氟柠檬酸而具毒性。

多环芳烃(PAH)都具有致癌、致突变作用。即使那些不直接显示致癌、致突变作用的PAH,经卤化或硝化后,也显示出致癌或致突变的作用。

苯并[a]芘(BaP)是芳烃中致癌性最强的物质,如同时给予焦油,作用更为明显。如Gellhorn研究,用未达致癌剂量的 BaP 与香烟焦油同时处理小鼠时,就会致癌,说明香烟焦油有辅癌作用。Van Duuren 等研究了香烟中的辅癌物和抑癌物,如表3-17所示。另外还确定了苯酚、1,8,9-蒽三酚、十四烷、癸烷、油酸和聚丙烯酸甲酯(PMA)为促癌物,因此,癸烷、十四烷、1,8,9-蒽三酚和 PMA 有辅癌和促癌的双重作用。

表 3-17　香烟焦油中的辅癌物和抑癌物

辅癌活性		抑癌活性	
强	弱或中等	强	弱或中等
邻苯二酚	苯并[a]芘	七叶灵	苯酚
连苯三酚	月桂醇	栎精	丁子香酚
癸烷	十四烷	角鲨烯	间苯二酚

续表

辅癌活性		抑癌活性	
强	弱或中等	强	弱或中等
十一烷		油酸	十六烷
苯并[a]芘			氢醌
萤蒽			柠烯

（山根靖弘等,1985）

有不少物质能诱发 BaP 的致癌作用。这是因为多环芳烃几乎不与细胞内的成分起反应。为了能和机体成分起反应,就要使细胞内的羟化酶活化,而羟化酶的活化需要过渡金属（如铁等）。因此,有铁等共存可使羟化酶活化,促进 BaP 羟化,从而就有可能和机体成分发生较多的反应而辅助致癌。此外,镍也有提高 BaP 的致癌作用;碘可增加核酸同 BaP 结合。

偶氮色素是强烈致癌物质。用 3′-Me-DAB 喂雌性大鼠能致癌,若同时添喂 Cu、Mn、Zn、Ni 则有不同的结果：铜能抑制肝癌发生；锰组虽未发现肿瘤,但肝已受到伤害；镍组的致癌率约 10%,而锌完全没有抑癌作用（表 3-18）。

表 3-18　金属对 3′-Me-DAB 致癌的影响

实验组	动物总数	致癌动物	致癌率/%
对照（玉米）	14	0	0.0
3′-Me-DAB	18	7	38.9
Cu	20	0	0.0
Cu + 3′-Me-DAB	21	0	0.0
Mn	21	0	0.0
Mn + 3′-Me-DAB	21	0	0.0
Ni	20	0	0.0
Ni + 3′-Me-DAB	19	2	10.5
Zn	19	0	0.0
Zn + 3′-Me-DAB	21	9	42.9

（山根靖弘,1985）

进一步研究这些金属的抑癌机理,结果如表 3-19 所示。表中肝微粒体部分和上清液部分中的蛋白质结合色素量以铜组最少,其次是锰组。

表 3-19　蛋白质结合色素生成量[①]

实验组	微粒体部分	上清液部分
3′-Me-DAB	1.04	3.07
Cu + 3′-Me-DAB	0.16	0.35
Mn + 3′-Me-DAB	0.38	0.82
Ni + 3′-Me-DAB	0.82	2.23

①单位：×10（nmol/mg 蛋白质）。（山根靖弘,1985）

从结果分析,铜组对肝中蛋白质结合色素生成的抑制效果最显著,这种抑制效果同抑癌顺序是一致的。铜的抑癌作用还在于它能使偶氮还原酶的活性上升,促进了非致癌代谢。铜还能解除乙硫氨酸对大鼠的致癌作用,这是因为铜大部分结合在 RNA 碱基的鸟嘌呤上,同 7 位 N 和 6 位 O 配位形成金属螯合物,因而妨碍了乙硫氨酸对 7 位 N 的乙基化。不仅对 RNA,还可观察到在 DNA 上也有烷基化阻碍和铜的蓄积。因而推断抑制肝癌的机理之一是铜对核酸烷基化的抑制。

由亚硝酸与仲胺、叔胺等含氮物质反应所生成的 N-亚硝基化合物,具有很强的致癌性和致突变性。其生成速度随胺的碱性强度、亚硝酸离子浓度、pH 以及是否存在有促进或抑制物质等有很大差异。

Magee 等从 1954 年开始,用二甲基亚硝胺(DMNA)试验能引起大鼠肝癌高发以来,N-亚硝基化合物的致癌性引起人们极大关注。已有研究表明,在近 100 种 N-亚硝基化合物中,约有 70% 或多或少有致癌性。

N-硝基化合物之所以比其他致癌物质更引人注意,原因之一是这种物质在人类生活环境中广泛存在。作为 N-亚硝基化合物的一种前驱物质——亚硝酸盐,几乎存在于一切农产品中;在蔬菜加工制品或唾液中含量相当高(硝酸盐在口腔中被细菌还原为亚硝酸盐);亚硝酸盐还被作为食品添加剂而用于火腿、腊肠和腊肉等食品中。其二是较易在环境中形成。大气及燃烧气体中的 NO_x 是生成 N-亚硝基化合物的重要来源;此外,环境中还广泛存在硝酸盐,它在微生物作用下又易形成亚硝酸盐。

仲胺是 N-亚硝基化合物的另一前驱物质,它作为动物、微生物或植物蛋白质代谢的中间产物之一而广泛地分布在自然界中。海鱼中含有较高的二甲胺(DMA),鱼肉罐头含有大量仲胺(而牛、猪肉较少)。注意食品中 N-亚硝基化合物污染是当前不可忽视的问题。

环境污染能引起生物的心脑血管疾病。现在研究认为:动脉粥类硬化是动脉中层细胞在一些诱发因子作用下发生突变,突变了的细胞分裂产生的子代细胞可移入内膜,并在内膜中增生、繁殖,以致形成瘤状斑块而硬化。这种始发过程与致突变剂损伤 DNA 有关,人类接触的环境诱变剂可以促成动脉硬化斑块的形成。

大量的环境污染均能引起 DNA 的损伤,而 DNA 的损伤同心血管疾病有关。根据对 DNA 复制和人体淋巴细胞染色体畸变试验资料发现:多种污染物均可导致高血压,而高血压病患者对此化学诱变剂如 α—乙酰氨基和二甲基蒽等所引起的 DNA 损伤比正常血压的人敏感得多。

环境激素(environmental hormones)又称内分泌干扰物(endocrine disrupting chemical,EDCs),是由于人类的生产和生活活动而释放到周围环境中的,对人体内和动物体内原本营造的正常激素功能产生影响,从而干扰内分泌系统的物质。

环境激素以作用持久、剧毒作用和漫长潜伏期等特点而使人们对之危害越来越重视。据当前的研究,约有 70 种(类)可能干扰内分泌的化学物质,其中约有 40 多种是农药的组分。内分泌干扰物化学性质稳定,干扰人体内分泌系统的功能,直接影响人类繁衍的生殖系统,降低生殖能力,引起不孕症,还能造成诸如癌症、畸形等难以治愈的疾病(赵志刚等,2008)。

这些化学物质都有很弱的类似激素的作用,可能导致包括人类在内的各种生物的性激素分泌量和活性下降、精子数量减少、生殖器官异常、癌症等发病率增加,并使生殖能力降低、后代的健康及其生殖能力下降等,也可能影响各种生物的免疫系统和神经系统。这些污染物在动物和人体内蓄积,可与激素受体结合起到类似激素作用,引起内分泌紊乱,使生殖机能失常,给动物和人类带来极大的危害,如多氯联苯(polychlorinated biphenys,PCBs)、乙炔基雌二醇、染料木黄酮、二羟基苯甲酸内酯等。环境激素易在水体环境中汇集,对水生生物产生严重的危害。它们可产生类二噁英效应,引起类固醇激素、甲状腺素低下和内分泌紊乱;影响生殖系统形态与功能,如性反转、生殖器官异常、乳腺癌、前列腺癌、卵巢癌等,导致免疫缺陷,从而使神经—内分泌—免疫系统网络破坏。鱼类在水生生态系统和食物链中处于重要位置,因此在环境激素生态风险评价中具有重要价值。

环境激素的危害主要表现在降低生物的生殖机能、降低生物的免疫力、诱发肿瘤和使神经系统受损等方面。许多研究报道环境激素能导致雄性生物雌性化、性功能障碍、精子数量减少、不孕不育、新生儿异常、性别比失调等等。我国的调查数据显示,我国男性的平均精子数仅为 2 000 多万个,比 50 年前少了 4 000 多万个;目前我国每 8 对夫妇就有 1 对不育。婴儿的免疫力特别容易受到杀虫剂的影响,免疫反应受到抑制,对传染病和癌症的抵抗力被削弱。另外许多的流行病学调查显示睾丸癌、前列腺癌、乳腺癌等都与环境激素有关。国外的研究发现妊娠期摄入被多氯联苯(PCBs)污染的鱼类,出生的儿童智力发育受损,学习能力比其他儿童明显滞后。

环境激素与生物体内的激素发生作用,影响内分泌系统的正常生理功能。其作用方式主要包括 3 个方面:①与生物体内的激素竞争靶细胞的受体;②产生阻碍作用;③影响内分泌系统与其他系统的互动作用。其中较为大家所接受的理论为前两种:①是与雌激素受体(estrogen receptor,ER)结合从而激活转录的基因,称为受体介导理论;②是雌激素生物合成过程中的酶被干扰,较典型的是通过混合功能氧化酶系,关键是其限制性酶 7 - 乙氧异吩噁唑酮 - O - 脱乙基酶(7 - ethoxyresorufin - O - deethylase,EROD)的作用,影响雌激素合成的途径。

随着蓝藻水华(cyanobacterial bloom)的频繁发生,目前已经成为国内外普遍关注的水环境污染问题,而近期在我国无锡太湖、安徽巢湖和云南滇池所发生的蓝藻水华在国内也引起了很大反响。在世界各国所发生的蓝藻水华中,微囊藻水华(microcystis bloom)不仅发生频繁、危害很大,而且多数能产生微囊藻毒素(microcystis,MC)。因此藻毒素对人体健康的影响也逐渐受到人们的重视。微囊藻毒素是一类肝毒素,据报道,它不仅对动物产生毒害作用,对人类健康也有危害。毒理学研究发现,MC 生物毒性作用的靶器官是肝,动物中毒、死亡主要是由于 MC 对肝的损伤。

人类接触 MC 的途径主要有 4 条,即直接接触、饮用水、食物及其添加剂中毒以及通过食物链而引起的间接中毒。微囊藻毒素对人类健康的主要危害包括诱发肝炎、促发肝癌,导致急性肝衰竭。通过肾透析,MC 能导致人肝衰竭并引发过敏反应、肠胃疾病,人们接触含有蓝藻毒素的水华,如在湖泊、河流、水库中游泳,可引起皮肤、眼睛过敏,发烧、疲劳以及急性肠胃炎。由于 MC 生物毒性作用的靶器官为肝,因而它主要通过引起人患肝病而对人类的健康造成危害(de Figueiredo,2004;Codd,2004)。在中国海门县进行的流行病学调查发现,饮用含有 MC 沟塘水的人群,其肝炎和肝癌发病率明显高于饮用无毒素的深井水人群,表明 MC 有很强的肝癌促进作用。

早在 1998 年,世界卫生组织(WHO)就推荐了饮用水中 MC 含量的允许标准为 1 μg MC—LR/L。该标准在当时只被少数国家接受,目前越来越多的国家接受该标准。成年人每天蓝藻食物中的 MC 限量标准为 0.04 g/kg 体重。2003 年 WHO 又推荐了娱乐水体蓝藻细胞和毒素的允许标准(表 3-20)。

表 3-20 娱乐水体中蓝藻细胞 MC 的安全标准

风险度	参考标准		MC 含量
	细胞数/mL	叶绿素 a/(μg·L^{-1})	
高	水华浮膜		>1 mg·L^{-1}
中	100 000	50	10~20 μg·L^{-1}(最高 50 μg·L^{-1})
低	20 000	10	2~4 μg·L^{-1}(最高 10 μg·L^{-1})

(李效宇,2008)

三、污染物对土壤微生物的影响

(一) 重金属对微生物数量、种类的影响

1. 重金属对土壤微生物活性的影响

重金属能影响植物根系对土壤中营养元素的吸收,主要是影响了土壤微生物的活性,土壤微生物的代谢功能决定着土壤中有机质的周转与矿化、养分转化以及有机废弃物的循环等,这些途径能敏感地反映土壤质量的健康状况(梁芳,2007)。研究表明,低浓度重金属污染土壤有利于 CO_2 的释放,高浓度重金属污染能显著抑制土壤的呼吸作用,其 CO_2 释放量的减少是微生物向真菌迁移的结果(de Figueiredo DR,2004)。土壤中有些酶和微生物一起参与土壤中物质和能量的循环(Cod,2004),因此,土壤酶类对重金属的抑制或激活作用比较敏感,进而影响植物的生长发育(梁芳,2007)。

2. 对微生物生物量的影响

土壤中的重金属能导致土壤微生物生物量的降低。杨元根(1996)实验证明低浓度的铜(50 mg/kg)能促进微生物生物量的提高,但是当铜浓度逐渐升高,土壤微生物的生物量呈显著的下降趋势。Brookes 和 McGrath 用熏蒸法测定了连续 20 年施用含重金属的干污泥的农田土壤微生物生物量,发现比施厩粪肥的土壤低得多,这也与测定土壤 ATP 含量的结果相对应。

3. 对微生物种类的影响

不同污染环境中,微生物的种类有很大差异。有的污染导致环境偏酸,这时环境中以嗜酸微生物为主。这时嗜酸微生物常常有大量的嗜酸细菌和嗜酸真核微生物。反之,如果污染导致环境呈现碱性,则碱性微生物类群增加。有的污染物虽然不改变环境的 pH,但是对微生物有毒害作用,所以同样影响微生物的数量和种类。Ruhling(1983,1984)研究发现土壤中 Cu^{2+} 含量小于 100 mg/kg 时,土壤中真菌的种类为 35 种,而中等污染的土壤(Cu^{2+} 含量为 1 000 mg/kg)中为 25 种,在重污染条件下(Cu^{2+} 含量为 10 000 mg/kg)为 13 种。当土壤中 As、Cd、Cu、Pb 和 Zn 等的总含量小于 8 μmol/g 时,每 100 m^2 土地中平均约有真菌

4.4 种；当总含量为 8～20 μmol/g 时，为 3.2 种；当总含量大于 50 μmol/g 时，发现大真菌只有 1.3 种。

（二）有机污染物对微生物数量、种类的影响

有关农药等有机污染物对土壤微生物的影响，国内外已有较多报道，因为微生物是土壤的重要组成部分，对土壤肥力、土壤团粒结构的形成等有重要意义。此外，微生物是土壤生态系统的分解者，在土壤生态系统的物质循环过程中起着重要作用。微生物因其生长快、繁殖迅速，因此在面对农药等有机污染物时，微生物在降解有机物的同时，其生长、繁殖等也受到有机污染物的影响。曹幼琴（1991）研究结果表明，邻苯二甲酸二丁酯在 10 mg/L、50 mg/L 2 种含量下均使纤维单胞菌无一存活，其他 5 种污染物在 2 种受试含量时对土壤微生物效应各不相同。有的无显著影响，有的刺激土壤中霉菌，有的使酵母菌数量增加，有的则有一定的抑制作用。王正贵（2010）等研究表明，异丙隆对麦田土壤真菌表现出短暂的抑制作用，处理后 5 d 左右开始有激活效应，至 60d 仍具激活效应；对细菌及放线菌表现为抑制作用，且持续时间较长，到 15 d 左右才开始表现出激活作用。异丙隆处理后，低含量（1.88 g/kg、3.75 g/kg）对过氧化氢酶活性表现为激活—抑制—激活作用，而高含量（7.50 g/kg、15.00 g/kg）则表现为抑制—激活作用。除草剂对土壤中真菌数量的负面影响可能是抑制菌根形成的重要因素，对菌根形成产生的抑制作用可能会进一步导致根瘤形成受到抑制（杨会青，2009）。

第二节 受害机理

在对重金属毒害机理进行深入研究后，必须深入到分子水平才能解决受害的内部机制。郁建栓（1996）从生物活性点位、重金属对生物毒性效应的分子机理以及金属离子对生物大分子活性点位的竞争及其与金属生物毒性的关系方面对此进行了综述。

一、生物活性点位

生物活性点位是生物大分子中具有生物活性的基团和物质。在生物大分子中的活性点位有：羧肽酶、碱性磷酸酶、碳酸酐酶、细胞色素 C、血红蛋白以及铁氧还原蛋白等。许多生物过程都需要金属离子的参与，生物大分子是该过程的主角，这些金属离子通常结合在生物大分子的活性点位上。对于外来的重金属，当其进入生物体后，可以和生物大分子上的活性点位结合，也可以和其他非活性点位结合。当这些重金属和生物大分子上的活性点位或非活性点位结合后，在一定的情况下对生物产生毒性。对于含有金属的酶，金属和酶共同构成生物活性点位，金属是活性点位的一部分，金属离子参与生物过程。除了生物活性点位能结合金属外，生物大分子的一些给电子基团也能结合金属离子。这些给电子基团包括蛋白质上的咪唑基、硫基、羟基、氨基、胍基和多肽以及核酸上的碱基、核糖羟基和磷酸酯基，它们可以是活性点位的一部分，也可以不是。生物所必需的微量金属就结合在这些生物活性点位和给电子基团上。生物活性点位是有毒金属进攻的部位之一，结合在活性点

位上的微量金属可被外来重金属所取代,由此可引起生物的各种病变。例如很多酶的活性中心含—SH 基。这类—SH 基与重金属具有特别强的反应,如三价砷与—SH 的作用,从而使酶失活。酶的非活性中心部分与重金属结合,使结构发生变形,酶活性减弱。某些金属还可作用于金属酶中蛋白质的羧基或巯基,使蛋白质变性,使酶及其所含的金属失去活性。金属酶活性中心的金属能被重金属置换,也能使酶失活。此外,某些元素离子的氧化还原作用可使金属酶辅基的活性键受破坏,使酶失活。例如,含巯基的酶(如 NR 酶)对重金属非常敏感,如 Cd 和 NR 酶中巯基有很高的亲和性,能破坏酶的活性;汞和砷的有机化合物可逆地与巯基形成硫醇键,从而抑制巯基酶的作用。

二、重金属对生物毒性效应的分子机理

关于重金属使生物中毒的分子机理,目前还未弄清楚,但是从大量的生物毒性试验结果可以推测,毒性是由于重金属与生物大分子作用造成的。金属离子既可取代生物大分子活性点位上原有的金属,也可以结合在该分子的其他位置。当有毒金属离子与生物大分子上的活性点位或非活性点位结合后,可以改变生物大分子正常的生理和代谢功能,使生物体表现中毒现象甚至死亡。例如,牛胰羧肽酶 A 是一种研究最广泛的含锌酶,其功能是使蛋白质分子中羧基末端的氨基酸从蛋白质上断裂下来。在该酶中,Zn 结合在末端肽键的羧基氧上,和蛋白质分子共同构成生物活性点位,其中 Zn 是活性点位的一部分。当 Zn 被其他有毒金属取代后,该酶的生物活性即被改变。如 Zn 被 Co^{2+}、Ni^{2+} 取代后该酶的活性增加,被 Mn^{2+} 取代后活性降低,而被 Cu^{2+}、Hg^{2+}、Cd^{2+}、Pb^{2+} 取代后活性变为零,这就解释了 Cu^{2+}、Hg^{2+}、Cd^{2+}、Pb^{2+} 生物中毒的原因。另一种含活性 Zn 的酶是碳酸酐酶,该酶可以催化二氧化碳与水的相互作用。当其活性点位上的 Zn 被 Ni 取代后仍有较高活性,而被其他重金属取代后该酶的活性大大降低或为零。

核酸是生物的遗传物质,它含有很多可结合金属离子的活性点位和非活性点位。核酸有脱氧核糖核酸(DNA)和核糖核酸(RNA),其中脱氧核糖核酸是生物遗传信息的主要来源。在 DNA 双螺旋结构中,每个单链具有糖-磷酸酯骨架,而碱基结合在磷酸酯基上,双螺旋是靠配对的碱基通过氢键连接起来的。在双螺旋结构中有一个碱基顺序,这个顺序决定着遗传密码。在 DNA 碱基中,互补的碱基和非互补的碱基都可通过氢键结合起来。但当非互补的碱基配对结合时,就会在遗传密码的传递中出现错误。金属离子对 DNA 双螺旋结构有稳定作用。当金属离子浓度较低时,DNA 两条链作用还不太稳定,此时只有互补的碱基才能发生配对作用,使两条链牢固地结合在一起;当金属离子浓度较高时,由于金属离子的稳定作用使两条链稳定地结合在一起,此时,除了互补的碱基能配对外,非互补的碱基也能配对,从而导致碱基的配对错误,使遗传密码的传递发生错误,使生物体产生病变。另外,金属离子能使核酸解聚,结合在磷酸酯基上的金属离子可从 RNA 和多核酸的磷酸二酯链上夺取电子,从而使得成键不稳定和易水解,这样生物大分子可降解成小的碎片,从而使生物机体发生病变。大量的金属离子如 Co、Mn、Ni、Cu、Zn 等可促使这种降解作用。

不同浓度的同一金属离子结合在生物大分子的不同点位上,会对生物产生不同的效应。例如,金属离子可结合到核酸的不同位置上,对核酸的生理功能产生不同的影响。当 Zn^{2+} 结合到核酸的碱基上时,可使 DNA 的解旋可逆;当 Zn^{2+} 和磷酸酯基结合时,则可加速

RNA 的解聚。又如,草酰乙酸脱羧酶是一种催化 CO_2 分子从草酰乙酸上脱落下来的酶,Mn^{2+}、Co^{2+}、Pb^{2+}、Cd^{2+} 的浓度对该酶的活性有很大的影响。在低浓度时,酶的活性较高,而高浓度时酶的活性受到很大程度的抑制。当向不需要金属离子的酶中加入金属离子时,会对酶的活性产生抑制作用。如核糖核酸酶能够使核酸裂解成核苷酸单体,在该酶中有 1 个包括 2 个组氨酸和 1 个赖氨酸的活性点位。在上述裂解反应中不需要金属离子的参与,但金属离子会对其活性产生重要影响。低浓度金属离子可增加该酶的活性,而高浓度金属离子会抑制该酶的活性。这是因为低浓度时金属离子结合到酶的活性位置上,对酶的活性有促进作用;而高浓度时多余的金属离子结合到酶的去活性位置上,对酶的活性产生抑制作用。可见,有关金属的生物中毒有两种可能的分子机制:一是有毒金属进攻生物大分子活性点位,取代活性点位上的有益金属,破坏了生物大分子正常的生理和代谢功能,造成生物的病变;二是有毒金属键结合到生物大分子的去活性位置上,降低或消除了生物大分子(如酶)原有的生物活性,同样使生物发生病变。

三、金属离子对生物大分子活性点位的竞争及其与金属生物毒性的关系

当进入生物体内的金属不止一种时,引起的生物毒性效应除与金属离子的种类、浓度以及金属离子与生物大分子结合的部位有关外,还与这些金属在生物体内的联合作用有关。Se 似乎是所有金属中竞争能力最强的金属,它能对几乎所有金属的毒性产生颉颃作用。如 Se 能使重金属在组织器官和亚细胞结构中重新分配,使重金属在细胞质大分子之间发生迁移,从而改变重金属对生物的毒性。这实质上是 Se 本身改变了金属对生物大分子活性点位的亲和力,而使这些金属转移到对生物生理和代谢有利的位置上。Chirstensen(1979) 等通过研究 Mn^{2+}、Cu^{2+} 和 Pb^{2+} 对 *Selenastrum capricornutum* 的毒性表明:Pb^{2+} 和 Cu^{2+}、Mn^{2+} 均产生颉颃效应,这是由于 Mn^{2+}、Cu^{2+} 和 Pb^{2+} 对酶活性点位的竞争减少了 Pb^{2+} 产生毒性的可能性。Gudmund(1980) 等研究了 Zn^{2+} 和 Cd^{2+} 对一些海洋硅藻的毒性作用,认为由于海水中含有大量的无毒二价金属离子(如 Ca^{2+}、Mg^{2+}、Sr^{2+}),所以对 Zn^{2+} 和 Cd^{2+} 的吸收产生颉颃作用,从而使它们对海洋硅藻的毒性受到抑制。Tor Stromgren(1980) 通过 Zn^{2+}、Cu^{2+}、Hg^{2+} 对 *Ascophyllum nodosum* 生长的影响研究指出,Zn^{2+} 对 Cu^{2+}、Hg^{2+} 的毒性均具有颉颃作用,且随 Zn^{2+} 浓度增加而增加,这是由于 Zn^{2+}、Cu^{2+} 和 Hg^{2+} 对进入细胞的生物活性点位竞争的结果。金属进入细胞的活性点位数目有限,当 Zn^{2+} 浓度远大于 Cu^{2+}、Hg^{2+} 浓度时,这些进入细胞的活性点位大部分为 Zn^{2+} 所占据,使毒性较大的 Cu^{2+}、Hg^{2+} 无法进入细胞。Gordon(1983) 等提出了痕量重金属对鱼有效毒性的鱼鳃表面反应模型(GSIM),即

$$ETC = [Cu_T] a_{cui} / 1 + K_m [M^{2+}] = CIF_{\circ}$$

式中,ETC 为有效毒物浓度;M 为与 Cu 竞争鱼鳃表面活性点位的金属;K_m 为 M 与鱼鳃表面活性点位的结合常数;CIF 称为竞争反应因子;$[Cu_T]$ 为铜离子总浓度;a_{cui} 为游离态铜离子的活度。

可见,重金属对生物的有效毒性除了与其毒性形态浓度有关外,还与其他金属离子的竞争有关。Zitko(1976) 研究了水的硬度对鱼类重金属致死的影响机制。结果表明,水的硬度对重金属毒性的影响与 Ca^{2+}、Mg^{2+} 和重金属离子对活性点位的竞争有关。用 S 表示生

物活性点位，M 和 N 为 2 种能与 S 结合的金属，则竞争平衡表达式为：

$M + S = MS, N + S = NS, K_m = [MS]/([M] \cdot [S]), K_n = [NS]/([N] \cdot [S])$。

K_m、K_n 分别表示 M、N 与 S 的结合常数。可见金属对活性点位的竞争取决于金属与活性点位的结合常数。一般说来，只有当 $K_m/K_n \leq 100$ 时，增加 N 的浓度才能对 [MS] 浓度有显著影响，即结合常数相近的两种金属相互竞争对生物毒性影响较大。对于和活性点位结合非常牢固的金属，其他金属对它的竞争影响很小。如 Mg^{2+} 对 Zn^{2+} 的毒性有影响。而 Ca^{2+} 对 Zn^{2+} 的毒性则几乎无影响；Ca^{2+}、Mg^{2+} 对 Cu^{2+} 的毒性均无影响，这是因为 Ca^{2+}、Mg^{2+} 对活性点位的结合常数小于 Cu^{2+} 的缘故。由此可见，金属离子生物大分子活性点位的竞争对有毒金属的生物毒性具有一定的影响，随不同的金属和不同的生物而有所区别。关于元素之间的颉颃协同关系，将在下部分阐述。

四、分子、原子结构理论解释

重金属是过渡元素，都有 d 电子存在，而 d 电子在催化、磁性等方面都有特殊的性质与效能。正因为如此，它对生物都是致毒的根源。这些重金属如进入人体，就会起催化作用，扰乱生理反应，成为比原子能放射性更有害的污染物。因为原子能放射只是无机离子，而这些重金属都有有机化的危险。

有机氯农药和有机磷农药对生物毒害效应的差别主要是前者为慢性中毒，后者主要是急性中毒。这是因为有机氯农药（DDT、六六六）在 s、p 轨道上的电子形成了 δ 键，还加上 d、p 轨道上的 π 键形成比较稳定的分子；而有机磷农药构成的 s、p 轨道上的 π 键分解比较容易，因而是急性中毒。

关于污染物引起致突变、致畸、致癌的原因很多。据近期研究，核酸中有各种碱基、磷酸和糖，特别是嘌呤碱基与磷酸易接受金属的作用。这是因为鸟嘌呤与腺嘌呤，都有能与金属反应的 —N、—OH、—NH₂ 基。因比，当金属一旦侵入生物体与核酸的碱基等结合就会引起核酸的立体结构的变化，碱基的错误配对，这就可能导致生物体畸变或致癌。例如 Mg^{2+} 是 RNA 聚合酶的活化剂，它允许核苷酸掺入 RNA 而阻止脱氧核苷酸的掺入，从而正确地合成 RNA。如果 Mn^{2+} 掺入，虽可使核苷酸掺入，但不能阻止脱氧核苷酸掺入，从而使合成过程发生差错。

金属离子可能与核酸反应的另一种原因是金属能和核酸中的供电子部位结合形成金属键，结果使大部分结构发生重大变化；也可能在分子间或分子内形成交联键，加速细胞衰老；金属离子若和 RNA 中的磷酸结合，可使磷酸二酯键断裂，从而使 RNA 分解。

某些污染物还能与核酸中的嘧啶碱基作用，引起染色体畸变。如高浓度的 HSO_3^- 能和 RNA 中的尿嘧啶或胞嘧啶作用，形成加成化合物，产生 5,6-双氢-6-磺酸衍生物，这可能引起 mRNA 的钝化作用。

据目前研究：Be、Cr、Co、Ni、Cd、Se、Zn 等已证明有致癌作用；Ti、Fe、Ni 等有机络合物也有致癌作用；Se、Mn、As、Y、Pb、Pd 等在某一定条件下可能有致癌作用；Hg、Nb、Au、Mg 是非特异性致癌物质。

重金属对生物产生毒性效应的途径较多，产生的生物毒性症状各异，这方面研究工作较多。但就生物重金属中毒的分子机理而言，还缺乏大量的实验证据，这方面研究值得重视。

第三节 受害条件

生物受害程度,决定于毒物的性质、生物和外界条件的特点。

一、毒物性质

对金属而言,离子态要比络合态毒性大,特别是形成金属硫蛋白以后,金属就失去毒性。如 Sunda 等(1978)认为,Cd^{2+} 对草虾半致死剂量为 $4×10^{-7}$ mol,如增加氯或加入 NTA(含氮三醋酸)形成螯合物时,其毒性明显降低。呈离子态的各种金属差别很大,主要是由于各种金属的属性不同。例如,金属对水生生物的毒性大小依次为:Hg > Ag > Cu > Cd > Zn > Pb > Cr > Ni > Co(Bryan,1971)。

毒物的价态也能影响化学物质的毒性。如三价砷的毒性远比五价砷高,前者约为后者的 5 倍。这是因为无论是有机或无机三价砷对—SH 基都有很强的亲和力,并能阻断大多数—SH 基酶及酯酸类,特别是有机态三价砷的阻断能力比无机态的强;而五价砷同—SH 基不起反应,这是由于它的化学特性类似于磷酸,在体内能和磷酸颉颃,形成不稳定的砷化合物,然后分解。例如,淹水田块,在腐殖质等有机物的作用下,还原性加强,砷易变成三价的亚砷酸;旱地呈氧化状态,砷就可能变成五价的形态。因而水田易受砷的危害。六价铬的毒性大于三价铬。用六价铬和三价铬化合物分别处理动物 24 h,染色体畸变发生率高低依次为:$K_2Cr_2O_7$ > K_2CrO_4 > $Cr(CH_3COO)_3$ > $Cr(NO_3)_3$ > $CrCl_3$。六价铬的诱变率大于三价铬(Na - Kamuio,1978),能普遍引起染色体畸变。关于铬化合物引起染色体畸变的原因,Leyis(1977,1979)用重铬酸钾与三氯化铬对母鼠成纤维细胞(BHK)与人体内上皮细胞的损伤进行研究,证明这两种化合物都能损害 DNA 的合成,重铬酸钾的毒性远比三氯化铬强。用 H_5 - 30R 大肠杆菌作诱变试验,六价铬同样显出很强的诱变性。Nishioka(1977)指出,六价铬的诱变能力主要是因为六价铬的氧化能力对脱氧核糖核酸具有损伤作用。三价铬在体内很少被吸收,一般认为其诱变能力在 1% 以下。但水溶性的三价铬化合物接触皮肤时,也会产生癌变。

金属的毒性还和其他很多因素有关。在一般情况下,有机络合物的毒性下降,但脂溶性有机络合物和有机金属化合物的毒性却明显增加。

根据金属毒性效应,金属可以分为 3 类不同形态:①形成无机和有机配位体络合物;②形成有机金属化合物;③参与氧化还原反应。形成金属络合物的电子供体有简单的无机配位体与复杂的有机大分子中的氨基、羧基、磷酸基、硫基等。以水体为例,金属总浓度相近,但由于形态不同,因而对水生生物的毒性有很大差别。以铜对硅藻毒性为例(表 3 - 21):铜的碳酸络合物基本上是无毒的,铜的阴离子羟基络合物对毒性的贡献为 15% ~ 18%;游离的铜离子与铜的阳离子羟基络合物对毒性的贡献为 60% ~ 70%(Jenne,1979)。有机配位体的络合物对毒性的贡献更大。已证明,铜对鱼的早期致死浓度(MT, mol/L)与水中腐殖酸浓度(NT, mg/L)呈线性关系,$MT = 2.20 × 10^{-7} NT + 3.93 × 10^{-7}$。腐殖酸对铜的络合可大大提高对鱼的致死浓度;金属在颗粒物上的吸附也能减少对水生生物的毒性。

表 3-21　Cu 的不同形态对硅藻毒性的影响

形态	Cu-富里酸	Cu-丹宁酸	Cu-羟羧基喹啉	CH_3HgC	$n-C_3H_7HgCl$	$n-C_5H_{11}HgCl$
毒性因子 a*	0.36	>0.60	>10	7	20	300

＊以氯化物的毒性因子定为 1.0,其他形态、毒性与之相比(其他形态/氯化物)。(Florence,1983)

金属对生物的影响,还决定于金属的特性。按照 Tranton 的法则,以蒸发潜热表示化合物的凝聚力,即越是沸点低的金属,其凝聚力越小,每个分子和原子都易于分离。为了使金属进入机体或与机体发生反应,首先要使分子或原子进行弥散。所以,越是沸点低的金属越易发生弥散;同时金属沸点越低,与一般有机物的沸点差就越小,它们相互间作用的可能性就越大。

金属对生物的毒害还和离子化电压有关。因为离子化电压的值是以物质在神经调节的作用下,能否通过细胞膜作为标准。如碱性金属为 4～5 V 低电压,在进入细胞的过程中,受到细胞膜的严密调节和控制;铝、镓、铟等三价金属即使是 5 V 电压,也极难进入机体;重金属中的汞、镉、锌之所以容易进入机体是由于有 9～10 V 的高电压;贵金属气体则有 11～24 V 高电压,它不受任何调节能自由出入机体。因此可认为离子化电压越高,对生物潜在的毒性就越大。

离子的毒性和离子的价数有关。金属阳离子的偶数价离子对机体的亲和性高,奇数价的亲和性则相对较低,尤其是三价阳离子在正常的生理状态下易被排出体外;阴离子正相反,奇数价的离子亲和性高,偶数价的则低。从空间结构看,以正四面体为结构的元素其亲和力就高。即使同样是四配位的,形成平面结构的镍、白金等却有致癌、致畸作用(表 3-22)。

表 3-22　潜在毒性的顺序

顺序	沸点		离子化电压		K/V	结果	变更的主要理由
	元素	K	元素	V			
1	Hg	630	Hg	10.44	Hg	Hg	
2	Cd	1 038	Zn	9.39	Cd	Cd	
3	Zn	1 180	Au	9.23	Zn	Pb	PbO 的挥发性↑
4	Yb	1 467	Ir	9.1	Sb	Cr	CrO_3 的挥发性
5	Tl	1 730	Pt	9.0	Yb	Tl	Tl^+ 安定↑
6	Bi	1 833	Cd	8.99	Bi	Sb	
7	Eu	1 870	Os	8.7	Pb	Os	OsO_4 的沸点↑
8	Pb	2 013	Sb	8.64	Tl	Zn	生命元素,活性↓
9	Sb	2 023	Pd	8.34	Mn	Mn	
10	Sm	2 064	W	7.98	Ag	Ag	
11	Tm	2 220	Ge	7.90	Eu	Ni	平面四配位↑
12	Mn	2 235	Ta	7.89	Au	Au	
13	In	2 354	Re	7.88	Sn	Sn	
14	Ag	2 485	Fe	7.87	Tm	Bi	Bi^{3+}↓
15	Sn	2 543	Co	7.86	Sn	Cu	
16	Ga	2 676	Cu	7.72	Cu	Fe	平面四配位↑

续表

顺序	沸点		离子化电压		K/V	结果	变更的主要理由
	元素	K	元素	V			
17	Dy	2 835	Ni	7.64	Fe	Pd	
18	Cu	2 840	Ag	7.58	Ge	V	V_2O_5的挥发性↑
19	Cr	2 945	Rh	7.46	Ni	Ge	
20	Ho	2 968	Mn	7.44	Co	Co	
21	Ni	3 005	Pb	7.42	In	Pt	平面四配位↑
22	Fe	3 023	Ru	7.37	Pb	In	
23	Au	3 080	Sn	7.34	Cr	Yb	Yb^{3+}↓
24	Ge	3 103	Bi	7.29	Ga	Mo	MoO_3的挥发性↓
25	Er	3 136	Mo	7.10	Pt	U	UO_2^{2+}↑
26	Co	3 143	Hf	7.0	Dy	Eu	Eu^{3+}↓
27	Nd	3 341	Th	(6.95)	Ir	Ir	
28	Tb	3 396	Nb	6.88	Ho	Tm	Tm^{3+}↓
29	Pd	3 413	Zr	6.84	Er	Sm	Sm^{3+}↓
30	Gd	3 539	Ti	6.82	Ti	Ti	
31	Ti	3 560	Cr	6.77	Rh	Re	Re_2O_7的挥发性↑
32	Y	3 611	V	6.74	V	Rh	
33	V	3 653	Y	6.38	Y	Ga	Ga^{3+}↓
34	Lu	3 668	Yb	6.25	Ru	Ru	
35	Ce	3 699	Tm	6.18	Gd	Ce	Ce^{4+}↑
36	La	3 730	Gd	6.14	Tb	Zr	ZrO_2^{2+}↑

(甲田善一、林宏著,金悦纳、雷春甫译,1984)

二、外界条件

1. pH

毒物所处的环境中 pH 高低直接影响毒物的毒性,主要是因为环境中 pH 不同,则毒物的溶解度也不同。在中性环境中,在 Cd 污染条件下生物体内含有可溶性 Cd 量最低(约30%),随着环境中酸度增加,生物体内含 Cd 量相应增加。在酸性条件下大多为无机盐游离态,在碱性条件下则和蛋白质结合。游离态 Cd 对生物的毒性较大,如果 Cd 与蛋白质结合形成 Cd – 硫蛋白,毒性明显降低。在食物加工过程中 pH 也影响食物的含 Cd 量。据皆川、铃木等研究,大米颗粒及面粉中的 Cd 在中性时几乎不溶出,在酸性中 Cd 溶出效率高且呈游离态;在碱性中则以蛋白质结合态溶出。

pH 还影响毒物存在的形态及比例。以 SO_2 毒性与 pH 关系为例,在 pH 为 2~5 的范围时体内主要以 HSO_3^- 为主,毒性大,受害重;在 pH 为 6~8 时体内以 SO_3^{2-} 占主导地位,毒性明显降低,植物受害较轻。

植物受害不仅决定于内因,也决定于外界诸生态因子(光、温、水、土等)。

2. 光照

光照强度影响气孔开闭,而气孔是有害气体进入植物体的门户,因此光强直接影响污染物进入植物体内的数量。植物受 SO_2 伤害程度还和光质有密切的关系。根据对狐茅草(*Festuca pratensis*)和梯牧草(*Phleum pratense*)的试验,在 40 000 lx 光强下,两种植物遭受最大伤害,狐茅草达 57.8%,梯牧草达 72.5%。随着光强的降低(光质相应改变),叶片受害程度相应减少。当光强降低 10 倍(黑色滤光器 4 000 lx),两个种的叶片受害最低(表 3-23)。

表 3-23 禾本科植物叶片受害程度与光强光谱成分的关系[①]

试验		狐茅草/%	梯牧草/%
对照(40 000 lx)		57.8	72.5
滤光器	红	37.8	42.9
滤光器	蓝	30.1	36.8
滤光器	黑	18.5	30.7
滤光器	灰	31.5	43.4

①SO_2 含量为 0.5 mg/m³。(Xaplumoba,1980)

当植物处于蓝色或红色滤光条件下,对于 SO_2 引起的叶片伤害比没有滤光器的要轻得多。但红光较蓝光受害重,狐茅草高 7.7%,梯牧草高 6.1%。这种差别与植物吸收光能的数量有关。经红色过滤器过滤后,留下的是能为色素大量吸收和利用的生理有效光,比蓝光有更多的光量子。因此,植物受害程度最终是决定于植物吸收光量子的数量。

3. 大气湿度

大气湿度能直接影响植物的受害程度,即大气相对湿度与植物受害程度成正比,与植物的抗性成反比。这是因为高的相对湿度使有害气体和烟尘能吸附在叶表面,并使这些污染物溶解,慢慢从气孔、表皮渗透到叶片内,特别是酸碱性污染物,溶解在表面后,能直接伤害叶片(表 3-24)。

表 3-24 相对湿度与紫花苜蓿的抗 SO_2 性关系

相对湿度/%	相对敏感度	相对抗性	相对湿度/%	相对敏感度	相对抗性
100	1.00	1.00	30	0.31	3.20
80	0.89	1.02	20	0.18	5.50
60	0.77	1.30	10	0.13	7.70
50	0.69	1.45	0	0.10	10.00
40	0.54	1.85			

(王焕校,1990)

4. 地形和天气特点

在封闭式洼地,空气不易扩散,如果形成逆温层,能使生物受害的时间增长和加重受害程度。地形开阔,有毒气体停留时间短,生物受害轻。例如,比利时马斯河谷事件(1930 年 12 月)、美国多诺拉大气污染事件(1948 年 10 月)、英国伦敦烟雾事件(1952 年 12 月)、美国洛杉矶光化学烟雾事件(1954 年)都发生在山谷、河谷平地或海岸盆地等气体不易扩散的地方。

第四节　化学元素间的作用关系

一、化学元素的颉颃作用

生物体内诸多元素之间存在着极其复杂的颉颃和协同关系。研究这类关系对于了解各元素对生物的毒害作用及解毒机理,有极重要的意义。

铜对锌中毒有抑制作用。食用高锌会引起小鸡贫血,补给铜使贫血症消失,Hill (1970)的实验证明了这一点(表3-25)。从表3-25可看出,铜有明显降低锌毒害的作用。据推测(Evans,1970),这种颉颃作用就是在十二指肠内,与相对分子质量约为10 000的金属硫蛋白作用,在—SH结合部上。

表3-25　铜与锌对小鸡的影响

锌/ $(mg \cdot kg^{-1})$	铜/ $(mg \cdot kg^{-1})$					
	0	10	0	10	0	10
	血红蛋白/ $(g \cdot 100 mL^{-1})$		死亡率/%		体重/g	
0	6.5	8.5	8.7	0	262	272
50	5.9	8.0	18.2	4.5	205	320
100	5.0	8.8	52.0	7.7	182	294
200	4.8	8.0	70.8	20.0	139	291
300	4.1	6.6	88.0	4.2	127	310

(山根靖弘,1981)

硒和汞的颉颃关系也非常明显。据山根靖弘等(1977)研究(表3-26),单独给 $HgCl_2$ 组投药后第2天,5只老鼠中有3只存活,第七天则全部死亡;若汞、硒同时投放则5只全部生存,体重反而增加。硒对汞的颉颃作用主要是加硒后能降低老鼠肝和肾内汞的含量,如表3-27。研究结果表明,同时给汞和硒组比单独给汞组,可溶性组分的分布从56%减少到1%,这是由于两者结合固定的结果。这种颉颃作用的机理是由于在生物体内汞容易与硒结合,使两者都失去活性,其结合键可能是蛋白质—S—Se—Hg 或为 Hg—Se。

表3-26　硒对汞的颉颃作用

组类	大鼠/只	存活数/只		
		2 d	7 d	10 d
对照组	5	5	5	5
给 $HgCl_2$ 组	5	3	0	0
给 $HgCl_2 + Na_2SeO_4$ 组	5	5	5	5
给 Na_2SeO_4 组	5	5	5	5

(山根靖弘,1981)

第四节 化学元素间的作用关系

表 3-27 硒、汞颉颃与大鼠肝肾中 Se、Hg 的含量

组类	肝		肾	
	汞/($\mu g \cdot g^{-1}$)	硒/($\mu g \cdot g^{-1}$)	汞/($\mu g \cdot g^{-1}$)	硒/($\mu g \cdot g^{-1}$)
对照组	0.06 ± 0.01	1.57 ± 0.08	0.23 ± 0.03	1.79 ± 0.19
给 $HgCl_2$ 组	6.59 ± 1.21	1.43 ± 0.08	64.19 ± 5.29	2.56 ± 0.11
给 $HgCl_2 + Na_2SeO_4$ 组	44.40 ± 2.61	17.52 ± 0.91	80.78 ± 10.33	26.38 ± 2.85
给 Na_2SeO_4 组	—	2.94 ± 0.35	—	7.93 ± 1.59

处理方法：对照组每 24 h 注射 0.9% NaCl；实验组每 24 h 注射 $HgCl_2$ 3 mg/L，Na_2SeO_4 3 mg/L。（山根靖弘，1981）

植物的实验也证明锌能减轻镉对蚕豆的毒害作用。随着土壤中镉含量的增加，叶绿素 a 与叶绿素 b 的量相应递减，如加入一定量的锌，叶绿素含量相应有所增加（表 3-28）。锌也能减轻镉对蚕豆根系蛋白质含量的影响（表 3-29）。

表 3-28 镉锌相互作用对鲜组织叶绿素（a+b）含量的影响　　　　单位：$mg \cdot g^{-1}$

	Zn/($mg \cdot kg^{-1}$)	0	2.5	5	10	20
Cd/ ($mg \cdot kg^{-1}$)	0	0.761	0.780	0.843	0.798	0.592
	0.5	0.783	0.723	0.815	0.620	0.838
	2.5	0.720	0.703	0.708	0.673	0.750
	12.5	0.673	0.780	0.808	0.793	0.715

（高圣义，1988）

表 3-29 锌、镉相互作用对鲜组织根可溶性蛋白的影响　　　　单位：$mg \cdot g^{-1}$

	Zn/($mg \cdot kg^{-1}$)	0	2.5	5	10	20	50
Cd/ ($mg \cdot kg^{-1}$)	0	10.53	11.04	11.63	10.5	9.77	8.29
	0.5	10.63	11.88	12.19	8.13	8.07	11.44
	2.5	10.25	10.63	10.44	13.69	13.19	7.57
	12.5	6.51	9.07	9.94	8.07	10.38	6.01

（王焕校，1990）

镉、锌之间的颉颃关系对凤眼莲的细胞膜透性、叶绿素含量等有明显的作用（李森杯等，1990）。研究表明，加 1.0 mg/kg 锌后，能增加叶绿素含量，降低细胞膜透性，减轻镉的毒害作用。

钙、硒与镉之间也有颉颃关系。镉能使动物畸变，损害生殖系统，但服硒、钙后就可解毒；食物缺钙时，生物吸收铅、镉量增加；如食物中含有丰富的钙，对铅、镉的吸收量少，生物受害减轻。此外，过量锰能使马铃薯缺铁，使植株地上部分 Mn/Fe 比值高达 18 或更高，而铝可降低这种比例，喷铁也能消除锰的毒性。土壤施锌能使锰向大豆地上部分转移，毒害加重。

研究元素之间的颉颃作用和协同关系有重要的理论意义和实用价值，在环境评价工作

中更有重要意义。目前环境评价基本都是单元素评价,没有考虑到元素之间的各种关系,这就很难说明问题的实质。例如,有些地方属高氟区,水和食物中氟含量都很高,大大超过 1 mg/kg 的标准,但该地区没有发生典型的氟骨病,这是因为该地区有较多的钙、铝和硼的缘故;另一些地区含氟量低于卫生标准,本应加氟,但却是氟骨病重发区,这是因为该地区缺钙、铝和硼的缘故。所以不考虑环境中钙、铝和硼,特别是钙的存在和作用,就很难评价氟的存在和实际意义。同样道理,在镉污染区,粮食、蔬菜、饮用水的镉都超标(粮食蔬菜卫生标准 0.2 mg/kg,饮用水水质标准 0.01 mg/L),但不发生骨痛病;有些地区含镉量不高,却发生骨痛病,这是因前者食品和水中有较多的钙和硒,而后者却严重缺钙和硒。总之,对一地区的评价,不能单凭某元素含量的多少,还应考虑其他有关元素的存在和数量。只有这样才能真正了解各元素真实的作用。目前,全国各类环境评价都没有考虑在评价范围内各元素之间的上述关系。因此,研究元素之间的颉颃作用和协同关系,在环境评价等工作中有重要意义。

关于元素之间颉颃作用的机理,有各种解释。Hill(1970)提出原子价层电子结构相似的离子可能发生生物学颉颃的假说。Fe^{3+} 以 d^5 电子排列,即在第三电子层中 d 轨道上有 5 个电子;Fe^{2+} 离子的 d 层有 6 个电子;Mn^{2+} 也是 d^5 离子;Co^{3+} 是 d^6 离子。从这些电子结构相似性推测,锰、钴对铁有颉颃作用,其他如 Zn^{2+}、Ca^{2+}、Cu^{2+} 都具有 d^{10} 的电子结构,可能这 3 种离子之间有相互颉颃作用关系。

元素之间颉颃的原因很多,机理很复杂。据朱梅年的归纳,有以下几条规律:

(一) 两元素之间由于直接发生化学反应而产生颉颃

(1) 凡两种元素能生成难解离的稳定化合物的,它们之间便可能存在着生物的颉颃。

例1:As、Hg、Cd、Ag、Sb 等对 Se 的颉颃,其机理可能是重金属与 Se 生成相应的 As_2Se_3、HgSe、CdSe 等难解离的化合物,从而导致 Se 的生物活性消失;其表现为 Se 不能被生物吸收或含 Se 酶(如谷胱甘肽过氧化物酶)中 Se 被夺走,使 Se 无法发挥生物活性作用。

例2:硫对铜和铁的颉颃,表现为硫化物对含 Cu、Fe 的呼吸酶、细胞色素氧化酶、过氧化氢酶等的明显抑制,这可能和生成相应的 CuS、FeS,从而破坏酶的空间构型有关。

(2) 凡两种元素能生成稳定络合物的,它们之间便可能存在生物颉颃作用。

例1:氰化物对多种金属元素的颉颃,表现为对多种金属酶的抑制。这可能是因为 CN^- 离子能与多种离子形成稳定络合物,从而破坏了金属酶的结构,致使这些金属元素的生物活性丧失。

例2:络合能力很强的氟离子有可能与多种金属离子形成稳定络合物,而且其络合物稳定常数越大,颉颃作用就越明显。

(3) 凡两种元素可发生氧化还原反应的,它们之间有可能存在生物颉颃作用。

如 Cr^{6+} 在红细胞中还原成 Cr^{3+} 时,使血红素中的 Fe^{2+} 氧化成 Fe^{3+},破坏血红蛋白的正常生理功能,从而表现出 Cr^{6+}—Fe^{2+} 的颉颃作用。在实验中观察到高铁血红蛋白的存在,说明此种氧化还原颉颃作用是存在的。

(二) 破坏金属酶的辅基或金属蛋白的蛋白质活性基团而产生颉颃

某元素作用于金属酶的辅基或金属蛋白的蛋白质活性基团,使酶或蛋白质受到破坏,

从而实现对酶或蛋白质中有益金属元素的间接颉颃作用。这有3种情况:

(1) 干扰离子与生物体中的有机质(如酶的辅基)更稳定的结合,从而使机体中某些元素被置换出来。例如,Cd 对 Zn 的生物颉颃是由于 Zn 在蛋白质中是与巯基结合,而 Cd 对巯基的结合比 Zn 更稳定一些,因为 CdS 的溶度积(3.6×10^{-29})比 ZnS 的溶度积(7.4×10^{-27})小,所以 Cd 可把 Zn 从有机体中置换出来。又如,某金属硫化物的溶度积小于 ZnS 溶度积时,该金属离子便可对 Zn 产生颉颃作用,如 Hg、Ag、Cu、As 等。除 Zn 外对巯基结合的其他微量元素也有类似的置换规律。

(2) 由于干扰离子的氧化还原作用,使辅基中的双硫键还原、裂解:$2CN^- +$ R—S—S—R $\longrightarrow$ 2R—2SCN。由于酶辅基中二硫键的裂解而使酶遭到破坏,则酶中的金属元素也将随酶的破坏而失去活性。

(3) 重金属(Hg、Ag、Pb 等)作用于金属酶中蛋白质的巯基或羧基,使蛋白质变性,使金属酶失去活性,表现为重金属离子对金属酶中的有益元素的生物颉颃。

(三) 使金属酶反应体系受阻而产生颉颃

由于某一元素的作用,使金属酶反应体系中的一环受阻,从而产生对另一元素的间接颉颃。如 Cu 对 Mo 的颉颃,它们在细胞里的相互关系如图 3-9 所示。从图可见,含 Mo 的脱氢酶(如黄嘌呤脱氢酶)使代谢物氧化并产生 H_2O_2。在正常情况下,H_2O_2 在含 Fe 的过氧化氢酶的作用下,迅速分解为 H_2O 和 O_2,而当存在过量 Cu 时,便抑制过氧化氢酶,从而造成细胞内 H_2O_2 的毒性积累。根据诱导和抑制理论,过剩的 H_2O_2 将反过来抑制破坏含 Mo 的脱氢酶,从整体上看就造成 Cu–Mo 颉颃现象。类似的例子还有 Pb–Fe 的颉颃。

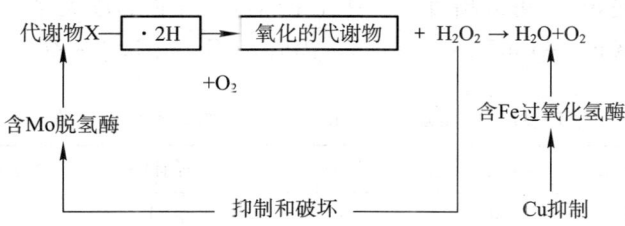

图 3-9 生物细胞内 Mo 和 Cu 的颉颃关系

由于酶的作用是一环扣一环的(如 TCA 环),只要其中一环受阻,就会影响其他环节。

(四) 相似原子结构的元素有机络合中互相取代而造成的颉颃

在生物体中相似原子结构的元素在有机络合中互相取代而造成的颉颃作用,如 W–Mo、Cd–Ca、V–Mn、Ni–Cu、Mn–Mg 等(表 3-30)。

表 3-30 若干元素的原子结构常数

元素	配位数	离子半径	离子体积	半径比率	晶格能	电离势
Mo^{5+}	6	0.62	1.00	0.44	4 930	70
W^{6+}	6	0.62	1.00	0.44	4 470	61
Cd^{2+}	6	0.97	3.82	0.69	550	16.84

续表

元素	配位数	离子半径	离子体积	半径比率	晶格能	电离势
Ca^{2+}	6	0.99	4.06	0.71	477	11.82
V^{5+}	6	0.59	0.86	0.42	3 600	68.64
Mn^{4+}	6	0.60	0.90	0.43	2 680	52
Ni^{2+}	6	0.69	1.38	0.49	620	18.13
Cu^{2+}	6	0.72	1.56	0.51	630	20.28
Mn^{3+}	6	0.66	1.20	0.47	1 300	32

(王焕校,1990)

表 3-30 说明每对颉颃元素生成络合物的配位数、离子半径、离子体积以及半径比率等值都非常接近,这就构成了它们之间相互取代的基本条件,所不同的只是它们的晶格能和电离势差别较大,而正是这两个常数的差别,决定了元素间生物颉颃能力的大小。晶格能和电离势数值大,元素生成的络合物就稳定,就不易被晶格能、电离势小的元素所取代;反之亦然。如钼(Mo)和钨(W)原子结构非常一致,所以在有机络合物中可相互取代,并表现出颉颃现象。但因 Mo^{6+} 的晶格能和电离势比 W^{6+} 要大,所以 Mo^{6+} 在生物体内生成的有机物要比 W^{6+} 的同种络合物稳定得多。因而 Mo^{6+} 取代 W^{6+} 很容易,而 W^{6+} 取代 Mo^{6+} 就难得多。实验证明。只有百倍的 W^{6+} 才能对 Mo^{6+} 发生完全颉颃。

同理,V 对 Mn 的颉颃也很明显,而 Mn 对 V 的颉颃很困难;Mn 对 Mg 的取代是很容易的,而 Mg 要取代 Mn 几乎是不可能的。

从原子结构理论出发,可以预言在下列元素间可能存在颉颃关系:$Fe^{2+}-Zn^{2+}$、$Fe^{3+}-Mn^{2+}$、$Sb^{5+}-Mo^{6+}$、$Cu^{2+}-Co^{2+}$、$Ni^{2+}-Mg^{2+}$、$Ru^{2+}-Co^{2+}$、$Ge^{2+}-Zn^{2+}$ 等(表 3-31)。

表 3-31 可能发生颉颃的若干元素的原子结构常数*

元素	配位数	离子半径	离子体积	半径比率	晶格能	电离势
Fe^{2+}	6	0.76	1.70	0.53	580	16.42
Zn^{2+}	6	0.74	1.70	0.53	610	17.89
Mn^{2+}	6	0.66	1.20	0.37	1 300	32
Fe^{3+}	6	0.62	1.10	0.46	1 280	—
Sb^{5+}	6	0.62	1.00	0.44	3 180	55.7
Mo^{6+}	6	0.62	1.00	0.44	4 930	70
Cu^{2+}	6	0.72	1.56	0.51	630	20.28
Co^{2+}	6	0.72	1.56	0.51	620	17.23
Ni^{2+}	6	0.69	1.38	0.49	620	18.13
Mg^{2+}	6	0.66	1.20	0.47	590	14.97
Ru^{2+}	6	0.67	1.26	0.48	2 180	—
Zn^{2+}	6	0.74	1.70	0.53	610	17.89
Ge^{2+}	6	0.73	1.60	0.52	—	15.86
Co^{2+}	6	0.72	1.56	0.51	620	—

(王焕校,1990)

二、化学元素的协同作用

协同作用(synergistic effect):两种或两种以上化学物质同时在数分钟内先后与机体接触,其对机体产生生物学作用的强度远远超过它们分别单独与机体接触时所产生的生物学作用的总和,也称为增强作用。例如,四氯化碳与乙醇对肝皆有毒性,如果同时输入有机体,所引起的肝损害较它们分别单独输入机体时严重(盛连喜,2002)。如异丙醇不是肝毒物,但与四氯化碳同时使用时,使四氯化碳对肝毒性增强(金岚,环境生态学,1992)。吕建波等(2005)研究表明,Cd—Pb 交互作用时与单元素 Cd 污染相比,油菜茎叶中 Cd 的分布比例明显增加,这说明 Cd—Pb 交互作用促进了 Cd 向地上部分的迁移,这可能是因为 Pb 会夺取 Cd 在土壤中的吸附位而提高土壤中 Cd 的有效性,或者取代根中吸附的 Cd,促进了根中滞留 Cd 的活性,使 Cd 进一步向茎、叶转移。

三、化学元素的相加作用

相加作用(additive effect):即多种化学物质混合所产生的生物学作用强度是各种化学物分别产生作用强度的总和。例如常见的有机磷化合物如果同时与机体接触,其胆碱酯酶抑制作用往往呈现相加作用。

小结

生态系统受到污染后,其中的植物、动物、微生物会因吸收、积累污染物而产生不同的受害症状。污染物进入植物体后,最初是对细胞超微结构造成影响,接着影响植物对于营养元素的吸收和生理生化反应,进而影响植物的生长、发育和繁殖等。污染物对于动物的影响通常不是作用于进入部位,而是通过血液运送到靶器官。不同污染物靶器官有所不同,例如甲基汞的靶器官是脑,镉的靶器官是肾和肺。不仅如此,环境污染物对包括人类在内的生物的影响具有远期效应,这集中体现在污染的致癌、致畸、致突变作用上(简称"三致效应")。

污染物对于生物的毒害最先表现是在微观方面,污染物对生物生命活动的影响,最直接的表现是对新陈代谢的影响,进而影响到正常生命活动过程。剧毒物质和大剂量污染物对于生态系统的影响和危害往往比较容易注意到,然而对于低剂量、长期存在的污染物来讲,其对生态系统的影响往往不明显,当人类发觉时已经产生了严重的滞后效应,在大范围内已经很难恢复。因此对于污染物的危害要及时发现、及时预防。

思考题

1. 生物为什么会受污染物毒害,在什么情况下才会发生毒害?
2. 简述生物对污染物吸收、富集和污染物对生物毒害的关系。
3. 有机污染物和无机污染物对生物的毒害有何区别?
4. 生物的内源污染和外源污染对生物的毒性有何区别?为什么?
5. 污染物对生物的生理生化毒害与对遗传(特别是 DNA)的毒害之间有何关系?

6. F、Pb、Cd、Cr^{6+}、As^{3+}对人体产生哪些毒害作用？应如何预防？
7. 苯并[a]芘、N—亚硝基化合物、偶氮色素、黄曲霉(B_1)有哪些毒害作用？应注意什么问题？
8. 哪些污染物(包括金属元素)有促癌作用？能促进哪些致癌物质致癌？
9. 你对生物活性点位的作用有何看法？
10. 重金属对生物毒性的分子机理是什么？它是否是引起生物受害的基础？
11. 金属有哪些特性对生物产生的毒害程度起重要作用，为什么？
12. 化学元素之间为什么会出现颉颃和协同关系？有哪些因素决定元素之间的颉颃和协同关系？
13. 研究元素之间的颉颃和协同关系有什么重要意义？

建议读物

1. 段昌群. 环境生物学. 2版. 北京:科学出版社,2010.
2. 孔繁翔. 环境生物学. 北京:高等教育出版社,2001.
3. 陈学敏. 环境卫生学. 4版. 北京:人民卫生出版社,2001.
4. 孔志明. 环境毒理学. 2版. 南京:南京大学出版社,2004.
5. 孟紫强. 环境毒理学. 北京:中国环境科学出版社,2003.

推荐网络资讯

1. 美国国立环境健康研究院(National Institute of Environmental Health Sciences, United States, NIEHS) http://www.niehs.nih.gov/
2. 世界卫生组织 http://www.who.int/
3. 联合国环境署 http://www.unep.int/
4. 生态毒理学报编辑部网站 http://www.stdlxb.cn/ch/index.aspx

第四章

生物对污染物的解毒作用

环境中各种各样的污染物对生活于其中的生物是一种逆境,它们在分子、细胞、组织、器官、个体、种群、群落以及生态系统等各个组织层次上对生物产生多方面的影响。但是,一般说来,生物对各种污染物具有一定的解毒能力,称为生物的解毒作用(detoxification)。

生物处于污染胁迫条件下,一方面通过形态学、生理生化、生态学等机制将污染物阻挡于体外;另一方面通过结合钝化、代谢解毒、分室作用等过程将污染物在体内富集、解毒。解毒能力强的生物一般对污染的环境具有较强的抵抗能力和适应性,能在污染的环境中生长和繁殖。

长期以来,人们对该领域的研究非常活跃,从20世纪50年代开始至今,发表了大量有关的研究论文,从术语的定义和内涵、解毒机理以及在生产实践中的利用等方面进行了讨论。一般认为,生物的解毒机制涉及形态、解剖、细胞和分子等层次。生物解毒的途径可概括为:结合钝化,代谢转化和排出体外等过程。第一,污染物和生物体中某些成分结合(络合、螯合),污染物不参与代谢,降低污染物的毒性或失去毒性;第二,生物体内的污染物在酶的作用下,通过氧化、还原、水解、脱烃、脱卤、芳环羟基化和异构化过程,使污染物的毒性降低,甚至分解而失去毒性;第三,生物还可以通过分泌作用、排泄过程将污染物排出体外。

第一节 生物对污染物的结合钝化

一、植物对污染物的结合钝化

植物对污染物的结合钝化作用包括植物根系分泌物、细胞壁、细胞膜、细胞质和液泡的结合钝化作用。根系分泌物是植物根系在生命活动过程中向外界环境分泌的各种化合物。根系分泌物能同根际土壤中的污染物结合,降低移动性,获得对污染物的解毒。根系分泌物对污染物作用将在第五章详细介绍。这里重点介绍细胞壁、细胞膜、细胞质和液泡的结合钝化作用。

1. 细胞壁的结合钝化作用

细胞壁是重金属进入细胞内部的第一道屏障,也是结合、固定污染物的重要部位,因为细胞壁果胶质中的多聚糖醛酸和纤维素分子的羧基、醛基等基团都能够与重金属等毒物结合,从而降低重金属向细胞质运输而解毒。林治庆等(1989)研究了木本植物对汞的解毒,发现木本植物根细胞壁对汞存在较强的亲和力,对低浓度汞的解毒方面具有重要意义。何冰等(2002)对两种不同生态型的东南景天(*Sedumal alfredii*)进行对比研究,发现非生态富集型品种能抑制铅离子的跨膜运输,使其体内铅离子含量较生态富集型要低。刘军等(2002)

研究药用植物中铅的分布,发现植物根部超过 90% 及叶部大于 80% 的铅位于细胞壁上。

Peterson(1969)在调查植物体内锌的分布时发现,解毒植物中锌向地上部分移动的量比非解毒植物少得多。Turner(1972)对在 Agrostis tenuis 细胞中各组分锌的分布调查发现,60% 的锌被蓄积在细胞壁组分中。Kupper(2000)研究表明,Zn^{2+} 在植物 Arabidopsis halleri 根部以 Zn^{2+} 磷酸盐的形式累积在表皮细胞的细胞壁上。Nishizono 等(1987)分析了蹄盖蕨属植物 Athyrium yokoscense 的根细胞壁在重金属解毒中的作用。进入该植物的铜、锌、镉总量中有 70%~90% 位于细胞壁,其中大部分以离子形式存在或结合到细胞壁的结构物质如纤维素、木质素上。铅在圆叶无心菜细胞中的含量顺序为:细胞壁结合组分 > 细胞核和叶绿体结合组分 > 线粒体结合组分;透射电镜观察发现:铅处理圆叶无心菜,导致其叶片和根系细胞壁加厚,且细胞壁及其周围堆积大量 Pb(闵焕等,2010)。

进入植物体内的农药和其他大分子有机物也能够与细胞壁上的纤维素、木质素、淀粉等物质发生螯合作用,这种农药螯合物在植物体内被固定下来,不转移到其他地方,也不参加代谢,因此失去毒害植物的机会。例如除草剂——百草枯难以进入对它有解毒的杂草的细胞质,大部分被结合在细胞壁上,因此不能被传导到作用部位——叶绿体(黄建中等,1995)。

2. 细胞膜的结合钝化作用

细胞膜上的蛋白质、糖类和脂质也能够结合透过细胞壁的污染物。研究表明,当环境中的铅浓度相当大时,也有部分铅透过细胞壁,在细胞膜上沉积下来。

3. 细胞质和液泡的结合钝化作用

细胞质和液泡中具有许多能够与污染物结合的"结合座",当部分污染物突破细胞壁和细胞膜进入细胞质后,就能够和细胞质中的蛋白质、氨基酸中的羧基、氨基、硫基、酚基等官能团结合,形成稳定的螯合物,从而起到钝化作用,其中难溶性硫化物的络合作用尤显重要(Bella,1975)。农药及其代谢产物的分子结构中含有—OH、—COOH、—NH_2、=NH、—SH 和活性氯极性基团都有可能与细胞质及液泡中的这些物质结合成各种农药轭合物(王焕校,1990)。一般认为,轭合作用是生物解毒的一个重要机理。Jensen 等(1977)及以前的一些研究结果表明,法式狗尾(Setaria faberi)、马唐(Digitaria sanguinals)、秋稷(Panicum dicbotomiflorum)和毛线稷(Panicum capillance)等禾本科杂草对阿特拉津的解毒与谷胱甘肽的轭合作用有关。玉米、高粱和甘蔗等通过谷胱甘肽 s-转移酶的作用,可以将阿特拉津与谷胱甘肽结合,使阿特拉津失活而解毒。在高粱叶片中的阿特拉津转化为 $S-(4-$乙氨基$-6-$异丙氨基$-2-$均三氮苯)谷胱甘肽和 $\gamma-1-$谷酰基$(4-$乙酰基$-6-$异丙氨基$-2-$均三氮苯$)-L-$半胱氨酸(Kligerman 等,2000)。

金属离子与细胞质中蛋白质和其他有机化合物中的硫基以及其他基团有很强的亲和力,因此,进入体内的金属离子常与蛋白质结合而降低毒性。杨居荣等(1995)的研究表明,耐镉性较强的作物(如小麦),其诱导蛋白质结合镉的能力也比较强。在重金属胁迫下,植物体内糖代谢、氮代谢等过程受到一定的影响,植物体中可溶性糖、游离氨基酸、脯氨酸等渗透调节物质含量提高,维持细胞正常代谢。李彩霞等(2002)研究认为在铅胁迫下,绿豆幼苗中脯氨酸含量增加。在重金属胁迫下,硫素进入植物体后,先经过硫还原同化形成半胱氨酸,再经一系列转化为各种金属结合肽,对重金属的亲和力大,对多种重金属,如 Cu、Zn、Pb、Ag、Hg、Cd 有螯合作用。目前在植物中发现 3 种主要的重金属结合肽,即谷胱甘肽(GSH)、植物螯合素(phytochelatins,PC)和金属硫蛋白(metallothionein,MT)与重金属的解毒有关(祖艳群,2008)。

植物螯合素一级结构为$(\gamma-Glu-Cys)_n-X$，$n=2\sim11$，其中，Glu 为谷氨酸，Cys 为半胱氨酸，X 为不同的 C-端氨基酸(如甘氨酸)，植物体内产生的植物螯合素种类依物种和诱导的重金属种类的不同而异。多种重金属可诱导植物形成植物螯合素,但 Cd 诱导植物螯合素形成的速度最快，其诱导效率是 Cu、Zn、Pb、Ni 等的几倍甚至几十倍(Huang 等，1998)。植物螯合素与金属离子螯合后形成无毒的化合物，降低细胞内游离的重金属离子浓度，减轻重金属对植物的毒害作用(Salt 等,1995)。植物螯合素与镉结合形成低相对分子质量和高相对分子质量两类复合物。低相对分子质量复合物主要存在于细胞质中，高相对分子质量复合物主要存在于液泡中。Ortiz 等(1995)认为细胞质中合成的植物螯合素与镉首先结合成低相对分子质量的复合物，然后穿过液泡膜进入液泡，形成高相对分子质量复合物。普遍认为植物螯合素的产生是高等植物对镉的解毒机制。Grill 等(1987)的试验证明：裂殖酵母细胞内 90% 以上的镉与植物螯合素结合。而 Verkleij 等(1990)的研究发现，根系中吸收的镉 60% 以 Cd-PC 的形式存在。

金属硫蛋白是富含半胱氨酸(Cys)残基的低相对分子质量重金属结合蛋白，Cys 残基可与重金属络合而解毒。Cd^{2+} 胁迫能诱导真菌和动物体内 MT 的合成。MT 可通过 Cys 残基上的巯基与金属离子结合形成无毒或低毒络合物，从而消除 Cd^{2+} 的毒害作用。一些高等植物中也陆续发现了类金属硫蛋白(MT-like)及其基因。Whitelaw 等(1997)报道番茄类金属硫蛋白(LeMTB)基因的 5′端有一个推测的金属调节元件，该基因的转录可能受金属离子所调节，因而推测类金属硫蛋白对重金属可能具有一定的解毒作用。

生物将污染物运输到体内特定部位，使污染物与生物体内活性靶分子隔离是生物产生解毒适应性的又一途径，这一作用被称为生物的屏蔽作用(sequestration)和隔离作用(compartmentalization)。有些污染物及其轭合物被输送进入液泡，在一定程度上不能扩散出来，也不能主动地输送回细胞质中，因此液泡在植物解毒中承担着隔离有毒污染物及其代谢产物的重要作用。液泡区域化作用可能是植物对重金属的解毒机制之一，重金属被局限在液泡这种活性较低的区域，阻止过多的重金属进入原生质体，使细胞质内的细胞器和一些重要的代谢活动少受重金属毒害。

例如，*Conyza bonariensis* 的液泡对除草剂——百草枯及其代谢产物的隔离化作用是这种植物具有对百草枯解毒的原因之一(黄建中等,1995)。Fuerst 等(1990)研究指出，植物对百草枯的解毒与植物对其的屏蔽作用有很大关系。植物细胞内一种未知成分与百草枯结合，并将其运至液泡内储藏，使其与叶绿体中的作用位点隔离，使百草枯的毒性不能发挥。Brooks 等(1981)用离心的方法研究抗重金属植物体内重金属的分布，结果表明抗 Ni 的庭荠属植物 *Alyssum serpyllifolium* 细胞中 72% 的 Ni 分布在液泡中。Vazquez 等(2007)利用电子探针技术研究了抗重金属的遏蓝菜属植物 *Thalaspi caerulescens* 体内锌离子的分布，结果显示根内的锌离子大部分分布在液泡中，细胞壁上相对较少，叶片组织内，在低锌处理时液泡与质外体中的锌浓度几乎相等。但用高浓度锌处理时，液泡内的锌离子浓度明显高于质外体。

液泡是生物储藏有害物质的主要场所，对于污染物质如何被运送到液泡中，从抗镉的酵母中克隆了一个抗镉基因，这个基因编码一个多肽，此多肽可将镉螯合物运送至液泡中。Lee 等(1996)发现 Ni-柠檬酸盐可能是 Ni 运输的主要形式，一些抗 Ni 植物体内 Ni 浓度与柠檬酸盐浓度呈正相关,但也有一些抗 Ni 植物体内柠檬酸盐含量并不高。Kramer 等(1997)研究认为组氨酸与庭荠属植物抗 Ni 性有关,高浓度锌处理使 *Alyssum lesbiacum* 体内游离组氨酸含量急剧上升,并认为组氨酸与 Ni 的运输有关。Mathys(1977)研究遏蓝菜属植物 *Thlaspi alpestre* 对锌的解毒机理时提出:植物吸收的锌离子首先与苹果酸结合,以苹果酸锌盐的形式转运至液泡中,在液泡内发生解离,解离下来的锌离子再与芥子油苷结合,形成一种比苹果酸锌盐更稳定的化合物储存在液泡中,解离的苹果酸返回细胞质中重新与其他锌离子结合。植物对镉的解毒有其复杂的分子机理,比较镉超累积植物 *Arabidopsis halleri* 和近缘的非耐性植物 *Arabidopsis lyrata* 的耐镉扩增片段长度多态性(AFLP)发现,在根部镉耐性生态型比非耐性生态型多 134 个基因的表达,这些基因与金属螯合、信号传导、蛋白质降解等有关(Adrian 等,2006)。由于植物将污染物运输至细胞内特定部位,将其屏蔽使其毒性不能发挥这一过程,涉及多个环节,其机理较为复杂,目前此方面的解毒机理尚需进一步深入的研究。

二、动物对污染物的结合钝化

污染物可经呼吸道、消化道、皮肤和其他一些途径进入体内。毒物在机体内的吸收、分布、代谢和排泄过程是一个极为复杂的过程,涉及许多屏障,其中之一是污染物在动物体内经多种方式被结合、固定下来,使其不能到达敏感位点(称"靶细胞"或"靶组织")。牡蛎是双壳类浅海底栖动物,翁焕新(1996)研究了重金属在牡蛎中的生物积累特性,发现重金属在贝壳中的积累量很高。这在一定程度上缓解了重金属对牡蛎机体的毒害。有些污染物进入动物体内后被固定在骨骼中。各种脂溶性有毒污染物进入组织后,多数要与体内的某些化合物或基团结合,使毒性减低,极性和水溶性增加,从而可以迅速随尿液或汗液排出体外。

污染物在动物体内结合的部位主要包括:血浆蛋白、肝、肾、脂肪组织和骨骼组织。污染物与血液中的白蛋白结合,阻碍了污染物透过细胞膜进入靶器官产生毒性,一般污染物与血浆蛋白的结合为可逆性非共价结合,如,重金属与蛋白质的羟基、羧基、咪唑基、氨基和甲酰基结合形成氢键。肝细胞中含有一种配体蛋白能与多种皮质类固醇及偶氮染料等污染物结合。肝、肾中含有金属硫蛋白能与重金属结合,将污染物结合在组织中而解毒。脂肪组织对脂溶性污染物的吸收和结合解毒也具有重要的作用。而骨骼组织中某些成分对污染物具有特殊的亲和力,如氟化物可以取代羟基磷灰石晶格中的羟基而存在与骨骼中,铅和锶可以取代骨骼中的钙而沉淀。

动物中常见的结合反应有 6 种,即葡萄糖醛酸、硫酸、乙酰化、甲基化、甘氨酰基和谷胱甘肽的形成(表 4-1)。

表 4-1 结合反应的主要类型

结合反应	结合基团直接供体	酶类	酶定位	底物类型
葡萄糖醛酸	尿苷二磷酸葡萄糖醛酸	葡萄糖醛酸转移酶	线粒体	酚、醇、羟酸、胺、巯基
硫酸	3-磷酸腺苷-5-磷酸	硫酸转移酶	细胞质基质	酚、醇、芳香胺类
乙酰化	乙酰辅酶 A	乙酰基转移酶	细胞质基质	芳香胺、胺、氨基酸

续表

结合反应	结合基团直接供体	酶类	酶定位	底物类型
甲基化	S-腺苷甲硫氨酸	甲基转移酶	细胞质基质	酚类、胺类、吡啶
甘氨酰基	甘氨酸	酰基转移酶	线粒体	芳香羟酸类、芳香乙酸类
谷胱甘肽	谷胱甘肽	谷胱甘肽转移酶	细胞质基质	卤化合物、环氧化物

(丁伯良,1996)

葡萄糖醛酸化是动物体内(除猫外)最常见的解毒方式,例如苯经过氧化后生成酚,然后与葡萄糖醛酸结合。污染物主要通过醇或酚的羟基和羧基的氧、胺类的氮、含硫化合物的硫与葡萄糖醛酸的第一位碳结合成苷。污染物与葡萄糖醛酸结合后活性降低,水溶性增加,易从尿和胆汁中排除。

乙酰化是各种芳香胺类、酰肼类(如异烟肼、2-萘胺)等污染物的重要生物转化途径,使氨基的活性作用减弱,从而达到解毒的目的。

谷胱甘肽是机体内存在的一种最重要的非蛋白巯基。它具有重要的生理功能,其解毒作用的机理主要有3个方面:

(1)为亲电子物质或其他氧化代谢物提供巯基,形成无毒的加成物,例如还原型谷胱甘肽中的巯基可以与污染物中的碳原子结合,还可以与亲电子的金属离子结合,所以是重要的解毒物质。

(2)阻断亲电子污染物及其代谢物与重要的生物大分子的共价结合,使其保持正常代谢。

(3)对脂质过氧化作用的抑制及对自由基的清除。

三、微生物对污染物的结合钝化

微生物在环境污染胁迫下,能够从体内分泌出某些具有络合污染物能力的有机物质,使污染物的移动性降低或极性改变,从而不容易进入微生物体内;或者污染物在微生物细胞壁、细胞膜和细胞质上发生结合钝化作用,在体内进行解毒作用。

微生物对污染物的结合钝化作用包括微生物分泌物对污染物的沉淀作用和胞外络合作用、细胞壁、细胞膜和细胞质的结合钝化作用。

沉淀作用:沉淀作用是指由微生物产生某些物质,该物质能够和溶液中的污染物发生化学反应,形成不溶性化合物的过程。例如生活在湖泊沉积物、沼泽地和缺氧土壤中的脱硫弧菌属(*Desulfovibrio*)和脱硫肠杆菌属(*Desulfotomaculum*)能够氧化有机物,还原硫酸盐生成硫化氢,硫化氢和金属反应,生成硫化物沉淀,使可溶性的金属从溶液中分离出来。此外,某些微生物细胞表面的磷酸脂酶能够裂解甘油-2-磷酸脂,产生能够沉淀可溶性金属(如镉、铅和铀)的 HPO_4^{2-}。

胞外络合作用:当微生物细胞产生某些物质并且分泌到胞外时,有些物质具有络合金属的能力。它们可以是螯合剂,例如铁末沉着体(siderophores);或者是能够连接污染物的胞外聚合物。这些胞外聚合物包括多糖、核酸和蛋白质,它们可以吸附可溶性金属,使其不容易进入菌体。植物外生菌根能分泌大量富含有机酸、蛋白质、氨基酸和糖类的物质,能与重金属结合,减轻重金属对植物的毒性。Paul 等(1995)通过 X 射线光谱分析发现外生菌根真菌(*Pisolithus tinctorius*)的细胞分泌物中的多磷酸盐结合了大量的 Zn^{2+}。

细胞壁结合作用:大多数的微生物细胞壁都具有结合污染物的能力,这种能力与细胞壁的化学成分和结构有关。例如革兰氏阳性细菌的主要成员芽孢杆菌属的菌都具有固定大量金属的能力。因为其细胞壁有一层很厚的网状肽聚糖结构,在细胞壁表面存在的磷壁酸质和糖醛酸磷壁酸质连接到网状的肽聚糖上。磷壁酸质的羧基使细胞壁带负电荷,能够与金属离子结合。这是细胞壁固定金属的主要机制。植物菌根真菌的根外菌丝对重金属的吸持作用表现在菌丝体细胞壁中的几丁质、黑色素、纤维素及纤维素衍生物等能够与重金属结合(Galli 等,1994)。

细胞质的结合作用:在重金属胁迫环境中,微生物体内普遍存在金属硫蛋白、类金属硫蛋白和重金属螯合素。酿酒酵母金属硫蛋白的操纵子位于Ⅷ号染色体远离着丝点 42 cM 位置,其结构基因编码含 61 个氨基酸的金属硫蛋白。在酿酒酵母中除发现可结合固定重金属的金属硫蛋白、重金属螯合素外,还发现细胞膜上存在对铜有高度亲和性的 Ctrlp 蛋白,此蛋白含 406 个氨基酸,在酿酒酵母的 11 号染色体上还存在编码镉结合蛋白的 *cad2* 基因。

第二节 生物对污染物的代谢解毒

一、植物对污染物的代谢解毒

虽然植物具有拒绝吸收、结合钝化环境污染物的解毒机制,但在污染物浓度较高,体内的"结合座"达到饱和的情况下,为了避免受害,植物对污染物的代谢转化作用就变得必不可少了。生物在代谢活动过程中,通过酶的作用,能把污染物逐步代谢为毒性较低或完全无毒的物质,这是生物重要的解毒方式。

改变代谢方式是代谢解毒的方式之一。例如,不抗硒的植物,硒就能破坏蛋白质的代谢,不能合成正常的蛋白质:

不能把 S 和 Se 分开,合成 $\begin{cases} 硒甲硫氨酸(CH_3SeCH_2CH_2CHNH_2COOH) \\ + \\ 硒半胱氨酸(HSeCH_2CHNH_2COOH) \end{cases}$

结果造成:①不能合成正常蛋白质;②Se—Se 键不如 S—S 键稳定;③酶失去活性;④植物死亡。

但是,抗硒植物能改变蛋白质的代谢方式,保证植物正常生长,如:

使 S 和 Se 分开 $\begin{cases} \xrightarrow{S} 甲硫氨酸 + 半胱氨酸 \xrightarrow{合成} 正常蛋白质 \\ \xrightarrow{Se} 非蛋白氨基酸类似物的合成 \longrightarrow 无毒 \\ \quad 硒甲硫氨酸(CH_3SeCH_2CH_2CHNH_2COOH) \\ \quad 硒半胱氨酸(HSeCH_2CHNH_2COOH) \end{cases}$

有机物的分解转化作用是代谢解毒的重要内容,一般分为二个阶段:第一阶段在加氧酶的作用下加入一个羟基、羧基、氨基或巯基；第二阶段与乙酸、半胱氨酸、葡萄糖醛酸、硫酸盐、甘氨酸、谷氨酸和谷胱甘肽等结合，失去活性而解毒。

不少外来有毒物质通过机体内的酶促反应，可以转化成低毒或无毒物质，或转化为水溶性物质而利于排出体外，生物对外来毒物的这种防御机能称为解毒作用。污染物在生物体内酶的作用下，通过氧化、还原、水解、脱烃、脱卤、羟基化和异构化作用，逐步代谢为毒性较低或完全无毒的物质。植物对农药等有机物的代谢转化作用是很强的，许多有机物如酚、氰等进入植物体后，可以被降解为无毒的化合物，甚至降解为二氧化碳和水。植物对二氧化硫的氧化作用也很典型。二氧化硫在植物体内能够形成一种毒性很强的亚硫酸，但在植物体内又很快被氧化成硫酸根离子，使毒性降低。凤眼莲对酚、毒杀芬、灭蚊灵、氰等多种有机污染物都具有降解能力。

目前世界上有机农药有1 000多种，常用的有200多种。有机农药按用途可分为杀虫剂、杀菌剂、除草剂、选种剂等；按化学成分，农药则可分为有机氯农药、有机磷农药、有机汞农药、氨基甲酸酯类农药等。有机氯农药品种较多，如DDT、六六六、艾氏剂等；特点是化学性质稳定、不易分解、毒性较缓慢、残留时间长、微溶于水而溶于脂肪、蓄积性很强，水生生物对其的富集系数可高达几十万倍。有机磷农药如对硫磷、敌百虫、敌敌畏等，毒性大，但较易直接水解，在环境中的滞留时间短，蓄积作用微弱。

除草剂、杀虫剂和杀菌剂等化学农药的大量使用带来了严重的环境污染，农药进入环境中发生一系列的物理、化学和生化反应。耐药性植物具有分解转化这些农药的作用。一般说来，在高等植物体内导致毒性降低的基本生化反应包括氧化反应、还原反应、水解作用、异构化作用和轭合作用。本节仅讲以下3种：

1. 氧化作用

农药的氧化作用在植物体内非常普遍，常常是导致农药毒性降低的主要反应。主要的氧化反应有：N-脱烃作用；芳香族羟基化作用；烃基氧化作用；环氧化作用；硫氧化作用和O-脱氢作用等。

芳香族羟基化作用在除草剂代谢中可能是最普遍的反应。2,4-D在禾本科杂草和阔叶植物种类中发生芳基的羧基化作用，形成4-羟基-2,5-D，是2,4-D代谢的主要途径。4-羟基-2,5-D没有像其母体2,4-D那样的生长素活性，被认为是解毒作用的一个产物。

N-脱烃作用也是除草剂代谢中非常普遍的氧化作用。灭草隆的N-脱甲基作用是在植物体内的氧化酶作用下的代谢解毒反应。

2. 还原作用

芳基氮还原反应是植物中最重要的除草剂反应。

3. 水解作用

在植物中，酯、酰胺等类除草剂的水解作用很普遍。许多羧酸酯类除草剂在植物中易于水解成为游离酸的形式。2,4-D形成的酯类很容易被水解；氰草津可以被水解成酰胺类和酸类化合物；氯取代基水解作用形成羧酸代谢物羟基-S-三氮苯类似物。这些过程都可使农药在植物体内得到分解转化而解毒。

事实上，植物对同一种农药的分解转化作用涉及许多代谢作用，是许多步反应的综合结果。其中既有氧化、还原作用，也有羟基化或脱烷基作用。

除农药外,环境中的有机污染物还有石油、洗涤剂、塑料和其他大量造纸、印染等工业生产带来的有毒物质。藻类和高等植物都具有分解转化这些有机物质的作用。

邻苯二甲酸酯类是广泛使用的人工合成有机物,主要作为塑料和橡胶等化工产品的增塑剂,苯胺是印染工业中广泛使用的染料。中国环境监测总站根据有机化合物的污染特征及分布,结合国内外的文献资料,已将二者列为我国优先控制的有机污染物。阎海等(1998)通过实验证实了蛋白小球藻、斜生栅藻具有很强的降解邻苯二甲酸酯类和苯胺的能力,并提出了藻类降解有机污染物的动力学方程:

$$-dC/dt = KN_r$$
$$C = -KN^2/2 + C_0$$

式中:K 为二级反应动力学常数;N 为藻细胞含量;r 为藻生长速度;C 为有机污染物含量;C_0 为有机污染物起始含量。

凤眼莲等其他水生和陆生高等植物对有机污染物的分解转化作用也很强。凤眼莲对液体燃料偏二甲苯、甲基肼和无水肼(三肼)具有很强的降解能力,当用凤眼莲将污水中的肼浓度从 10~60 mg/L 净化至 0.1 mg/L 时,肼的降解速率是自然降解的 2 倍以上(曾健等,1997)。

二、动物对污染物的代谢解毒

污染物进入动物体后,在体内经过水解、氧化、还原或加成等一系列代谢过程,改变其原有的化学结构,生理活性也相对减弱,加速了从体内的排泄过程。通常,转化是将亲脂的外源性污染物转变为亲水物质,以降低其通过细胞膜的能力,从而加速其排出。另一方面,有些污染物通过生物转化可能毒性反而增加,或水溶性增加。如,对硫磷、乐果在生物转化过程中形成对氧磷和氧乐果,导致毒性增加。因此,生物转化具有双重性。

污染物的生物转化过程是酶促过程,主要是发生在肝。另外,在肺、肾、胃肠道、胎盘、血液、睾丸和皮肤等组织中存在较弱的肝外代谢过程。污染物在动物体内的生物转化可分为两大类,第一类包括氧化、还原和水解反应(表 4-2),第二类是结合反应。氧化、还原和水解反应是污染物首先经过的第一阶段反应(第一相反应,phase Ⅰ reaction),结合反应是第二阶段反应(第二相反应,phase Ⅱ reaction)。大多数污染物经过这两类反应,但也有少数污染物只经其中一种,最后排出体外。

1. 氧化反应

各种脂溶性污染物进入动物组织后,几乎都能够被肝微粒体的氧化酶所氧化,产生各种代谢物。微粒体酶系对作用物的特异性较低,通常称为混合功能氧化酶系(mixed function oxidase system,MFOS),它是氧化酶系中最重要的酶系,可作用于具有不同化学结构的各种脂溶性污染物。MFOS 能够催化脂类、类固醇和其他化学物质,使其转化为极性较强、脂溶性较低的代谢产物。如卤代烃类化合物可以在 MFOS 催化下形成卤代醇类化合物,在脱去卤素元素而解毒。DDT 经过氧化脱卤形成 DDE 和 DDA,其毒性依次降低。

另外,非微粒体酶促的氧化反应主要的催化酶包括醇脱氢酶、醛脱氢酶及胺氧化酶类,存在于肝细胞线粒体和细胞质基质中。如乙醇在体内经过醇脱氢酶催化形成乙醛,再由乙醛脱氢酶催化形成乙酸,而产生对酒精的解毒。

表4-2 生物转化的氧化、还原类型

反应类型	反应性质	细胞内酶的主要定位
氧化	羟化反应	微粒体
	脱烷基反应	微粒体
	环氧化反应	微粒体
	脱硫反应	微粒体
	脱卤反应	微粒体
	醇氧化反应	细胞质基质为主,微粒体少量
	醛氧化反应	细胞质基质,线粒体
还原	醛还原反应	细胞质基质
	偶氮还原反应	微粒体,细胞质基质
	硝基还原反应	微粒体,细胞质基质
	脱氨反应	微粒体,线粒体

(丁伯良,1996)

2. 还原反应

酶促还原反应主要存在于肝、肾和肺的微粒体和胞质基质中。肠道菌丛中某些还原菌也含有还原酶。肝中的还原反应,主要有偶氮还原酶和硝基还原酶所催化的两类反应,它们主要在微粒体中进行。硝基还原酶可使硝基苯、对硝基苯甲酸等的—NO_2还原成—NH_2。由于生物体处于富氧状态,对还原反应不利;而肠道属于厌氧环境,较易发生还原反应。

3. 水解反应

动物组织中包含大量非特异性的酯酶和酰胺酶,能够水解酯类、酰胺类、酰肼类、胺基甲酸酯类等污染物,起解毒作用。例如酯酶水解酯键而形成羟基团及醇,酰胺酶水解酰胺键而形成酰胺或胺。不少有机磷化合物主要以这种方式在体内解毒。如敌百虫或敌敌畏等农药污染物进入动物体内后,尿中常有二甲基磷酸排出;对硫磷及其体内的氧化物对氧磷,在水解时均产生对硝基酚,并由尿排出;乐果等含酰胺基的有机磷农药可经酰胺酶水解而解毒。

4. 结合反应

经过第一相反应的污染物在一定的转移酶和 ATP 作用下,与内源物质结合。结合反应主要发生在肝和肾。结合反应的类型包括:葡萄糖醛酸结合、硫酸结合、谷胱甘肽结合、乙酰结合、氨基酸结合和甲基结合。如氢氰酸与半胱氨酸结合而解毒,苯甲酸与甘氨酸结合形成马尿酸而排出体外。

多数污染物经上述几种生物转化后,使它们的毒性降低或消失。例如杀虫剂西维因在动物体内先经氧化成羟基化代谢物,然后和糖醛酸结合,形成糖醛缩式苷合物。事实上,很多农药等有机化合物在生物体内的代谢过程非常复杂,对硫磷的代谢就是典型,如图4-1所示。

第四章 生物对污染物的解毒作用

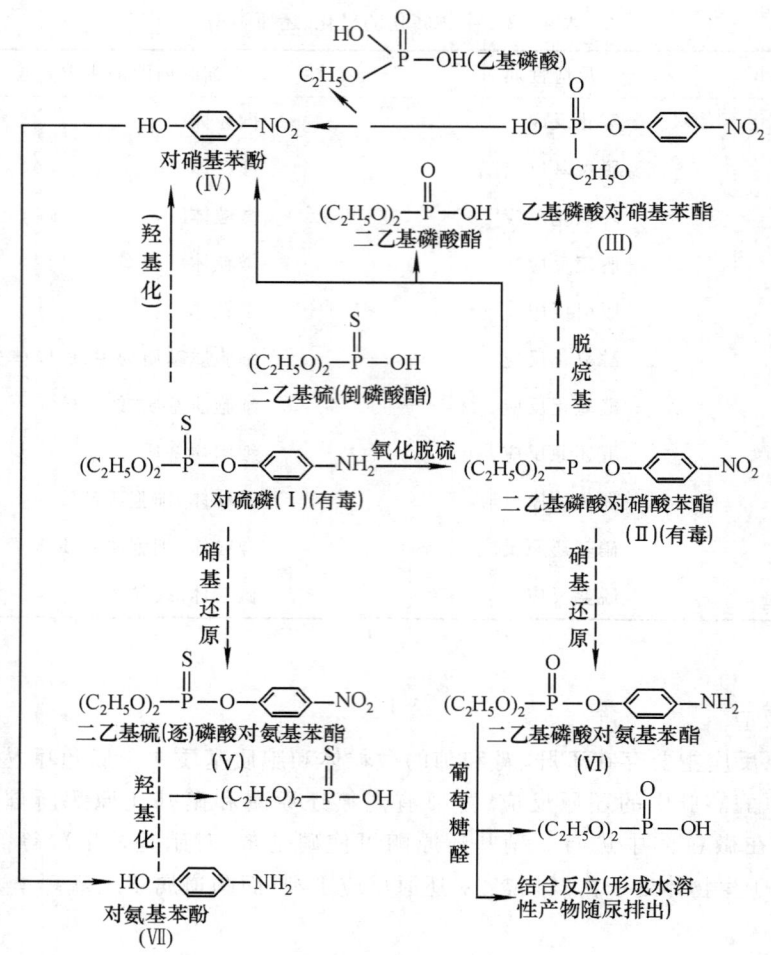

图 4-1 对硫磷在动物体内的分解转化途径(丁伯良,1996)

三、微生物对污染物的代谢解毒

微生物对环境污染物的解毒途径主要是分解和转化,将它们转变成为无毒害或低毒害作用的物质。甚至将污染物作为营养或获得能源的物质。自从 1951 年发现一株球形节杆菌可以降解有机农药以后,有关农药的微生物降解方面所做的研究很多,现在已经知道不少微生物具有这种能力,主要有假单胞菌属(*Pseudomonas*)、诺卡氏菌属(*Nocardia*)和曲霉属(*Aspergillus*)一类的微生物。有些微生物还能产生特殊的酶来还原重金属,而且对 Cd、Co、Ni、Mn、Zn、Pb 和 Cu 等具有亲和力。

(一) 微生物对金属离子的代谢解毒作用

环境中金属离子长期存在的结果使自然界中形成了一些特殊微生物,它们对有毒金属离子具有解毒,可以使金属离子发生转化。对微生物而言,这是一种很好的解毒作用。汞、铅、锡、硒、砷等金属或类金属离子都能够在微生物作用下通过氧化、还原作用而失去毒性。表 4-3 是微生物对某些金属或类金属离子的氧化、还原作用。

表 4-3 微生物对某些金属或类金属离子的转化作用

转化作用类型	金属或类金属	微生物
氧化作用	As(Ⅲ)	假单胞菌属,放线菌属,产杆菌属
	Sb(Ⅲ)	锑细菌属
	Cu(Ⅰ)	氧化亚铁硫杆菌
还原作用	As(Ⅴ)	小球藻属
	Hg(Ⅱ)	假单胞菌属,埃希氏菌属,曲霉属,葡萄球菌属
	Se(Ⅳ)	棒杆菌属,链球菌属
	Te(Ⅳ)	沙门氏菌属,志贺氏菌属,假单胞菌属

(王家玲,1988)

1. 还原作用

微生物还能够将高价金属离子还原成低价态,将有机态金属还原成单质。有些金属在这个过程中毒性消失。例如自然界中存在着一类能够使有机汞或无机汞化合物还原为元素汞,因此它们对汞的解毒较强。还原过程为:

$$CH_3Hg^+ - 2H \longrightarrow Hg + CH_4 + H^+$$
$$HgCl_2 + 2H \longrightarrow Hg + 2HCl$$

研究表明,细菌 *Pseudomonas mesophilica* 和 *P. maltophilia* 能够将硒酸盐和亚硒酸盐还原为胶态的硒,能够将二价铅转化为胶态的铅。胶态硒和胶态铅不具毒性,而且结构稳定。细菌 *Escherichia coli* 能够还原六价铬。

2. 氧化作用

Mn^{2+} 和 Sn^{3+} 的生物毒性分别比 Mn^{4+} 和 Sn^{4+} 大。有些微生物能够氧化 Mn^{2+} 和 Sn^{3+},使之成为毒性较小的 Mn^{4+} 和 Sn^{4+},从而达到解毒效果。

微生物对汞的解毒现象比较普遍,但不同微生物对不同形态汞的解毒不尽相同。有的具有广谱解毒,对不同形态汞均有解毒,但有些微生物只抗某种形态的汞,如有些微生物只能对无机汞化合物进行还原解毒,而对甲基汞、乙酸汞等有机汞则无能为力,这是因为其体内缺乏有机汞裂解酶(MerB)。对其进行基因分析,发现其上 *MerB* 基因缺失。无机汞离子在细胞外可通过特殊的汞离子吸收转运系统(MerT)被吸收进入细胞内,在细胞内无机汞离子可被还原为挥发性的元素汞而被解毒,或者细胞可能对其进行甲基化或其他修饰,将二价汞离子转变为甲基汞或其他形态汞。甲基汞脂溶性高,易与蛋白质中的—SH 结合,又是潜在的神经毒素,其毒性是无机汞离子的 100 倍,但甲基汞挥发性强,故有人认为微生物对无机汞离子的甲基化也是生物对汞离子的一种解毒机制。具有广谱性抗汞能力的微生物可通过有机汞裂解酶(organomercurial lyase)将甲基汞等有机汞中的碳-汞键切开,再由以 NADPH 和 FAD 为辅酶的二聚体酶-汞还原酶(mercuric reductase)将汞离子还原为挥发性元素汞,从而将汞离子从微生物体内除去,达到解毒目的。

近年来已从革兰氏阴性细菌和革兰氏阳性细菌中克隆获得一些抗汞基因,这些抗汞基因被发现存在于质粒、转座子及染色体上,如已知金色葡萄球菌对汞解毒是由染色体上 6.4 kb DNA 片段编码,并发现该片段与此菌体内质粒 pI258 上 6.4 kb DNA 片段有很高的同源性,由此推断微生物此抗汞基因是由质粒转移到染色体上的,或是从染色体转移到质粒上,并且,某些转座子如 Tn21、Tn501 上含有抗汞基因的现象也说明了这一点。至今已有 6 个汞解毒系统基因被完全测序。对这些基因进行结构分析,发现其有机汞裂解酶、汞还原酶和其他转运系统组分共 5~7 个基因组成一个操纵子,受激活抑制调控蛋白(MerR、MerD)的严格调控。抗汞操纵子基因一般由 *MerT*、*MerP*、*MerC*、*MerA* 和 *MerB* 组成,分别编码蛋白 MerT、MerP、MerC、MerA 和 MerB。其中,MerP 蛋白位于细胞质外,为汞离子结合蛋白,可捕获细胞外汞离子,MerT 和 MerC 蛋白为内膜蛋白,与汞离子的吸收有关,MerB 蛋白是有机汞裂解酶,该酶分离纯化较为困难,定位问题尚未确定,MerA 蛋白是汞还原酶,此酶常以二聚体形式在细胞质内与质膜疏松结合。汞还原酶与谷胱甘肽还原酶、硫辛酰胺脱氢酶有很高的同源性。

(二) 微生物对有机污染物的代谢解毒

当前已知的环境污染物达数十万种,其中大部分是有机化合物。微生物能够分解转化这些物质,降低污染物的生物毒性或使其毒性完全消失。假单胞菌($Pseudomonas$)、鞘氨醇单胞菌($Sphingomonas$)、丛毛单胞菌($Comamonas$)和白腐真菌($Phanerochaete$)对二噁英均具有一定的降解作用,白腐真菌对二噁英的降解率达到 50% (吴宇澄等,2006)。长期生活于污染环境中的微生物甚至对这些污染物产生了依赖性,它们以各种各样的有机污染物为碳源或氮源。

1. 微生物对农药的分解转化作用

土壤是农药在环境中的贮藏库和集散地。农药的生物降解是农药转化和解毒的主要途径。迄今为止,微生物对农药的降解及代谢已有不少报道。Parson 等(1988)研究了细菌纯菌株对几种有机磷农药的降解;Kimbara(1988)报道了细菌混合培养物对氯代农药的降解代谢;施国涵(1990)描述了土壤中分离的真菌菌株对苯甲酰基脲类杀虫剂灭幼脲 3 号的降解代谢作用。杀虫剂涕灭威[2-甲基-2-(甲硫基)-O-(甲氨基甲酰基)丙醛肟]及其代谢产物在微生物的作用下可以被矿化为 CO_2(焦淑贞等,1994)。门多萨假单胞菌 DR-8 菌株及与其他细菌菌株组成的混合菌可利用单甲脒作为生长的唯一氮源,同时降解该农药。它的单甲脒降解酶是一种组成酶,主要分布在细胞壁和细胞膜上。经检测,单甲脒降解产物为 2,4-二甲基苯胺以及 NH_3,是一种不完全降解作用(王保军等,1998)。

许多微生物能够降解农药,表 4-4 列举了一些农药的降解微生物。如降解除草剂阿特拉津的细菌主要有红球菌($Rhodococcus$)、假单胞菌($Pseudomonas$)、土壤杆菌($Agrobacterium$)、不动杆菌($Acinetobacter$)、根瘤细菌($Rhizobium$)。其中,假单胞菌和红球菌是矿化阿特拉津的主要微生物。降解阿特拉津的真菌有曲霉($Aspergllius$)、焦曲霉($Aspergillusustus$)、根霉($Rhizopus$)、镰孢霉($Fusarium$)、青霉($Penicillium$)、木霉($Trichoolerma$)、白腐菌(white rot fungi)等。阿特拉津降解的放线菌为诺卡氏菌($Nocardia\ sp.$)(周宁等,2008)。

表 4-4 降解农药的部分微生物

微生物	农药
无色杆菌属	氯苯胺灵、2,4-D、DDT、2-甲基-4-氯、2,4,5-T
气杆菌属	DDT、异狄氏剂、甲氧 DDT
土壤杆菌属	氯苯胺灵、DDT、茅草枯、毒莠定、三氯乙酸

续表

微生物	农药
产碱杆菌属	茅草枯、三氯乙酸、扣芽丹
交链孢属	茅草枯
节杆菌属	茅草枯、2,4-D、二嗪农、草藻灭、2-甲基-4-氯、毒莠定、西玛津
曲霉属	莠去津、毒莠定、扑草净、西草净、西玛津、敌百虫、2,4-D、利谷隆
芽孢杆菌属	MMDD、DDT、茅草枯、利谷隆、毒莠定、灭草隆、三氯乙酸
拟杆菌属	氟乐灵
葡萄孢霉属	毒莠定
头孢霉属	莠去津、扑草净、西草净
枝孢霉属	莠去津、扑草净、西草净
棒状杆菌属	茅草枯、2,4-D、DDT、地乐酚、二硝基酚、2-甲基-4-氯、百草枯
黄杆菌属	茅草枯、2,4-D、氯苯胺灵、毒莠定、马来酰肼、三氯乙酸
镰孢霉属	艾氏剂、莠去津、DDT、西玛津、敌百虫、七氯、五氯硝基苯
毛霉属	DDT、五氯硝基苯
链孢霉属	地茂散
诺卡氏菌属	茅草枯、2,4-D、丁敌、五氯硝基苯、毒莠定、丙烯醇、三氯乙酸
假单胞菌属	丙烯醇、茅草枯、2,4-D、氯苯胺灵、DDT、敌敌畏、灭草隆异狄氏剂、地乐酚、二嗪农、二硝基酚、西玛津、五氯酚钡
酵母属	克菌丹、毒莠定
链霉菌属	茅草枯、二嗪隆、五氯硝基苯、西玛津

（王家玲,1988）

微生物对农药的分解转化作用包括：脱卤作用、脱烃作用、酰胺及酯的水解、氧化作用、还原作用、环裂解、缩合或共轭形成等几种方式。不同类型的农药，降解途径有所不同。脱烃作用发生在某些烃基连接在 N、O 或 S 原子上的农药（如均三氮苯类和甲苯胺类）；而环裂解反应则多见于芳香族类农药。一般说来，由于农药分子的复杂性，微生物对某一种农药的分解转化过程也是很复杂的，需要经过多步反应。安琼(1993)的研究表明，氟乐灵的微生物降解途径涉及脱烷基、氧化、还原、水解、环化等过程，形成脱烷基产物和还原产物-硝基苯胺、苯二胺和苯三胺类化合物。除草剂 2,4-D 的降解也需要经过脱卤作用和环裂解等过程(李甲亮等,1998)，而微生物对 DDT 类农药代谢的主要途径是脱卤作用、还原作用和羟基氧化过程。微生物对阿特拉津的降解途径包括脱烷基、水解和开环等过程。阿特拉津在阿特拉津氯水解酶 AtzA 的作用下水解脱氯，产生羟基阿特拉津，然后在乙氨基水解酶 AtzB 作用下脱酰氨基，产生 N-异丙基氰尿酰胺，最后通过 N-异丙基氰尿酰胺异丙基氨基水解酶 AtzC 催化转化生成氰尿酸和异丙胺而解毒（图 4-2）(司友斌和孟雪梅, 2007)。

2. 微生物对氰和腈的分解

微生物可以分解氰和腈，从中获得碳、氮养料，有些微生物甚至以此作为唯一的碳源和氮源。

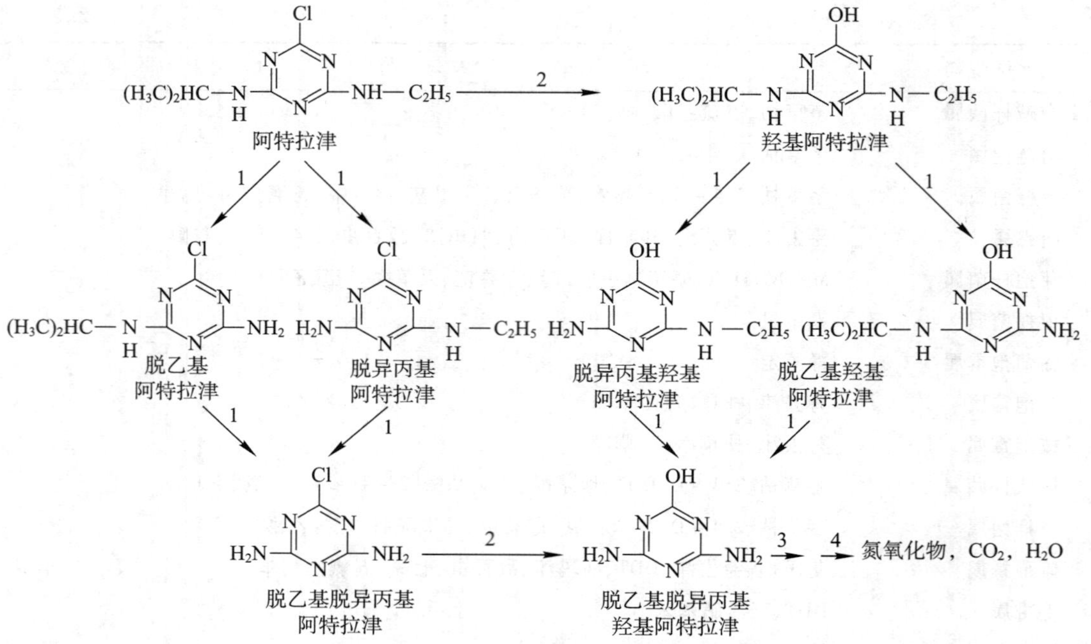

图 4-2 微生物对阿特拉津的降解途径（司友斌和孟雪梅，2007）
1. 脱烷基；2. 水解；3. 侧链修饰；4. 开环

氰化物的分解机制为：

$$HCN \xrightarrow{H_2O} HCONH_2 \xrightarrow{H_2O} HCOOH + NH_3$$
$$\downarrow 进一步氧化$$
$$CO_2$$

有机腈化物的分解机制为：

$$R-C\equiv N \xrightarrow{H_2O} R-\underset{OH}{C}=NH \longrightarrow R-\underset{O}{C}-NH_2 \xrightarrow{H_2O} RCOOH + NH_3$$
$$\downarrow 进一步氧化$$
$$CO_2 + H_2O$$

分解氰和腈化物的微生物有诺卡氏菌属、腐皮镰孢霉属、木霉属、假单胞菌属等 14 个属。

3. 微生物对其他有机污染物的分解转化

合成洗涤剂的基本成分是表面活性剂，一般合成洗涤剂中表面活性剂含量占 10%～30%，其余成分为聚磷酸钠、发泡剂及添加剂。根据它在水中的电离特点可以分为：阴离子型、阳离子型、非离子型和两性电解质型四大类。不同类型的表面活性剂具有不同的生化降解途径，其中多数通过碳链末端 β-氧化进行。高级脂肪酸盐类属于阴离子型表面活性剂，微生物能够很容易地分解它们，其分解过程最初为微生物将烷烃转化成为高级醇类，然后进一步被氧化，最终成为二氧化碳和水。烷基苯磺酸盐（LAS）中最容易为微生物降解的部分是碳氢侧链。代谢的第一步都发生在烷基侧链的末端甲基上，使甲基氧化成为相应的醇、醛、羧酸，而后通过 β-氧化和 TCA 循环，使侧链的大部分被分解成为二氧化碳和水。

在进行末端氧化和 β - 氧化使碳氢侧链逐步分解的同时，又发生脱磺基作用，从而使烷基苯磺酸盐降解成为苯甲酸或苯乙酸：

$$烷基苯磺酸盐 \xrightarrow[脱磺基]{末端氧化, \beta-氧化} 苯甲酸或苯乙酸$$

苯甲酸通过邻苯二酚而降解。脱磺基反应是由脱磺基酶和亚硫酸盐 - 细胞色素 c 氧化还原酶的作用下进行的，生成中间产物亚硫酸盐，然后再进一步氧化为硫酸盐。反应的方式有三种可能：

羟基取代脱磺基： $RSO_3H + H_2O \longrightarrow ROH + 2H^+ + SO_3^{2-}$

氧化作用： $RSO_3H + O_2 + NADH + H^+ \longrightarrow ROH + H_2O + SO_3^{2-} + DAD^+$

非羟基取代的还原反应： $RSO_3H + NADH + H^+ \longrightarrow RH + H_2SO_3 + NAD^+$

石油是水体重要的污染物之一。它是由烷烃、环烷烃、芳香烃和杂环化合物等结构不同、相对分子质量不等的物质组成的。石油进入水体后将发生一系列复杂的迁移、转化作用，如扩散、汽化、溶解、乳化、光化学氧化、吸附沉淀、生物吸收和生物降解等。石油降解速率与油的来源、成分、微生物群落和环境条件（如水温）有关（包木太等，2010）。石油排入低温水体，生物活性特别低，轻馏分蒸发极慢，石油降解缓慢。水体中溶解氧对石油降解影响很大，估计分解 1 mg 石油烃需 3～4 mg 氧，1 L 油类氧化需消耗 400 m^3 海水中的溶解氧。

多氯联苯（polychlorinated biphenyls, PCBs）是一类稳定化合物，一般不易被生物降解，尤其是高氯取代的异构体（高军等，2009）。PCBs 的黏度和比重均较大，难溶于水，脂溶性好，可在水生动物体内富集，再通过食物链的传递在鱼体内达到高度富集，富集系数达 10^4。土壤微生物对多氯联苯的降解首先是对高氯化同系物的还原脱氯，形成低氯同系物，然后再进一步降解（杨永华等，2000）。多环芳烃（polycyclic aromatic hydrocarbons, PAHs）是指 2 个或 2 个以上苯环以线状、角状或簇状排列组合成的一类稠环化合物。具强致癌性、致突变性、致畸性等三致作用。具有脂溶性而难溶于水。其降解可以通过微生物、植物和植物 - 微生物联合作用完成（杨辉等，2011）。微生物降解以 PAHs 为唯一碳源和能源或者将 PAHs 与其他有机质进行共代谢。微生物降解作用受各种环境因素，如温度、氧气、水分、pH 等影响。微生物和植物形成的联合系统对有机污染物的降解具有更加突出的作用，根系分泌物和植物残体对降解微生物的刺激起强化作用。植物通过根系释放一些物质到土壤中，可刺激根区微生物的活性，而且还为有机污染物共代谢提供大量的共代谢基质，有利于土壤中有毒有机物质的降解。

微生物分解转化污染物的能力是很强的，但环境中有新的化合物存在时，它们能够逐步改变自身条件以适应变化的环境，这种适应性变化涉及形态学、生理学和生态学等。由于微生物具有个体微小、繁殖迅速、比表面积大等特点，它们较之植物和动物更容易适应环境。因此，目前的环境污染治理中，微生物的净化作用正日益受到重视。

第三节　生物对污染物的遗传解毒控制

一、植物对污染物的遗传解毒控制

一些生物解毒的产生是由于生物体内与污染物作用的靶分子发生遗传突变，突变结果降低了生物靶分子与污染物的亲和力,从而降低了生物对污染物的敏感性,使生物产生对污染物的解毒。这方面最典型的例子是一些草本植物对磺酰脲类、咪唑啉酮类、三氮苯类和脲类等除草剂产生解毒。或者,能够改变植物蛋白质的代谢方式,使其不受污染物的干扰,保证植物正常生活。

(一) D-1蛋白与遗传解毒

D-1蛋白是三氮苯类和脲类除草剂的靶分子,这两类除草剂是光合作用抑制型除草剂,它与光系统Ⅱ反应中心的D-1蛋白结合,竞争质体醌在D-1蛋白上的结合位点,从而打断了植物体中正常的光合电子传递,抑制植物的光合作用(Trebst,1986,1991;Mazur,1989;Falco,1989)。D-1蛋白大小为3.2×10^5,由大约350个氨基酸组成,是高度保守的疏水性蛋白质(朱立煌等,1989)。D-1蛋白是母性遗传,由叶绿体基因 *PsbA* 编码。Hirschberg等(1983)在研究绿穗苋(*Amaranthus hybridus*)抗药性时,发现叶绿体 *PsbA* 基因在抗药型与敏感型的核苷酸序列间有3处差异,其中2处差异为无义突变,不导致氨基酸的变化,而另一处变化是使原来敏感型中的丝氨酸变为抗药型中的甘氨酸。在对龙葵的研究中也发现敏感野生型D-1蛋白肽链第264位的丝氨酸变成解毒突变型中的甘氨酸(朱立煌等,1989)。衣藻(*Chlamydomonas*)解毒突变型D-1蛋白肽链在224位由野生型的丝氨酸突变为丙氨酸(Erickson,1989)。

D-1蛋白基因 *PsbA* 具有高度保守性,发生部分位点突变只产生除草剂解毒生物型,而不导致光合能力的散失,所有突变体均可进行光合自养。从抗除草剂三氮苯类和脲类生物型的解毒与D-1蛋白基因突变的关系说明,除草剂作用位点的改变是三氮苯类与脲类除草剂抗药性生物型形成的根本原因,而且也说明D-1蛋白中的这几个部位氨基酸与除草剂的结合关系密切,而对光系统Ⅱ的电子传递和质体醌的结合影响较小。

(二) 乙酰乳酸合成酶(ALS)与遗传解毒

乙酰乳酸合成酶是磺酰脲类、咪唑啉酮类和三唑嘧啶类除草剂的靶酶。这三类除草剂中磺酰脲类除草剂使用范围最广,它是由美国杜邦公司在20世纪70年代末开发的一种超高效除草剂,目前已合成和做过特性实验的磺酰脲类除草剂达2800多种。支链氨基酸中亮氨酸、异亮氨酸和缬氨酸是植物体内必需氨基酸,乙酰乳酸合成酶(ALS)是催化缬氨酸和异亮氨酸生物合成过程中第一步反应的关键性酶(苏少泉,1989),也是支链氨基酸生物合成中3个调节酶之一,其活性受产物缬氨酸和异亮氨酸的反馈调节(沈同和王镜岩1992;Shanar,1991)。ALS的抑制剂目前发现有5类化合物,即:磺酰脲类、咪唑啉酮类、磺酰基氨基草酰胺、*N* - phthalyl - L - valine - anilides 和三唑嘧啶类。酶动力学研究表明磺酰脲类和咪唑啉酮类除草剂是植物ALS的非竞争抑制剂,可与ALS紧密结合抑制酶的活性,从而抑制了支链氨基酸的生物合成,起到除草作用。对野生型和解毒突变型的ALS研究表明,二者表达水平相同(Chaleff等,1984)。解毒突变型的ALS仍受支链氨基酸产物的反馈调节,但对除草剂不敏感(Shaner等,1990)。对植物的ALS蛋白序列分析表明,其中有3部分氨基酸序列很保守,这些保守部分的变化与ALS对除草剂的敏感程度有关。对不同解毒突变体 *ALS* 基因分析结果表明,其解毒均来自 *ALS* 基因保守区域单个或2个碱基突变所致的氨基酸取代,而解毒的强度则取决于ALS上氨基酸取代的位点及取代氨基酸的种类

(Hartnett,等 1990;Shaner,1991)。Lee 等(1988)研究了 6 种有关磺酰脲类、咪唑啉酮类和三唑嘧啶类除草剂的解毒突变体,结果发现 ALS 基因突变类型不同,其对不同除草剂的解毒反应也不同,如 ALS 蛋白的第 197 位氨基酸由脯氨酸变为丝氨酸的突变体只抗绿磺隆、甲磺隆,而不抗灭草烟。ALS 基因突变产生对除草剂不敏感的 ALS 酶是对 ALS 抑制型除草剂产生解毒的根本原因,但有关 ALS 酶的空间构型、酶催化活性部位、调节部位以及各类抑制剂与 ALS 酶的结合部位等问题,尚需进一步深入的研究。

(三) 生物的其他解毒系统

植物体自身有一种保护系统来清除产生的自由基,以减轻环境污染物带来的危害,间接达到生物解毒的目的。超氧化物歧化酶(superoxdie dismutase enzyme,SOD)、过氧化物酶(peroxidase,POD)、过氧化氢酶(catalase,CAT)是保护系统的主要酶,它们和谷胱甘肽、多胺等物质一起,能够清除细胞内的自由基。多胺能够有效地清除化学或酶反应产生的自由基,尤其是细胞内的氧自由基。谷胱甘肽参与生物解毒过程,可将过氧化氢还原为水,消除细胞内因胁迫诱导(如除草剂、虫害、重金属等)产生的过量活性氧自由基($\cdot OH$、O_2^-)及亲电子剂,从而保护细胞膜、酶甚至核酸免受活性氧及亲电子剂的攻击。谷胱甘肽的解毒作用主要通过谷胱甘肽过氧化物酶(GSHPX)和谷胱甘肽 – S – 转移酶(GST)来完成。目前谷胱甘肽 – S – 转移酶基因已在玉米、小麦等生物中得到克隆。

生物在受到不良环境刺激时可诱导响应反应,使一些在正常条件下不存在的蛋白质的基因得以表达,使生物获得对不良环境一定的抵抗能力。植物如何感知逆境胁迫,并如何快速作出反应,是人们一直十分关心的问题。已有证据表明,大多数已知的逆境响应基因均受 ABA 的诱导,在缺少 ABA 的情况下,许多逆境响应基因不能表达,而当施入外源 ABA 时这些逆境响应基因又重新表达。植物在逆境胁迫下 ABA 浓度迅速增加,但机理尚不清楚。当然,并不是所有的逆境基因表达都受 ABA 诱导,迄今从各种植物中筛选到的几百种逆境响应基因中,有相当一部分是不受 ABA 诱导的。植物在逆境胁迫的适应反应中,多种基因调控机制同时并存,既有 ABA 依赖型,又有非 ABA 依赖型,还有部分逆境诱导基因对 ABA 无应答反应。ABA 应答基因的调控是在转录水平上,也有报道还存在转录后的调节。Hughes 和 Galau(1989)在对拟南芥菜的研究发现,一种蛋白质可能参与 ABA 信号的传导过程,此蛋白质 C 端与 Ser/Thr 蛋白激酶同源,N 端有一个钙离子结合位点。已有证据表明钙离子可通过抑制或激活磷酸酶的活性而导致信号向更下游传递。Anderberg 和 Walker-Simmons(1992)从小麦中分离到一个 ABA 应答基因 *Pkabal*,其编码的蛋白质有 12 个结构域,与 Ser/Thr 蛋白激酶的活性位点相似,推测它可能与磷酸化有关。从目前的研究结果来看植物对 ABA 的响应过程中,可能通过 ABA 与反式作用因子及顺式作用元件的作用对基因表达起调控作用。

二、微生物对污染物的遗传解毒控制

质粒对微生物的遗传解毒控制具有重要的意义。质粒是一种独立于细菌染色体外、共价闭环的双链环状 DNA 分子,长 1~200 kb。质粒一般不携带重要基因,是一种辅助性遗传单位。在一般条件下,质粒的得失对细菌生长影响不大,但在特殊环境中,质粒的存在与否对细菌的生存与发展是至关重要的。质粒根据其功能可分为解毒质粒和载体质粒,其中解毒质粒与微生物对环境污染物的解毒关系密切。质粒具有转移性和消除性,通过转移和消除质粒可研究质粒在细菌中的功能。如恶臭假单胞菌含质粒 OCT 可分解烷烃($C_{6\sim10}$),如果将此质粒消除,则细菌不再具有分解能力;而将能降解苯和二甲苯的质粒 TOL 转移到不具降解能力的大肠杆菌中,可使大肠杆菌能在以苯和二甲苯为唯一碳源的培养基上生长。

从 1972 年美国学者 Chakrabarty 发现降解水杨酸盐的 SAL 质粒以来,科学工作者先后在不同细菌中发现了与生物解毒有关的不同质粒。这些质粒有的可单独产生解毒功能,有的要与细菌染色体编码的产物共同发挥作用才能产生解毒。

根据质粒解毒功能不同可将其分为:

(1) 抗药质粒,指能分解各类抗生素的质粒,如抗氨苄青霉素、四环素的 pBR322 质粒。

(2) 污染物外排质粒,是指参与将污染物排出体外的质粒,如一些参与将重金属镉、锌外排的质粒,如质粒 pI258、质粒 pI147 等。

(3) 降解性质粒,此类质粒种类最为繁多,现已发现能降解各类污染物的不同质粒,根据其降解对象不同可将降解质粒分为四类:①假单胞菌属中的石油降解质粒,其上编码可降解石油及其衍生物如樟脑、辛烷、萘、水杨酸盐、甲苯和二甲苯等的酶类。②农药降解质粒:如编码降解 2,4 - D、六六六等农药的酶类的质粒。③化工污染物降解质粒:如对氯联苯和尼龙低聚体降解质粒等。④抗重金属离子质粒:目前研究最清楚的抗重金属质粒是抗汞质粒。现已发现的天然降解质粒达 30 多种,各类降解质粒的种类及特性如表 4 - 5 所示。

表 4 - 5 降解质粒的种类及特性

质粒名称	菌株	降解对象
CAM	*Pseudomonas* sp.	樟脑
OCT	*P. putida*	烷烃($C_{6\sim10}$)
NAH	*P. putida*	萘
TOL	*P. putida*	甲苯、二甲苯
SAL	*P. putida*	水杨酸
XYL	*P. pxy*	二甲苯
ETB	*Pseudomonas* sp.	甲苯、苯乙酸
NIC	*P. putida*	烟碱、烟酸
pOAP2	*Flavobacterium breve*	6 - 氨基乙酸
pJP	*Alcaligenes paradoxus*	2,4 - D/phs(pRII)
pAC21	*Klebsialla* sp.	多氯联苯
PKJ	*Pseudomonas* sp.	甲苯
BHC	*Aeromonas* sp. II - 5A	BHC(666)
JTS - 131	*Rhodococcus erythropois*	冷杉醇
pSC1	*Pseudomonas* sp.	对硫磷(1605)
pUO1	*Pseudomonas* sp.	氟醋酸
	P. cepacia	氯代甲苯

(金志刚等,1997)

降解阿特拉津的假单胞菌 ADP 菌株的三种酶 AtzA、AtzB 和 AtzC 均来自于同一基因组 DNA,存在于土壤杆菌属(*Agrobacterium*)、粪产碱杆菌(*Alcaligenes*)、青枯细菌(*Ralstonia*)、何氏螯合杆菌(*Chelatobacterheintzii*)、嗜麦芽糖寡养单胞菌(*Stenotrophomonasmaltophilia*)、*Pseudaminobacter* sp. 等的 G$^+$ 细菌位于 96 kb 的接合性质粒上(Sadowsky 等,1998;De Souza 等,1998;Boundy-Mills 等,1997)。但是 *AtzA*、*AtzB* 和 *AtzC* 基因不总是存在于同一个质粒上,有时一个质粒只有 *AtzA* 基因,或者只有 *AtzB* 和 *AtzC* 基因。

我国学者也分离到了不少解毒质粒,如从活性污泥中分离到一株以菲为唯一碳源和能源的假单胞菌,其对菲降解能力是由质粒控制。南京农业大学分离到一种降解氯苯的含质粒气单胞菌(*Aeromonas* sp.),将该菌株中的质粒抽提出来,转化至无质粒、不能降解氯苯的大肠杆菌后,可使大肠杆菌能在以氯苯为唯一碳源的培养基中生长,表明气单胞菌降解氯苯的基因位于质粒上,并且由质粒单独控制,转入大肠杆菌后此基因可正常表达。此外,还分离到对多氯联苯有很强降解能力的 PCW 质粒,中山大学分离到抗镉质粒等。

通过基因工程的方法,利用质粒 DNA 重组和质粒转化可以培育对多种污染物具有解毒的生物,如 Chakrabarty 等(1972)将 OCT 质粒和抗汞质粒 MER 同时转入恶臭假单胞菌中,使其既能降解烷烃又可在含汞 50~70 mg/L 的环境中生长,并能降解有机汞。瑞士的 Kulla 分离到两株假单胞菌,编号为 K24 和 K46,它们分别含可降解 2 种偶氮染料的质粒,通过质粒转化获得可同时降解 2 种染料的工程菌。美国伊利诺伊州大学的研究者将分解不同污染物的 5 种细菌的质粒混合,使细菌间质粒自然结合传递,最后获得能分解 5 种污染物的超级工程菌。利用质粒转化使一种微生物体内含有多种降解质粒的方法受到质粒之间相容性的限制。不相容质粒不能同时存在于同一细胞内。质粒的不相容性是指利用同一复制系统的不同质粒,由于其在复制及随后分配到子细胞的过程中彼此竞争,使不同质粒不能稳定地和平共处。除通过质粒的直接转移使生物获得解毒外,通过质粒 DNA 重组也是获得生物抗性的重要途径。如美国科学家在细菌中发现分解除草剂 2,4 - D 的质粒,它们用限制性内切酶将此基因从质粒上切割下来,再用连接酶将其组建到载体质粒上,然后转移到另一生长速度快的细菌体内,加快 2,4 - D 的分解速度。Negoro 等(1983)研究尼龙寡聚物降解质粒时,将编码降解尼龙寡聚物的 2 种酶 E1 和 E2 的基因用限制性内切酶 *Hind* Ⅲ 分别切割下来,再将其分别连接到同一载体质粒 pBR322 上,将其转移至生长迅速的大肠杆菌体内,使大肠杆菌可快速降解污水中的尼龙寡聚物。此外,Mulbry 等(1986)将编码降解对硫磷的对硫磷水解酶基因克隆到质粒 M13、Mp10 上;Liaw 等(2001)将编码能分解二苯醚 2.4 kb DNA 片段克隆到载体质粒 pUC19 上,再将其转入大肠杆菌中,使大肠杆菌获得降解能力。Murooka 等(1986)将 *Streptomyces* sp. 的甾醇氧化酶基因克隆到质粒 pIJ702 上,转入 *S. lividans* 中,发现在合适的培养条件下,克隆后的甾醇氧化酶基因表达强度比原来高出数倍。我国中山大学罗进贤(1988)将抗镉的假单胞杆菌 R4 染色体的抗镉基因克隆至 pBR322 质粒上,并将其转入大肠杆菌 HB101 中,使其可在含 100 mg/L $CdCl_2$ 的 L - 肉汤中生长(通常情况下,大肠杆菌 HB101 最高能生长在含 50 mg/L $CdCl_2$ 的 L - 肉汤中)。从以上介绍可以看出,质粒在生物适应环境,分解有毒物质中扮演着重要的角色。然而,在利用质粒解毒时也遇到不少问题,如将外源解毒质粒转入新的宿主时,往往解毒基因表达呈减弱趋势,这种外源基因表达能力下降或消失的现象称为种的壁垒。推测可能由于受体菌与原质粒宿主菌的染色体控制的遗传背景存在差异,依赖 DNA 的 RNA 聚合酶和核糖体结合位点不同等原因所致。此外,一些质粒存在不相容性,使一些性状不能通过质粒转移而同时存在于同一细胞中。其次,由于质粒的不稳定性,容易被某些环境因子如高温、化学污染物、重金属等消除,从而失去对污染物的解毒能力。另外,质粒存在于宿主菌细胞中,往往增加宿主菌的负担,有些质粒还会干扰宿主代谢,使宿主菌的生长和繁殖速度减慢,而不利于对有毒物质的分解。总之,质粒在生物的解毒方面起着重要的作用,但还有许多问题需要进一步的研究。

第四节 生物对污染物及其代谢产物的排出作用

一、植物对污染物及其代谢产物的排出作用

环境中的污染物进入生物体后,其排出作用主要有以下几种:
(1)生物体对污染物来说只是一个通道,污染物进入体内后不经过任何转化即排出体外。
(2)污染物进入体内后很快与体内物质结合后排出体外。
(3)污染物经过氧化、还原、水解后直接排出体外。
(4)污染物经过体内氧化、还原、水解后再与其他物质结合后排出体外。

植物虽然没有类似动物那样专门的排泄系统,但是可以通过其他的途径将污染物及其代谢物排出体外。活的植物对于金属、类金属的排出往往通过根系分泌作用,而气态污染物可以通过叶面呼吸带走,对于农药等有机轭合物则可以通过叶片或其他器官的衰老脱落而排出体外。

二、动物对污染物及其代谢产物的排出作用

污染物及其代谢产物从动物体内排出的主要途径是经过肾随尿排出,其次是经过肝、胆通过消化道随粪便排出,还有一个途径是通过分泌物如汗液、乳汁、唾液、泪液等途径排出。挥发性污染物及其代谢物还可以通过呼吸道随呼出气体排出。

1. 肾排泄

肾是排泄污染物及其代谢产物的主要器官,其排泄污染物的机理包括肾小球滤过、肾小管的被动扩散和肾小管的主动分泌。通过阴阳离子的载体过程,污染物及其代谢产物可以逆浓度梯度而主动分泌到肾小管中。这种过程的特异性较低,很多弱酸性或弱碱性污染物及其代谢物均通过这种方式被清除。例如,对氨基马尿酸盐通过有机酸转运系统排泄,一些胺类化合物则通过有机碱转运系统排泄。Co、Sn、Cd、Ni、Cr、Mg、Zn 和 Cu 等元素均可以通过肾排出体外。进入人体的二甲苯,在人体的 NADP 和 NAD 存在下生成甲基苯甲酸,其中,大量邻-苯甲酸与葡萄糖醛酸结合,对-苯甲酸与甘氨酸结合形成甲基马尿酸,在 18 h 内随尿液全部排出体外。

2. 肝胆排泄

肝胆系统也是污染物及其代谢产物自体内排出的重要途径之一。通常相对分子质量

较小的污染物经肾系统排泄,而大分子毒物则经肝胆系统排泄。因此,肝胆系统是很多污染物结合物的主要排泄途径。污染物及其代谢产物从肝主动分泌到胆道,然后随胆汁排到肠道,最后随粪便排到体外。各种有机氯农药,如 DDT、六六六等代谢产物主要从胆汁排出。

3. 呼吸道排泄

通常,在动物体内未分解转化的气态污染物及挥发性液态污染物均可以经过呼吸道排出,如 SO_2、CO 等。残留在肺部的二甲苯,短时间内(半衰期为 0.5~1 h)可以全部被呼出体外。

4. 其他途径排泄

有些污染物及其代谢产物还可以经肠道、皮肤毛孔、口腔等器官或组织随粪便、汗液、唾液、乳汁等排出体外。有机氯杀虫剂、多氯联苯、乙醚、咖啡碱和某些金属可随同乳汁排出。如牛食用含黄曲霉毒素 B_1 的饲料,牛奶中可能出现其代谢产物黄曲霉毒素 M_1。重金属可以通过指甲和毛发排出。结合在血细胞上的污染物可以通过血细胞渗出到肠腔或周围水体而将污染物排出体外。

动物将污染物及其代谢产物排出体外是一种很重要的解毒机制。例如蚯蚓可以通过排泄系统将重金属排出体外,从而获得对重金属的解毒,使其能够忍受一定程度的土壤重金属污染(郭永灿等,1995)。在无脊椎动物中,如甲壳纲动物的触须和上颌腺体、头足类动物的心脏分支附属物、腹足动物的心室壁等均可以成为超过滤的位点而将体内重金属排出体外。

三、微生物对污染物及其代谢产物的排出作用

微生物除了分解、转化污染物外,还能够将进入体内的污染物排出体外。在金色葡萄球菌的革兰氏阳性细菌中存在对镉、锌离子外排的 CadCA 阳离子外排系统。*CadCA* 基因位于质粒 pI258 上,编码两种蛋白,小蛋白由 122 个氨基酸组成,是含有 3 个金属结合部位的可溶性蛋白,称 CadC 蛋白,其具体功能尚未证实,但推测可能从细胞中捕获镉、锌离子,将其输送至 CadA 蛋白。CadA 蛋白为 *CadCA* 基因编码的大蛋白,由 727 个氨基酸组成,是位于膜上的泵蛋白,具有 E1-E2 型 ATP 水解酶活性,在膜内有通道。CadA 蛋白在细胞内有 4 个结合位点:ATP 结合位点、蛋白激酶结合位点、能量传导结构域和底物结合位点。当 ATP 与 CadA 蛋白的结合位点结合后,ATP 水解下来的磷酸基团结合到 CadA 蛋白的磷酸基团结合结构域上,ATP 水解释放的能量使 CadA 蛋白构象发生改变,变成高能态,在 CadA 蛋白由高能态向低能态的转变过程中,镉、锌离子被排出体外。*CadCA* 基因除了可以外排镉、锌离子外,可能还能外排铅离子。除 CadCA 抗镉系统外,在金色葡萄球菌中还发现了存在于质粒 pI147 上,由基因 *CadB* 编码的抗镉系统,另外在一些金色葡萄球菌的染色体上也发现了编码促进镉外排的外流蛋白。

在自养产碱杆菌中存在对钴、锌、镉外排的 CzcCBAD 系统,此系统基因存在于质粒 pMOL 上。质粒 pMOL 较大,长 238 kb,CzcCBAD 操纵子编码 CzcA、CzcB、CzcC、CzcD 4 个蛋白。CzcA 蛋白,由 1 064 个氨基酸组成,是此外排系统的核心。它具有跨膜的 α-螺旋,可在膜上形成转运离子的通道。CzcA 蛋白由 4 个结构域组成,2 个亲水和 2 个疏水,其上 Cys

和 His 含量很低,故没有金属结合区,也没有 ATP 酶结合位点,但 CzcA 蛋白可缓慢排放二价钴离子,其机理有待进一步研究。CzcB 蛋白由 521 个氨基酸组成,有 3 个结构域,中间结构域中有 8 个 His 残基,构成 2 个金属结合位点,可进行金属离子的排放。由 346 个氨基酸组成的 CzcC 蛋白是结构修饰因子,降低 CzcB 蛋白对金属离子结合的特异性,使其从只结合锌离子转变为可结合镉、锌、钴离子。CzcD 蛋白仅含 200 个氨基酸,是最小的蛋白,它不直接参与离子排放,但可以调节排放系统基因的表达,是一个调节蛋白。此外,在自养产碱杆菌中还发现存在于质粒 pMol28 上可排放钴、镍、铬离子的 chr 基因。

目前在细菌中发现两种外排铜的抗铜系统,一种是存在于丁香假单胞菌中的抗铜 Cop 系统,另一种是在大肠杆菌中发现的 Pco 系统。丁香假单胞菌中的 Cop 铜外排系统基因存在于质粒上,其编码 CopA、CopB、CopC、CopD、CopI 5 个蛋白,并受染色体编码的 CopR 蛋白的调控。CopA 和 CopB 蛋白仅具有部分抗铜活性,只有在 CopC 和 CopD 存在的情况下,才具有全部抗铜活性。大肠杆菌中的铜外排系统由质粒编码的蛋白质和染色体编码的蛋白质共同完成铜的外排任务。染色体基因编码 Cut 系统,由蛋白质 CutA、CutB、CutC、CutD、CutE、CutF、CutR 和 CutS 组成,此系统除 CutS 蛋白外其余蛋白组成一个操纵子。其中 CutA 和 CutB 参与铜的吸收,CutE 和 CutF 在细胞内与铜结合,CutC 和 CutD 参与铜的外排,而 CutR 和 CutS 调节 Cut 系统基因的表达。在质粒编码的抗铜 Poc 系统中,4 个基因组成一个操纵子编码 PcoA、PcoB、PcoC 和 PcoR 4 个蛋白,PcoR 是个感应蛋白,PcoC 与过量铜离子在细胞内结合,通过 PcoA、PcoB 及 CutC、CutD 4 个蛋白组分构成排放系统,将铜离子排出细胞外,但排放过程具体细节的分子机理尚未弄清楚。

小结

生物在长期的进化和对环境的适应过程中,逐步形成了对环境污染物的各种解毒作用,主要包括生物对污染物的结合钝化作用、生物对污染物的分解转化作用、生物的遗传解毒作用和生物对污染物的排出作用。细胞壁上的羧基、醛基等基团能够与污染物结合,减少污染物向细胞内的迁移。细胞膜、细胞质和液泡中均含有蛋白质、糖类和脂类等,他们可以与污染物结合从而起到对污染物解毒的作用。生物对进入到体内的污染物,通过氧化、还原、水解、结合等过程,将污染物逐步代谢为毒性较低或完全无毒的物质。或者,生物通过各种途径将污染物排出体外而产生解毒。

生物对污染物的解毒能力与生物的生物学和生态学特征、污染物的浓度和性质、环境因素等有关。生物对污染物的解毒是生物对污染环境的抗性或耐性的基础,也是生物对污染环境修复的重要依据。因此,研究和利用生物对污染物的解毒作用具有重要的意义。

思考题

1. 生物对污染物的解毒通过哪些途径实现?
2. 试比较动物、植物和微生物对环境污染物解毒作用的异同。
3. 如何理解生物对污染物的吸收、累积与解毒的关系?
4. 简述植物的解毒机理,如何利用植物的解毒作用解决环境污染问题?
5. 简述微生物的解毒机理,如何利用微生物的解毒作用解决环境污染问题?

建议读物

1. 段昌群. 环境生物学. 北京:科学出版社,2004.
2. 孟紫强. 环境毒理学. 北京:中国环境科学出版社,2002.
3. 孙铁珩,周启星,李培军. 污染生态学. 北京:科学出版社,2001.
4. 王焕校. 污染生态学基础. 昆明:云南大学出版社,1990.
5. 周启星,孔繁翔,朱琳. 生态毒理学. 北京:科学出版社,2004.

推荐网络资讯

1. 美国国立环境健康研究院(National Institute of Environmental Health Sciences,United States,NIEHS) http://www.niehs.nih.gov/
2. 世界卫生组织 http://www.who.int/
3. 联合国环境署 http://www.unep.int/
4. 中国环境网 http://www.environmental-china.org/
5. 中国环境资源网 http://www.cgov.org.cn/
6. 中国环境生态网 http://www.eedu.org.cn/

第五章

生物对污染物的抗性及生物监测

生物的抗性是生物对污染物吸收、迁移、富集、毒害、解毒整个"生物过程"的综合结果,也是污染生态学研究的主要目标之一。筛选、培养抗性强又能大量吸收污染物的植物可用于净化污染环境;筛选、培养拒吸收的抗性作物能减少污染物沿食物链进入人体,保障人类健康;抗性弱、对环境特别敏感的生物可作为污染的指示生物或监测生物。

第一节 生物对污染物的抗性及抗性生物

一、抗性的概念和类型

环境中各种各样的污染物对生活于其中的生物是一种逆境胁迫因子,它们在分子、细胞、组织、器官、个体、种群、群落以及生态系统等各个组织层次上对生物产生多方面的影响。一般说来,生物对各种不良环境具有一定的适应性和抵抗力,称为抗性(resistance),包括避性(avoidance)和耐性(tolerance)两个方面。抗性现象在生物界普遍存在,如日本农林水产省生物资源所储藏的种子中有叫"矿毒不知"的大麦品种,该品种生长在群马县渡良濑川流域的铜污染严重地区,在其他麦类均不能生长的情况下,这种大麦仍能够正常生长,因此被命名为"矿毒不知"。为了控制农田杂草和病虫害,人类投入了大量的各种各样的农药。在开始使用农药的时候效果很显著,基本上起到了控制作用;但连续使用几年之后,人们发现同类农药已经不能控制同类杂草或病虫害了。原因是杂草、害虫或病原微生物获得了对这类农药的抗性。在石油、洗涤剂等有机物污染严重的地方,有些微生物能够正常生长并且大量繁殖。

生物处于污染胁迫条件下,一方面通过形态学机制、生理生化机制、生态学机制等将污染物阻挡于体外;另一方面通过结合钝化、代谢解毒、分室作用、外排等过程将污染物在体内富集、解毒、排除,这两方面的综合结果形成抗性。其中生物的解毒是抗性的基础,解毒能力强的生物一般都具有较强的抗性,但解毒不是抗性的全部,抗性强的生物不一定解毒能力就强。

抗性的内容非常广泛,因此目前还没有统一的抗性指标体系。我们认为主要应有:①回避或拒吸收;②形态解剖的阻隔作用;③生理生化的解毒;④细胞遗传学和分子生物学的解毒机理;⑤排出体外。上述内容中凡前面各章已提及的,本章不再详述。

(一) 生物对污染物的避性

对生物来说,将污染物排斥于体外,使其不能进入体内是一种非常有效的方法。这样就无须消耗大量物质和能量来结合、分解污染物。

1. 植物对污染物的避性

由于污染物种类不同,污染介质不同,植物有多种阻止污染物进入体内的方法和途径。例如关闭气孔阻止气态污染物进入体内;分泌有机物质到根际,改变根际的理化环境,使污染物的可移动性降低;增厚植物的外表皮或在根周围形成根套等。

气态污染物进入植物体内的主要通道是叶的气孔,其次还可以通过角质层进入。因此,气孔的特征和外表皮的结构与气态污染物进入植物体内的量有必然的联系。另外,气孔的数量和孔径、栅栏组织与海绵组织的比例也与植物的抗气性有关。

气孔是植物在长期进化过程中形成的适应环境的调控器,当外界环境不适时,叶片可通过气孔的适度闭合来保护植株免于侵害。有些植物能在空气污染严重时关闭气孔以减少毒气进入体内,例如花生、番茄等植物在接触 SO_2 后,能将气孔关闭,从而获得对 SO_2 的抗性;而另一些植物如蚕豆等,接触 SO_2 后气孔仍开放,使 SO_2 更多地进入体内,因此易受毒害。气孔开张度与植物受害关系如表 5-1 所示。

表 5-1 植物受 SO_2 毒害程度与气孔开张度

植物类型	受害叶面积				气孔开张度(等级)				
	8点	13点	18点	平均	8点	13点	18点	平均	SO_2作用后
抗性植物	0.5	23.5	11.1	11.1	1.0	0.7	1.0	0.9	0.6
中等抗性	26.0	48.5	22.2	32.0	2.1	2.2	1.8	2.0	0.8
敏感植物	47.7	84.0	70.0	73.0	2.35	2.25	2.35	2.33	3.1

(王焕校,1990)

气孔开张度与植物激素脱落酸(ABA)有关,其机理如下:

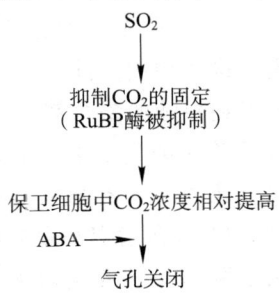

气孔密度、大小、开张度等能够显著影响气态污染物进入植物叶片的数量,一般情况下密度低、尺寸小、开张少的气孔特征有利于增加抗气性。

另外,叶片角质层、表皮层、木栓层以及叶表附属物是植物的防御机构,可减少毒气进入叶内。厚的角质层及木栓层都可提高植物对气态污染物的抗性。

根是植物体分布在地下的主要吸收器官,土壤中的污染物主要通过根进入体内。因此根的屏蔽作用对植物体耐受土壤污染的贡献是很大的。在土壤污染的情况下,有些植物具有不吸收或少吸收污染物的特性,即避性较强;而另一些植物却没有这种能力或能力较弱,土壤污染物容易通过根进入体内。避性植物可以通过多种方式排斥根对污染物的吸收,例如分泌化学物质到根际环境,改变根际的理化性质,如 pH、氧化还原性质等,从而降低污染物的生物有效性(常学秀,2000)。同时,根分泌的化学物质对微生物具有吸引力,大量的微生物聚集在根周围,其中有些微生物具有吸收、富集、分解污染物的作用,这种"根际效应"(rhizosphere effect)对污染物的屏蔽作用也是不可忽视的。一般说来,植物至少有3种不同的过程可以改变根际污染物的浓度或活度:①向根际分泌螯合剂;②形成跨根际氧化还原梯度;③形成跨根际pH梯度。

(1) 根际pH的变化　根际pH的变化从多方面影响着根际环境,影响着诸如植物生长以及根际土壤中各种矿质养分的化学和生物学有效性;根系对重金属元素毒害作用的忍耐程度;根系对营养元素的吸收利用;根系分泌物的种类和数量;根际微生物的种类、数量以及根际酶的活性等。根际pH的变化在一定程度上调节着植物对土壤污染物的吸收。

研究表明,在环境污染条件下,植物具有主动调节根际pH的能力。例如,有些植物在遭受铝毒害时,根系分泌OH^-增多,使根际pH上升,形成根际到土体pH由高到低的梯度分布,使铝沉淀在根表,减少根系对铝的吸收(张福锁,1993)。另外,镉对根系H^+的分泌存在抑制作用,从而降低镉的生物可利用性(陈能场等,1993)。

(2) 氧化还原性质的改变　许多有毒金属如铜、铬、汞以及类金属砷等在土壤中以多种价态存在。不同价态的重金属的生理生态毒性不同,而金属价态的变化与土壤氧化还原状态有关。有的植物具有改变根际氧化还原状态的机制,如生长在锰污染土壤上的植物能够分泌具有氧化作用的物质到根际环境,将Mn^{2+}氧化成Mn^{4+}而减轻毒性。根际氧化还原特性对变价金属的溶解度和吸收性有很大的影响。水稻一般生长在含有大量Fe^{2+}和Mn^{2+}的渍水土壤中,为了保证正常生长,它的根系具备了向根际释放氧气和氧化性物质的能力,使渍水土壤中大量的Fe^{2+}和Mn^{2+}在水稻根表面及质外体被氧化而形成铁锰氧化物胶膜,一方面把根包被起来以防止根系对Fe^{2+}和Mn^{2+}的过度吸收,另一方面把镉、铅、汞等重金属富集在根外的铁锰氧化物胶膜中,阻碍重金属直接进入根内(严小龙等,1997)。

(3) 根分泌物对污染物的结合、降解作用　植物生长过程中一部分光合作用产物被转移到根部,并且其中部分通过根系分泌到根际中。根分泌物中含有有机酸、氨基酸、糖类物质、蛋白质、核酸以及大量其他物质。这些物质能同根际土壤中的污染物结合,使其移动性降低。根际游离金属离子如果与分泌到根际的螯合剂形成稳定的金属螯合物复合体,其活度就会降低(严小龙等,1997)。Morel等人证实了玉米根系分泌物与重金属络合物的存在。金属离子与各种有机酸相结合形成金属离子–有机酸复合体是导致金属离子毒性降低的主要原因。Christiansan-Wenigerd等(1992)在耐铝小麦品种的根分泌物中发现小分子二羧酸即琥珀酸、苹果酸、草酸的浓度比不耐铝品种要高得多。二羧酸是带正电荷金属离子的潜在螯合剂,从而能够阻止铝扩散透入根膜,这在保护植物避免与铝结合中起着重要作用(表5-2)。

表5-2　小麦品种'Carasinho'(耐铝)和'Buck Bolivar'(铝敏感)根分泌的小分子二羧酸

品种	产酸量/($\mu g \cdot 株^{-1}$)			干根产酸量/($\mu g \cdot g^{-1}$)		
	草酸	苹果酸	琥珀酸	草酸	苹果酸	琥珀酸
'Carasinho'	67	211	80	192	566	218
'Buck Bolivar'	36	27	9	162	117	42
标准误	12*	56*	25*	63	118*	69*

4次重复结果的平均值(*$P<0.05$)。(Christiansan-Wenigerd,吴列洪、王建林译,1992)

土壤中的酶类对土壤污染物的分解转化至关重要。在土壤农药的降解过程中有许多酶的参与，如过氧化氢酶、多酚氧化酶、转化酶等。许多污染物在根际土壤酶的联合作用下被降解成为无毒或低毒的物质。植物根分泌的酶类是土壤酶的主要来源。姜岩等（1992）的研究表明，种植作物的土壤酶活性明显高于非种植土壤，出现酶活性的高峰期也在作物生长旺盛期。土壤酶的这种作用对减少植物对污染物的吸收具有重要作用。

（4）根际效应的作用 根分泌物可为微生物提供能源物质，将大量具趋化作用的微生物聚集在根周围，从而产生"根际效应"，其中有些微生物具有净化土壤中污染物的作用。赵大君等（1996）分析出凤眼莲根分泌物组分中含有 Met 等多种氨基酸，其中 Met、Gly、Ala、Asp、Ser、Val 和 Leu 均对凤眼莲的根际肠杆菌属 F_2（Enterobacter sp. F_2）细菌有强烈的正趋化作用，这正是凤眼莲与该根际细菌结合为根际微生态系统的原因之一。凤眼莲以其高效、清洁、极强的降酚和耐酚性能被广泛地应用于含酚污水的治理中，而根际细菌的存在提高了凤眼莲对酚的避性（汪敏等，1994）。

对菌根的研究表明，菌根真菌与植物在长期的生物进化过程中形成了互利关系。菌根真菌从植物获得其生长所必需的糖类、维生素和氨基酸等；而菌根的形成可以明显改善植物对水分、营养物质的吸收，也大大增强了植物对根系病害、干旱、土壤温度变化等环境压力的抵抗能力。植物受到环境污染物的胁迫时，菌根真菌在缓解污染物的毒害作用方面具有重要作用。菌根真菌和其他微生物一样，能够降解、转化环境污染物，如多氯联苯、除草剂等有机污染物，而且能够吸收、富集环境中的金属等无机污染物，从而降低根际环境中污染物的浓度，减少了污染物进入植物体的机会（刘营等，1998）。植物的这种外部抗性作用越来越受到有关研究者的重视。

2. 动物对污染物的避性

动物对污染物的避性可以通过行为或生理的方式表现出来，动物具有排斥环境中的污染物，使其不能进入体内的机制。皮肤、毛发对污染物具有阻挡作用，但对于可以自由活动的动物来说，从行为上主动避开污染环境也许是一种更为有效的措施。许多动物对环境胁迫较为敏感，并具有逃避毒害的本能。

王振中等（1990）对湘江流域工业区的土壤动物群落研究表明，接近污染源和污染物质富集的农田，土壤动物的种类和数量减少，土壤动物密度与重金属元素 Hg、Cd、Zn、Cu、As、Pb 的浓度密切相关。一般说来，在没有受污染的自然土壤和耕作土壤中，土壤动物的垂直递减率非常明显；但是在污染区的土壤中，特别是受污染影响严重的土壤中则完全不同，垂直变化异常，出现逆分布现象。这种现象部分是因为污染物进入土壤后大多在表层滞留富集，土壤动物为避开污染环境而移到污染物浓度较低的下层土壤。

3. 微生物对污染物的避性

环境污染物存在时，微生物的各个部分都会受到不同程度的影响，而微生物则有避开污染物的能力，这取决于微生物的生理学、形态学和生态学特性。如真菌的孢子和硬膜一般比菌丝更耐污染，而细菌的内生孢子一般比植物更耐污染。这是因为污染物不容易透过孢子囊和硬膜进入细胞内。而在环境污染条件下，微生物种群和群落的分布会有所改变，从生态学角度避开污染的环境和污染物。

（1）形态学避性 有些微生物具有荚膜，它是污染物进入细胞内的最重要的屏障。生活于污染条件下、具有耐污性的微生物，其荚膜有增厚的趋势，这就使它们在形态学上能够避开对其生存和繁殖不利的环境污染物。朱南文等(1999)分离到 5 株耐农药甲胺磷的优势细菌,分属于葡萄球菌属(*Staphylococcus*)、节杆菌属(*Arthrobacter*)、黄杆菌属(*Flavobacterium*)和芽孢杆菌属(*Bacillus*)。这 5 株菌表面都覆盖有一层荚膜。这层荚膜客观上缓解了甲胺磷对细菌细胞的冲击,为该农药的穿透设置了障碍。

(2) 生理学避性 微生物在环境污染胁迫下,能够从体内分泌出某些具有络合或分解转化污染物能力的有机物质,使污染物的移动性降低或极性改变,从而不容易进入微生物体内;或者污染物在微生物分泌的胞外酶的作用下,在体外就被分解转化成无毒无害的物质。

沉淀作用:沉淀作用是指由微生物产生某些物质,该物质能够和溶液中的污染物发生化学反应,形成不溶性化合物的过程。例如生活在湖泊沉积物、沼泽地和缺氧土壤中的脱硫弧菌属和脱硫肠杆菌属(*Desulfotomaculum*)能够氧化有机物,还原硫酸盐生成硫化氢,硫化氢和金属反应,生成硫化物沉淀,使可溶性的金属从溶液中分离出来。此外,某些微生物细胞表面的磷酸脂酶能够裂解甘油 - 2 - 磷酸脂,产生能够沉淀可溶性金属(如镉、铅和铀)的 HPO_4^{2-}。

胞外络合作用:当微生物细胞产生某些物质并且分泌到胞外时,有些物质具有络合金属的能力。它们可以是螯合剂,例如铁末沉着体(siderophores)或者是能够连接污染物的胞外聚合物。这些胞外聚合物包括多糖、核酸和蛋白质,它们可以吸附可溶性的金属,使其不容易进入菌体。

(二) 生物对污染物的耐性

生物对污染物的耐性主要指生物通过结合钝化、代谢解毒、分室作用、排出体外等方式,使进入体内的污染物失去毒性。该部分内容在第四章已有详细分析,本章不再赘述。

二、生物抗性的指标

(一) 生长状况及繁殖力指标

污染条件下生物保持良好的生长状况及繁殖能力是其抗污染能力的最终体现,因此可以用生物受污染后的生物量变化、后代产生率及存活率等指标来表征该物种的抗污染能力。

(二) 生理生化指标

生物受污染后新陈代谢受抑制率、细胞膜透性大小、膜脂过氧化(membrane lipid peroxidation)状况(以丙二醛为指标)、活性氧(active oxygen)产生量、抗氧化系统(antioxidant system)(谷胱甘肽、抗坏血酸、超氧化物歧化酶、过氧化氢酶等)、细胞内渗透调节物质(如脯氨酸、脱落酸等)含量、细胞内污染物结合物质(类金属硫蛋白等)的含量。

(三) 细胞遗传学及分子生物学指标

染色体畸变率(chromosome aberration rate)、微核率(micronuclear rate)、DNA 损伤率(以 DNA 彗星为指标)、DNA - 蛋白质交联率、热激蛋白(heatshock protein)的诱导率等。

(四) 其他指标

植物的气孔构造、栅栏组织和海绵组织的比例、角质层和木栓层的厚度、根套的有无、植物根的分布特性、根分泌物及根际效应状况;动物的避污迁移能力;微生物的糖被(glycocalyx)、细胞壁的成分及其比例等。

三、抗性生物的筛选方法

抗性生物能够在污染环境中正常生长,具体的筛选方法有:

(1) 受污染环境中生物类群及其生长状况调查 一般说来,污染环境中的优势种都是抗性种,因此,可以通过调查受污染环境中的优势植物、动物和微生物种群,结合抗性指标评价其抗污染能力,在此基础上分级筛选抗性生物。

(2) 人工添加污染物试验 在实地调查的基础上,对生物进行人工污染物添加处理,分析生物在模拟条件下的抗性大小,进一步评定抗性等级。

(3) 微宇宙试验(microcosm tests) 是研究污染物在生物种群、群落、生态系统和生物圈水平上的生物效应的一种方法,又被称为模型生态系统法。通过构建人工或半人工的微宇宙,分析其中不同生物对污染物的抗性大小,从而筛选出抗性生物。该方法比野外调查法有更强的可控性,比人工添加污染物实验法更接近自然状况。

四、抗性生物运用的利弊分析

一般说来,生物对环境污染物的抗性对人类有利。抗性生物之所以能够在环境污染比较严重的地方正常生长繁殖,其中它们对环境污染物的富集和分解转化的能力起着重要作用。抗性生物的这种机制正在被人类用来治理环境污染物,微生物和植物的净化功能更应受到重视。事实上,大多数土壤生物(如蚯蚓)和水生动物也都具有净化环境的能力。不过,抗性强的生物不一定具有强的净化作用,如果拒绝吸收污染物是生物抗性机制的主要方面,那么这种生物则不具备较强的净化环境的能力。

同时,生物对环境污染物的抗性还给人类带来不利因素。生物的抗性对自身来说是一种适应机制,在环境污染日益严重的今天,生物只有通过各种途径提高生存和繁殖的机会,才能够保证物种的延续。但以人类为中心的价值观来衡量,生物的抗性并非都那么令人乐观。目前,杂草、害虫和病原微生物的抗药性是日益紧迫的世界性问题。早在 19 世纪末期,人们在试图利用人工防治杂草的同时,还使用化学药剂进行防治。最成功的例子是在 1942 年,2,4 - D 的发明和利用,开创了现代化学除草的新纪元。以它为母体,相继开发了一系列不同类型的除草剂品种,在杂草防除、提高农作物产量中发挥了巨大作用。

在长期连年使用同一种或同一类除草剂的条件下,对除草剂敏感的大量群体被杀死或生长繁殖受抑制,但另一些群体或同一群体中对除草剂具有抗性的突变个体却得到逐渐发展。除草剂的应用还可以诱导杂草对除草剂的抗药性。国外最著名的例子是玉米田连续十几年使用三氮苯类除草剂,使欧洲千里光(Senecio vulgaris)产生了抗药性。我国部分地区稻田连续使用禾草丹十年以上,部分地区的稗草对其产生了不同程度的抗药性(黄建中等,1995)。

杂草一旦出现抗药性,就必须增加除草剂的用量才能够达到除草的目的,而这不仅提高了农业生产的成本,而且加重了环境中的农药污染,降低了农产品的质量;或者开发威力更大的新型农药;但杂草对新型除草剂也会产生抗药性。这样一来,为了获得农作物的高产,人类不得不耗费大量的人力、物力和财力来对付农田杂草,并且不得不食用被农药污染过的农产品,同时忍受农药带来的环境污染。

农业害虫对杀虫剂的抗性、动植物病原菌对抗生素的抗性等现象所带来的危害也是同样巨大的。人体病原微生物的抗药性对人类的威胁还要更大,它直接关系到人类的健康,甚至生命。众所周知的艾滋病之所以久攻不克,就因为艾滋病毒对目前所知的一切抗生素具有抵抗力。

第二节 环境污染的生物监测与指示

一、生物监测与指示概述

(一) 生物监测与指示的概念及基本原理

利用生物进行环境污染监测,早在20世纪初就引起了生态学家的注意。我国很早以前就利用金丝雀、老鼠来监测地下矿区瓦斯的含量,也利用植物叶片受害症状的变化来监测大气中的污染物浓度;美国、英国等国家利用地衣的种类、数量、盖度来说明空气质量的变化;加拿大用地衣吸附的硫来反映二氧化硫的污染程度;美国根据紫露草雄蕊毛细胞的细胞遗传学特征对化学诱变剂进行监测。

生物监测(bio-monitoring)这一术语是在1977年4月由欧洲共同体(EEC)、世界卫生组织(WHO)、美国环境保护局(EPA)组织的"关于生物样品在评价人体接触污染物方面的应用"的国际会议上正式提出并给予的定义。指应用环境生物计量技术对生物个体、种群、群落实施的监测,主要监测环境污染所引起的生物反应,在此基础上利用生物反应特征来表征环境质量状况。简单地说,生物监测是"利用生物分子、细胞、组织器官、个体、种群和群落等各层次对环境污染程度所产生的反应来阐明环境状况,从生物学的角度为环境质量的监测和评价提供依据"。

生物监测是一种既经济、方便,又可靠准确的方法。实践证明,长期生长在污染环境中的抗性生物,能够忠实地"记录"污染的全过程,能够反映污染物的历史变迁,提供环境变迁的证据;而对污染物敏感的生物,其生理学和生态学的反应能够及时、灵敏地反映较低水平的环境污染,提供环境质量的现时信息。因此生物监测是利用生物对特定污染物的抗性或敏感性来综合地反映环境状况,这是任何物理、化学监测所不能比拟的。但有一点需要说明,生物监测并非可以取代物理、化学监测,而是作为重要的补充,生物监测能够弥补物理、化学监测的缺陷。如果没有物理、化学监测数据所提供的信息,生物的反应就不能准确地提供污染信息。

在生物监测的基本概念中,"指示生物(indicating organisms)"和"监测生物(monitoring

organisms)"是两个不同的概念。指示生物是指对环境中的污染物能产生各种定性反应,指示环境污染物的存在;而监测生物不仅能够反映污染物的存在,而且能够反映污染物的量。监测生物必然是指示生物,同时它还要回答环境中污染物多少的问题。

(二) 生物监测与指示的意义及优缺点

目前在环境监测中,一般采用各种仪器和化学分析手段。对污染物的种类和浓度可以比较快速而灵敏地分析测定出来,其中某些常规检验已经能够连续监测;但大部分测定项目或参数还需定期采样。因而只反映采样瞬时的污染物浓度,不能反映环境已经发生的变化。而生物监测是利用生物对环境污染所发出的各种信息作为判断环境污染状况的一种手段。生物长期生活在自然界中,不仅可反映多种因子污染的综合效应,而且还能反映环境污染的历史状况,故生物监测可弥补物理、化学监测方法的不足。

与理化监测相比,生物监测具有以下几个方面的优点:

1. 能够反映环境污染的综合效应

人类生产、生活所产生的污染物,成分极其复杂。理化监测只能获得各种成分的类别和含量,但不能确切说明对生物有机体的影响;而生物是接受综合作用,不仅仅是个别组分的影响,所以生物监测能反映环境诸因子、多组分综合作用的结果,能阐明整个环境的情况。对符合排放标准的污染物,其长期影响环境的后果更需要用生物监测来评价。

环境污染常常是多因子共同作用于环境而产生的复合污染。复合污染并不是各种污染物简单叠加的结果,而是一个机理极其复杂的物理、化学、生物变化的过程。理化监测的结果,往往只能分别反映不同污染物对环境的单独作用,难于反映多种污染物共同作用的结果。而生物监测所利用的生物个体、种群、群落在环境中所承受的影响是环境中各种污染因素协同作用的结果,因此能更真实、直接地反映环境污染的综合效应。例如,为了判断某工业区外围农田里的农作物是否受到工业废气的污染,人们可以采用物理和(或)化学监测手段监测当地空气中各种污染物的浓度,并与保护农作物的空气质量标准进行比较而得出结论,但远不如直接利用农作物本身进行监测来得更真实和准确。

2. 能够反映环境污染的累积效应

在生物的生命周期内,环境污染对生物的作用是连续的、长期的,因此生物监测能够反映一定时期内环境污染的累积效应。而理化监测往往很难做到这一点。例如,某地城郊农作物中铅的含量超标,而土壤、农灌用水和空气中铅的含量都不高,调查后发现,附近原先有一家大型铜冶炼厂,后来因为污染而搬迁。植物体内的铅含量,实际反映出当地一定历史时期内环境污染的累积效应。

3. 具有连续监测的特点

理化监测结果往往只能反映当时当地的污染状况,而生物监测可以连续反映生物生命周期内当地环境污染状况的变化。通过观察树的年轮,人们可以了解以往若干年内气候和污染物含量的变化。

4. 具有经济性特点

与理化监测相比,生物监测无需复杂的仪器设备和大量的实验室分析工作,相对而言,比较简单易行,因而具有成本低的特点。

生物监测尽管具有上述优点,但也存在着定量困难、灵敏度低、选择性不强、时效性差等缺点。因此,生物监测并不能够替代理化监测,实践中往往结合使用。

(三) 生物监测与指示方法的类型

目前,生物监测已经从传统的生物种类、数量和行为的描述发展到现代化的自动分析,从单纯的生态学方法扩展到与生理、生化、毒理学和生物体残留量分析等领域相结合的研究。生物监测与指示的基本方法包括以下几个方面:通过测定生物体内污染物的含量判定环境质量;通过观察生物在环境中受伤害现象判定环境质量;通过测定生物在环境中的生理生化反应判定环境质量;通过测定环境中生物群落结构和种类变化判断环境质量。

从生物学层次来分,主要包括生态监测(生物群落和生物种群监测)、生物个体监测(生物测试,包括急性毒性测定、亚急性毒性测定和慢性毒性测定)、生理生化指标测定、分子生态指标监测、污染物残留量监测、细菌学监测、急性毒性试验以及致突变物监测等几个方面。生物群落是通过野外现场调查和室内研究找出各种环境中的指示生物(特有种与敏感种)受污染所造成的群落结构特征的变化,并用群落结构特征变化反过来表征环境质量状况;生物残毒监测是依据生物对污染物有一定的积累能力,通过测定污染物在生物体中的富集数量来监测环境污染的程度。而水域在未污染的情况下细菌数量较少,当水体遭到污染后细菌数量相应增加,细菌总数越多说明污染越严重,因此细菌学监测是一种很好的生物监测方法(吴邦灿等,1999)。

从生物的分类法来分,主要包括动物监测(以动物为监测生物)、植物监测(以植物为监测生物)和微生物监测(以微生物为监测生物)。由于主要环境介质(大气、水体、土壤)的污染特性不同,生活于其中的生物类群也各不相同,因此按监测对象,生物监测也可以分为三类:空气和废气生物监测、水和废水生物监测、土壤和固体废弃物生物监测。

二、大气污染的生物监测与指示

大气是生物赖以生存的必要条件之一。当大气受到污染时,生物会不同程度地作出反应,如某些动物的生病、死亡或成群迁移;植物叶片的变色、脱落或枯死等;微生物种类和数量的变化等。因此,可以利用生物对大气污染的这些异常反应监测大气中有害物质的成分和含量,了解大气质量状况,这就是大气污染的生物监测。

大气中污染物多种多样,有 SO_2、HF、O_3、NO_x、Cl_2 粉尘、重金属等。不同的生物对它们的敏感性不同,反应也不一样,因此不同的大气污染物有不同的监测生物。

(一) 大气中主要的污染物及其植物监测与指示

有些植物对大气污染的反应极为敏感,在污染物达到人和动物的受害浓度之前,它们就显示出可觉察的受害症状,例如紫花苜蓿在二氧化硫含量达到 0.3 mg/L 时就有明显反应;贴梗海棠在 0.5 mg/L 的臭氧下暴露半小时就会受到伤害;香石竹、番茄在 0.1~0.5 mg/L 乙烯影响下,几小时花萼就会发生异常变异;唐菖蒲的敏感品种'白雪公主'经 0.1 μg/L 的氟化氢作用 5 周后,会出现慢性受害症状。这些敏感生物的生存状况可以反映其生存介质的环境质量,用来监测环境。植物还能够将污染物或其代谢产物富集在体内,分析植物体的化学成分并可确定其含量。另外,环境污染除了对生物个体产生影响外,还在种群、群落层次上影响生物的组成和分布。因此,生物的种类区系变化也可以用于监测环境。同时,植物本身的不可移动性、便于管理等特征,使它成为重要的大气污染监测生物。

值得一提的是,苔藓类植物早在20世纪50年代就被用来检测工厂氟的排放状况。从20世纪60年代开始,通过实验室及野外熏蒸实验,地衣被用来研究空气污染物(如SO_2、NO_2、HF、或O_3)对植物的影响。20世纪90年代以来,为了了解大气污染物对植物的影响及植物在生物监测中的应用,很多学者研究了不同种类的植物(如小麦、大麦、玉米或烟草)对大气污染物的响应。20世纪80年代开始,苔藓被用来监测有机污染物的沉降量,其中早期的大部分研究主要关注有机氯化合物(如杀虫剂或多氯联苯)。随着研究的深入,在后期的工作中,地衣及苔藓均被用来监测大气中的多环芳烃(Bert Wolterbeek,2002)。

由于地衣对重金属有较强的抗性而能够在体内积累较多的微量元素,因此地衣被广泛用作监测生物;另一方面,由于地衣对有毒气体较为敏感,它们也被用作空气污染的指示生物。而在以地衣为材料的生物监测技术中,地衣的生物多样性指标是应用最为广泛的(Giordani等,2002)。

1. 光化学氧化剂(光化学烟雾)

臭氧、过氧酰基硝酸酯类和氮氧化物统称为光化学氧化剂,又称为光化学烟雾(photochemical smog)。

(1)臭氧(O_3) 臭氧是一种气态的次生大气污染物,是氮氧化物在阳光照射下发生复杂反应的产物。它具有很强的生物毒性。

植物与其周围环境进行正常的气体交换时,O_3就经气孔进入植物叶片内,诱发一系列的污染伤害症状,许多叶片会呈现大片浅赤褐色或古铜色,并导致叶片褪绿、衰老和脱落。这些症状的特征取决于植物的类型和品种、污染物的浓度、暴露的时间等多方面的因素。

植物受臭氧急性伤害后出现的初始典型症状为:叶片上散布细密点状斑,几乎是均匀地分布在整个叶片上,并且其形状、大小也比较规则、一致,颜色呈棕色或黄褐色。O_3伤害植物的一个共同特征,人们称之为"点斑",这种斑点呈银灰色或褐色,随着叶龄的增长逐渐脱色,变成黄褐色或白色。这些斑点还会连成一片,变成大片的块斑(blotch),致使叶片褪绿或脱落。点斑通常是急性伤害的一个标志。针叶树对O_3的反应有所不同,先是针叶的尖部变红,然后变为褐色,进而褪为灰色,针叶上会出现一些孤立的黄斑或斑迹(mottling)。

关于O_3的监测植物及典型症状如表5-3所示。

表5-3 O_3的监测植物及其典型症状

监测植物	典型症状	监测植物	典型症状
美国白蜡	白色刻斑、紫铜色	松树	烧尖、针叶呈杂色斑
菜豆	古铜色、褪绿	马铃薯	灰色金属状斑点
黄瓜	白色刻斑	菠菜	灰白色斑点
葡萄	赤褐色至黑色刻斑	烟草	浅灰色斑点
牵牛花	褐色斑点、褪绿	西瓜	灰色金属状斑点
洋葱	白色斑点、尖部漂白		

(曼宁、费德尔著,黄楚豫、王瑞金译,1987)

(2) 过氧酰基硝酸酯类 包括过氧乙酰硝酸酯(PAN)、过氧丙酰硝酸酯(PPN)、过氧丁基硝酸酯(PBN)、过氧异丁基硝酸酯(PisoBN)。其中含量最高、毒性最强的为 PAN。它是一种次生污染物,是烃在阳光照射下发生复杂反应的产物。

PAN 诱发的早期症状是在叶背面出现水渍状或亮斑,随着伤害的加剧,气孔附近的海绵叶肉细胞崩溃并为气窝(air pocket)取代。结果使受害叶片的叶背面呈银灰色,两三天后变为褐色。PAN 诱发的一个最重要的受害症状是出现"伤带"(banding)。这些症状出现于对 PAN 敏感的最幼嫩的叶片的叶尖上(与 O_3 伤害成熟叶的情形恰恰相反),随着叶片组织的逐渐生长和成熟,受害的部分就表现为许多伤带。

用于监测 PAN 的植物有:长叶莴苣(*Lactuca sativa*)、瑞士甜菜(*Beta chilensis*)以及一年生早熟禾(*Poa annua*)。这些草本植物的叶片对 PAN 敏感,但对 O_3 却表现出相当强的抗性。

2. 二氧化硫(SO_2)

SO_2 是一种众所周知的大气污染物,除了自身的毒性外,它还是形成酸雨的主要物质之一。目前空气中的 SO_2 污染主要来源于含硫燃料(如煤)的燃烧。

植物受二氧化硫伤害后出现的初始典型症状为:微微失去膨压,失去原来光泽,出现呈暗绿色的水渍状斑点,叶面微微有水渗出并起皱。这几种症状可以单独出现,也可能同时出现。随着时间推移,症状继续发展,成为比较明显的失绿斑,呈灰绿色,然后逐渐失水干枯,直至出现显著的坏死斑。坏死斑颜色有深(黄褐色、红棕色、深褐色、黑色)有浅(灰白色、象牙色、灰黄色、淡灰色),但以浅色为主。阔叶植物中典型急性中毒症状是叶脉间有不规则的坏死斑,伤害严重时,点斑发展成为条状、块斑,坏死组织和健康组织之间有一失绿过渡带。单子叶植物在平行叶脉之间出现斑点状或条状的坏死区。针叶植物受二氧化硫伤害首先从针叶尖端开始,逐渐向下发展,呈红棕色或褐色。这些症状可以作为二氧化硫污染的证据。

监测二氧化硫的植物有一年生早熟(*Poa pratensis*)、芥菜(*Brassica juncea*)、堇菜(*Viola*)、百日草(*Zinnia elegans*)、欧洲蕨(*Pteridium aquilinum*)、苹果树(*Malus*)、颤杨(*Populus tremuloides*)、美国白蜡树(*Fraxinus americana*)、欧洲白桦(*Betula pendula*)、紫花苜蓿(*Medicago sativa*)、大麦(*Hordeum vnlgare*)、荞麦(*Fagopyrum esculentum*)、南瓜、美洲五针松(*Pinus strobus*)、加拿大短叶松(*Pinus banksiana*)、挪威云杉(*Picea abies*),以及苔藓和地衣等。

3. 氟化物

大气中的氟化物以气态氟化氢(HF)、颗粒态或以气态形式吸附在其他颗粒物上等 3 种形态存在,其中以 HF 的毒性最大,它产生于铝等冶炼工业排放的废气。

氟化氢对阔叶植物的伤害症状,一般是叶缘或叶片顶部出现坏死区,坏死区有明显的有色边缘。这种坏死的组织可能发生分离,甚至脱落,但通常情况下叶子并不脱落。受害组织与正常组织之间有明显的分界。在针叶树中,氟化氢导致的组织坏死,首先从当年的针叶的叶尖开始,然后逐渐向针叶基部蔓延。被伤害的部分逐渐由绿色变为黄色,再变为赤褐色。严重枯焦的针叶则发生脱落。新长出的幼叶对氟化氢敏感,而比较老的叶片则不易被伤害。

监测氟化氢的植物有杏树(*Prunus armeniaca*)、北美黄杉(*Pseudotsuga menziesii*)、美国黄松(*Pinus ponderosa*)、唐菖蒲(*Gladiolus gandavensis*)、小苍兰(*Freesia refracta*)以及地

衣等。

4. 乙烯

乙烯(C_2H_4)本是植物生成的一种天然的植物激素,具有重要的生理功能。目前它已经成为大气中的一种重要污染物,机动车辆排放的气体是它的初生源。

C_2H_4对植物的影响,一般是影响植物的生长及花和果实的发育,并且加速植物组织的老化。监测C_2H_4的植物通常有兰花(*Cattleya* spp.)、麝香石竹(*Dianthus caryophyllus*)、黄瓜(*Cucumis sativus*)、西红柿(*Lycopersicon esculentum*)、万寿菊(*Tagetes erecta*)、美国皂荚(*Gleditsia triacanthos*)等。

(二) 大气污染的动物监测与指示

利用动物监测大气污染虽不及植物那么普遍,但也能够起到指示、监测环境的作用。事实上,利用生物监测环境污染是从动物开始的。人们很早就懂得用金丝雀、金翅雀、老鼠、鸡等动物的异常反应(不安,甚至死亡)来探测矿井里的瓦斯毒气;利用对氰氢酸特别敏感的鹦鹉来监测用氰氧化物为原料的制药车间空气中氰氢酸的含量,以此确保工人的生命安全。美国的多诺拉事件调查表明,金丝雀对SO_2最敏感,其次是狗,再次是家禽;日本有人利用鸟类与昆虫的分布来反映大气质量的变化;利用鸟类羽毛、骨骼中的重金属含量来监测大气中重金属的污染物及污染程度。

蜜蜂是大气污染最理想的监测动物。早在19世纪末就有科学家通过分析死蜂发现蜜蜂受到砷、氟化物、铅、汞等的污染。1960年加利福尼亚大学的科学家发现臭氧、氟化物缩短了蜜蜂的寿命。1970年初,北美和欧洲的科学家开始利用蜜蜂监测大气污染水平,评价大气环境质量。保加利亚一些矿区也用蜜蜂来监测金属污染物在大气中的浓度。一个蜂巢有5万只以上的蜜蜂,这群蜜蜂可以在6.5 km²以上的范围内觅食,每天要在数百万株植物上停留、采花蜜,大气污染物会随着花粉、花蜜带回蜂巢,只要分析花粉、花蜜和蜂体就能够了解污染物种类及污染水平。

一个区域中动物种群数量的变化也可监测该地大气污染状况。如一些大型哺乳类、鸟类、昆虫等,特别是对大气污染敏感的种类数量的变化能够说明问题。如果发现上述动物迁离,不易直接接触污染物的潜叶性昆虫、虫瘿昆虫、体表有蜡质的蚧类等数量增加,说明该地区大气污染严重,环境恶化。

(三) 大气污染的微生物监测与指示

空气中没有微生物可利用的营养物质,它不是微生物生长繁殖的天然环境。因此,空气中没有固定的微生物种群,它主要是通过土壤尘埃、水滴、人和动物体表的干燥脱落物、呼吸道的排泄物等方式被带入空气中。凡是尘埃多的空气,其中的微生物也多。因此,可利用大气微生物种类数量及其分布来监测大气环境质量。

目前,对空气环境中污染微生物的采集和测定常用的方法有撞击法(impacting method)和自然沉降法(natural sinking method)两种。由于室外空气流动性大,不易对其制定空气微生物污染评价标准,现有的评价标准大多是针对室内空气微生物污染情况的。以国内多年科研和现场调查成果为基础,结合我国国情制定出室内空气中细菌总数标准值的检验方法,适用于室内空气监测和评价,其他室内场所可参照执行。该标准规定室内空气中细菌总数,撞击法≤4 000 cfu/m³,沉降法≤45cfu/皿。

周大石等(1994)研究了沈阳市大气微生物区系分布与环境质量的关系,发现郊区大气中细菌数量明显少于市区。大气微生物数量随人群和车辆流动的增加而增多,沈阳市繁华的中街微生物数量最多,其次是交通路口,居民小区;郊区东陵公园和农村大气中微生物数量最少。结果显示沈阳市区大气污染严重,绝大部分市区均达到了严重污染界限[菌落个数/平皿(9 cm)>301个],尤其是繁华的商业区、交通路口大气污染更为严重;郊区大气没受污染[菌落个数/平皿(9 cm)<150个]。

另外,许多大气污染物具有杀菌作用,能够改变微生物的种类区系及活性,改变微生物的数量、分布特征、代谢活动、致病性及其他生理功能。借助对这些特征的调查和比较可以估计当地的空气污染情况。

硫是一种非常有效的杀菌剂。在 SO_2 污染严重的地区,柱锈菌属(*Cronartium*)、鞘锈菌属(*Coleosporium*)、栅锈菌属(*Melampsora*)、皮孢锈菌属(*Peridermium*)、膨痂锈菌属(*Paccini-astrum*)、散斑壳属(*Lophodermium*)、皮下盘菌属(*Hypoderma*)、小皮下盘菌属(*Hypodermella*)的锈病和叶斑病真菌,根本不存在或受到抑制。在 SO_2 对植物仅仅造成中度伤害的地区,许多病害的发展也受到了抑制。

黑痣病是几种槭树常见的病害。它对 SO_2 有抗性,因此槭树上黑痣病的严重程度与相应的 SO_2 年平均浓度相关。通过调查槭树上黑痣病的发病率,与已知的基准进行对比分析,就可了解当年 SO_2 的年平均浓度(曼宁等,1987)。

三、水体污染的生物监测与指示

水体中的污染物十分复杂,工业废水中所含有毒物数量大、种类多。其中主要有:洗涤剂、染料、酚类物质、油类物质、重金属、放射性物质以及一些富营养化物质如氮、磷等。现有的水质污染综合指标,即 BOD、COD、TOD、DO 等化学监测只能检测出某一指标,并不能反映出多种毒物的综合影响。测定结果不能说明其对生物界和人类的危害程度。而利用生物监测能够避免这一弊端。

生物监测可以利用水生生物及早警报水体中存在的有毒物质。20世纪60年代,就有人把鱼放在流动的水或废水中,用肉眼观察鱼的受害症状或死亡率(凯恩斯等,1989)。后来的研究又发展出植物和微生物监测系统。

在用生物方法进行水体监测时,可以用鱼、原生动物、水生植物或微生物作为监测生物。

(一) 水污染的植物监测与指示

在水体污染的情况下,不仅水的物理和化学性质有所变化,而且水中的生物种类组成和数量及特征也将发生变化。因此水生植被的组成变化可以用来监测水体健康状况。以浮游植物为例,在水体受到污染时,种类和数量会明显减少,而且耐污染的种类也将出现。若对它们的特点进行调查研究,就可以对水体污染程度作出判断。

以滇池为例,水生植被与水体污染程度的关系如下:

(1) 严重污染　各种高等沉水植物全部死亡。

(2) 中等污染　敏感植物,如海菜花、轮藻、石龙尾等消失,篦齿眼子菜等敏感植物稀少,抗性强的如红线草、狐尾藻等相当繁茂。

(3) 轻度污染　敏感植物,如海菜花、轮藻等渐趋消失,中等敏感植物和抗污植物均有生长。

(4) 无污染　轮藻生长茂盛,海菜花生长正常。上述各类植物均能够正常生长。

从上述结果可以看出,海菜花、轮藻等敏感植物可以用作监测植物。

赵彦霞等(1993)对太子河本溪河段 5 个断面(从上游到下游依次为:橡皮坝、牛心台、大峪、二焦化、白石砬子)及主要 4 个排污沟(溪湖、平山、崔东、千金沟)进行了浮游植物调查,结果以 Shannon-Wiener 指数(H')、Margalef 指数(d)、McNaugjton 指数(D_2)和 Loloyd-Ghelardi 指数(e)分析群落的生物学特征,并综合浮游植物群落特征和指示生物等指标对太子河本溪河段各段水质污染作出评价。

5 个断面共采到浮游植物 19 属,其中橡皮坝采到浮游植物 11 属(绿藻 2 属、甲藻 1 属、硅藻 8 属),可见该河段硅藻类占有绝对优势,耐污性的蓝藻类未见到。群落多样性指数(H')高,种丰度指数(d)高,优势种不明显,表明该断面浮游植物群落未受到不良影响,水质状况良好。

牛心台河段采到浮游植物 12 属(绿藻 2 属、裸藻 1 属、甲藻 1 属、硅藻 8 属),藻类个体数量为橡皮坝同期数量的 2 倍,耐有机污染的裸藻属在此出现,而清洁敏感种类如扇行藻、角甲藻等也占有一定优势。群落的多样性指数(H')值较低,种类优势度提高,第一、二优势种曲壳藻、针杆藻对有机污染具有一定的耐受性。群落种丰度指数(d)和均匀度指数(e)较高,表明该河段浮游植物群落受到一定的不良影响,水质受到一定程度的污染。

大峪断面采到浮游植物 13 属(硅藻 8 属、绿藻 2 属、裸藻 1 属、甲藻 1 属、蓝藻门的平列藻 1 属),居各断面之首,个体数量极丰富,平均达 108 820 个/L,优势不明显,均匀度较高,表明此段水质得到恢复。

二焦化河段采到浮游植物 3 属,不但藻类种类稀少,而且以耐污性蓝藻类为主,其个体数占总个体数的 70%,该河段的浮游植物形成了典型的多污带代表群落。群落多样性指数(H')、种丰度指数(d)、均匀度指数(e)都很低,种类优势度指数(D_2)很高,种类组成极为单调,以耐污性强的种类构成群落的主要成分,表明该河段水质受到严重污染。

白石砬子河段采到浮游植物 6 属(硅藻 4 属、蓝藻 2 属),蓝藻在群落中频度减少,舟形藻成为优势种类。群落多样性指数(H')、种丰度指数(d)、均匀度指数(e)都明显提高,种类优势度指数(D_2)下降,浮游植物群落呈现恢复其自然群落的趋势,说明污染程度减低,水质有所好转。

从以上各断面的藻类种群组成和数量分布可见,上游河段水质较好,藻类种类多、密度大,种群中寡污性种类多,耐污性种类较少;而下游水质污染严重,浮游植物种类减少,清洁种类显著减少以至消失,被耐污性种类所取代;离开市区后,水质通过自净而转好,藻类种类和数量回升,硅藻数量增加。

4 个主要排污沟的浮游植物种类稀少而单调,以耐污性种类为优势,说明水质受到严重污染。

以上结果反映了藻类群落与水体污染之间良好的相关关系,说明浮游植物群落的变化在一定程度上可以指示水体受污染的程度。

(二) 水污染的动物监测与指示

水污染指示生物一般采用底栖动物中的环节动物、软体动物、固着生活的甲壳动物以及水生昆虫等。它们个体大，在水中相对位移小、生命周期较长，能够反映环境污染特点，已经成为水体污染指示生物的重要研究对象。例如，颤蚓类普遍出现于污染水体中，特别在严重有机污染水体中数量多、种类单纯，其中以霍甫水丝蚓或颤蚓最为常见。可以用单位面积颤蚓数作为水体污染程度的指标，如：

颤蚓类 <100 条$/m^2$（扁蜉幼虫 >100 条$/m^2$）为未污染；颤蚓类 $100\sim999$ 条$/m^2$ 属轻污染；颤蚓类 $1\,000\sim5\,000$ 条$/m^2$ 属中污染；颤蚓类 $>5\,000$ 条$/m^2$ 属严重污染。

耐有机污染种类常常也是对有毒物质抗性较强的种类，在工业严重污染的水体中颤蚓类也能够大量发展，而且种类比较单纯。

水蛭也是一种相当耐污染的无脊椎动物，有些种类只在富含有机物的水域中生活。在有机污染的地方，水蛭数量可以多达惊人的地步。如 1925 年美国伊利诺斯河有机污染后，每平方米的水蛭数量达到 29 107 条，每公顷达 2 800 kg。水蛭对铅、铜和 DDT 等农药的忍耐能力也很强。此外，昆明滇池的尾鳃蚓绿眼虫、枝眼虫可以作为污染水体指示动物。

由于水体污染日益严重，鱼类大量死亡，数量急剧下降，因此，鱼类可作为水体污染的监测生物。鱼类的呼吸系统是鱼体与水环境之间联系最广的界面，因此鱼的呼吸系统是受污染物影响最敏感的系统。因此可利用污染物对鱼类毒害前后呼吸频率的变化来判断污染物的毒性大小和污染程度。

在用鱼来监测水体污染的方法中，监测参数包括咳嗽反应、耗氧量、运动类型、回避反应、趋流性、游泳耐力、心跳速率和血液成分等。例如，鱼鳃组织很细嫩，所以对水中的污染物反应敏感。

(三) 水污染的微生物监测与指示

有机污染物是微生物的良好生长物质，水体内有机质的含量高，则微生物的数量大。一般在清洁湖泊、池塘、水库和河流中，有机质含量少，微生物也很少，每毫升水中含有几十至几百个细菌，并以自养型为主，常见的种类有硫细菌、铁细菌、鞘杆菌（*Calymmato bacterium*）和含有光合色素的绿硫细菌、紫色细菌以及蓝细菌；另外还有无色杆菌属（*Achromobacter*）、有色杆菌属（*Chromobacter*）和微球菌属（*Micrococcus*）等细菌，它们通常被认为是清洁水体中的微生物类群。在有机质较丰富的水体中，微生物也较多，常见的种类有假单胞菌属、柄杆菌属（*Caulobacter*）、噬纤维菌属（*Cytophaga*）、着色菌属（*Chromatium*）、绿菌属（*Chlorobium*）、脱硫弧菌属、甲烷杆菌属（*Methanobacterium*）、甲烷球菌属（*Methanococcus*）中的种类及一些鞘细菌。在停滞的池塘水、污染的江河水以及下水道的沟水中，有机质含量高，微生物的种类和数量都很多，每毫升可达几千万至几亿个，其中以抗性强、能分解各种有机物的一些腐生型细菌、真菌为主。常见的细菌有变形杆菌（*Bacillus proteus*）、大肠杆菌（*B. coli*）、粪链球菌（*Streptococcus faecalis*）、合生孢梭菌（*Clostridium sporogenes*）等以及各种芽孢杆菌、弧菌（*Vibrio* sp.）、螺菌（*Spirillum* sp.）等。真菌以水生藻状菌为主，另外还有大量的酵母菌。

在各种水体，特别是污染水体中存在大量的有机物质，适于各种微生物的生长；天然水体被污染后,除了其中所含的某些化学物质直接或间接对其他生物产生不良影响外,也同时影响着水中各种微生物的变化,并给其他生物带来危害。因此,在水体中生长的细菌菌落总数可以反映水域被有机污染物污染的程度,细菌总数愈多,说明污染越严重。大肠菌群是一群需氧及兼性厌氧细菌,能够作为水体被粪便污染的指标。

运用细菌作为环境变化的指标,有两种基本方法:一是调查种类组成、优势种以及依赖于环境特性而存在的特定细菌及其数量;二是研究细菌群落的现存量、生产力同环境的关系。细菌的现存量一般是根据细菌数量的测定,也可采用换算系数将细菌数量变为重量,由菌数换算为干重的系数为:10^6 MPN/mL = 50 mg/m^3。细菌数量的测定方法有两种:一是通过镜检记数;二是通过培养测定异养细菌的活菌数。

在实践中常用细菌总数法及水体污染指示菌法来检测水体受污染的程度。细菌总数法是细菌学检验法的一种主要方法,它是指 1 ml 水样在普通牛肉膏白胨培养基上,于 37 ℃ 经 24 h 培养后所生长的细菌菌落的总数。细菌总数主要是用来反映水体被有机物污染程度,因而可以为生活饮用水的卫生学评价提供依据。一般开放水域在未受污染的情况下细菌数量较少,如果发现细菌总数增多,即表示水域可能受到有机物的污染,细菌总数越多,说明污染越严重。河流污染程度与细菌总数的关系如表 5 - 4 所示。

表 5 - 4 河流污染程度与细菌总数对照

污染程度	细菌总数	污染程度	细菌总数
重污染河段	$>10^6$	轻污染河段	$<10^5$
中污染河段	$<10^6$	未污染河段	$<10^2$

(马放等,2003)

水体中的致病性微生物一般并不是水中原有微生物,大部分是从外界环境污染而来,如来源于土壤,以及人类或动物的排泄物。水中常见的致病性细菌主要包括:志贺氏菌、沙门氏菌、大肠杆菌、小肠结炎耶尔森氏菌、霍乱弧菌、副溶血性弧菌等。直接检测各种病原菌十分繁琐和耗时耗费,在实际操作过程中,无法对各种可能存在的致病微生物一一进行检测。一般利用对指示菌的检测和控制,来了解水体是否受到过人、畜粪便的污染,是否有肠道病原微生物存在的可能。因而对水环境中污染微生物的测定及评价主要是对指示菌的测定及评价。在水质卫生学检查中,也通常采用易检出的肠道细菌作为指示菌,取代对病原菌的直接检测。粪便污染指示菌的存在,是水体受过粪便污染的指标。若水样中检出这类指示菌,即认为水体曾受粪便污染,有可能存在致病菌。检测到的指示菌越多,污染越严重。人粪内的大肠菌群细菌,是一项行之有效的水质污染的生物学监测指标。而且,大肠菌群细菌在水中存活的时间、对消毒剂和水体中不良因素的抵抗力等都与病原菌相似。再者,检测大肠菌群方法比较简易。目前,世界各国一般认为大肠菌群是指示水质受粪便污染的较好指示菌。我国水质控制也采用大肠菌群作为指示菌来评价水的卫生质量。

四、土壤污染的生物监测与指示

土壤中的污染物质主要有重金属、农药、化肥、洗涤剂等。生活在污染土壤上的生物,其生活力、代谢特点、行为方式、种类组成、数量分布、体内污染物及其代谢产物含量等均不同程度地受到污染物的影响,因此土壤生物的这些特征变化可以用来监测土壤污染的成分和浓度。

(一) 土壤污染的植物监测与指示

通过利用一些对特定污染物较为敏感的植物,以此作为土壤污染物的预测和监测指示。一般来说,指示植物主要起到预警作用。目前用于大气、水体污染物监测的植物种类较丰富,而用于土壤监测的植物种相对较少。国外在20世纪60、70年代对土壤重金属污染指示的野生和栽培植物研究很多(表5-5)。其他土壤污染物的指示植物筛选还有待于进一步充实和完善。

表5-5 土壤重金属污染的监测植物

种	科	金属	地点
Gypsopila patrini	马齿苋科	Cu	美国
Polueraea spirostylis	马齿苋科	Cu	澳大利亚
Acrocephalus robertir	唇形科	Cu	加丹加
Elshotzia haichowensis	唇形科	Cu	中国
Ocimum homblei	唇形科	Cu	罗德西亚
Merceya latifoli	苔藓类	Cu	瑞典和加拿大
Eschsholtzia mexicana	罂粟科	Cu	美国
Tephvosia sp.	豆科	Cu	澳大利亚
Polycarpaea glabra	马齿苋科	Cu	澳大利亚
Bulabostylis barbata	莎草科	Cu	澳大利亚
Fimbristylis sp.	莎草科	Cu	澳大利亚
Loudetia simplex	禾本科	Cu	罗德西亚
Erianthus giganteus	禾本科	Pb	美国
Tephrosia sp.	豆科	Pb、Zn	澳大利亚
Polycarpeae synandra	马齿苋科	Pb、Zn	澳大利亚
Tephrosia affinpolyzyga	豆科	Pb、Zn	澳大利亚
Gomphrena canescens	苋科	Pb、Zn	澳大利亚
Erigomum ovalifolium	蓼科	Ag	美国
Viola calaminaria	堇菜科	Zn	比利时和德国
Philadelphus sp.	虎耳草科	Zn	美国

(王焕校,1990)

(二) 土壤污染的动物监测与指示

土壤动物是反映环境变化的敏感指示生物,当某些环境因素的变化发展到一定限度时即会影响到土壤动物的繁衍和生存,甚至死亡。研究表明在重金属污染的土壤中土壤动物种类数量随污染程度的减轻而逐渐增加,并且与重金属的浓度具有显著的负相关。

农药对蚯蚓有很强的毒性,低剂量农药即可引起蚯蚓数量的减少(Fred,1992);有机磷农药废水污染区土壤动物调查表明,土壤动物种类和个体数随污染程度的增加而明显减少,群落结构发生显著变化(王振中等,1996)。

李忠武等(1999)研究了敌敌畏对土壤动物群落的影响,结果表明,土壤动物的种类和个体数均随敌敌畏农药的增加而呈明显的递减趋势,群落多样性指数随浓度升高而递减。从种类来看,共获得 76 属土壤动物,其中在低浓度时有 53 属,而在高浓度时仅有 26 属,表现出一定的递减趋势;而从土壤动物的个体数量来看,随着各处理浓度的升高,土壤动物个体数和密度均显著降低。以各个浓度梯度的自然对数($\ln C$)作为横坐标,以各浓度土壤动物捕获量为纵坐标,对浓度和个体数的关系进行回归分析,显示二者呈高度负相关($r = 0.9755$),如图 5-1 所示。

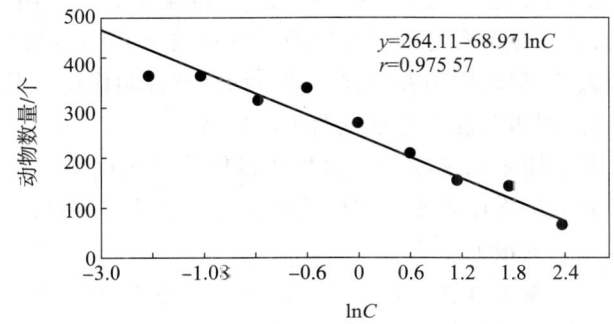

图 5-1 土壤动物数量与敌敌畏农药浓度的关系(李忠武,1999)

敌敌畏对各种土壤动物的影响有明显差异,在所捕获的类群中,蜱螨类(*Acarina*)和弹尾类(*Collembola*)为优势类群,两大优势类群分别占土壤动物全捕量的 63.3% 和 15.7%,合计达 79%。甲螨是蜱螨类中的优势类群,甲螨指数(甲螨数与蜱螨数之比)是衡量蜱螨类中甲螨丰度的一个指标,它表现出随浓度升高而递增的趋势;但甲螨中的一些种类(缝甲螨属、沙甲螨属、隐奥甲螨属、罗甲螨属)则随敌敌畏浓度的升高而递减。因此,甲螨指数及甲螨中的一些特殊类群可作为农药污染的监测生物(陈国定等,1991)。与蜱螨类相比,弹尾类对敌敌畏更为敏感,随浓度上升,其种类和个体数量递减的趋势更为明显。

土壤优势动物中的蜱螨类和弹尾类的种类、个体数量变化在一定程度上反映了土壤被敌敌畏污染的程度,因此可以利用这 2 个优势类群群落结构的变化来监测农药污染的情况。

土壤中的大型动物蚯蚓对敌敌畏很敏感,在农药洒入培养缸的瞬间,即发现蚯蚓剧烈弹跳,隐伏在土层中的蚯蚓也纷纷涌出土面,浓度越大,蚯蚓的反应越剧烈,6 h 后某些蚯蚓个体环带区有充血肿胀现象,12 h 后,蚯蚓呈现暗红色,活动能力大大减弱,甚至呈现麻痹、组织溃疡等病变,直至死亡。在高浓度时,24 h 后已有大部分蚯蚓死亡,36 h 已没有活体。实验表明:蚯蚓对敌敌畏农药污染极为敏感,可以用来作为农药污染的监测生物。

(三) 土壤污染的微生物监测与指示

工农业生产产生的废弃物对土壤的污染导致了土壤微生物数量组成和种群组成的改变。污染物进入土壤后首先受害的是土壤微生物,许多土壤微生物对土壤中重金属、农药等污染物含量的稍许提高就会表现出明显的不良反应。通过测定污染物进入土壤系统前后的微生物种类、数量、生长状况、生理生化变化等特征就可监测土壤污染的程度。

土壤微生物数量的改变与自身的耐药性有关,对农药有耐受性的微生物增加了,而敏感的却减少了,因此使用农药的结果使土壤微生物群落趋于单一化。受五氯硝基苯污染的土壤中,敏感种减少了,具有耐受性的长蠕孢菌增殖并占据了主导地位;受五氯酚污染的土壤中能够找到的菌种是具有耐受性的6种假单胞菌属细菌;受三氯乙酸或代森锰污染的土壤,真菌中只剩下青霉和曲霉。

不同农药引起微生物数量变化的情况是不完全相同的。例如,用5 mg/L甲拌磷或特丁甲拌磷处理能使土壤细菌数增加,而用椒菊酯处理则使细菌数减少;同一种农药对不同类群微生物的影响也不完全一致,如用3 mg/L二嗪农处理180 d后,细菌和真菌数没有改变,而放线菌增加了300倍;用4 mg/L阿拉特津处理,细菌总数与对照相比没有明显差异,但固氮菌增加了1倍,反硝化菌和纤维素分解菌则分别减少了80%和90%。

砷污染对几种固氮菌、解磷细菌及纤维分解菌均具有抑制作用。其中木霉和大芽孢杆菌对砷最为敏感,而大豆根瘤菌和含脂刚螺菌耐性最高。

土壤有机质矿化是土壤中动植物和微生物的残体以及土壤腐殖质分解成简单的无机物的过程。土壤纤维素分解作用是土壤有机质矿化的一个重要内容,纤维分解菌群的活性受重金属和其他有毒元素的很大影响。

从上述研究结果可以看出,微生物可以作为土壤污染的监测生物。微生物种群数量变化、微生物酶活性变化等都可以用作土壤受污染程度的监测指标。

五、环境污染生物监测的方法

(一) 利用生物典型受害症状监测环境污染

本法主要是通过肉眼观察生物体受污染影响后发生的形态变化,如观察植物叶片伤害症状、动物器官畸形等。

处在大气环境中的敏感植物受污染物影响,叶片会表现出伤害症状。如果污染物浓度很高,且暴露时间很短,那么植物表现为急性症状,如叶片坏死,颜色由绿变黄、变白等;当污染物浓度较低而且暴露时间较长时,则表现为慢性伤害,如叶片由绿变棕黄、脱绿和早熟落叶。这两种症状均为典型症状。不同植物对同种污染物的反应不同,同种植物对不同污染物的反应也不一样。因此,根据特定植物的典型症状(尤其是急性症状)可以指示大气中某种污染物的存在。

如果能够根据受害叶数、颜色深浅及伤斑大小与大气中污染物浓度的相关性,将污染伤害植物的程度同已知的环境污染物浓度联系起来,就能够凭借叶片典型症状反映大气中相应污染物的浓度。建立用于参比的照片系列,将受害的叶片与参比照片比较,就可以估计叶片的受害程度和空气中污染物的类型和含量。

利用这种方法监测大气污染时,必须尽量采用那些不会产生"混淆症状"的植物材料,以便得到植物对特定污染物影响的独特反应。

在根据形态结构变化指标来监测水体污染时,最常见的生物材料是鱼类。如果见到鱼的体形变短变宽、背鳍颈部后方向上隆起(图5-2),鳍条排列紧密,臀鳍基部上方的鳞片排列紧密,发生不规则错乱,侧线不明显或消失等,可认为水体已被严重污染。

土壤中的污染物对植物的根、茎、叶都可能产生影响,出现一定的症状。如铜、镍、钴会抑制新根伸长,形成狮子尾巴一样的形状;锌污染引起洋葱主根肥大和曲褶;锌、铜污染使扁豆、红小豆等的老叶组织变褐或死亡;铜污染使大麦不能分蘖,长到4~5片叶时就抽穗;镍使甘蓝叶由绿变为褐色,叶片变得细长,叶缘向内卷曲,燕麦叶片有分散的斑点状白化症;在铜、钼污染严重的土壤中生

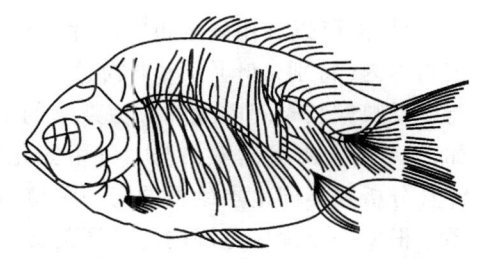

图5-2　鱼受水污染后产生的畸形
（王勋陵,1994）

长的点瓣罂粟花瓣上会出现黑色条纹;在硼污染严重地区,驼绒蒿变矮小或畸形;酚污染会使水稻根系发育不好,植株变矮小,分蘖减少,叶片变窄,叶色灰暗,严重受害者叶片枯黄,叶缘内卷,少数叶片主脉两侧有不明显的褐色条斑,根部变为褐色;氰化物能够使植株变矮,根系短而稀少,部分叶尖端有褐色斑纹;砷污染使小麦叶片变得窄而硬,呈青绿色;铬使小麦植株生长矮小,下部叶片发黄,叶面出现铁锈样斑块;镉使大豆叶脉变成棕色,叶片褪绿,叶柄变为淡红棕色;一些无机农药污染使植物叶柄基部或叶片出现烧伤的斑点或条纹,使幼嫩组织发生褐色焦斑或破坏;有机农药污染严重使叶片相继变黄或脱落,花座少,延迟结果,果变小或子粒不饱满等。根据这些症状是否出现以及症状表现程度等的观察,可以监测土壤污染状况。

蚯蚓身体蜷曲、僵硬、缩短和肿大,体色变暗,体表受伤甚至死亡,表明土壤受到了DDT和有机氯化物的污染（王勋陵,1994）。

（二）利用生物体内污染物及其代谢产物含量分析法监测环境污染

生活于污染环境中的植物、动物、微生物都能够不同程度地吸收积累一些污染物。通过分析这些生物体内的成分,可以监测环境污染物的种类、水平等。

植物是一种生物收集器,植物体内污染物及其代谢产物的含量在一定程度上可以反映空气中某种污染物的含量。为此需要建立良好的剂量-反应曲线。

附生植物可以较好地监测大气污染,原因是:①附生植物地理分布广,出现在各种自然环境,甚至工业区和城市市区;②附生植物无表皮和角质层,污染物容易通过;③附生植物无真正意义上的根,也没有维管组织,其所需矿物质主要通过干湿沉降。在这些植物及其枝条中发现的全部污染物,是直接从空气中吸收或是吸收沉降在植物体上的污染物。因此,能够在附生植物体内污染物含量与其环境浓度及其沉积率之间,建立起良好的相关关系,能够较客观地反映大气污染;④因为附生植物大多为单层细胞,污染物可以从背腹两面进入植物体,所以对大气污染敏感;⑤附生植物大多分布在树干、枝、叶上,不受土壤污染的影响。因此,地衣和苔藓植物被大量用来指示和监测大气中重金属、粉尘、SO_2等污染。地衣和苔藓都能够从大气或沉积物中吸收重金属。有许多种地衣和苔藓已经用于监测空气中的重金属。地衣和苔藓中重金属浓度的变化,通常直接反映着它们从外界污染源摄入重金属的摄入率。室外研究常用于监测空气中重金属的苔藓有:波叶曲尾藓（*Dicranum polysetum*）,曲尾藓（*Dicranum scoparium*）,塔藓（*Hylocomium splendens*）,灰藓（*Hypnum cupressiforme*）,泥炭藓（*Sphagnum* spp.）。地衣有:*Cladonia rungiferina*,*Hypogymnia physodes*,*Lecanora conizaeoides*,*Pseudoevernia furfuracea*,*Usnea filipendula*。

另外,可以利用高等植物叶片内污染物及其代谢产物含量分析法监测大气污染,因为植物体内(特别是叶片)污染物含量与大气中相应的污染物浓度有很大的相关性,并且它能够反映较长时间内大气中污染物的平均浓度,因此,可以作为监测环境污染的指标。例如,大叶黄杨叶片含氟量与大气中氟化物的浓度有明显的正相关性。利用上述原理,采集并且分析在不同地点生长的同一种植物的叶片污染物含量,就可以绘制出该污染物的分布图。根据一个地区范围的污染源的分布情况以及地形、地貌等特点,在污染区不同污染地段采集一种或几种各地段都有的植物叶片(乔木、灌木)或全株(草本),在非污染区设对照点。各采样点植物叶片的采样应该同时进行,然后测定叶片中某些污染物的含量,用公式($IP = C_m/C_c$,C_m代表采样点采样植物叶片中污染物含量,C_c代表对照点采样植物叶片中污染物含量)求出各采样点的含污量指数 IP,再根据含污量指数对各点的空气污染度进行分级。

水中的污染物可以进入生物体内并富集,通过分析水生生物体内的某些成分,就能够了解水中污染物的种类、相对水平和危害程度。分析可以是生物体的整体,如鱼类、贝类、虾类等,也可以是生物体的一部分、排泄物、呕吐物等。

(三) 利用生物的生理、生化指标监测环境污染

生物受污染时,某些生理生化指标的变化,远比形态可见症状反应灵敏、迅速,因此,更适宜用作环境监测。

例如,可以利用鱼的生理代谢来监测水污染,具体指标有:鳃盖运动频率、呼吸频率、呼吸代谢、侧线感观机能、渗透压调节、摄食量与能量转换率、抗病力、神经内分泌活动等。生化方面的指标有:血液成分变化、血糖水平、酶活性(如鱼脑胆碱酯酶、转氨酶、血浆酶、ATP酶等)变化、糖类、脂类代谢等。鱼的血液对一些污染物很敏感,很适合用于对水污染的监测。例如,铅中毒会加速红细胞的沉降、增加不成熟红细胞的数量、使一般红细胞溶解和退化而导致溶血性贫血。因此,不成熟红细胞的增加和溶血性贫血可作为水体中铅污染的监测指标。

Kumar 等(2010)研究了 4 种农药(西维因、毒死蜱、乐果及丙溴磷)对淡水虾(*Paratya australiensis*)体内乙酰胆碱酯酶(AChE)活性的抑制效应,发现暴露96 h 后,4 种杀虫剂均显著抑制了虾体内的乙酰胆碱酯酶活性,该抑制效应具有明显的"剂量-效应"和"时间-效应"关系,如图 5-3 所示。因此,可以用乙酰胆碱酯酶活性大小来指示水体受农药污染状况。

Monnet 等(2005)通过实验室研究发现,在一定浓度范围内,水生地衣(*Dermatocarpon luridum*)体内丙二醛(MDA)浓度与水体铜浓度成显著线性正相关(图 5-4),因此可以用生物体内 MDA 浓度来监测或指示环境污染程度。

另外,可以利用发光细菌(*Luminous bacteria*)的发光强度抑制试验监测水体污染程度,该方法是 1978 年 Bulich A. A. 开始使用的,后来美国 Beckman 公司研制开发出系列细菌发光检测仪,将毒性测定过程标准化,并命名为"Microtox"。目前该方法是国际通用、使用最为广泛的污染物毒性微生物学检测方法。我国于 1995 年将这一方法列为环境毒性检测的标准方法(GB/T 154412—1995)。在环境监测中应用的发光细菌要求对环境敏感而且对人体及生态系统没有不良影响,我国国家环境保护总局《水和废水监测分析方法》编委会推荐 2 个菌种,一是海洋发光细菌菌种,明亮发光杆菌 T_3;二是淡水发光细菌菌种,青海弧

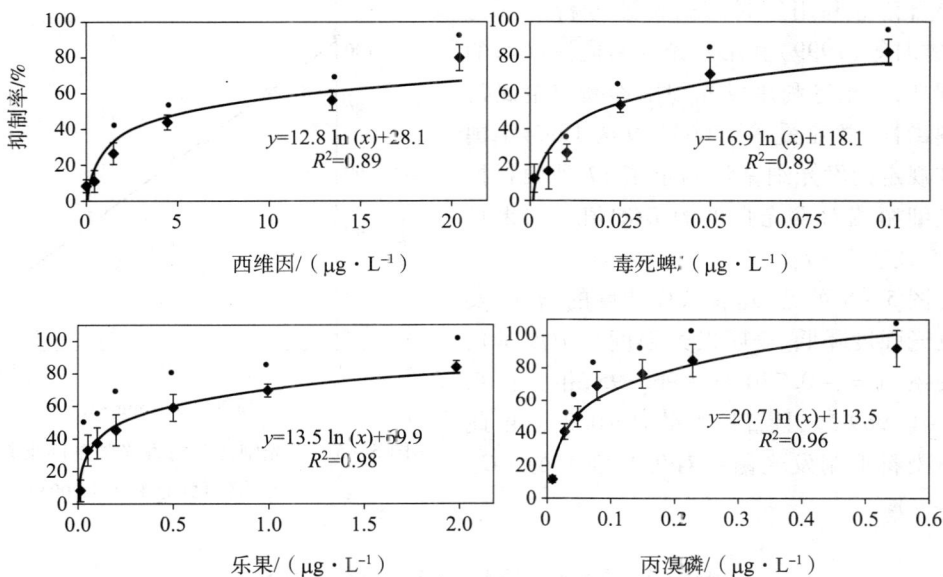

图 5-3　4 种抗胆碱酯酶农药对淡水虾体内乙酰胆碱酯酶活性的 96 h 抑制率（Kumar 等，2010）

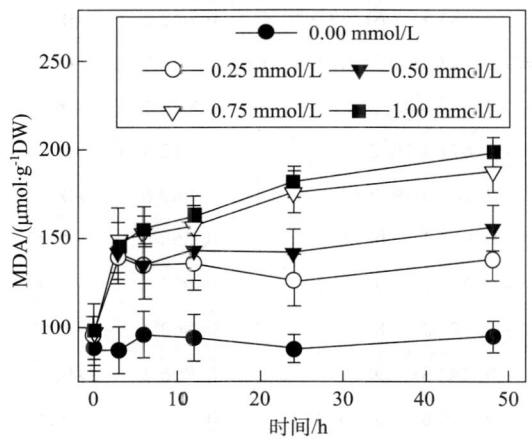

图 5-4　不同处理时间（0、3、6、12、24 和 48 h）时水生地衣 *Dermatocarpon luridum* 体内 MDA 含量（μmol/g DW）与水体铜浓度（浓度分别为 0.00、0.25、0.50、0.75 和 1.00 mmol/L）的关系（Monnet 等，2005）

菌 Q67。我国学者提出的根据细菌生物发光抑制试验结果划分污染物毒性级别的建议标准值如表 5-6 所示。

表 5-6　细菌生物发光抑制试验检测污染物毒性的分级标准

毒性等级	Ⅰ	Ⅱ	Ⅲ	Ⅳ
发光抑制率	<30	30~50	50~70	70~100
毒性判定	低毒	中毒	高毒	剧毒

（王家玲，2004）

吴自荣等利用发光细菌快速分析大气污染;张秀君等(1999)利用发光细菌监测废水的综合毒性;李彬等利用发光细菌诊断重金属污染土壤毒性;党亚爱等(2003)根据1995年国家标准规定的发光细菌法测定了17种染料抑制发光细菌相对发光强度的EC_{50}值。结果见图5-5及表5-7。

由图5-5可见,随着试样浓度的增加,发光菌发光强度降低,表明发光强度与浓度呈负相关关系($y = -0.7703x + 96.895$,相关性系数$r = -0.9892$),且置信水平$P > 0.99$。由此计算出染料抑制发光菌相对发光强度的EC_{50}(表5-7)。

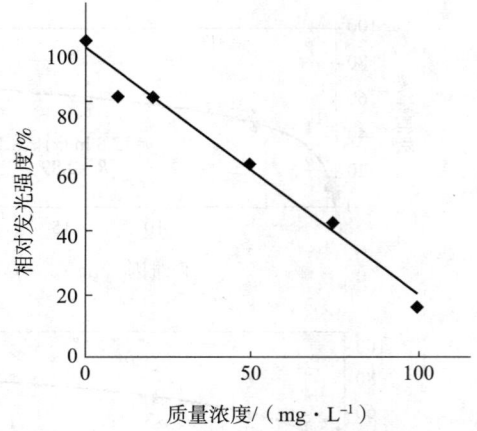

图5-5 发光细菌相对发光强度随染料质量浓度的变化(党亚爱等,2003)

表5-7 染料抑制发光菌相对发光强度的EC_{50}

染料品种	回归方程	r^2	P	$EC_{50}/(\text{mg} \cdot \text{L}^{-1})$
碱性紫 5BN	$y = -8.2837x + 61.33$	0.6422	>0.95	1.42
碱性艳蓝 BO	$y = -0.6784x + 71.457$	0.9498	>0.99	3.16
还原艳紫 RK	$y = -3.92x + 86.25$	0.9247	>0.99	9.12
还原蓝 ER	$y = -1.67x + 76.23$	0.9123	>0.99	15.66
还原红 F3B	$y = -2.16x + 79.79$	0.8896	>0.99	13.79
活性紫 K3R	$y = -0.9135x + 97.127$	0.868	>0.99	51.58
活性黑 KBR	$y = -0.2192x + 91.009$	0.934	>0.99	187.12
活性艳红 X-3B	$y = -0.1772x + 85.23$	0.8624	>0.99	198.81
活性艳蓝 KN-R	$y = -0.2423x + 98.704$	0.9662	>0.99	201.00
直接耐晒黑 G	$y = -0.2208x + 97.078$	0.8441	>0.99	153.71
直接湖蓝 5B	$y = -0.1079x + 96.933$	0.9266	>0.99	213.11
直接黄棕 3G	$y = -0.6259x + 78.285$	0.9351	>0.99	434.15
弱酸性红 2B	$y = -0.7703x + 96.895$	0.7732	>0.99	45.19
酸性湖蓝 A	$y = -0.5088x + 98.545$	0.9786	>0.99	60.88
酸性媒介青 RRN	$y = -0.5088x + 98.545$	0.8231	>0.99	95.40
溴胺酸	$y = -0.1151x + 88.096$	0.8231	>0.99	330.98
墨绿	$y = -0.2865x + 98.226$	0.914	>0.99	168.33

(党亚爱等,2003)

由表5-7可以看出,碱性染料的毒性最大,还原性染料的毒性次之,酸性染料的毒性较小,活性染料和直接染料的毒性最小。从染料分子的化学结构来分析,碱性染料基本上是苯的各种衍生物,还原染料主要是蒽醌染料,酸性染料大多是苯磺酸的衍生物及酸性偶氮化合物,而活性染料和直接染料大部分是磺酸基的偶氮化合物及其金属络合物,其毒性最小。对比 $HgCl_2$ 溶液抑制发光菌相对发光强度的 $EC_{50}(0.1\ g/mL)$ 可知,大部分染料对发光菌的毒性为中等偏低。

王兆群等(2002)运用发光细菌法对淮安市工业废水的毒性进行测定,并以毒性较为稳定的 $HgCl_2$ 作为参比毒性,使此法测得的毒性定量化。根据水质毒性分级标准,对水样毒性测定结果进行评价,同时参照水质的理化因子。结果表明,该方法测出的水质毒性能够更好地反映出水质污染状况,详见表 5-8。

表 5-8 不同来源废水样(100%浓度)测试结果与评价

废水来源	相对抑光率/%	相当 $HgCl_2$ 质量浓度/$(mg \cdot L^{-1})$	评价
造纸厂(制浆)	32.54	0.074	中毒
造纸厂(漂白)	35.48	0.076	中毒
造纸厂(碱回收)	31.65	0.072	中毒
造纸厂(总排)	15.20	0.032	低毒
制药厂	26.42	0.061	低毒
光华厂	30.93	0.070	中毒
食品厂	18.04	0.044	低毒
造漆厂	54.85	0.093	高毒
日化公司	20.53	0.050	低毒
冶金公司	43.89	0.086	中毒
正大饲料公司	16.78	0.036	低毒
印刷厂	34.87	0.074	中毒
肉联厂	30.98	0.070	中毒
牛奶厂	31.62	0.073	中毒
化纤厂	51.48	0.091	高毒

(王兆群等,2002)

由于利用发光细菌检测环境污染的方法十分灵敏、快捷,而且检测过程的自动化程度高,各实验室间的结果重现性好。在此方法上又开发出发光细菌的流动注射分析和生物传感器分析。其中利用发光细菌制备识别元件,成为国内外传感器研究和发展的热点。20世纪 80 年代初美国 Beckman 公司推出功能完备的生物毒性测试仪,它具有应用范围广、灵敏度高、相关性好、反应速度快等优点,发光细菌毒性测试技术在世界范围内迅速推广。Alison M. Horsburgh 等利用基于发光细菌的生物传感器对水环境中的工业污染物进行了检测(杜宗军等,2003)。

(四) 利用生物的细胞遗传学指标监测环境污染

细胞遗传学是研究遗传基因的传递者——染色体的行为、形态、结构、数目和组合,并进一步阐明生物遗传现象的科学。目前常采用细胞遗传学的方法来筛选化学诱变因子,监测环境中具有致癌、致畸、致突变的化学物质。目前常采用的方法主要有：微核测定法、染色体畸变分析，姐妹染色体交换率，非预定 DNA 合成等。

高等植物被认为是进行环境化学物质的遗传毒性效应研究的极好材料。例如，紫露草和蚕豆非常适合作为检测遗传毒性物质的材料，它对环境诱变因素很敏感。蚕豆根尖微核技术自创建以来，由于其简单易行且灵敏度高而一直受到广泛的应用。"国际化学品安全性研究项目"资助分布于世界各地的 17 个实验室，参与评价环境中化学物质遗传毒性检测的植物生物检测系统的实用性，其中包括紫露草四分体微核技术和蚕豆根尖微核测定方法（Ma T－H 等，1995），由此可见其普及程度。

在动物上常用蝌蚪肠细胞、小鼠外周血淋巴细胞、蟾蜍血液细胞等为材料，观察细胞染色体畸变情况、微核率、UDS（非预定 DNA 合成）效应等指标来监测大气和水污染。

1. 微核监测技术

外源性诱变剂或物理诱变因素可以诱导生活细胞内染色体发生断裂、影响纺锤丝和中心粒的正常功能，造成有些染色体及其断片在细胞分裂后期滞后，不能够正常地分配并整合到子细胞细胞核上，形成所谓的微核。在一定污染物浓度范围内，污染物与微核率有很好的剂量－效应关系，而且灵敏度高，可靠性强。

利用植物微核数量来监测环境污染的技术发展到现在不过 20 年左右。目前应用最多的是紫露草微核技术（*Tradescantia* MCN test）（也称紫露草四分体微核监测法）和蚕豆根尖细胞微核技术（*Vicia faba* MCN test）。植物微核监测技术目前已证实为监测环境污染物最有效的技术之一。它具有成本低、效率高、可靠性好、周期短等特点。植物微核技术监测法尤其对具有致畸、致癌、致突变的污染物监测最有效，在我国目前已广泛应用于空气、水体、土壤污染监测等方面。

进行微核监测所用的材料常用植物根尖和四分体，根尖微核技术多采用蚕豆和玉米种子萌发的根尖为材料，通过对大量化学物质的测试认为，紫露草和蚕豆根尖微核测试有较宽的检测物谱，定量好，可以用于水溶性或非水溶性污染物质等外源物质的监测，为环境保护提供毒理学资料，适合用于监测环境污染物对遗传物质 DNA 的损伤。蚕豆根尖微核技术和紫露草四分体微核技术现已经被列为监测环境污染物的常规指标。动物的微核测定技术常采用大、小鼠骨髓细胞和人的外周血淋巴细胞。测定方法简便、快捷，是衡量辐射损伤和化学损伤程度的较好标准之一。

2. 染色体畸变技术

研究在物理和化学因素影响下，染色体数目和结构的变化称之为染色体畸变分析。染色体结构的畸变包括染色单体断裂、双着丝点染色体、染色体粉碎化、染色单体互换等。染色体畸变率越高，说明污染越严重。

3. 非预定 DNA 合成技术

很多遗传毒理学实验所用的 DNA 修复测试方法是非预定 DNA 合成（unscheduled DNA synthesis，UDS）技术。它的原理是：如果细胞复制（按程序的 DNA 合成）受阻，同时又暴露于受测药品和 ^{3}H 标记的胸腺嘧啶核苷，那么，此时如果受测物质不损伤 DNA 从而刺激修复系统（UDS），^{3}H 标记就不会有明显的掺入。UDS 是研究损伤修复的重要指标。紫外线、电离辐射，化学诱变剂和金属离子处理均能诱导 UDS 的产生（Jackson 等 1979、1982；赵贤四等，1996）。UDS 试验是在 DNA 水平上检测化学物质的损伤作用，现已广泛用于致癌物质的筛选和作为评价污染物遗传毒性的指标之一（Rueeff 等,1996;金焖琳等,1997;陈刚等,1993）。

自从 Lieberman 等学者证实人外周血淋巴细胞对致癌剂所造成的 DNA 损伤有较强的修复能力后,国内外已有许多学者利用此方法鉴定多种环境化学致突变作用(金焖琳等,1997)。UDS 作为一种筛检化学物质致突变性的遗传毒理学实验方法,已广泛应用于医学、卫生学、环境科学实践。

（五）利用生物群落学信息监测环境污染

环境污染的最终结果之一是敏感生物消亡,抗性生物旺盛生长,群落结构单一。因此可以通过调查区域内物种的总数、每个种的覆盖度、每个种的分布频率、颜色变化、叶绿素含量、菌丝体受伤害程度、受精和生殖状况、生长发育以及产量等特征,来判断环境质量现状。本书以昆明磷肥厂附近林地在氟污染情况下地衣的调查结果(北京林业大学)为例：

严重污染：树干上没有梅衣属地衣,石蕊属地衣不能够形成子囊盘,甚至不能够形成柱体。粉状地衣只存在于地表及树干基部 15 cm 以下。指裂梅衣含氟量大于 570 mg/kg。

中等污染：梅衣属地衣出现在树干高度 4 m 以下,但没有连片生长的梅衣原柱体。指裂梅衣大部分个体不产生粉芽。石蕊属的几个种虽然有柱体及子囊盘,但原植体不同程度的小于正常生长者。粉状地衣在树干上可以分布到 5 m 高处。指裂梅衣含氟量 270 ~ 570 mg/kg。

轻污染：树花属地衣较多,梅花属叶状及粉状地衣分布高达树冠内部的主干上。指裂梅衣含氟量 67 ~ 270 mg/kg。

不污染：松萝属及树花属地衣在树木和灌木上普遍出现,梅衣属等叶状地衣在树干上大片分布到树冠内部的小枝上。指裂梅衣含氟量小于 67 mg/kg。

另外,利用 PUE(聚氨酯泡沫塑料块)作为人工基质,采集水体微生物,从微生物群落的组成、结构、功能、指示种和叶绿素含量等方面分析,可以综合评价水体污染状况。

（六）利用生物指数法监测环境污染

生物指数(biological index)是监测环境污染的重要指标之一。

1. Beck 法

Beck 法于 1955 年提出以生物指数来评价水体污染的程度。该法按水体中大型无脊椎动物对有机污染的敏感性和耐性分为 2 类,在环境条件相似、面积确定的河段采集底栖动物,进行种类鉴定。公式如下：

$$BI = 2A + B$$

式中,A 为敏感种;B 为耐污种。

该公式中 BI 越大,水体越清洁,水质越好;BI 越小,水体污染越严重。指数范围在 0 ~ 40,BI 值与水质关系为：

$BI > 10$　　　　　水质清洁
$1 \leq BI \leq 6$　　　　水质中度污染
$BI = 0$　　　　　水质严重污染

2. Beck-Tsuda 法

Beck-Tsuda 法是从 20 世纪 60 年代起经多次对 Beck 法修改而提出的。该法用采集时间代替采集面积,采集面积不限定,由 4~5 人在一个采集点上采集 30 min,尽量将河段各种大型底栖动物采集完全,然后对鉴定所采集的动物种类,计算方法基本与 Beck 法相同。

$$BI = 2A + B$$

水质评价标准为:$BI > 30$ 属清洁水体,15~29 属较清洁水体,6~14 属不清洁水体,0~5 属极不清洁水体。

该法在采集样品前应对采样河段进行背景调查,采样时应选择有效河段(如砾石底河段,避免在淤泥河段取样)取样,在约 0.5m 深处采样,河水流速在 100~150cm/s,采集时每个(次)采样点面积应相同。

3. 硅藻生物指数法

$$XBI = (2A + B - 2C)/(A + B - C) \times 100$$

式中,A 为不耐污种类数;B 为广谱性种类数;C 为仅在污染区出现的种类数。

标准:XBI 的值在 0~50 时为多污带;50~100 为 α-中污带;100~150 为 β-中污带;150~200 为轻污带(万佳等,1991)。

4. 简便多样性指数

$$d = S/N$$

式中,S 为群落中总种类数;N 为总个体数。

上式具有简单、便于计算的优点,但忽视了群落内的种间相对差异性。

5. Willams 多样性指数

$$d = -\left[\sum_{i=1}^{m}(n_i/N)2.3026\lg(n_i/N)\right]$$

式中,n_i 为单位面积上第 i 种的个体数,$i = 1,2,3,\cdots,m$;N 为单位面积上各类生物的总个体数。

对指数的评价:$\bar{d} < 1$ 为重污染;$\bar{d} = 1~3$ 为中污染;$\bar{d} > 3$ 为轻污染。

种类数量相等的群落,当种间的个体数量愈接近均衡时,即群落优势种表现得愈弱时,群落多样性愈大;相反,种的个体数差异愈大,优势种表现得愈强时,多样性就愈小。

6. Margalef 多样性指数

$$d = (S-1)/\ln N$$

式中,S 为种类数;N 为总个体数。

d 值越大表示水质越清洁。

7. Shannon-Wiener 多样性指数

$$H' = -\sum_{i=1}^{s} P_i \log_2 P_i$$

式中,$P_i = n_i/N$,n_i 为第 i 种生物的个体数,$i = 1,2,3,\cdots,s$;N 为总个体数。

对指标的评价:H' 值在 0~1 时为重污染;1~3 时为中度污染;大于 3 时为轻度污染。

多样性指数的最大优点是具有简明的数值概念,它可以直接反映环境的质量。指数值愈大,表示多样性越高,生态环境状况愈好。对于一个污染的水体,可以通过与类似的、但未污染的水体进行比较,从而获得相对污染程度的环境质量参数。这是一种很好的环境监测方法。

（七）利用生物的生长量变化监测环境污染

动物、植物、微生物都可作为这一技术的材料。以水体生物监测为例，藻类是水生生态系统的初级生产者，也是水生食物链的基础环节，还是水体污染的净化者。它们对水体生产力及水体污染的自净作用都具有十分重要的意义。因此，在水污染的生物监测中，一些藻类植物是最适合于这种方法的材料。常用的藻类有硅藻、栅藻、小球藻、羊角月牙藻、莱因衣藻等。因为藻类生长快，适应周期短，是一种理想的监测材料。其原理是：某些藻类对水体污染十分敏感，在含有毒污染物的污水中，由于有毒污染物的抑制作用，藻类生长量会相应减少，这种抑制作用具有明显的"剂量-效应"关系。将不同浓度的待测物样品加入到处于对数生长期的藻细胞培养物中，在规定的条件下进行培养，每隔24 h测定藻体种群密度或生物量等指标，与对照相比可确定藻类生长抑制情况，然后测定水质污染情况或物质的毒性程度，多年来这一方法被广泛应用。

由于不同处理时间条件下得到的半抑制计量（EC_{50}值）有差异，因此在结果中必须标明相应测定时间，一般采用72 h或96 h的EC_{50}值作为评价依据。

藻类生长抑制毒性评价的分级标准见表5-9。

表5-9 藻类生长抑制毒性分级标准

96 h EC_{50}/(mg·L^{-1})	<1	1~10	10~100	>100
毒性分级	极高毒	高毒	中毒	低毒

（国家环境保护总局，2002）

（八）利用生态系统综合指标监测环境污染

1902年德国植物学家Kolwilz和微生物学家Marsson首次提出污水生物系统法来监测水体有机污染的程度或测定有机污染物的生物降解。其原理是：在一条河流受到有机污染后，可产生自然净化过程，表现出污染程度的逐级递减，并且能够反映在相应的化学指标和生物类群的组成和数量上。据此可以把河段分成若干连续的区带。Kolwilz把河段分成连续3个区带（表5-10）：多污带、中污带和少污带，其中中污带又可分为强中污带和弱中污带。

表5-10 污水生物系统特征

指标	多污带	强中污带	弱中污带	少污带
有机物	含有大量有机物，主要是未分解的蛋白质和糖类	由于蛋白质等有机物分解，形成氨基酸和氨	有机物进一步分解为铵盐、亚硝酸盐和硝酸盐。水中有机物已经很少	有机物已经被矿化，蛋白质最后分解成硝酸盐，水中有机物极少
溶解氧	极低或全无	少量	多	多
BOD	非常高	高	低	很低
硫化氢	多	较高	少	无
底泥	因有硫化铁，呈黑色	硫化铁被氧化成氢氧化铁，不呈黑色	有氧化铁存在	几乎全被氧化，有氧化铁存在

续表

指标	多污带	强中污带	弱中污带	少污带
细菌数/(个·mL^{-1})	数十万至数百万	数十万	数万	数百
生物种类	很少	少	多	多
个别优势种	很强	强	弱	弱
水生维管植物	无	很少	少	多
主要生物类群	微生物、污水原生动物	微生物、蓝藻、鞭毛绿虫藻、原生动物、蠕虫、轮虫	蓝藻、绿藻、硅藻、原生动物、甲壳动物、鱼类	硅藻、绿藻、原生动物、甲壳动物、水生昆虫、鱼类

(王焕校,1990)

上述几种方法的实施不是孤立的,在实践中常常需要几种方法同时运用,相互验证。

（九）生物监测新技术及其应用

1. 生物传感器

生物传感器(bio-sensor)是以酶、微生物、DNA、抗原或抗体等具有生物活性的生物材料作为功能性识别元件,识别和感知目的被测物并将其按一定规律转换成为可识别信号的器件或装置(李宗义等,2005)。

生物传感器的基本工作原理是:将具有分子识别功能的生物物质通过特殊加工技术涂敷固定在固态载体上(例如高分子膜等),形成功能膜,当其与被测物质相接触时,膜内的感应物质首先与被测物质选择性地吸附,发生相互作用形成复合物,从而表现为化学变化、热变化、光变化或直接产生电信号方式等;化学变化、热变化和光变化由信号传导器转化为易于输出的、与待测物质浓度成比例的电信号,这个信号能够进一步被放大、处理或储存,然后利用电子仪器进行测量、记录,从而达到分析检测的目的(刘小兵等,2004)。

生物传感器工作原理示意图见图5-6。

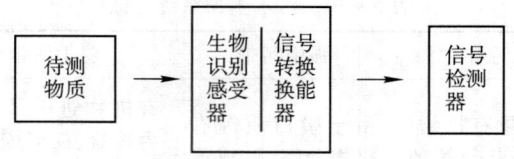

图5-6　生物传感器工作原理示意图(李彦文等,2004)

生物传感器是一项综合了多门学科的高新技术,具有特异性好、灵敏度高、分析速度快、能在复杂体系中在线连续监测等特点,被广泛用于生命科学、医学检验、食品安全及环境监测等多个领域。其中在环境污染物检测中的应用尤为令人瞩目,它的出现使环境监测的连续化和自动化成为可能,增加了环境监测的灵敏度,降低了环境监测的成本,加强了环境监督的力度。过去40年的研究已使生物传感器获得了极大的发展,开发出了多种传感器,其中微生物传感器是生物传感器研究中的一个热点,它是将活细胞作为探测单元,利用微生物的新陈代谢机能进行污染物的检测和分析。环境监测领域是微生物传感器应用最为广泛的领域,其典型代表是生化需氧量(BOD)传感器,它可以测定水中 BOD。自 1977 年 Karube 使用活性污泥混合菌制出第一支 BOD 传感器至今,已报道针对不同水质的 BOD 传感器数十种。另外,微生物遇到有害离子 CN^-、Ag^+、Cu^{2+} 等会产生中毒效应,可利用这一性质,实现对废水中有毒物质的评价。微生物传感器还可应用于测定多种污染物:NO_x 气体传感器用于监测大气中氮氧化物的污染;硫化物微生物传感器用于测定煤气管道中含硫化合物等。

微生物传感器未来仍然是环境监测中生物传感器的主力。而其缺点也较为明显,如活细胞本身具有许多不确定因素,这就需要不断对微生物的生理和遗传做深入研究。

2. 应用核酸探针、聚合酶链式反应、生物芯片等技术监测环境中的微生物污染

病原菌等有害微生物是环境中污染较重、危害较大的污染物之一,对它们进行及时监控和准确鉴定变得越来越重要。而分子生物学技术因其快速、准确、灵敏的特点,正逐步取代某些传统的方法而被广泛用于环境微生物的监测。

目前研究较多的是应用核酸探针(nuclear acid probe)、聚合酶链式反应(polymerase chain reaction,PCR)技术、基因芯片(gene chip)等生物高新技术进行环境检测。近年来,国内外有关核酸探针、PCR 技术用于细菌、病毒检测的报道日益增多。国外已利用核酸探针来检测水环境中的致病菌,如大肠杆菌、志贺氏菌、沙门氏菌、耶尔森氏菌等腹泻性致病菌。核酸探针也可用于检测乙肝病毒、艾滋病病毒等。PCR 技术结合其他分子生物学技术适用于目前尚不能培养的微生物检测,可用于土壤、沉积物、水样等环境样品的微生物检测。PCR 技术检测环境水样中的肠道细菌和大肠埃尔氏菌灵敏度高,100 mL 水样中有一个指示菌也可检出,且检测时间短,几个小时内即可完成。随着技术的完善及成本的降低,今后核酸探针和 PCR 技术可能发展为一种快速可靠并可能代替常规水质微生物检验的方法(赵丽杰,2004)。

生物芯片(biochip)技术是 20 世纪 90 年代初期发展起来的一门新兴技术,具有体积小、重量轻、便于携带、无污染、分析过程自动化、分析速度快、所需样品和试剂少等诸多优点,在环境微生物监测中越来越受到重视,在环境保护领域具有广泛的应用前景(胡永隽等,2005)。目前生物芯片一般分为基因芯片、蛋白质芯片和芯片实验室。基因芯片又称 DNA 芯片(DNA chip)或 DNA 阵列,它是指利用大规模集成电路的手段控制固相合成的寡核苷酸探针,并把它们密集、规律地排列在 1 cm^2 大小的硅片或玻璃晶片上,其容量可达 20 万~40 万个基因探针。然后将荧光标记的 DNA 或 cDNA 样品在芯片上与探针杂交,经激光共聚焦显微镜扫描,用计算机系统对荧光信号作出比较和检测,从而迅速得出所需的信息,这比常规方法快几十到几千倍。基因芯片是生物芯片研究中最先实现商品化的产品。蛋白质芯片(protein chip)是利用抗体与抗原结合的特异性即免疫反应来构建的,首先选择 1 种能够牢固地结合蛋白质分子(抗原或抗体)的固相载体,在上面按预先设计的方式固定大量蛋白质(抗原或抗体),制成蛋白质芯片,然后加入与之特异性结合的带有特殊标记的蛋白质分子(抗原或抗体),通过对标记物的检测来实现抗原抗体的互检,即蛋白质的检测。该技术所需蛋白质的量极少,反应相对较快,稳定性较好,灵敏度较高。芯片实验室(lab-on-chip)是一种更加复杂的芯片技术,它将纳米技术引入生物芯片,在微小的硅材料表面,制造出能够对微量样品进行变性、分离、纯化、电泳、PCR 扩增、加样和检测等微小结

构,使过去1个实验室的各个实验步骤微缩于1个芯片上,这种技术被称为芯片实验室。由于技术的复杂性,实现商业化和实用性尚待时日。

高宏伟等(2005)以霉菌的 *ITS2* 基因为靶序列,利用 DNA man、DNA star 等生物信息软件在靶序列的指定片段内设计针对黑曲霉、黄曲霉、串珠镰刀菌和鲜绿青霉菌的 30 bp 种特异性寡核苷酸探针和通用引物。将 4 种标准菌种的基因组通过扩增、线性 Cy3 或 Cy5 荧光标记、纯化、杂交试验,验证了探针的特异性和技术的可行性,发现基因芯片可以应用于产毒霉菌的检测,结果见图 5-7。

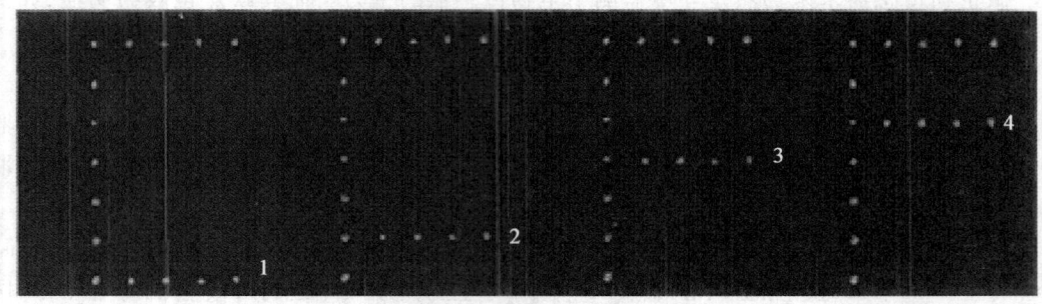

图 5-7 基因芯片杂交结果及其判别(高宏伟等,2005)
1. 黄曲霉;2. 鲜绿青霉;3. 串珠镰刀菌;4. 黑曲霉

核酸探针是能与特定核甘酸序列互补、已经标记的 DNA 或 RNA 片断,可以检测样品中是否存在待测特异核酸序列。杂交是样品中提取的核酸分子与探针互补序列间的配对过程,杂交结果可以通过探针的放射性或非放射性标记被检测出来。核酸探针杂交技术操作简单,并且可以进行定量分析,因此被广泛应用于环境微生物检测。美国国家环保局(EPA)早在 1990 就正式使用 DNA 探针杂交技术检测饮用水中大肠杆菌总数。美国的 Gene Trak 公司已开发出检测大肠杆菌的商品化 DNA 探针系统。以 PCR 扩增大肠杆菌得到目标 DNA,再用 DNA 探针杂交检测,不需要进行微生物培养,最快可以在 1h 内完成,且具有较高的灵敏度(盛建武等,2005)。

分子信标(molecular beacon)是一种基于荧光能量转移原理而设计的发夹型寡聚核酸荧光探针。它通过与核酸等靶分子相互作用后发生构象的变化而产生荧光信号,对靶分子的检测具有灵敏度高、选择性强、适合于活体实时检测等优点。目前已广泛应用于生物化学分析、生物医学研究和环境监测等各领域(江雅新等,2004)。

盛建武等(2005)归纳了致病微生物的检测方法及其优缺点,如表 5-11 所示。

表 5-11 环境中致病微生物的检测方法

检测方法	技术介绍	评价
ATP-生物发光法	在荧光素酶作用下,荧光素与 ATP 反应发光,根据光强度计数	快速但非特异,敏感性不高($10^5 \text{cell} \cdot \text{mL}^{-1}$)
化学发光法	在过氧化物存在下,催化鲁米诺发光,根据光强度计数	快速但非特异,敏感性不高($10^5 \text{cell} \cdot \text{mL}^{-1}$)
荧光显微镜	细胞被荧光素染色后,直接在显微镜下观察	可计总数,快速但非特异,敏感性不高

续表

检测方法	技术介绍	评价
相差显微镜	细胞悬浮在液体中,在相差显微镜下观察	可计总数,相对较快但特异性不强,敏感性不高
免疫学方法	利用抗原抗体反应夹检测目的微生物	可计总数,特异性好,快速,较敏感
基因探针	检测特异性的基因片段	可计总数,特异,敏感,较快
PCR	对特异性片断进行体外扩增	极其敏感,快速,可计总数
生物芯片	运用基因、蛋白质技术及微加工技术,将大量探针有秩序地排列在较小的芯片上	能实现对大量基因的检测,通过检测病原微生物的基因序列来判断其有无及含量
生物传感器	应用免疫化学、电化学等技术结合传感器技术开发微生物检测系统	简单,快速,有望应用于在线检测

(盛建武等,2005)

小结

生物对不良环境的适应和抵抗能力称为生物抗性,包括避性及耐性。

生物的抗性指标包括生长状况及繁殖力指标、生理生化指标、细胞遗传学及分子生物学指标等。

抗性生物的筛选方法有:受污染环境中生物类群及其生长状况调查法;人工添加污染物试验法及微宇宙试验法。

生物对环境污染物的抗性对人类有利有弊,人们可以利用生物的抗性作用趋利避害。

生物监测是"利用生物分子、细胞、组织器官、个体、种群和群落等各层次对环境污染程度所产生的反应来阐明环境状况,从生物学的角度为环境质量的监测和评价提供依据"。"指示生物"和"监测生物"既有区别又有联系,前者能对环境中的污染物产生各种定性反应,而后者不仅能够反映污染物的存在,而且能够反映污染物的量。

生物监测与指示具有能够反映环境污染的综合效应及累积效应、实现连续监测等优点,但也有定量困难、灵敏度低、选择性不强等缺点。

生物监测包括动物监测、植物监测和微生物监测,具体方法有利用生物典型受害症状、生物体内污染物及其代谢产物含量分析法、生物的生理生化指标、生物的细胞遗传学指标、生物指数法、生物生长量变化、生态系统综合指标等监测环境污染。一些新的技术如生物传感器、核酸探针、聚合酶链式反应(PCR)、生物芯片等也逐渐用于该领域。

思考题

1. 总体来讲,生物对污染物的抗性通过哪些途径实现?
2. 植物对土壤污染物的排斥作用有哪些?
3. 简述生物抗性的利与弊?在环境保护中如何利用?
4. 什么是生物监测?如何处理物理监测、化学监测与生物监测三者间的关系?
5. 如何利用植物监测大气污染?
6. 利用生物监测环境质量有哪些优势?
7. 试设计一个利用生物监测水环境质量的实验。

8. 如何区分指示生物和监测生物？
9. 在环境质量的生物监测中，如何利用生物的抗性作用？

建议读物

1. 孔繁翔. 环境生物学. 北京:高等教育出版社,2000.
2. 周启星,孔繁翔,朱琳. 生态毒理学. 北京:科学出版社,2004.
3. 常学秀,张汉波,袁嘉丽. 污染环境微生物污染. 北京:高等教育出版社,2006.

推荐网络资讯

1. US Environmental Protection Agency(EPA)
   - Biological Assessment of Wetlands
   - Biological Indicators of Watershed Health
   - Monitoring Water Quality-Biological Assessment
   - Office of Water-Bioassessment and Biocriteria
   - Volunteer Monitoring
2. USGS-Biomonitoring of Environmental Status and Trends
3. Biomonitoring-Wikipedia, the free encyclopedia
4. CDC-National Biomonitoring Program

第六章
生物对长期污染的生态效应与适应进化

工业革命后的短短数百年中,环境污染使大气、水体、土壤的物理性质和化学性质发生了很大改变。由于大气环流和生物圈环境的一体化,使这种改变不仅出现在城市或工业化程度较高的地区,而且使地球的各个角落都受到了不同程度的污染。目前,这种作用正在以惊人的加速度发展。已有的研究表明,除地球历史时期的部分地质灾变外,几乎没有哪一个时期的环境变化像当今的环境污染那样快速而高强度地改变着全球的环境面貌。

环境污染的发生至今已有300多年的历史,虽然人们从工业革命之初就对污染进行研究,但是很长时间以来,人们关注的都是环境污染的短期急性效应和直接的破坏作用,很少从生物的长期适应和进化的角度上思考这一问题。直到Kettwell(1954)研究工业污染导致大量桦尺蛾等昆虫体表变黑(工业黑化现象,industrial melanism),才开辟了生物对污染的适应和进化这一研究领域。以后,Bradshaw领导的研究小组从20世纪60年代到80年代,持续对英国利物浦附近的矿区开采迹地的植物分化进行了系统的研究。这些研究都是把污染作为一般性的环境胁迫来开展的,并形成了逆境生理生态学(stress physiological ecology)的一个重要研究内容。事实上,环境污染并不是一种一般意义上的环境胁迫,生物对污染的适应机制和进化格局与"自然"胁迫条件下的情形并不相同。把污染作为一种全新的环境变迁、并从较大时间尺度和空间范围内开展污染条件下生物的进化生态学效应研究,则是90年代以后的事了。由于环境污染发生的速度快、强度大、范围广,构成了生物系统发育过程中从未有过的全新环境形式。在进化过程中长期处于单一环境的生物,很难适应这种环境的变迁,有的分布区退缩到偏僻的地带,有的则会消失;同时,由于污染的选择力大于"自然"环境的选择力,大多数生物因此改变了适应及进化方向,以前主要是对"自然"环境的适应,现在转向对人类改变的污染环境的适应,生命的进化进程都要不同程度地被打上对污染适应的烙印。

污染生态学已有的很多工作主要集中在污染物在生态系统中的迁移、转化、富集、毒害、解毒和抗性等方面,较少从进化和适应的角度上研究污染的长期生态学效应和生物的未来命运,但研究污染条件下的长期生态学效应和生物的进化前途,是在全球污染条件下保护生物多样性、管理生物圈的理论基础,也是污染条件下保持高产、优质、高效、安全的农业生产的科学依据,更是污染地区生态恢复和环境重建的技术创新基石,这是直接关系到人类社会未来的可持续发展的重大科学议题,故自20世纪90年代以来已经成为污染生态学和进化生态学最受关注的热点研究领域。为了强调从进化和适应的角度研究污染的长期生态效应,为了同经典的污染生态学或生态毒理学有所区别,现在已经初步形成了进化生态毒理学(evolutionary ecotoxicology)或进化污染生态学(evolutionary pollution ecology)等新兴交叉学科。伴随着基因组学的全面发展,污染生态学也与之交叉和渗透,形成了诸如生态毒理基因组学等交叉学科。

第六章 生物对长期污染的生态效应与适应进化

本章从适应和进化的角度讨论生物在长期污染条件下的生态效应及适应进化问题。在长期的污染条件下，生物的这种生态效应包括两个方面：其一，不能适应污染的生物，种群衰退，物种消亡，引起生物多样性的丧失；其二，能够适应的生物，在强大的污染选择作用下，将产生快速分化并形成了旨在提高污染适应性的进化取向。由于对污染的适应机制不完全等同于对"自然"环境的适应机制，从而使生物改变了"自然"进化模式，发生了适应污染的进化。

第一节 生物多样性的丧失

污染对生物多样性的影响，在20世纪90年代以前有关讨论生物多样性问题的著述中较少，只是把环境污染当做生物多样性丧失的一个因素来考虑。随着近年来研究工作的不断深入和系统化，人们发现，环境污染引起的物种丧失的程度并不亚于生态破坏，而且认为当今世界正在经历的物种大绝灭（mass extinction）在很大程度上与全球扩散的环境污染有密切的联系。本节根据联合国环境规划署（UNEP）生物多样性公约普遍认同的生物多样性的3个层次，分别在遗传、物种、生态系统水平上讨论污染对生物多样性的影响。表6-1概述了污染对生物多样性的影响程度。

表6-1 污染条件下生物在不同层次上的多样性变化

作用层次	效应级别	效 应 程 度
遗传水平	大	不同生态区域的自然种群间出现了高强度的选择响应，种群规模大幅度地减小，伴随敏感种群或物种的消失，导致了遗传多样性丧失；由于种群萎缩，发生了遗传漂变。遗传多样性在污染和非污染地区出现很大的差异，并可能影响生物以后的进化历程
遗传水平	中	遗传漂变只在很小的范围内存在。因少量敏感物种或个体的消失，减小了局部区域的遗传多样性水平，但对整体多样性水平没有大的影响
遗传水平	小	实验室和对照实验点之间，具有一定的遗传变异性水平的差异，但对整体种群遗传结构不构成影响
物种或种群水平	大	在一个生态区域内，有相当数量的物种，其种群的丰度显著降低，在某些地段大量种群消失。只有少数抗性种群或物种幸存下来。这种效应需要很长的时间才能部分地得到恢复
物种或种群水平	中	在一个生态区域中，只有少数几个物种的种群在一定的地段内数量下降。这种效应的恢复需要的时间尺度，也具有长期性
物种或种群水平	小	在实验环境条件下，与对照实验相比，种群在很小的地段范围中，具有消失的可能性
生态系统水平	大	生态系统受到很严重的影响，生态系统的这种改变不经过很长时间不可能恢复到原来状态。这种效应是大范围的
生态系统水平	中	在很小的空间尺度上，生态系统受到很大的破坏。这种破坏使生态系统很难在较短的时间内恢复
生态系统水平	小	在实验条件下，一个生态区域中的某个生态系统具有消失的可能性，但整个区域中的生态景观依旧

（段昌群和王焕校，2000）

一、遗传多样性的丧失

遗传多样性强调的是现有种质的遗传变异库存量,它既是生物遗传变异的历史积累,反映了生物的进化过程,也是现有生物适应当前环境和未来未知环境的遗传基础。遗传变异性的丧失是当今保护生物学普遍关注的核心内容之一。遗传多样性的丧失包括已有的遗传基因库的减小和新的遗传变异来源的降低。遗传变异性的丧失,不仅使我们可能丧失对生物进化历史进程深入探讨的机会,而且更重要的是,生物对未来环境适应性将降低并可能导致灭绝,从而意味着人类进一步发展所依托的生物资源将遗失殆尽。

污染条件下遗传多样性水平降低可能有以下 3 个方面的原因:

(1) 在污染条件下,种群的敏感性个体消失,这些个体所具有的特异性遗传多样性也因此不复存在,从而整个种群的遗传多样性水平降低。

(2) 污染引起种群的规模减小,由于遗传漂变的发生,降低了种群的遗传多样性水平。

(3) 污染引起种群数量减小,以至于达到了种群的遗传学瓶颈,即使种群最后实现了完全的适应,并恢复到原来的种群数量,由于建立者效应(founder effects),导致遗传来源单一,使得遗传变异性的来源也大大降低。

由于遗传多样性反映的是现有种质的遗传变异的库存量,而遗传变异可以通过形态学、生理学等方面的表型特征来揭示,也可以通过基于 DNA 水平上的分析获得。因此,在污染条件下生物遗传多样性丧失的程度,既有形态学上的计量研究,也有生理学上的计量研究,还有借助分子生物学手段利用等位酶技术、限制性内切酶酶切片段长度多态性(restriction fragment length polymorphism,简称 RFLP)、随机引物扩增的 DNA 多态性(random amplified polymorphism DNA,简称 RAPD)或任意引物聚合链反应(arbitrarily primed – PCR,简称 AP – PCR)等进行多方面的研究。目前的研究所揭示出来的共同现象是,在强大的污染选择作用下,种群的遗传变异水平明显降低,但在不同的研究中,因所选择的研究手段不同,得到的遗传多样性丧失的程度各有差异。例如,以形态分析获得的遗传变异资料说明污染引起的遗传多样性丧失程度较小,而利用等位酶技术和其他分子生物学手段得到的资料都说明污染引起的遗传多样性丧失程度往往很大。由于目前所用手段在很大程度上都是通过表型推测基因型,而且也没有直接的基因文库以对比分析污染和非污染种质之间的差异性,所以很难说哪一种方法获得的结果就更可靠一些。例如在北美,根据松翅的颜色和大小,反映二氧化硫污染后极地落叶松遗传变异量比没有污染的种群减小了 12%,而在北欧根据 RFLP 技术研究海岸线边一种蠕虫时,发现经过重金属污染后遗传变异量丧失程度最高时达到了 60%。段昌群(1997)利用等位酶技术,对定植生长在重金属矿区不同时间的曼陀罗(*Datura stramonium*)种群的 26 个等位酶位点进行分析,获得了不同污染经历的曼陀罗种群的遗传多样性水平,发现经过连续 3 年的重金属污染后,每位点平均等位基因数由对照的 2.1 减小到 2.0,多态位点率比对照种群减小了 4.3%。显然在污染条件下,曼陀罗种群的遗传多样性水平明显降低。张汉波、段昌群等人研究发现,微生物类群在污染环境中的遗传多样性变化也十分明显。在重金属污染矿区废弃地里,把环境中的 Pb、Zn、Cd 总量和有效态含量,pH、有机质等 3 个理化指标,与节杆菌群的 6 个亚群体的 N 行 *ei* 基因多样性指数进行相关分析,结果发现环境中可溶性 Pb 含量同亚群体的 N *ei* 基因多样性指数具有显著的负相关(图6-1),在众多的理化因子中,可溶性Pb可能是导致节杆菌群体遗传多样性减少的主导环境因子。

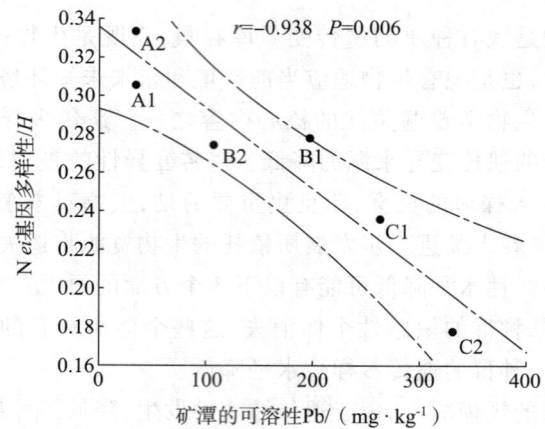

图6-1　矿渣可溶性Pb和6个节杆菌亚群体的Nei基因多样性之间的相关分析(张汉波等,2005)

另外,由于遗传多样性是现有生物适应当前环境和未来未知环境的遗传基础,所以还可通过生物经历污染前后抗逆性变化来间接反映。Steitholt等(1992)研究发现,在美国伊利湖有一种底栖动物(Perch fercaflavescens)因接触化学污染物,对其他不利环境因素(如低温、高盐等)的适应性显著降低。进一步研究发现,这种降低源于该类生物种群的遗传变异性水平的降低。Fowler等(1990)发现,加拿大的红云杉(Picea rubens)因对大气污染的适应性提高,从中丧失了一部分遗传变异性,结果对霜害的抵抗力大大降低。

一般来说,由于植物营固着生长,因此在污染条件下遗传多样性的丧失机会往往大于动物,其变化的程度比动物也更容易察觉。

二、物种多样性的丧失

在污染条件下,物种水平上多样性的丧失有很多直观性的定性描述,但缺乏定量、定点的系统研究。一般而言,首先应该充分了解一个地区或区域在没有污染条件下所有生物的种类名录和分布特点,或与此类似的一些历史资料。当经历污染后的某个时期再重新分析该区域中的生物种类。通过比较分析,就可以获得污染对物种多样性丧失的影响程度。

目前,从物种类群来看,这类的研究工作主要局限在物种数量较少的哺乳动物和鸟类;从地理环境来看,在具有明显的地理界限的湖泊中有较多的报道。例如,昆明滇池从20世纪50年代到90年代,由于水体污染导致富营养化,高等水生植物种类丧失了36%,鱼类种类丧失了25%,整个湖泊的物种多样性水平显著降低,生态系统的结构趋于单一(表6-2)。

关于污染对物种多样性的影响问题,有相当多工作还集中在大气中二氧化碳、甲烷、一氧化碳和含氟氯烃积累造成的温室效应及其对物种多样性的影响上。据估测,全球气温上升2~4℃,将使海平面上升30~50 cm;到21世纪末,全球平均温度将上升1.5~4.5℃,海

表 6-2　滇池污染引起物种多样性的变化

年代	香农-威纳指数	
	草海	滇池
20 世纪 60 年代	2.36	1.08
70 年代	1.98	0.88
80 年代	1.02	0.74
90 年代	0.29	0.67

(罗民波等,2006)

平面随之上升 20~140 cm。这种效应直接威胁着物种多样性,因为其变化的广度和速度加起来远远超过过去几十万年甚至几百万年来生物所承受的变化。这种影响直接导致珊瑚类、红树林类植物大规模灭绝。

污染引起物种多样性降低的机理一般为:①污染物的直接毒害作用,阻碍生物的正常生长发育,使生物丧失生存或繁衍的能力;②污染引起生境的改变,使生物丧失了生存的环境;③生态系统中的富集和积累作用,使食物链后端的生物中毒而难以存活或繁育等。

在污染引起物种多样性丧失的研究中,除了应了解物种总的数量动态变化外,还应注意不同物种对于污染的耐性或抗性水平不同,从而在同样的污染条件下,幸存的物种还具有一定的区系或种属特点。一般来说,广域分布的物种生存的机会大于分布范围窄小的物种;草本植物保存的机会大于木本植物;对多种胁迫环境都具有较高抗逆性水平的物种生存的机会远大于一般普通的物种;生活史中对生境要求比较严格的物种一般难以抵抗污染环境,如两栖类和部分爬行动物;珍稀濒危物种往往在污染条件下面临灭顶之灾。对这些规律的认识,有助于筛选高抗污染的物种或有目的地保护珍稀濒危物种。

三、生态系统水平的响应

生态系统水平对长期污染的响应有两个方面,即生态系统多样性的丧失和生态系统复杂性的降低。

1. 生态系统多样性的丧失

环境污染往往导致生境的单一化,从而生态系统多样性的丧失也成必然。例如,英国利物浦工业区,在 19 世纪工业革命发展最为繁盛的时期,当地的森林生态系统、草地生态系统几乎全部被单一的"人工荒漠化"的裸地所代替;中国昆明滇池地区,伴随富营养化的发展,湖滨地带的生物圈层几乎全部丧失殆尽。不仅如此,污染往往引起建群种或群落物种的消亡或更替,从而使原有的生态系统发生严重的逆向演替,比较突出的情形是森林生态系统。例如,加拿大北部针叶林在二氧化硫污染下大面积地退化为草甸草原;北欧大面积针阔混交林在二氧化硫污染下退化为灌草丛。

2. 生态系统复杂性的降低

污染导致生态系统复杂性的降低主要表现为生态系统的结构趋于简单化,食物网简化,食物链不完整;生态系统的物质循环路径减少或不畅通,能量供给渠道减少、供给程度减少,信息传递受阻。导致生态系统复杂性降低的原因主要表现在两个方面,一是污染直接影响物种的生存和发展,从根本上影响了生态系统的结构和功能基础;二是污染大大降低了初级生产,从而使依托强大初级生产力才能建立起来的各级消费类群没有足够的物质和能量支持,生态系统的结构和功能趋于简单化。

污染导致生态系统的复杂性降低不仅仅是理论上的推测,更是一种不争的事实。Peakwell(1992)在综合评述了相关的研究后指出,绝大多数污染物都会显著地降低生态系统的初级生产力,污染物本身往往也降低生物的生活能力,对物质分解和信息传递也有很大影响。北美和北欧的研究者都发现,在污染的作用下,很多生态系统在其类型发生改变以前,系统内的物种数量就发生了显著的降低,部分物种的正常生理功能也会改变,从而对整个系统的结构产生影响。热带森林系统似乎对污染的敏感性远甚于温带森林。巴西研究者发现在污染条件下不少雨林中的高大树种往往是对污染敏感树种,如果作为生态系统的"关键种(keystone species)"消失或者其生理活动受到严重影响,那么该生态系统将很快改变。所有这些效应,反映在生态系统水平上,就是生态系统的复杂性降低。除了表现为如上所述的食物网简单化、食物链缩短或不完整、生态系统物质生产力降低、物质循环速度下降或中断、能量流动不畅或效率下降外,还表现在生态系统的平衡能力降低,抵抗外界环境波动的能力减小。

污染对生态系统的影响具有一定的阶段性,其影响的程度因污染物的类型、污染发生的频度、污染的程度和强度等综合条件而异。表6-3给出了森林生态系统对污染的响应阶段。

表6-3 森林生态系统对污染的响应阶段

污染作用的时期水平	效应程度	可能的后果
0 (刚开始)	不明显	没有
1 低水平	相对没有影响	生态系统可以作为污染物的储藏库,并能同化处理污染物
2A 明显毒害水平	如果污染持续作用,生态系统内植物的光合作用水平降低,敏感物种对昆虫、真菌侵袭的抵抗能力降低	生态系统物质循环明显受到影响;对外来不利环境因素的抵御能力降低
2B 污染作用增加并持续发展	抗性种类代替了敏感种类;由于对传粉生物的影响,很多异花授粉植物难以完成授粉作用	生态系统保持原系统最低限度的结构,但功能已不健全。污染如果消失,可以在一个世纪内恢复其原有功能
3A 污染高强度持续作用	所有大型植物基本全部死亡,有毒物质在生物体内都有大量的积累	生态系统的结构已经改变,生物地球化学循环难以进行。如果污染停止,生态系统的恢复需要很长的时间
3B 特别严重的高强度污染,长期持续作用	除了细菌、藻类等高抗污染的种类,极少有其他生物可以生存	生态系统完全解体。它的恢复需要的时间尺度是以地质年代来计量

(段昌群和王焕校,2000)

第二节 生物对污染的适应

世界上所有的污染区,即使是很严重的污染区,都发现有一部分的生物仍然可以存活下来,有的依然能够完成生长发育过程,特别是繁衍过程,这说明这些生物对污染环境具有适应性。认识生物对污染环境的适应性,是污染生态学的一个重要研究内容。

一、生物对污染适应的一般原理

1. 生物对污染适应的两重性

生物对污染的适应,实际上包括两个方面:第一是对污染引起的"自然"环境的改变(外环境的变化)的适应以及对污染引起生物的生理变化(内环境的变化)的适应;第二是生物对污染物本身的适应。前者是间接性的,后者是直接性的。任何一个生物要在污染条件下获得生存和发展,都必须应对来自这两个方面的挑战。

应该注意的是,生物对污染引起的"自然"环境要素的改变以及生理变化是容易适应的,而对污染物本身是很难适应的。其原因在于,"自然"环境因子在污染条件下的改变以及生理上的变化只是一个量的问题,即温度、光照、湿度、水分、营养条件、生物关系等物理、化学、生物因素的变化和生物体内环境的变化,对任何生物而言都可能经历过,只是程度大小不同而已,在其生境中不存在某个生态因子的有无问题,在其生理活动过程中内环境的变化也只是量的问题。一般生物比较容易通过自我的生理调节而适应这类变化。即使这些变化达到生物生存的极端环境条件,生物也具有一定的应对能力,因为生物在系统发育过程中不同程度地经历过这样或那样的类似变化,而且固化在它们群体中的遗传多样性很容易适应这类"自然"环境因子的新组合。但是,对于污染物本身的适应则较难,尤其是当环境中的污染物是"自然"界没有、生物正常的生理活动从来也不需要时更是如此。因为这不是一个一般性的生物外环境和内环境变化的"自然性"的胁迫问题。绝大多数污染物对于绝大多数生物而言,是从来没有经受过的物质,这种物质环境与污染改变的"自然"环境具有本质的差别,前者是质的变化,后者是量的改变。对于质的变化这类全新化学环境,生物一般没有特异性的组织器官对污染进行解毒,往往也没有什么遗传背景可以作为生理变化调节的手段。

2. 全球性污染条件的环境特点

目前环境污染,特别是有害化学品已经成为一种全新的地球化学环境。这类环境具有这样的特点:

(1) 全新的"人造"环境　除极个别的地球环境(如火山口、含硫温泉对硫氧化物的释放、地球化学作用下的元素富集区)以外,有害化学品的全球扩散,对绝大多数的生物而言是其进化发展历程上从来没有接触过的。

(2) 化学物质种类多,多重污染物共同作用时生物适应受到很大的挑战　例如,作为除草剂、杀虫剂、化肥、各类有机化学物质等,已经有 300 万种各类化合物投放到环境中,有相当一部分直接或间接地被投放到生态系统中,目前已经有数百种化学品在全球不同区域中都有检出;每一种化学品对生物而言都是一种新的毒害因子。当很多的毒害因子共同作用于生物时,特别是生物对不同的化学品需要不同的解毒机制时,由于遗传决定的生理活动机制的有限性和生物内在资源的有限性,使生物同时面对众多的污染物进行有效适应的难度无疑是巨大的。

(3) 毒害大,选择作用强　目前在环境中广泛分布的有害化学品主要包括重金属及其衍生物、有机氟、有机氯以及其他很多微量级、痕量级的化学品,它们具有很强的毒害作用,即使在很低剂量条件下也具有很大的选择效应。

(4) 成为重要的主导因子和限制因子　有毒污染物是人类单向地向生态系统输入自然界没有或者无力进行分解和同化的物质,它们在生态系统各生态界面中不断转移、在食物链中富集,这样在很大的时间和空间范围内,污染就如同光、温、水、气等"自然"环境要素一样,形成了任何生物都必须面对的化学物质条件;加之生物要适应这类环境面临的挑战是巨大的,从而污染既是一种主导因子,也是一种限制因子,在根本上制约了生物的生存和发展。

二、生物对污染的适应性反应

凡是在污染条件下能够存活的生物,必须快速地适应污染物以及污染环境。有的生物只能对轻度污染有一定的适应性,有的则能够在较高的污染负荷中长期生存。生物对污染的适应性在很多情况下是具有种质特异性的。生物的这些适应性,往往在形态结构、生理生化功能、遗传特性上都有直接或间接的表现。

(一) 形态结构上的适应性反应

在污染条件下,很多生物在形态结构上出现了明显变化,以适应污染的环境。如在重金属长期污染条件下,植物往往出现叶面积减小,地下生长优于地上生长,导致植物在形态上有向"旱生化"方向发展的趋势。

从植物的整体性状特征上看,污染适应性水平越高的种质,在资源分配上有向生殖生长更多转化的趋势。马建明等(1998)通过对小麦(*Triticum vulgare*)3个品种(分别来自污染和非污染地区的种质)对污染的反应特征进行了分析,发现在污染区长期种植的小麦,具有较高的抗性水平。这些种质的株高和穗长增大,分蘖数也有所增大,穗粒数、千粒重、穗粒重都有增大倾向(表6-4)。

表6-4　不同适应性水平的小麦在重金属污染环境中的数量性状变化

种质来源	株高/cm	穗长/cm	分蘖数	穗粒数	千粒重/g	穗粒重/g
'5118'污染区来源	72.9	8.5	3.30	40.3	37.89	1.57
'5118'非污染区来源	46.7	7.5	2.66	36.3	34.90	1.23
'1257'污染区来源	84.1	8.0	3.17	44.0	38.23	1.68
'1257'非污染区来源	54.0	9.4	2.73	37.7	35.26	1.32
'云麦29'污染区来源	79.1	8.2	4.49	47.7	47.70	2.27
'云麦29'非污染区来源	60.8	6.7	3.24	36.7	36.70	1.48

(马建民和王焕校,1998)

动物在形态上的适应最典型的例子是椒花蛾(*Biston betularia*)的工业黑化现象。在工业革命以前,在英国的曼彻斯特,椒花蛾主要的体色为浅色,很少有黑色个体。但随工业革命发展到20世纪60年代,黑色型的频率大大上升,出现在所有工业地区,而且这些地区黑色型都很常见,频率达到95%以上;而在没有受到工业废气污染的农业地区,则仍然主要是浅色型。杂交实验结果表明,黑色型是由一显性基因控制。经深入研究后发现,蛾类的体色与环境是否一致对于蛾类的生存十分重要,只有体色与环境比较一致的情况下,才不容易被鸟类捕食。在未被污染的地区,椒花蛾主要栖息在树干上,树干一般长满地衣,环境的颜色一般为浅灰色。浅色型的椒花蛾落在树干上看起来极不突出,不容易被鸟类发现;而在污染地区,地衣不能生长,树皮呈黑色,浅色型看来很突出,而黑色型则不突出。因此,黑色型在工业区得到广泛发展。工业黑化现象不仅在英国发现,而且在世界范围内都有报道。出现黑化的昆虫种类,目前已经有30余种。

两栖类动物由于特殊的生理特性,对不利环境的适应性较差,对污染胁迫环境极其敏感。往往一个区域两栖类动物的种类和数量的变化程度,是该地区污染初期最灵敏的晴雨表。

不少生物由于先天性组织器官的结构形式和生理代谢特征,对干旱、高温、寒害等逆境具有一定的抵抗能力,而这些适应性对于适应污染也具有一定的作用,我们把生物在没有接受污染以前具有的性状特征在污染环境中也适应的现象,称为前适应(pre-adaptation)。前适应的原因是,污染引起生物外环境和内环境的变化部分,因同自然条件下的胁迫有一定的类似性,污染发生后导致这类生物相关组织和器官的功能更加强化。如夹竹桃,其叶片坚硬且上被蜡质,气孔下陷,这些对干旱高温的适应性状,也成为适应大气二氧化硫、氮氧化物污染的方式。

对于前适应,应该注意两个方面的问题:其一,在前适应中生物形态结构上的变化,很多情况下是污染引起生物外环境和内环境变化后产生的一种原有功能的强化现象。这些适应性同生物在没有经受污染以前需要适应"自然性"的胁迫环境有关,而不是污染作用后立即对生物性状进行塑造后的直接结果,目前还没有发现任何与生物适应污染特有的组织和器官。其二,生物的前适应只是对污染引起的外环境和内环境改变具有一定的作用,但这可能不是污染抗性作用机制的主要部分,往往污染物本身对生物抗性提出的挑战性远大于污染物引起环境改变的部分。因此前面所说的一般胁迫性适应机制不可能对污染造成的整个胁迫条件产生一种稳定的适应性。

植物的前适应性不仅表现在形态上,有的还表现在生理生态特性上。如前面我们已经提到,有的生物对污染物具有的解毒作用与生物正常的某些代谢途径,特别是与次生代谢产物的形成密切相关,这样解毒过程与正常代谢有一致性,从而是一种生理水平上的前适应。还比如,由于污染往往导致植物外环境的水分亏缺,内环境的水分供给减少,或生理性缺水等,植物出现生理性干旱,所以往往对污染适应性较强的植物,在形态上都有比较明显的"旱生化"特征。不难理解,很多关于污染引起的毒害机理往往与水分胁迫有关,而在污染地区有较高适应性的生物往往也与抗旱性有关。如连续生长在污染地区时间越长的玉米(*Zea mays*),地下部质与地上质量比明显上升,叶面积减小。

(二) 生理上的适应性反应

污染引起的生物生理性适应反应包括消极和积极两个方面。所谓消极的生理适应性反应是指有些生物在污染条件下,能够暂时减弱或停止部分生理代谢活动,在污染停止或降低时,再行正常的生理活动,这是通过回避(avoidance)作用产生的适应性。如大豆等植物,在二氧化硫污染条件下,气孔关闭,光合作用停止。当污染停止后,气孔重新开放,光合作用又可正常进行甚至其强度高于正常情况。不仅光合作用,其他如呼吸作用、能量代谢等很多生理过程,在动物和植物中都有类似的适应性反应。应该注意的是,这种适应一般是对偶然性的急性污染产生有效适应形式,如果长期的污染作用,通过回避作用进行适应将极大地削弱生物生存资源的获取和同化能力,最终将导致生物由于生存资源亏缺而难以生存和发展。

与回避作用相反,不少生物在污染条件下通过继续保持较高的代谢活力,积极地适应污染。不少研究表明,对污染适应性较强的生物,即使在污染程度很高的情况下,仍能保持酶的活性。由于代谢活力依然保持,生物具有较高的资源供给水平,从而也提高了生物抵抗污染的水平。段昌群等(1997)研究了在重金属污染区不同适应阶段的玉米种质对铅污染的适应性水平(图6-2)。从图中可以看出,在重金属污染区生长时间越长的种质,在铅污染条件下保持过氧化物酶(POD)活性水平的能力越高。

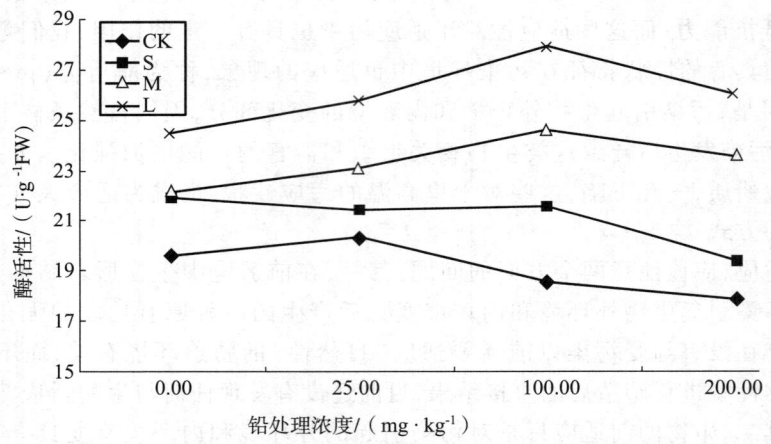

图6-2 在重金属污染区不同适应阶段的玉米在铅处理条件下过氧化物酶活性变化(段昌群,1997)
CK为从来没有经历过污染的玉米种质;S为在重金属污染区生活了2~3 a的种质;
M为生活了7~8 a的种质;L为生活了15 a的种质。所有玉米种质均为同一种植品种

其他很多酶,如超氧物歧化酶(SOD)、过氧化氢酶(CAT)、丙二醛氧化酶以及脯氨酸等去除自由基和过氧化物的酶系,在适应水平高的生物中,都有较高的活力,在污染条件下保持活性的能力也很强。

(三) 遗传上的适应性反应

遗传上的适应性反应表现在两个方面,一是基因表达水平上的变化,二是遗传基因自身的变化。

1. 基因表达水平上的变化

面对污染,很多生物在基因表达上具有各种各样的变化,如以前处于"休眠"状态的基因,在污染条件下被激活表达;由于基因的多效性,在污染条件下适应性较强的生物更倾向有利提高抗性水平的方向进行表达;其他很多基因在表达水平上更高,以形成更多的产物,减小污染引起的生理紊乱等。段昌群、王焕校等(1997)研究了在重金属污染条件下蚕豆(*Vicia faba*)乳酸脱氢酶(LHD,有5种同工酶)的基因表达,发现抗性水平较高的种质在重金属污染条件下 LHD_3 和 LHD_5 的表达明显加强。LHD_5 对于植物有效地利用资源、在同等的物质供给水平上获得更多的能量(ATP)具有积极促进作用。孟玲、王焕校等(1998)研究的重金属污染条件下小麦种子蛋白基因表达的结果表明,抗性水平较高的小麦在污染条件下种子中的醇溶蛋白、麦谷蛋白、水溶蛋白以及球蛋白表达水平均高于抗性水平较低的种质,并且发现某些醇溶蛋白基因的表达同小麦对重金属的适应性具有较高的关联度。吕朝晖、王焕校等(1998)研究了铅、镉对小麦醇脱氢酶(ADH)基因表达时也发现,小麦中ADH的表达水平越高,植物的适应性越强。

基因表达的前提是完成了基因的转录。关于适应性的高低与基因转录水平间的关系,目前尚少见直接的研究,但有一些间接资料报道。如段昌群、王焕校等(1995)研究发现,在蚕豆中对重金属适应性较高的材料在生长发育阶段中,组织内RNA的含量水平高于同等条件下适应性较低的材料。常学秀等(1998)研究表明,在镉、铝作用下,蚕豆适应性水平的大小与非程序性的DNA合成(UDS)成正相关。

2. 遗传基因自身的变化

生物对污染在遗传上的适应性突出表现在抗性的遗传性上。抗性(resistance)是生物对污染物长期作用下产生的一种稳定而定向的适应性性状。大量的资料表明,污染物对植物产生巨大影响,有很强的选择力;而相当多的植物具有对污染胁迫适应、产生新种群的潜力,这是抗性的本质属性。大量的研究发现抗性可以进行代间传递,即具有可遗传性,并且这种遗传性具有加性效应。但是,迄今为止,在动植物中克隆并可稳定在野外产生污染抗性功能的基因还不多,很多污染条件下生物遗传学的研究主要建立在通过与抗性相关的形态、生理有关性状的分析和推论上。

抗性的遗传学研究,最经典的工作是通过抗性指数来进行分析。所谓抗性指数(resistance index,简称RI),就是污染前后生物性状变化的比值。20世纪80年代以前植物抗性指数大多都是通过根在模拟污染条件下伸长状态来表示,根伸长被抑制的程度越小,抗性指数越大。很多科学家对污染条件下植物的抗性遗传进行了研究,如:麦瓶草(*Silene vulgaris*)对铅的抗性(Broker,1963),羊茅(*Festuca ovina*)对铜的抗性(Wilkins,1960),黄茅(*Anthoxanthum odoratum*)和剪股颖(*Agrostis capollaris*)对锌的抗性(Gartside和McNeilly,1974)以及玉米对铝的抗性(Magnavaca,1987)等。对于植物对单一污染物的抗性问题,Antonovics(1971)、McNeilly和Bradshaw(1982)进行过翔实的综述。这些研究一般从污染区获取具有较高抗性的材料,放到一般植物不能存活的人工污染环境中进行筛选,将筛选后获得的抗性材料与敏感材料进行杂交,通过 F_1 代对污染的反应,从而得到抗性的遗传表现形式。20世纪80年代以前,利用这类方法得到的结果都表明,生物对单一污染物的抗性是显性性状,由一大基因控制,符合孟德尔分离规律。

20世纪80年代以后,当不采用上述的临界浓度筛选法,而是用生长和生殖特性来考察抗性的遗传特性时,发现抗性不是由单一的大基因所控制,而是由多基因控制。90年代以来,人们日益认识到污染环境往往是多个污染物共存,当同时研究生物对多个污染物的抗性遗传特性时,也发现抗性的多基因控制现象。例如,从1990-1998年,段昌群、王焕校等通过对蚕豆、小麦、玉米和曼陀罗对铅、镉、锌复合污染的抗性进行了比较系统的研究,发现抗性具有明显的数量遗传特性。同期国外的研究如 Peakwell（1994，1996）、MacNair 等（1994，1995，1996）、Connell（1990，1994，1998）、Littlewooddg（1996、1997）等也说明了污染抗性是多基因遗传控制的一种适应现象。

关于多基因控制污染抗性问题，有的认为是数个大基因控制，有的认为是微效多基因控制。MacNair（1992）从种群遗传学的角度，利用适应的时效原则在理论上证明，凡是对急性的意外胁迫产生快速适应的进化，只有大基因控制的遗传方式才能实现。这个模型也有一些试验研究证据表明同抗性表型相关的有关遗传机理是由主要基因控制的。如野生植物 *Mimulus muttatus* 的抗铜性研究（MacNair，1983），白玉草（*Silene vulgaris*）的抗铜性研究（Schat & Ten Bookum，1992），绒毛草（*Holcus lanatus*）的抗砷性研究（MacNair 等，1992）等，都说明抗性是由主要基因控制的。这些研究结果都论述到，抗性首先是由一到几个主要基因控制，然后还有其他的一些基因（可能是修饰子）加强或调节抗性。Schat 等（1993）曾说，在 *S. vulgaris* 中可能有两个这样的修饰基因。在剪股颖中，也发现砷的抗性（Watkins 和 MacNair，1991）和铜的抗性（Watkins 和 MacNair，1990）都由两个主要基因控制。在农作物中，Reid（1971）和 Anoiol（1991）用不同的方法发现铝的抗性，Paull 等（1991）发现锰的抗性的遗传机制为主要基因控制。Collard 和 Mantagne（1990）研究了莱茵衣藻（*Chlamydomonas reinhardtii*）克隆构件对镉的抗性，发现有两个独立的主要基因，每一个都独立地控制抗性，但抗性活动是叠加的。

从目前的工作积累来看，抗性主要是一种数量性状，这些数量性状是由几个大基因控制，还是由很多微效多基因控制，没有原则上的界限，只是程度不同而已。由于抗性是通过生物的生长反映出来的，而生长是由很多基因共同控制的一个综合生理过程，所以即使是单一主基因控制抗性，但抗性识别的方法决定了我们认识的所有抗性以及与抗性有关的性状都是数量性状。

总之，抗性基因控制是一个复杂的遗传学问题。由于对抗性识别方式的不同，获得的抗性遗传特征也就大相径庭。随着研究的不断深入，人们将对污染抗性的遗传基因基础获得更为清晰的认识。

应该强调的是，污染抗性不是正常生物所必备的性状特征，生物的每一个个体不可能都具有像控制生长、发育和繁殖等生命活动过程必需的抗性基因，所以抗性性状以及抗性基因都可能为某些种群中少数个体所具有。这就是说，污染抗性的基因来源是种群水平上的个体行为，污染条件下生物的适应是基于种群过程上个体的再遴选。正因为如此，20世纪90年代以后，人们不再是大海捞针式地进行"押宝"探测抗性基因，而是深入研究污染后种群的遗传结构的变化和种群对污染的适应过程。

虽然在污染条件下对不同生物种、同一物种的不同品种、同一物种的不同种群和基因型间的遗传变异有一定的研究，但污染如何对自然种群的遗传变异产生影响，以及污染引起的选择性死亡是否降低种群的遗传变异的数量和质量，还知之甚少。一般在污染条件下，生物的死亡率升高，遗传多样性就会降低，对于种群很小的生物而言，更是如此。然而，等位基因多样性降低到怎样一种程度就会制约抗性种群的进化发展，目前还不太清楚。而且，在一个区域内，污染达到怎样一个程度就可以在整体上影响生物的生长活力和繁育状态，进而影响种群的遗传结构，就更为复杂，目前几乎没有研究。

从90年代以来，一些研究者如 Mejnartowixz（1983）、Scholz（1985）、Bergmann（1986）、

Muller-Starck(1990)、Geburek(1996)、段昌群(1997)、文传浩和段昌群(1999)等利用等位酶技术或 RAPD、AP-PCR 技术,调查分析了长期污染作用下种群的遗传多样性格局的变化。在这些研究中,涉及的研究材料为苏格兰松、挪威桦、欧洲枥、曼陀罗、玉米、蚕豆等,研究思路要么是对比分析不同污染地带经过污染后的种群,要么是分析同一地带经过不同污染数年以后的种群,殊途同归获得的结论是:①对照种群和污染后种群等位基因杂合度、多态位点百分率、每位点平均等位基因数目等显著不同;②抗性种群的遗传多样性水平高于敏感种群;③在某些等位酶位点上,如酸性磷酸酶(ACP)、6-磷酸葡萄糖脱氢酶(G6PDH)和谷氨酸脱氢酶(GDH)等,似乎与种群获得污染抗性具有较高的关联度;④杂合优势(heterozygote superiority)在抗性基因型中具有明显的高水平;⑤几乎没有哪一个 RAPD 扩增位点是抗性种群特有的。

尽管近 20 年来在酶的多态性方面有很多详细的研究,近 10 年来在 RFLP、RAPD 等遗传标记方面也对污染条件下种群的遗传结构进行了研究,但由于这是一个新的研究领域,工作积累还不丰富,在认识污染条件下自然种群如何维持基因位点多样性以及等位基因变异方面,还是显得证据不足。很多研究试图建立一个污染选择因素和特定电泳图谱的关联模式以及与污染适应性相关的 RAPD 位点图谱,都没有获得令人信服的成功。虽然某些酶对于污染或其他形式的胁迫具有功能上的一些意义,但这并不说明酶蛋白等位酶位点上显示出来的差异性就是适合度的差异性以及它就是适应性进化的结果。

同样的,目前实验资料很少,还不能对适应不同类型的污染所需要的遗传背景给予评价。在理论上,强大的定向选择压力和对污染条件下适应时效性的严格要求,必然出现遗传瓶颈效应,最终导致种群内遗传变异的丧失。但是,遗传基因的丧失和保存的程度还同种群内携带的抗性基因个体的数量、污染对敏感性个体的选择强度、经过原初的种群衰退后恢复的速度等因素密切相关。显然,如果在整个种群中只有为数不多的个体可以抵抗污染、新建立的种群都是以这几个个体为母体的话,种群遗传位点的变异性将大大降低。这种情况往往发生在废矿上的重金属抗性的种群中和大规模农药、除草剂使用条件下生物的适应格局中。由于在一般的非抗性种群中抗性个体的比例往往很低,如果在较低的污染水平下,选择效应并不突出,而且只有在大面积中才可能显示出来,这时较低的死亡率保存了种群内的绝大多数个体,遗传多样性水平可能因此保持较高的水平。

经过污染选择以后,重新建立起来的种群的遗传多样性水平,有的升高,有的降低。例如,我们通过研究经过重金属污染后建立起来的玉米和曼陀罗种群发现,种群等位酶位点上的多样性水平,在总体上都有不断升高的趋势,但玉米由于人工选择,导致其遗传多样性持续升高,而曼陀罗由于在种群重建过程中,敏感个体消失,使进入污染区开始阶段遗传多样性水平降低,以后再不断升高(表 6-5,表 6-6)。在德国,Mueller-Starck 等(1996)发现经过污染选择后的残余种群中,种群每个位点的等位基因平均数目由原来的 3.0 降低到 2.69,配子多态位点的多样性程度降低了 25%;在挪威,Bergmann 等(1990)发现经过污染选择后,种群的遗传多样性水平增大。

表6-5　不同污染经历后玉米种群等位酶位点多样性变化

种群经历重金属污染时间长度/a	每位点平均等位基因数	多态位点比/%	平均杂合度（直接计算结果）
0（对照）	1.9	82.6	0.332
3~4	1.9	82.4	0.384
11~12	2.2	87.0	0.348
21~22	2.1	91.3	0.478

（段昌群,1997）

表6-6　不同污染经历后曼陀罗种群等位酶位点多样性变化

种群经历重金属污染时间长度/a	每位点平均等位基因数	多态位点比/%	平均杂合度（直接计算结果）
0（对照）	2.1	73.9	0.187
2~3	2.0	69.6	0.216
9~10	2.0	74.2	0.173
15~16	2.3	91.3	0.269

（段昌群,1997）

第三节　污染条件下生物的分化与微进化

如果人们把种以上的进化称为大进化(macroevolution)，那么种以下，即种内的分化就是微进化(microevolution)。众所周知，种群是物种存在的基本单位，也是进化和适应的单位。从生态遗传学的角度看，进化就是种群的基因频率的变化。进化生态学认为，微进化力主要发生在种群内，并且逐渐把个体在适合度的遗传差异性累计成为种群、地理宗(geographic races)以至于最后积累成为物种水平上的差异。生物在污染条件下，发生了形态、生理和遗传上的适应性变化，当这种变化是基于遗传变异基础上的，经过选择固定就成为针对污染发生的定向分化。污染条件下生物的分化和进化问题，目前来看还只是一个微进化的问题。

对于一个种群，当受到污染后，种群必然立刻对污染的选择作用发生响应，响应的结果是种群内对污染适应程度不同的个体在种群中的比率发生调整，伴随抗性个体比例的升高，种群的遗传结构也发生了变化。这种遗传变化在代间的不断积累，将提高种群对污染的适应水平，种群也发生了针对污染适应的进化分化。

一、污染选择下的种群响应

生物对污染选择的响应取决于选择作用的强度和生物本身的特点。在一定范围内，选择强度越高，生物的选择响应就越突出；生物对污染物越敏感，选择响应就越激烈。例如在烟囱、火电场、冶炼厂附近等，高的选择强度常常导致高的死亡率；这时种群中假如有合适的遗传变异,预期的选择响应就会很快地发生。然而,当大气污染发生的水平是区域性的、而且浓度很低,或者是阵发性的,选择响应的情形就大大不同。不过至今对污染影响适合度的程度知之甚少。但是,如果不是生长力严重降低、不育性很高的情况下,可以想象这类选择响应是很低的,特别是对于长寿、异体繁殖、具有种子库的那些植物类型更是如此(关于种子库,下文有论述)。

绝大多数生物抗污染性的遗传是数量遗传。对数量性状的方向性选择的程度和速度受很多因素的影响,生物的内在因素不仅包括控制性状的基因数目、基因的平均效应(加性效应)、显性出现的程度、基因的上位效应和基因的多效性等,而且还与以下几个方面密切相关:

(1) 种群遗传变异量大小　只有当种群遗传变异量足够大时,生物应对污染需要的各种形态、生理、行为上的反应才能有充分的遗传保证。有的珍稀濒危生物,由于遗传多样性水平很低,所以在污染条件下往往因缺乏足够的遗传变异,从而难以逃脱灭亡的命运。同时,由于生物从来没有经历过污染,保存下来的遗传变异往往与适应污染没有直接的关系,从而有的生物即使整体上具有较高的遗传多样性水平,但也未必能够适应污染。因为这些遗传变异与污染适应没有相关性。正因为如此,污染条件下生物多样性的丧失是难以避免的一种生态现象。

(2) 适合度成分之间遗传的相关性　生物对污染的适应是形态或生理反应综合作用的结果,其中每一种形态或生理反应都构成生物适应环境能力的一个有机组成部分,这些组成部分称为适合度成分。每一适合度成分都具有一定的遗传基础,当这些不同适合度成分的遗传基础彼此间相互抵触时,将影响生物整体的适应性。如果适合度成分之间呈负相关,生物即使有良好的遗传适应背景,也不能积极有效地提高生物整体的抵抗力。

(3) 某位点上有利基因的出现同其他位点上的在选择上呈负效应的等位基因在配子的比例上失衡。

(4) 在选择过程中,加性遗传方差被耗尽。

(5) 种群太小,遗传漂变的结果是抗性基因丧失。

(6) 由于种群太小或生物的生殖生物学特性导致近交,从而引起遗传变异的丧失和近交衰败。

在具体的研究中,上述因素哪一个更为重要很难分辨,但选择过程之后的缓和阶段表现出来的表型响应有助于区分到底是遗传变异量的不足限制了进化发生,还是适合度不同成分之间的遗传负相关的结果。如果遗传变异不足限制了选择响应,那么就不会发生表型变化;如果有关的适合度成分之间在遗传上呈现负相关,那么表型就会出现变化。

应该说明的是,与抗性有关的性状,在非污染条件下也可能具有重要适应性意义。例如生长速度、气孔开放和关闭的方式、表皮的厚度等,这样,我们可能把适合度因素同抗性进化联系起来。同样的,当植物种群同时接受几种不同类型的污染物时,需要抗性机制同时有效地发挥作用,以抵抗这些污染。在这个过程中,每一方面的抗性发生可能都涉及一组或好几组基因。这时,不同基因彼此作用,如果是相互抵触的基因,则会制约选择响应。

在野外条件下,由于种群年龄级别的混杂,选择强度在时间和空间上的波动性,以及多种污染物同时作用,从而选择响应要复杂得多。

二、污染条件下生物种群适应性分化的过程

污染引起的种群分化过程包括以下几个方面：
（1）污染物作用下种群中敏感个体消失，种群规模减小。
（2）达到适应污染阈值最低要求的个体，不断扩大在种群中的比例。
（3）抗性个体在种群中的比率扩大，并通过种群内的基因重组，不断提高抗性水平；同时外来基因的流入，提高种群的整体遗传多样性水平。

生物在不同的生活史阶段对污染物的敏感程度不同。凡是能够跨越对污染物最敏感阶段并能够成功完成生育繁殖的个体，就是污染选择条件下的适应者，它将在污染选择后的种群中获得进一步发展的机会。这个机会，主要就是指抗性基因在种群中扩散的群体遗传学过程。

一般来说，抗性基因在正常种群中的频率很小，但在强大有力的污染选择条件下，对于抗性基因在种群中的传播是极其有利的。在污染条件下，选择系数经常达到50%以上，有的甚至达到99%，抗性基因因此很快在污染条件下得以扩展。这里，污染发生的强度和持续时间就具有重要的作用，表现为，一是在选择作用较弱时，遗传变化的速度也较慢。如果适合度降低的幅度少于5%~10%，抗性进化至少要经过很多代以后才能发生；二是对于阵发性污染的急性毒害发生反应的生物适应性与对低浓度长时间作用的反应是没有什么关联的。对于短期的急性作用，生物的表型可塑性往往是抵抗这类毒害作用的主要力量，而表型可塑性往往同遗传关联度较低有关，因此这种选择作用的结果因没有发生到种群遗传结构的变化上，从而没有进化效应。而且短期的急性作用不经过一个生命周期，是没有进化绩效的。因此，研究污染条件下的进化，必须是指生物对于长期持续接触污染物产生的反应。因为在高浓度下的短期接触与在一定浓度下长时间的接触在进化上是完全不同的，所以过去许多在污染方面的抗性研究仅仅只是涉及1~2个实验浓度水平的短期处理，也没有剂量效应关系的可比性资料，更没有代间效应的比较，是很难说明所出现的变化就是一种适应性变化，也不能说明相关的变化就是生物对污染选择作用下的响应。

另外，以往研究工作的另一个特点是针对生活史较短的植物类型，与此相对应的是植物抗性的快速进化。具有很短生活史周期的植物，在强有力的选择作用下，种群很快发生的遗传变化可以快速地向下一代传递，并不断获得巩固，这一点是毫无疑问的；但在"自然"生态系统中，优势种常常是那些寿命长的木本植物和多年生植物，它们通过不定期的种子进行繁殖，而且常常面临的是相对较小的选择压力，这就限制了它们在污染物的作用下快速演变为抗性种群的速度。有的在抗性进化发生以前，污染物的作用就已经导致了物种退化或物种替代现象的发生。

三、影响植物污染抗性进化的生物因素

影响生物对污染适应性进化在实质上取决于两个方面，一是自然选择的强度和类型，即外因；二是生物本身的生物学特性，特别是种群内遗传变异的数量和种类，即内因。对于外因，我们在前文多处已经作过论述，这里我们主要讨论生物学特征对抗性进化的影响。

能否产生适应性进化及进化发生的前途如何,往往受被选择生物的种群生物学特性所决定。这些特性涉及物种生物学的方方面面。对于动、植物而言,植物种群在生活史、种群表现和繁殖特征方面要比动物复杂得多。对于动物,其种群生物学的基本构架可以建立在这样一个前提上:二倍体,纯粹的两性繁殖,在较大的有效种群中进行异体杂交繁殖,没有世代重叠现象等。但这种假设在植物种群中几乎没有任何意义。植物的自体繁殖限制了它的遗传组合,基因流动有限,很小的有效种群数量,巨大的休眠种子库,克隆繁殖,很高的表型可塑性使植物种群中的选择后果难以具有很大的代表性。有的植物种群,有效种群数量很小,适合度变异的环境成因很高,这些特征降低了选择强度和遗传漂变作为一个种群遗传结构重要控制因素的作用。虽然随机过程不能阻止强度很高的选择,但在选择强度很低的情况下,它们具有重要意义。

这里以植物物种生物学主要特征,来说明影响生物抗性进化的因素。

(一) 生活史特征

植物生活史的差异很大。例如,植物的寿命从短命的一年生草本到数百年的树木,这给研究终生适合度,即不同寿命个体间的比较带来了困难。植物的繁殖特性就更为复杂,有性繁殖和无性繁殖在某些植物的整个生活史中往往交替出现,并且不同的环境条件下在植物种群内和种群间二者发生的频率往往还不同。这种性状本身具有很大的可塑性,固然是植物适应污染的一个先天性的利器——前适应,但这对于研究种群的进化速度却带来了困难。因为只有有性繁殖,才具有进化上的意义。不仅如此,植物进行无性繁殖时具有一系列的类型,如根茎、块茎、储藏根、分蘖、具有无性繁殖能力的其他根、茎、叶等,这些不同的繁殖性状本身就对污染的反应就具有很大的差异。

Grime(1978)根据植物生活史的特点,把植物划分为3种类型:杂草型(ruderals)、竞争型(competitors)及胁迫忍耐型(stress tolerators)。这对我们研究污染条件下的适应性进化问题,具有一定的借鉴作用。这3种典型的适应性,每一种适应类型都包含相同或相似的形态、生活史、生理特性。通过对这3种极端类型的了解,再进一步地了解众多的这3种极端状况之间的中间类型,更有助于提高研究的效率。

污染条件下植物的抗性进化受植物的生活史特征和繁殖生物学特征所制约,这是由于种群的生态学和统计学特征在种群的遗传结构控制中具有特别重要的作用;而且交配系统还制约着植物遗传传递的格局和重组的水平。

(二) 植物的种子库

种子库是很多植物的共同特征,特别是那些生存在极端环境,或者生活环境高度不确定的植物。从进化的角度来看,种子库可以看成是从前代而来的迁移体。种子库的影响主要表现在以下两个方面:

(1) 种子库降低了等位基因达到平衡的速率,从而降低了进化变化的速率。等位基因频率变化的程度随着种子库中种子萌发的平均世代数增加而降低。

(2) 种间种子活力、萌发的可能性和种子生产的差异性导致进化速度的差异。

种子库的平均世代数从 1 a 增加到 2 a,将导致进化速度降低一半,但种子库不影响等位基因频率的变化。在这种情况下,污染选择引起被选择基因的固定,这种固定速率随着种子库世代数的增加而降低。

这里值得一提的是,污染抗性在很大程度上是一个数量性状,而不是被单一主基因所控制。在抗性的数量遗传条件下,进化速率常常要慢得多,而稳定的种子库又强化了这种效应。

种子库对前代的有效"记忆"增加了处于衰退时期的种群数量;相应地,处于增长时期的种群由于前代的种子数量与大批量当代新生的种子数量相比很少,这就降低了种子库的"记忆"能力。在经历污染最初的时间里,由于敏感个体的消失,使得种群衰减,这时种子库将会抑制种群衰减的速度和进化发生的速度。然而,如果种群进入到第 2 个快速增长和扩大的阶段,特别是较敏感的竞争者消失,这时的种子库可能不再像前一时期那样阻碍抗性的进化速度。

植物的个体大小与生殖产出的关系,在一年生的植物中两者相关系数为 0.9。也就是说,个体越大,生产的种子数量就可能越多,对种子库的贡献就越大。这样,如果植物对污染物具有较高的抗性,在生长上也就明显加快,因此其种子的生产量也就高于敏感性个体。这样种子库阻止抗性进化的趋势也会缓和下来。如果在短期污染条件下,抗性的基因型和敏感的基因型出现营养生长受损、产量降低的差异,随着时间的推移,将会在个体的大小上明显地显示出来。这种情形和上述结果完全一样。对于多年生的植物而言,种子库对进化效应速度的影响较小,特别对于那些寿命很长的植物更是如此。多年生植物本身可能会像种子库一样,阻碍进化变化,这是由于两者都为上下代间的交配创造了条件。

(三) 表型的可塑性

植物和动物的一个显著差异还在于植物具有表型可塑性。可塑性在植物对污染的响应中具有重要作用。污染既可能在质量上,也可能在数量上引起植物体中的资源在组织和器官中的配置。二氧化硫和臭氧抑制根的生长甚于茎的生长,从而降低了根茎比;在二氧化硫污染条件下资源在叶中分配增加,茎中的分配降低。污染常常导致生殖投入降低,并因此引发了一系列的响应。很多的研究表明污染条件下植物可塑性的变化,有的还和遗传控制有关。

现在普遍认为,表型的可塑性、发育的自稳态机制以及遗传多样性是生物应答环境不可知性和环境异质性的策略。可塑性和自稳态一直被认为是植物对短期的、不可预知的环境变化的一种适应性反应。虽然在短期范围内,可塑性反应可能是适合度的成分,但仅仅靠可塑性维持植物在长期污染条件下的生长和生殖也是不行的。因为表型可塑性的范围总是有一定限度,同时可塑性具有较高的适应代价,它常常涉及通过营养组织的损伤弥补因为光合作用的降低所带来的资源不足。如果污染胁迫稳定存在,并且相当严峻,植物可能难以通过这种能力而维持自身,同时也会出现对害虫和疾病抵抗能力的降低;而且,虽然可塑性可以被选择,但在发育上和形态上会制约可塑性的进化。因此,较高的可塑性水平对于短期适应污染胁迫是有效的,但不可能在进化上成为一个抗性机制。

(四) 植物的生殖特征

开花植物的有性生殖过程包括开花、授粉、受精、种子成熟和种子的散布。这种过程是一个连续过程,并且在一个相当集中而短促的时间中发生。在其中的任何一个阶段,污染会导致整个植物生殖潜力受挫。虽然这个时期对植物遗传变异的传递和种群的遗传结构具有特别重要的影响,但污染条件如何影响植物生殖过程的研究还不多见。相对于研究营养生长而言,研究污染条件下植物生殖过程的主要难度在于该过程本身的复杂性和在很短时间内发生,并且是一个相当敏感的过程。因此,很难准确地说明生殖过程中的哪一个时期在生殖潜力丧失中具有重要作用,特别是在野外条件下开展研究工作,难度就更大。

如前所述,污染胁迫下生殖响应的一个最普遍的方式是生殖生长中的资源配置水平降低、资源分配受阻。这种可塑性反应,往往通过开花受抑,芽、花、果实和种子的减少或无效性增多表现出来。这种效应往往又和污染发生时间、持续时间长短、发生强度等密切相关。当污染强度持续增加时,对生长产生了抑制,对生殖影响的最大可能性是开花水平降低,对于多年生植物尤其如此。虽然目前也有一些这样的报道,如环境污染刺激开花,但这种现象是死亡的先兆,因为胁迫已经导致了资源短缺,开花又将耗尽它更为稀少的资源。当污染是阵发性发生,而种群又是处在生殖阶段时,情况又复杂得多。这可能会出现对配子产生的影响,导致花粉或雌蕊的不育;也可能出现生殖功能受挫,如引起花粉活力、萌发能力降低以及果序和种子数量降低。

(五) 植物的传粉系统

具有亲和性的花粉在个体之间的有效传递是异型杂交植物生殖过程中最为重要的一个时期。对于通过动物授粉的植物而言,特别是那些需要特殊的传粉者才能完成授粉作用的植物,在严重的大气污染条件下,因为污染物对传粉者的毒害作用,减少了传粉动物的数量,或降低了传粉动物的生活力,从而降低了对花的访问次数,阻碍了传粉作用的进行。这种情形对于一般的污染区并不严重,但在城市和有关工业区,则相当突出。在热带森林类地带,因为大多数植物是异体杂交,因此对大气污染特别敏感。传粉动物访问频率的降低,对于果序或果穗的影响可能并不突出,因为大多植物果序的生产和果穗的生产并不受传粉动物制约。但是,污染条件下传粉动物采粉行为及交配方式的变化,对授粉植物在数量和质量上产生影响,最终也会影响基因流动格局。这种效应仅仅通过监测种子的生产是难以获得的,只有利用某些遗传学标记才能获得有关资料。对于风媒植物而言,大气污染对传粉的影响可能并不突出。

花冠的方向性对于某些类型的大气污染是比较敏感的,特别对于那些可以溶于雨水的污染类型尤其如此。管状或碟状花冠,如果直立开口向上,就会接纳雨水。其他植物的一些生物学特征,例如花的形态、柱头接受花粉的时间、花粉的黏着性、主要生殖器官的形状、结构和朝向等等,都可能不同程度地影响该类植物对于污染的敏感程度。在群落中,来自相邻植物的保护程度也会产生污染对植物生殖过程的效应。

四、生物对污染适应的代价

为了适应污染环境,生物在生理、生化、遗传进化方面的调整,提高了生物对污染的适应性,但可能降低和制约了生物在其他方面的适应性,这就是适应代价问题(adaptation cost)。已有文献中提到的抗性代价、耐性代价与这里的适应代价包含的意义类似,只是强调的侧重点不同而已。适应代价的表现是多种多样的,我们在这里归纳为生态代价、生理代价和进化代价 3 种。

1. 生态代价

生态代价(ecological cost)是目前探讨最多的代价形式。它主要指对污染适应的生物,在进入到正常环境中时,它的竞争力降低;同时,还可能伴随有对温度、水分、病虫害的抵抗能力下降(某些抗污染植物因协同抗性而提高了对环境胁迫的抵抗能力,这是协同抗性的问题)。段昌群(1996)曾把小麦同一品种有较长污染经历和没有污染经历的种质种植到未污染的环境中,发现前者的有效分蘖(构建)水平低于后者。Bradshaw 等(1975)对剪股颖的研究发现,把抗性和非抗性种质同时种植到未污染环境中,竞争的结果是以抗性种质失败而告终。王映雪、段昌群等(1999)研究发现,对镉适应水平较高的曼陀罗对盐害的适应性大大降低。

2. 生理代价

生理代价(physiological cost)是指对污染适应的植物,在某些生理性能上低于正常植物。例如,对 SO_2 污染适应时,气孔的关闭降低了光合能力(Ehleringer 等,1990);抗性植物通过降低代谢以减少对有害元素的吸收,但同时也降低了对水肥的吸收(Tingey 等,1990);有污染经历的曼陀罗种子在正常环境下的发芽率较低(段昌群,1997)。

3. 进化代价

进化代价(evolutionary cost)反映的是对污染适应很好的植物在其他环境中进化发展的灵活度降低,以致可能失去适应其他环境的可能性。原因可能是,长期的选择作用,使与污染没有关系的种群遗传多样性丧失太多、对污染适应基因频率的固定,加之在其他环境中因缺乏应变的遗传储备,从而失去了进化发展的机会。我们对玉米和曼陀罗的抗重金属性研究发现,经历污染时间较长的玉米种群在正常环境下的性状变化,在很多数量特征上不及没有污染经历的种群,这样在以后的进化发展中,这样的种群明显具有劣势。

以上 3 种代价虽从不同角度提出,但实际上它们是相互联系的。生理代价是生态代价的个体背景,或更深层次的原因;进化代价是生态代价和生理代价长期付出的可能结果。进化代价还可能与污染条件下生物的遗传多样性丧失太多有关。

适应代价的出现,不仅对植物的未来进化产生不利,还对生态系统的生物生产、人类社会的经济生产产生负面影响。如生物对污染的适应是以抵抗其他不利环境能力降低、整体生物生产力下降为代价的话,污染最终导致的生物整体效应是适应能力下降、生物圈生产力降低,这样全球污染带来生物多样性的丧失以及给生物进化带来影响的速度将大大增加,因为这不仅仅表现为已有生物多样性的丧失上,而且幸存的生物也难以说明其已经逃脱了污染导致绝灭的命运。所以准确地认识这一问题,在理论上可以深入地认识植物的适应性及其起源,污染的进化效应和人工影响下生物圈的演变;在实践上可以为人工影响下的生物圈管理、污染条件下种质优选与作物经济性状的提高提供理论依据。

五、污染条件下生物分化与进化的一般趋势

人们已经清楚地了解到,凡是在污染条件下仍能生存和繁衍的生物,都对污染有不同

程度的抗性,而且生物对污染物的抗性进化速度是很快的,远远不是人们曾经认为的"一个物种的分化,需要跨越很长时间尺度才能完成"这样一个传统理念。例如,工业黑化的发生不过是 50 a 左右的时间;植物对重金属抗性适应不到 10 a 就可以达到较高的水平;植物对除草剂的抗性 3~5 a 就可以发生;一些昆虫对杀虫剂的抗性也只需 3~5 a。在这些大量事实面前,抗性进化及其遗传学的研究就显得相当滞后了。

进化的一般含意是种群基因频率的变化。这一概念对于单位点控制下的变异性是容易分析和研究的。但事实上,绝大多数性状远非单一基因控制,抗污染基因更是如此(Taylor,1990)。由于进化发生的复杂性,即使污染条件下某一基因频率发生变化,也可能没有任何可见的进化迹象。其原因主要在于:

(1) 目前所有对污染遗传效应的研究,涉及的不是与植物对污染适应性进化直接有关的基因本身,而只是与抗性可能有关的基因,以及这些基因频率在种群变化过程中引起其他基因频率的变化与相应的基因效应。

(2) 进化发生了,但并不了解。如污染环境条件下引起表型的改变,有可能同某基因引起的表型变化很类似。这种表型模写现象(phenocopy)也对了解抗性进化带来了困难。

在污染选择条件下,从一系列的性状产生定向变化,并且这种变化在污染因素去除后仍然保持的现象来看,进化确实已经发生(Antonovics,1971;Prus-Glowacki 等,1995)。事实上,现在关于进化的实例绝大多数是基于形态定向分化(McNeilly,1995)。但是,在污染条件下众多性状的定向变化,也很难根据某一形态性状发生的定向变化来说明在污染选择下发生进化效应的程度。每一种性状的变化,都只提供了一定的进化信息,其本身并不是植物对污染适应进化的直接结果。目前,比较可靠的研究是通过对比分析污染经历有无以及长短不同的生物种群之间的遗传距离,根据遗传距离估算污染条件下抗性进化发生的程度和速度。

根据分子钟理论(Kimura,1968,1979),通过获得的种群间的遗传距离,可以计算出相应分化程度需要的理论时间(Nei,1971,1987;King,1973)。进化分化时间(t)与遗传距离(D)的关系为:

$$t(a) = 5 \times 10^6 D$$

段昌群(1997)通过比较曼陀罗种群经历污染的实际时间长度以及在该时间尺度内产生遗传距离的理论时间,得出了在重金属长期污染选择下该植物进化的速度状况(表 6-7)。从表 6-7 可以看出,重金属污染选择下种群间分化的实际时间和理论时间之间的差异达到了令人费解的程度,远远超过了一般性生物系统发育的进化速度。曼陀罗不到 20 a 污染经历达到的遗传分化水平在自然条件下需要近数十万年才能完成。当然这种估计的正确性如何,目前也颇有争议。但是,污染大大加快了生物分化的进程,确实是不争的事实。虽然以前的研究没有通过了解种群遗传分化程度来对污染加速生物分化的速度进行量化,但也有不少工作从另外一个角度反映了这个问题。如 Bradshaw 发现英国老矿区上剪股颖在 50 a 内发生了生态型分化;昆虫对农药的快速适应进化和植物对除草剂的抗性适应建立(Bishop 和 Cook,1980);虾对近海区域石油污染的适应(Bisol 等,1994)。还有最经典的椒花蛾工业黑化现象(Bishop,1980)等。

表6-7 曼陀罗种群分化的实际时间和理论时间的比较

种群分化的实际时间/a	种群间的遗传距离	种群分化的理论时间/a
4~6	0.055	257 000
10~15	0.056	280 000
16~20	0.093	465 000

(段昌群,1997)

污染条件下生物的快速适应与进化是有理论依据的。污染条件是绝大多数生物从来没有经历过的新型环境胁迫,生物对新环境的适应机制可能不同于自然条件下的生物,对于后者是一个在已有遗传基础上进行调整的问题,而对于前者则是一个从无到有的遗传适应创建问题。这样,植物就偏离了对一般自然环境的适应,改为以对污染环境为主导对象的适应。在污染环境中,没有适应潜力的,将被淘汰;而有适应潜力的,将发生种群重建。在重建过程中,遗传分化水平的快速改变是很自然的。

小结

低剂量持续的环境污染及其引起的长期生态效应,尤其是生物多样性丧失与进化生态学效应,是目前污染生态学领域研究最薄弱的环节。长期以来,人们关注更多的是急性污染导致生境快速改变、生物大量死亡、生态系统急剧崩溃等突发性事件,由于这些突发性事件因果关系明显、产生的后果快速可见,从而容易引起人们的高度关注。目前,全球性的环境污染更多的属于非急性污染,这类污染的特点是作用剂量低、持续作用时间长、对生物的影响具有长期滞后效应,由于因果关系难以很快地界定,对生物的影响不能快速的显现出来,往往容易被人们忽视或淡忘,而一旦发现生物多样性的丧失,往往采取措施已经为时已晚。

已有资料表明,非急性污染环境在全球性范围内已经形成。相应地,这种条件下导致生物多样性丧失将是全球性的,业已成为并将更进一步地成为最重要的生物多样性丧失的原因。非急性污染对生物多样性的影响,是一个相对较长的过程,这个过程的结果取决于污染作用的方式、生物本身的适应性以及二者之间的相互作用,从而是一个生态遗传学过程。认识非急性污染条件下生物多样性丧失的生态遗传学机制,是环境污染全球化条件下生物多样性有效保护的科学基础。

根据进化生态学或生态遗传学的基本原则,从 DNA 分子—基因表达—生化代谢—生理生态—个体适应—种群效应—生态系统反应等不同层次上,逐级分析问题,形成一个从微观到宏观层次的污染进化生态学过程,建立一个研究和分析问题的逻辑框架,是本章学习的重点。

思考题

1. 为什么说环境污染是现存生物面临的全新环境?植物应对这种环境面临的最大挑战是什么?
2. 生物对污染环境的长期生态学效应有哪些?各有何特点?
3. 污染为什么会影响生物多样性的变化?
4. 生物适应污染环境和适应自然胁迫环境有何不同?以植物为例,分析如何研究生物对污染环境的适应性。

5. 生物对污染环境的适应将付出哪些代价？这些代价对保护生物多样性和在污染条件下发展农业生产具有什么启示？

6. 生物对污染环境适应的遗传学根源是什么？如何提高生物对污染的适应性水平？

7. 哪些生物学特性将影响生物对污染的适应性进化速度？

8. 根据动物、植物、微生物的一般生物学特征的差异性，分析它们对污染环境适应对策上有何不同。

9. 污染条件下生物进化具有什么特点？如何研究这种进化？

10. 生物对污染环境的适应和进化对抗性生物和监测生物的筛选各有什么指导作用？

11. 比较分析毒性、抗性、适应性、分化和进化等概念的区别和联系。

建议读物

1. 段昌群. 植物对环境污染的适应与植物的微进化. 生态学杂志, 1995, 14(5): 43 – 50.

2. 段昌群, 王焕校, 姜汉侨. 污染条件下生物多样性丧失的生态遗传学基础。生态科学进展, 2005, 1: 267 – 290.

3. Anderson SL, Wild GC. Linking genotoxic response and reproductive success in ecotoxicology. Environmental Health Perspectives, 2001, 102(12) Suppl.: 9 – 12.

4. Barbault R, Sastrapradja SD. Generation, maintenance and loss of biodiversity. In: Heywood, V. H. eds. Global Biodiversity Assessment. UNEP, Cambridge: Cambridge University Press, 2003, 193 – 274.

推荐网络资讯

1. 生物多样性减少：http://baike.baidu.com/view/2258403.htm
2. 污染条件下生物多样性丧失的生态遗传学机制：
   http://www.planta.cn/forum/files_planta/paragraphaeparagraphoe_126.pdf
3. Air pollution and biodiversity：
   www.equilibriumresearch.com/upload/.../airpollutionandbiodi4f9.pdf
4. Science: Evolution by Pollution
   www.time.com/time/magazine/article/0,9171,904357,00.html

Really Rapid Evolution: http://www.sciencedaily.com/releases/1999/09/990930071733.htm

下篇 应用篇

第七章

水体污染及其生物防治

　　水体(water body)是指以相对稳定的陆地为边界的天然水域,包括河流、湖泊、沼泽、水库、地下水、冰川和海洋等。水体不仅包括水,还包括水中的悬浮物质、溶解物质、底泥及水生生物等完整的生态系统,它是地表被水覆盖的自然综合体。

　　水是自然界的基本要素,是人类和生物赖以生存的基本条件。水资源是可再生资源,但不是取之不尽的。地球表面的大部分为蓝色的海洋所覆盖,海洋占地球总表面积的70%以上。地球上水的总量约为 1.4×10^9 m³。其中,海水占96.5%,淡水占3.5%。淡水中50.1%存在于冰川冰帽和永久积雪中。对人类生活和生产活动关系密切而又比较容易开发利用的淡水储量约为 4.0×10^6 km³,仅占地球总水量的0.3%左右,而且在陆地上分布还很不均匀(表7-1)。

表7-1　地球上水量分布

序号	水分类型	储量/10^4 km³	在总水中的百分比/%
1	海洋水	133 800	96.54
2	冰川冰帽	2 406.41	1.74
3	地下水	2 340	1.69
4	永冻土底冰	30.0	0.02
5	湖泊水	17.64	0.013
6	土壤水	1.65	0.001 2
7	大气水	1.29	0.000 9
8	沼泽水	1.15	0.000 8
9	河流水	0.212	0.000 2
10	生物体内水	0.112	0.000 1
11	总量	138 598.46	100

(蒋展鹏,2005)

　　水资源是人类生产生活不可缺少的自然资源,也是生物赖以生存的环境资源,随着水环境污染和水资源危机的加剧,水资源短缺已成为世界备受关注的环境资源问题之一。我国是世界13个贫水国之一,人均淡水资源占有量仅为世界平均水平的1/4,且时空分布不均。在中国600多座城市中,333座城市存在不同程度的缺水现象,108座城市严重缺水。然而,中国又是世界上用水量最多的国家。仅2002年,全国淡水取用量达到5 497亿 m³,大约占世界年取用量的13%,约是美国1995年淡水供应量(4 700亿 m³)的1.2倍。

与此同时,国内水资源的污染日趋严重。根据2010年中国环境状况公报,2010年七大水系的409个地表水监测断面中,Ⅰ～Ⅲ类、Ⅳ～Ⅴ类和劣Ⅴ类水质的断面比例分别为59.9%、23.7%和16.4%。其中,长江、珠江水质良好,松花江、淮河为轻度污染,黄河、辽河为中度污染,海河为重度污染。主要污染指标为高锰酸盐指数、五日生化需氧量和氨氮。湖泊(水库)富营养化问题突出,26个重点湖泊(水库)中,满足Ⅱ类水质的1个,占3.8%;Ⅲ类的5个,占19.2%;Ⅳ类的4个,占15.4%;Ⅴ类的6个,占23.1%;劣Ⅴ类的10个,占38.5%。主要污染指标为总氮和总磷。营养状态为重度富营养的1个,占3.8%;中度富营养的2个,占7.7%;轻度富营养的11个,占42.3%;其他均为中营养,占46.2%(中国环境状况公报,2010)。

水资源短缺和水体污染已经严重影响我国经济的发展,开展水体污染及其生物防治的研究是污染生态学中重要的研究课题。污水灌溉、氧化塘和土地处理系统是污水生物处理的重大措施。

第一节 水 体 污 染

水与水体是两个紧密联系又有区别的概念。例如,重金属污染物通过沉淀、吸附、螯合等途径,很容易从水相转移到底泥中。所以,如果只从水来看,重金属含量一般都不高,但整个水体可能受到严重污染。从水体概念去研究水环境污染,才能得出全面、准确的认识。

一、水体污染的概念

水体污染(water pollution)就是进入水体的外来杂质含量超过了水体的自净能力,使水质恶化,对人类环境和水的利用产生不良影响。1984年颁布的《水污染防治法》中为"水污染"下了明确的定义,即水体因某种物质的介入,而导致其化学、物理、生物或者放射性等方面特性的改变,从而影响水的有效利用,危害人体健康或者破坏生态环境,造成水质恶化的现象。

水体污染通过自然和人为作用产生。自然原因包括自然大气沉降物、岩石风化、有机物自然降解以及水体由于自然灾害等原因产生的放射性物质和硫化物、氟化物等。人为原因是人类生活和生产活动中产生的废物对水的污染,对水体造成的危害较大。

二、水体污染源

向水体排放或释放污染物的来源和场所,称为水体污染源(water pollution sources)。按污染源的形态分为点污染源和面污染源。

1. 点污染源

由排污口排入水体的污染源称为点污染源(point pollution sources),它又分为固定的点污染源(如工厂、矿山、医院、居民点、废渣堆等)和移动的点污染源(如轮船、汽车、飞机、火车等)。造成水体点污染源主要有以下几种工业:食品工业、造纸工业、化学工业、金属制品工业、钢铁工业、皮革工业、染色工业等。点污染源排放污水的方式主要有4种:直接排放污水进入水体;经下水道与城市生活污水混合后排入水体;用排污渠将污水送至附近水体;渗井排放。

2. 面污染源

在一个大面积范围排放污染物的污染源称为面污染源(area pollution sources)。如喷洒在农田里的农药、化肥等污染物,经雨水冲刷随地表径流进入水体,从而形成水体污染。根据面污染源发生区域和过程的特点,一般将其分为城市面污染源、农业面污染源和林业及山地面污染源。农业面污染源是指在农业生产活动中,农田中的泥沙、营养盐、农药及其他污染物,在降水或灌溉过程中,通过农田地表径流、农田排水和地下渗漏,进入水体而形成的面污染源。经统计,面污染源约占总污染量的2/3,其中农业面污染源占面污染源总量的68%~83%。

三、水体污染物及其化学行为

(一) 水体污染物的类型

20世纪60年代美国学者曾把水中污染物分为7类:

(1) 耗氧污染物　能通过生物作用和化学作用而消耗水中溶解氧的物质,统称为耗氧污染物。绝大多数的耗氧污染物是有机物,无机物主要有Fe、Fe^{2+}、S^{2-}等。

(2) 致病污染物　一些可使人类和动物患病的病原微生物与细菌。

(3) 毒性污染物　指的是进入生物体后累积到一定数量能使体液和组织发生生化和生理功能的变化,引起暂时或持久的病理状态,甚至危及生命的物质。

(4) 植物营养物　N和P是植物和微生物的主要营养物质。当水中N和P含量分别超过0.3 mg/L和0.015 mg/L时,就会引起水体的富营养化,促进各种水生生物(主要是藻类)的活性,刺激它们的异常增殖,这样会造成一系列的危害。

(5) 无机及矿物质。

(6) 放射性物质　放射性污染(radioactive pollution)是放射性物质进入水体后造成的。主要来源于核动力工厂排出的冷却水,向海洋投弃的放射性废物,核爆炸降落到水体的散落物,核动力船舶事故泄漏的核燃料;开采、提炼和使用放射性物质时,如果处理不当,也会造成放射性污染。

(7) 热污染　水体温度过高而引起的危害,叫做热污染(thermal pollution)。热污染是一种能量污染,它是工矿企业向水体排放高温废水造成的。

这些污染物进入水体后通常以可溶态或悬浮态存在,在水体中的化学行为直接与污染物的存在形态相关。因此,在研究污染物在水环境中的迁移、转化等化学行为和生物效应时,不但要指出污染物的总量,同时必须指明它的化学形态及不同化学形态之间的相互转化过程。

影响化学形态变化的因素很多,包括水体的物理和化学性质、其他化学物质、水生生物和微生物的种类与数量、土壤、岩石、沉积物、固体悬浮颗粒物质的表面性质等,因此,化学形态变化过程的研究是一个极其复杂的问题。

（二）有机污染物的化学行为

有机物在水环境中的化学行为主要取决于有机物本身的性质以及水体的环境条件。例如，四氯二苯并对二噁英有22种异构体，其中4个氯在2、3、7、8位置上的异构体对被试动物的毒性比其他异构体的毒性高出3个数量级；丙体六六六有显著的生物活性，是极有效的杀虫剂，其他异构体的毒性则相对低得多。有机物在水环境中的降解是环境污染物自然净化的主要过程，它主要通过水解作用、光解作用、挥发作用、吸附作用、生物富集和生物降解等过程来实现。水体中有些物质如碳水化合物、脂肪、蛋白质等比较容易降解，有机氯农药、多氯联苯、多环芳烃、合成洗涤剂等较难降解。

（三）重金属污染物的化学行为

重金属（heavy metal）元素很多，在环境污染研究中所说的重金属主要是指汞、镉、铅、铬以及类金属砷等生物毒性显著的元素，也指具有一定毒性的重金属，如锌、铜、镍、钴、锡等。其中最引起人们重视的是汞、镉、铅、铬等。

重金属是具有潜在危害的重要污染物。与其他许多污染物不同，重金属的污染威胁在于它不能被生物降解；相反地，生物体可以富集重金属，并且把某些重金属转化为毒性更大的金属有机化合物。

重金属迁移（translocation of heavy metal）指的是重金属在自然环境中随着时间的改变而发生的空间位置的改变。重金属的转化（transformation of heavy metal）指的是随着介质条件的改变而使重金属的存在状态发生变化。重金属在水环境中的迁移转化过程主要有：①水环境中颗粒物对重金属的吸附作用；②重金属在水环境中的氧化还原转化；③重金属的溶解和沉淀反应，溶解度大者迁移能力大，溶解度小者迁移能力小；④重金属的配合反应；⑤生物甲基化和生物富集作用等。重金属污染物在水环境中通过一系列物理化学作用，参与和干扰各种环境化学过程和物质循环过程，最终以一种或多种形态长期存留在环境中，造成永久性的潜在危害。

天然水体中重金属的存在形态十分复杂，不同的形态具有不同的化学行为、环境效应和生物效应。例如，对水中的溶解态金属来说，甲基汞离子的毒性大于二价无机汞离子；游离铜离子的毒性大于铜的络离子；六价铬的毒性大于三价铬；五价砷的毒性则小于三价砷。对沉积物中的结合态金属来说，可交换态重金属离子的毒性大于与有机质结合的金属及结合于原生矿物中的金属等。

第二节　水体富营养化

富营养化（eutrophication）是指在人类活动的影响下，生物所需的氮、磷等营养物质大量进入湖泊、河口、海湾等缓流水体，导致某些特征性藻类异常增殖，水体颜色加深（褐色或墨绿色），水体透明度下降，溶解氧降低，水质变坏，鱼类及其他生物大量死亡，水体呈鱼腥气味，从而破坏了水体的生态平衡，导致水体生物多样性下降，单优势种群数量增加，水生生态系统失去原有的价值。富营养化是水体衰老的一种表现，是湖泊分类与演化的一个指标,也是世界各地的湖泊与水库普遍发生的一种现象,受到世界各国的普遍重视。湖泊和河流的水华、海洋的赤潮等都是水体富营养化的表现。

水体一旦进入富营养阶段就会对水体生态环境产生很大的负面影响,包括水质下降、有毒藻类的产生、食物链的改变、动物栖息地的减少等,最终影响经济建设和社会发展。

引起水体富营养化的因素很多,主要与水域中的营养盐含量、浮游藻类的生产力和水文气象条件有关。氮和磷及其化合物是产生富营养化的主要营养物质,特别是磷,水体中每增加 1 kg 磷可增长 100 kg 藻类;水中的微生物及蓝藻、绿藻等水生植物对大多数形态的氮都有一定的吸收作用,并可在缺氧的环境中通过呼吸作用直接从大气中固氮。判断水体的富营养化程度除表观指标(颜色、透明度等)外,主要是根据水体中氮、磷含量以及水生生物(藻类)的种类和数量。国内外研究表明,湖泊的富营养化主要都是以氮、磷负荷及与之相关的浮游藻类生产力来确定。

一、主要水质指标与标准

(一) 水质指标

无论是天然水还是各种污水、废水里都含有一定数量的杂质。所有各种杂质,按它们在水中的存在状态可以分为 3 类:悬浮物质、溶解物质和胶体物质。各项水质指标则表示水中杂质的种类、成分和数量,是判断水质的具体衡量标准。

水质指标项目繁多,总共可有上百种。它们可以分为物理性、化学性和生物学的 3 大类。

1. 物理性水质指标

属于这一类的水质指标主要有两类,一类是感官物理性状指标,如温度、色度、嗅和味、浑浊度、透明度等;另一类是其他的物理性水质指标,如总固体、悬浮固体、溶解固体、可沉固体、电导率(电阻率)等。

2. 化学性水质指标

化学性水质指标分为 3 类:①一般的化学性水质指标,如 pH、碱度、硬度、各种阳离子、各种阴离子、总含盐量、一般有机物质等;②有毒的化学性水质指标,如各种重金属、氰化物、多环芳烃、各种农药等;③氧平衡指标,如溶解氧(DO)、化学需氧量(COD)、生化需氧量(BOD)、总需氧量(TOD)等。

3. 生物学水质指标

一般包括细菌总数、总大肠菌群数等各种病原细菌、病毒。

(二) 水质标准

不同用途的水质,要求有不同的质量标准。水质标准是环境标准的一种。水质标准有 2 类,一类是国家正式颁布的统一规定,如由卫生部 2001 年新颁布的《生活饮用水卫生标准》,由原国家环保局 2002 年颁布的《地面水环境质量标准》,由国务院环境保护领导小组、国家建委、国家经委和农业部 2005 年从新修订和颁布的《农田灌溉水质标准》和原国家环保局 1996 年颁布的《污水综合排放标准》等。

另一类是各用水部门或设计、研究单位为进行各项工程建设或工艺生产操作,根据必要的试验研究或一定的经验所确定的各种水质要求,如各种工业企业用水的水质要求等。这类水质要求只是一种必要的和有益的参考,并不都具有法律性。

依据地表水水域环境功能和保护目标,按功能高低依次划分为 5 类(表 7-2):

Ⅰ类:主要适用于源头水、国家自然保护区;

Ⅱ类:主要适用于集中式生活饮用水水源地一级保护区、珍贵鱼类保护区、鱼虾产卵场等;

Ⅲ类:主要适用于集中式生活饮用水水源地二级保护区、一般鱼类保护区及游泳区;

Ⅳ类:主要适用于一般工业用水区及人体非直接接触的娱乐用水区;

Ⅴ类:主要适用于农业用水区及一般景观要求水域。

表 7-2　地表水环境质量标准基本项目限值　　(单位:mg·L^{-1},除 pH 外)

序号	分类	Ⅰ类	Ⅱ类	Ⅲ类	Ⅳ类	Ⅴ类
1	水温/℃	人为造成的环境水温变化应限制在:周平均最大温升≤1　周平均最大温降≤2				
2	pH(无量纲)	6~9				
3	溶解氧≥	饱和率90%(或7.5)	6	5	3	2
4	高锰酸盐指数≤	2	4	6	10	15
5	化学需氧量(COD)≤	15	15	20	30	40
6	五日生化需氧量(BOD$_5$)≤	3	3	4	6	10
7	氨氮(NH$_3$-N)≤	0.15	0.5	1.0	1.5	2.0
8	总磷(以 P 计)≤	0.02(湖、库 0.01)	0.1(湖、库 0.025)	0.2(湖、库 0.05)	0.3(湖、库 0.1)	0.4(湖、库 0.2)
9	总氮(湖、库,以 N 计)≤	0.2	0.5	1.0	1.5	2.0
10	铜≤	0.01	1.0	1.0	1.0	1.0
11	锌≤	0.05	1.0	1.0	2.0	2.0
12	氟化物(以 F$^-$ 计)≤	1.0	1.0	1.0	1.5	1.5
13	硒≤	0.01	0.01	0.01	0.02	0.02
14	砷≤	0.05	0.05	0.05	0.1	0.1
15	汞≤	0.00005	0.00005	0.0001	0.001	0.001
16	镉≤	0.001	0.005	0.005	0.005	0.01
17	铬(六价)≤	0.01	0.05	0.05	0.05	0.1
18	铅≤	0.01	0.01	0.05	0.05	0.1
19	氰化物≤	0.005	0.05	0.2	0.2	0.2
20	挥发酚≤	0.002	0.002	0.005	0.01	0.1
21	石油类≤	0.05	0.05	0.05	0.5	1.0
22	阴离子表面活性剂≤	0.2	0.2	0.2	0.3	0.3
23	硫化物≤	0.05	0.1	0.2	0.5	1.0
24	类大肠菌群/(个·L^{-1})≤	200	2000	10000	20000	40000

(地表水环境质量标准,GB 3838—2002)

对应地表水上述5类水域功能,将地表水环境质量标准基本项目标准值分为5类,不同功能类别分别执行相应类别的标准值。水域功能类别高的标准值严于水域功能类别低的标准值。同一水域兼有多类使用功能的,执行最高功能类别对应的标准值。实现水域功能与达标功能类别标准为同一含义。

二、富营养化形成的条件

1. 营养元素

营养元素(特别是氮和磷)是形成水体富营养化的重要条件。根据 Liebig 1840 年提出的 Liebig 最小因子定律(Liebig's law of minimum),"生物的生长决定于外界供给它所需养分中数量最少的那一种"。通过藻类原生质组成的分析,其主要组成元素的比例为 $C_{106}H_{263}O_{110}N_{16}P$。因此,藻类生长繁殖主要决定于氮和磷,特别是磷,在富营养化水体中磷含量的高低决定着藻类繁殖速度和富营养化程度。例如,水体中只要有 15.5 g 磷,就能生产 1 775 g 藻;水体中磷的质量浓度超过 0.015 mg/L,氮的质量浓度超过 0.3 mg/L,就足以引起藻类急剧繁殖,形成水体富营养化。

2. 光

光是决定水体中绿色植物分布、生长的主要条件,它决定于水的透明度。按光量的垂直分布,可以把湖水分为富光带、光补偿面和深水带。富光带内植物光合作用释放的氧量超过呼吸作用的耗氧量,水中的溶解氧含量较高;深水带内植物呼吸作用的耗氧量超过光合作用的放氧量,水中溶解氧少;光补偿面的光照强度大约为全光强的1%,光合作用产生的氧和呼吸作用消耗的氧基本相等。因此,水体中的光照强弱、水生植物光合强度的强弱直接影响水体的富营养化。

在贫营养湖中,阳光通过清澈透明的水层可以直射底层,使整个湖的上、下层水都能进行光合作用和保持高浓度的溶解氧。而营养物质过多,藻类异常茂盛的富营养湖泊,下层水得不到光照,溶解氧较少,甚至导致氧的耗尽。

3. 温度

水体温度的时间变化(季节、昼夜)形成水体的运动,是影响水中氧和营养物质的垂直运动和在各层分布的重要因素。在湖泊中,夏季表层增温,表层水漂浮在冷水之上,上下不易混合。冬天表层水温低于 4 ℃ 或者结冰,冷水和冰密度小,漂浮在暖水之上。因此,夏、冬季水体的上下层氧气和营养物质都不能交换。春、秋两季由于上、下层水温度不均匀,特别是由于上层水密度大,上、下层水对流,氧气和营养物质都得以相互补充。

三、富营养化形成的指标与评价

(一) 富营养化形成的指标

富营养化的指标包括物理性指标、化学性指标和生物学指标3类。

1. 物理性指标

主要有透明度以及与之有关的营养状态指数。

(1) 透明度 富营养化是和藻类大量增殖引起水体透明度减小直接相关的。因此,可以通过测定藻类生物量的方法来鉴定水中的透明度。

水体中的光随水深以指数函数方式递减：

$$I_h = I_o \exp(-\alpha h)$$

式中，I_o、I_h 是指表层及水深 h 处的照度；α 是吸光系数；h 是水深。

藻类数量和透明度的关系：

$$I_z = I_o \exp[-(k_w + k_b)z]$$

式中，I_z 是和透明度(m)相对应的水深照度；I_o 为水表面照度；k_w 是由水及溶解物质而产生的吸光系数；k_b 是由悬浮物质而产生的吸光系数；z 为与水深度相对应的透明度，它与悬浮物的浓度成正比。叶绿素浓度为 c，即 $k_b = \alpha c$。

在湖泊中，k_b 通常大于 k_w，因此，$\alpha c = 1/z(\ln I_o / \ln I_z)$。

因此，可以用测定透明度的方法求出藻类的生物量。应该注意的是，在浅水湖中，影响透明度的因素不仅是藻类，目前已不用透明度作为水质指标。

（2）营养状态指数（trophic state index，简称 TSI）　日本国立公害研究所相崎守弘等人于1979年提出了湖泊的营养状态指数并求出了相应的水质参数，如表 7-3 所示。

表 7-3　营养状态指数与水质参数的关系

营养状态指数	叶绿素/($\mu g \cdot L^{-1}$)	透明度/m	总磷/($\mu g \cdot L^{-1}$)	悬浮物/($\mu g \cdot L^{-1}$)	悬浮物有机碳/($mg \cdot L^{-1}$)	悬浮物有机氮/($\mu g \cdot L^{-1}$)	总氮/($mg \cdot L^{-1}$)	耗氧量/($mg \cdot L^{-1}$)	细菌总数/(个·mL^{-1})
0	0.10	48	0.4	0.04	0.02	3	0.010	0.06	4.2×10^4
10	0.26	27	0.9	0.09	0.05	6	0.020	0.12	8.3×10^4
20	0.66	15	2.0	0.23	0.10	13	0.040	0.24	1.6×10^5
30	1.60	8.0	4.6	0.55	0.21	29	0.079	0.48	3.2×10^5
40	4.10	4.4	10.0	1.30	0.44	62	0.160	0.96	6.4×10^5
50	10	2.4	23.0	2.10	0.92	130	0.310	1.8	1.3×10^6
60	26	1.3	50.0	7.70	1.90	290	0.650	3.6	2.5×10^6
70	64	0.73	110.0	19.0	4.10	620	1.20	7.1	4.9×10^6
80	160	0.4	250.0	45.0	8.69	1 340	2.30	14.0	9.6×10^6
90	400	0.22	555.0	108.0	18.0	2 900	4.60	27.0	1.9×10^7
100	1 000	0.12	1 230	260.0	38.0	6 500	91.0	54.0	3.8×10^7

（何增耀等，1991）

2. 化学性指标

藻类繁殖过程中，需要大量的营养盐类。如前所述，根据 Liebig 最小因子定律，氮、磷是水体富营养化的限制因子，可以把它们作为富营养化的指标。美国的湖泊曾通过控制氮、磷等营养盐进行富营养化的治理，在623个湖泊中，67%是通过控制磷，30%是通过控制氮，控制其他营养盐的仅占3%（杨祯奎等，1987）。

湖泊富营养化的氮、磷标准分为5类（表 7-4）。此外，还提出了不同水深湖泊总磷、总氮的允许负荷标准和危险值（表 7-5）。

表 7-4 湖泊富营养程度的氮、磷标准

富营养程度	总磷/(mg·L^{-1})	无机氮/(mg·L^{-1})
极贫营养	<0.005	<0.2
贫-中营养	0.005~0.01	0.2~0.4
中营养	0.01~0.03	0.3~0.65
中-富营养	0.03~0.1	0.5~1.5
富营养	>0.1	>1.5

(王焕校,2000)

表 7-5 不同水深湖泊总氮、总磷的允许负荷标准和危险值　　单位:g·m^{-3}·a^{-1}

平均水深/m	总氮		总磷	
	允许	危险	允许	危险
5	1.0	2.0	0.07	0.13
10	1.5	3.0	0.10	0.20
50	4.0	8.0	0.25	0.50
100	6.0	12.0	0.4	0.80
200	9.0	18.0	0.6	1.20

(王焕校,2000)

3. 生物学指标

随着富营养化程度的增加,生物种类数量减少,优势种数目大量增加。因此,可以用物种多样性指数来表明富营养化的程度。

日本概括了湖泊富营养化和浮游生物优势种的关系,提出了从贫营养化向富营养化过渡时出现的浮游生物优势种名录,如下:

贫营养性浮游硅藻(小环藻、平板藻)
↓
浮游黄鞭毛藻(锥囊藻)
↓
富营养性浮游硅藻(星杆藻、脆杆藻、冠盘藻、颗粒直链藻)
↓
富营养性浮游绿藻(盘星藻、栅藻)
↓
浮游蓝藻(向囊藻、囊丝藻、鱼腥藻)
↓
眼虫藻类浮游生物(裸藻)
↓
细菌类浮游生物

在贫营养湖中,硅藻类的小环藻等占优势,当过渡到富营养化初期,星杆藻等藻类成为优势种;再进一步富营养化,绿藻、蓝藻大量产生。因此,可根据植物种类组成来指示水环境的富营养化程度。

(二) 富营养化的评价

为了对水质富营养化程度进行综合评价,已经提出了若干个水质富营养化评价与防治的数学模型(常会庆等,2007;徐祖信等,2009)。由于影响水质富营养化程度的因素很多,评价因素与富营养化等级之间的关系是复杂的、非线性的,并且各等级之间的关系也很模糊,所以至今仍没有一种统一的确定的评价模型。

富营养化的评价方法可分为以下几类:

1. 单因子法

单因子法包括物理参数法、化学参数法和生物参数法。

(1) 物理参数法　物理参数包括气温、水色、透明度、照度、辐射量等。其中,经常使用的指标是透明度。

(2) 化学参数法　化学参数包括与藻类增殖有直接关系的溶解氧、总氮(TN)、总磷(TP)、COD 等。

(3) 生物参数法　生物参数主要包括叶绿素 a、多样性指数、藻类增殖潜力等。

2. 综合指数法

由于单一的物理、化学和生物学指标很难准确地表示复杂的富营养化现象,富营养化评价体系从单因子法过渡到综合指数法。湖泊富营养化的评价,即确定水体的状态属性,实际上是一个将定性问题定量化的多变量的综合决策过程,因此,对湖泊的富营养化程度进行评价应以综合评价为主(蔡庆华,2002)。

(1) 营养状态指数法

① 卡尔森营养状态指数(TSI):以湖水透明度(SD)为基准的营养状态评价指数。其表达式为:

$$TSI(SD) = 10\left(6 - \frac{\ln(SD)}{\ln 2}\right)$$

$$TSI(chla) = 10\left(6 - \frac{2.04 - 0.68\ln(chla)}{\ln 2}\right)$$

$$TSI(TP) = 10\left(6 - \frac{\ln 48/(TP)}{\ln 2}\right)$$

式中,TSI 为卡尔森营养状态指数;SD 为湖水透明度值(m);$chla$ 为湖水中叶绿素 a 含量(mg/m^3);TP 为湖水中总磷浓度(mg/m^3)。在浅水湖中,影响透明度的因素较多,目前已不用透明度作为水质指标。

② 修正的营养状态指数:卡尔森指数是以透明度为基准的,没有考虑到除浮游植物以外的其他因子对透明度的影响,因此日本的相崎守弘等人,把以透明度为基准的 TSI 指数,改为以叶绿素 a 浓度($chla$)为基准的营养状况指数,称之为修正的营养状况指数(TSI_M)。基本公式如下:

$$TSI_M(chla) = 10\left(2.46 + \frac{\ln(chla)}{\ln 2.5}\right)$$

$$TSI_M(SD) = 10\left(2.46 + \frac{3.69 - 1.53\ln(SD)}{\ln 2.5}\right)$$

$$TSI_M(TP) = 10\left(2.46 + \frac{6.71 + 1.15\ln(TP)}{\ln 2.5}\right)$$

③ 综合营养状态指数：计算公式为：

$$TSI(\Sigma) = \sum_{j=1}^{m} W_j \cdot TSI(j)$$

式中，$TSI(\Sigma)$表示综合营养状态指数；$TSI(j)$代表第j种参数的营养状态指数；W_j为第j种参数的营养状态指数的相关权重。

以 chla 作为基准参数，则第j种参数归一化的相关权重计算公式为：

$$W_j = \frac{r_{ij}^2}{\sum_{j=1}^{m} r_{ij}^2}$$

式中，r_{ij}为第j种参数与基准参数 chla 的相关系数；m为评价参数的个数。

中国湖泊的 chla 与其他参数之间的相关关系 r_{ij} 及 r_{ij}^2 见表 7-6。

表 7-6　中国湖泊部分参数与 chla 的相关关系 r_{ij} 及 r_{ij}^2 及值

参数	chla	TP	TN	SD	COD_{Mn}
r_{ij}	1	0.840 0	0.820 0	-0.830 0	0.830 0
r_{ij}^2	1	0.705 6	0.672 4	0.688 9	0.688 9

（金相灿，1995）

王明翠（2002）对比了综合营养指数（TSI）、评分指数（M）和主成分分析营养度法（AHP-PCA）对太湖水质进行了评价，并且认为综合营养指数（TLI）法是一种可行的方法。

（2）营养度指数法（AHP-PCA）　通过分析国内外现有湖泊营养化评价模式，进行了反复的理论探索和实践验证，将层次分析法（AHP）和主成分分析法（PCA）相结合，提出湖泊富营养化状态综合评价方法，即层次分析-主成分分析营养度指数法。综合营养度的计算公式为：

$$TLIC = \sum_{j=1}^{m} W_j \cdot TLI_j = \sum_{j=1}^{m} W_j \cdot (a_j + b_j \ln C_{jx})$$

$$a_j = \frac{\ln C_{jmin}}{\ln C_{jmax} - \ln C_{jmin}} \times 100$$

$$b_j = \frac{1}{\ln C_{jmax} - \ln C_{jmin}} \times 100$$

式中，$TLIC$ 为湖泊营养状态的综合营养度；TLI_j 为第j个因子的分营养度；W_j 为第j个因子的"综合权"；C_{jx} 为第j个因子的监测值（平均值、丰季均值或最大值）；C_{jmin} 和 C_{jmax} 分别是第j个因子相应于营养度为 0 和 100 时的浓度值。

（3）营养评分法　利用湖泊藻类生长旺季的叶绿素 a（湖水中藻类生长高峰值前后 3 个月的平均值）与相应期间 TP、TN、COD_{Mr}、SD 的相关关系，确定评分值，从而判断湖泊营养程度。评分模式：

$$M = \frac{1}{n}\sum_{i=1}^{n} M_i$$

式中，M 为湖泊营养状态评分指数值；M_i 为第 i 个评价参数的评分值；n 为评价参数的个数。

徐祖信和姜雅萍(2009)将综合水质标识指数依照湖泊富营养化评价的特点进行了改进，应用于湖泊营养状态评价中。评价指标选择叶绿素、总磷(TP)、总氮(TN)、化学耗氧量(COD)等质量浓度、透明度，每个指标都分配了权重，将该方法应用于全国 27 个湖泊的营养状态评价，营养状态最好的是抚仙湖，为贫营养型；营养状态为中营养型的占 18.5%，富营养型的占 55.4%，极富营养型的占 18.5%。在淡水湖中，太湖、洪泽湖、巢湖和滇池已达富营养程度，鄱阳湖、洞庭湖目前虽维持中营养水平，但磷、氮含量偏高，正处于向富营养过渡阶段(赵永宏，2010)。

由于浮游藻类的生长是富营养化的关键过程。因此，在湖泊富营养化评价中，应着重考虑氮、磷负荷与浮游生物生产力的相互作用。蔡煜东等(1995)运用人工神经网络进行水质的富营养化程度评价，能够较好地反映水质情况。该方法采用的评价标准如表 7-7 所示，评价结果如表 7-8 所示。

表 7-7 湖泊富营养化评价标准

等级	总磷/($\mu g \cdot L^{-1}$)	耗氧量/($mg \cdot L^{-1}$)	透明度/m	总氮/($mg \cdot L^{-1}$)	生物量/(万个·L^{-1})
极贫营养	<1	<0.09	>37.0	<0.02	<4
贫营养	4	0.36	12.0	0.06	15
中营养	23	1.8	2.4	0.31	50
富营养	110	7.1	0.55	1.20	100
极富营养	>660	>27.1	<0.17	>4.60	>1000

(蔡煜东等，1995)

表 7-8 2010 年重点大型淡水湖泊水质状况

名称	营养状态	水质类别	主要污染指标
太湖	轻度富营养	劣Ⅴ	总氮、总磷
滇池	草海和外海均为重度富营养	劣Ⅴ	总磷、总氮、高锰酸盐指数
巢湖	西半湖中度富营养，东半湖轻度富营养	Ⅴ	总氮、总磷和石油类
达赉湖	中度富营养	劣Ⅴ	高锰酸盐指数、总磷、总氮
白洋淀	中度富营养	劣Ⅴ	氨氮、总磷、总氮
洪泽湖	轻度富营养	Ⅴ	总磷、总氮
鄱阳湖	轻度富营养	Ⅴ	总磷、总氮
南四湖	轻度富营养	Ⅴ	总磷
洞庭湖	轻度富营养	劣Ⅴ	总氮、总磷
镜泊湖	中营养	Ⅲ	—
洱海	中营养	Ⅲ	—
博斯腾湖	中营养	Ⅲ	—

(中国环境状况公报，2010)

第三节　水体污染对生物的影响

在自然水域中生存着大量的水生生物群落,它们与水环境有着错综复杂的相互关系,对水质变化起着重要作用。水生生物的种类和数量在一定程度上可以评价水质的优劣。一些敏感的代表性水生生物可以反映水质的恶化程度,如原生动物中的草履虫、屋滴虫、小口钟虫等大量出现在重污染、有机质极多的水体中;在中度污染、有机质较丰富的水域中原生动物种类最多,少数种类仅出现于有机质很少的清洁水中。各种摇蚊幼虫对不同水体有一定的适应性,因此可利用它们指示水体类型及污染程度,如在富营养化或多污带中,常见羽摇蚊、塞氏摇蚊、半折摇蚊等,故有人将富营养化湖命名为羽摇蚊幼虫型湖;在中污带中常见有流水长附摇蚊;在寡营养湖或寡污带常见劳氏摇蚊等。水生生物的存亡标志着水质变化程度,因此生物成为水体污染的指标。通过水生生物的调查,可以评价水体被污染的状况。

一、水体富营养化对水生生态系统的影响

富营养化是湖泊等天然水体面临的最为严重的环境问题,它通过促使水生生态系统中藻类以及其他水生生物的异常繁殖,经一系列物理、化学和生物作用,最终导致水质恶化、水生生物生长受阻、水生生物群落结构改变、水生生态系统结构破坏和功能受损等一系列连锁效应,从而影响水资源的利用,给饮用、工农业供水、水产养殖、旅游以及水上运输等带来巨大损失,并对人体健康构成危害。

(一) 对水质的影响

(1) 使水体散发臭味　在富营养状态的水体中,一些藻类能够散发出腥味异臭,给人不舒适的感觉,也大大降低了水质。

(2) 增加水体的色度　在富营养状态的水体中,生长着以蓝藻、绿藻为优势种类的大量水藻。这些水藻浮在湖水表面,使水质变得浑浊,色度增加,透明度明显降低。

(3) 水体的溶解氧含量降低　在富营养水体的表层,藻类可以获得充足的阳光,从空气中获得足够的二氧化碳进行光合作用而放出氧气。因此,白天表层水体有充足的溶解氧,夜晚富营养水体则缺氧。在富营养水体深层,情况就不同。首先,表层的密集藻类使阳光难以射入水体深层,使深层水体的光合作用明显受到限制而减弱,使溶解氧来源减少。其次,藻类死亡后不断向水体底部沉积,不断地腐烂分解,也会消耗深层水体大量的溶解氧,使得需氧生物难以生存。如果一旦出现溶解氧为零,会引起一系列严重后果。例如,有机物无机化不完全,产生甲烷气体;硫酸盐还原形成硫化氢气体;底泥中铁、锰溶出,在底泥附近形成硫化铁等,从而影响湖泊水质。

(4) 向水体释放有毒物质　富营养化对水质的另一个影响是某些藻类能够分泌、释放有毒性的物质。如蓝藻能释放蓝藻毒素,主要包括作用于肝的肝毒素、作用于神经系统的神经毒素等。研究表明,世界各地25%~70%的蓝藻水华可产生毒素。这些有毒物质进入水体后,可以使鱼类等水生动物中毒、病变和死亡,使渔业生产受到影响。同时这些有毒物

质也将严重危害饮用水源的水质,使人类健康受到严重威胁。

(二) 对水生生物的影响

富营养化所带来的一系列水质问题将严重影响水生生物的正常生理活动,使它们的生长受到限制,甚至停止生长并大量死亡。

1. 对水生植物的影响

富营养化能促使水中表层浮游藻类的生长繁殖,由于疯长的藻类覆盖于水体表面,使得阳光难以穿透水层,从而影响深层水体中高等水生植物的光合作用。富营养水体中的厌氧菌及化能合成菌的代谢产物对水草根系有毒害作用,也不利于沉水植物的种子萌芽。

2. 对水生动物的影响

首先,在富营养水体中,深层水体中的溶解氧不断地被大量死亡藻类的分解所消耗,又由于光合作用微弱无法产生新的溶解氧作为补充,因而导致深层水体处于极低的溶氧水平,有时甚至出现厌氧状态。生活于深层水体的水生动物,如鱼类等,由于得不到适量的氧而使呼吸作用受到抑制,无法进行正常的代谢活动,最终导致死亡。其次,富营养水体中的一些藻类能分泌和释放毒素,引起水体中水生动物中毒死亡。研究发现,微囊藻毒素和节球藻毒素能导致动物死亡。

3. 对水生生物群落结构的影响

在水体富营养化过程中,水生生物群落包括水生植物群落和水生动物群落都会发生演替,使原有群落结构发生改变。

(1) 对水生植物群落结构的影响　富营养化过程可以看做是水体中水生植物群落由大型水生植物占优势向浮游植物占优势转变的过程。随着水体富营养化的发生和发展,耐污能力强的物种得到发展,取代了原有的优势物种形成单优势群落,群落结构不断简化。与此同时,浮游藻类的个体数量迅速增加,但种类逐渐减少,藻类的暴发性繁殖最终导致"水华"的发生。以滇池为例,20 世纪 70 年代中期以后,随着人为活动的加剧,滇池湖水日益富营养化,湖泊水质恶化,导致水生植物群落结构简化和退化,原来的优势物种如海菜花、轮藻等已绝迹,眼子菜、苦草等已濒临消失,耐污种如凤眼莲、喜旱莲子草和龙须眼子菜等发展形成单优势群落。水生植物物种多样性也大幅度下降,由原来的 100 余种减少到 20 余种,而蓝藻"水华"也常常发生。

(2) 对水生动物群落结构的影响　在淡水生态系统中,水生动物主要有浮游动物、底栖动物以及鱼类等。目前研究最多的是水体富营养化过程中浮游动物和底栖动物群落的变化情况。研究表明,水体营养状况与浮游动物生物量呈显著正相关,且随着富营养化的发生,群落优势种逐渐由清水型向寡污性和耐污性种类转变。以武汉东湖为例,原生动物群落优势种也随水体富营养化而发生演替。在低营养水体中,优势种为球砂壳虫;在中营养水体中,优势种既有耐污性种类点钟虫,也有寡污性种类透明麻铃虫;在富营养水体中,耐污性的单环栉毛虫和喇叭虫已演替成为特有的优势种。大型底栖动物的物种多样性与水体营养水平呈相反趋势,富营养化导致其多样性明显降低,但耐污种群剧增。在水体富营养化严重时,常发现大量的霍甫水丝蚓个体,这主要由于该种类能耐受有机物大量分解而造成的低氧甚至缺氧环境,而其他底栖动物在这种环境下往往受到抑制甚至死亡(姜建国和吴生桂,2000)。

4. 对水生生态系统功能的影响

在一般正常的情况下,水生生态系统中各种生物都处于相对平衡的状态,但是,水体一旦受到污染而呈现富营养状态时,正常的生态平衡就会被扰乱,使水生生态系统的结构和功能受到破坏。在营养水平较高时,水体中产生表面积/体积比低的浮游动物不能摄食的大型藻类,且水体浑浊不利于靠视觉定位的凶猛性鱼类捕食,减轻了其对摄食浮游动物和底栖生物的鱼类的捕食压力,导致滤食效率较高的大型浮游动物(如枝角类)的种群减小,从而减少了其对藻类的滤食。此外,大型沉水植物消失后,大型浮游动物、螺类和鱼类的附着基质、隐蔽所和产卵场所受到影响,导致水生生态系统的生物多样性下降。生物多样性的降低必将导致水生生态系统的稳定性下降,从而破坏了水生生态系统的生态平衡。

总之,湖泊富营养化问题不是一个简单的水体污染问题,而是生态系统的结构和功能在人类活动的干预下发生了重大变化。有关湖泊等水体富营养化与生态系统功能特征的关系等方面还有待进一步的研究。

二、污水灌溉对农田生态系统的影响

污水灌溉(sewage irrigation)是指对城市生活污水和工业废水进行初步无害化处理后,直接或间接地用于农田灌溉、园林灌溉和地下水库回灌。我国水资源十分匮乏,污水资源化是缓解水资源短缺的有效途径,特别是北方地区,农业灌溉缺水日趋严重,因而污水灌溉得到越来越多的重视。

污水中不仅含氮、磷、钾 3 种肥料元素,而且还含有有机质和多种营养元素。据调查资料推算,全国每年排放的污水(按 4×10^{10} t 计)中含有的营养物相当于 2.25×10^9 kg 硫铵和 8.5×10^8 kg 过磷酸钙中所含的营养物。因此,污水灌溉一方面能为植物生长提供重要的养分,增加土壤有机质从而提高土壤肥力和生产力水平(表 7-9);另一方面,合理的污水灌溉,提供了污水排放的途径,减轻水体污染程度,改善生态环境。但是,污水中过量养分、有毒化学物质和病原体与污水同时输入农田生态系统,含量一旦超过生态系统的净化阈值,系统的结构和功能就会受到严重的破坏,不仅失去净化能力,还会导致污染物沿食物链迁移和富集。污水对农业生态系统起着双重作用,既是水源和肥源,又是污染源。

表 7-9 我国主要污灌区污水中 N、P、K 含量

污灌区	污水排放量/ (10^4 t·d^{-1})	NH$_4$-N		磷/ (mg·L^{-1})	钾/ (mg·L^{-1})
		含量/(mg·L^{-1})	总量/(t·a^{-1})		
石家庄	53	20(全 N)	3 869	6	
保定	16	57.8(全 N)	3 375		
西安	46	72	12 089	8	24
郑州	23.4	15~40	1 281~3 416	5~23	5~10
北京西郊		0.9~7		3~5	
沈抚	26	30~50	2 847~4 745		
上海川沙	30	21.2	2 321	10.7	
总计	194.4		25 780~29 820		

(王焕校,2000)

污灌区是一个复杂的由水-土壤-农作物等组成的污染生态系统。污水进入农田后,在重力作用下,从耕作层向下渗流直接进入含水层,同时在植物根系的毛细管作用下,向植物根、茎、叶和子粒部分迁移。污水中的各种污染物除了由于水的流动而在土壤、含水层及农作物中迁移外,污染物质在以上各种介质中的物理、化学及生物作用也加强了污染物的迁移转化。

1. 污水灌溉对土壤的污染

土壤是天然的净化器。土体通过对各种污染物吸收、阻留、土壤胶体的离子吸附、土壤溶液的溶解稀释、土壤中微生物的分解及利用,大部分有毒物质会分解、毒性降低或转化为无毒物质,最后为作物生长发育所利用。但是,土壤的净化和缓冲能力是有一定限度的,长期利用未经任何处理的不符合灌溉标准的污水灌溉农田,土壤中的有机污染物、重金属以及固体悬浮物含量超过了土壤的吸持能力和作物的吸收能力,必然造成土壤污染,使pH、盐分等发生变化,出现土壤板结、肥力下降、土壤的结构和功能失调,使土壤生态平衡受到破坏,引起土壤环境的恶化,土壤生物群落结构衰退,土壤生物多样性下降。

2. 污水灌溉对农作物生长的影响

当有机物过多时,由于有机物的分解消耗了大量氧气,造成土壤缺氧,甚至形成厌氧,导致农田土壤产生甲烷、硫化氢等气体,铬酸、有机酸和醇类。这些有机物还能进一步分解,消耗水中的溶解氧,使土壤中氧化还原电位降低,导致 $Fe^{3+} \rightarrow Fe^{2+}$,$Mn^{5+} \rightarrow Mn^{2+}$,$SO_4^{2-} \rightarrow S^{2-}$。过剩的 Fe^{2+}、H_2S 和有机酸类一起能影响植物对营养元素的吸收,妨碍植物正常的生理代谢,甚至发生中毒反应。

微量营养元素是植物的必需元素,但各种微量营养元素都有一个合适的浓度范围。过量的微量营养元素也会对作物产生毒害作用。因此,必须控制污灌水中微量元素的含量,避免作物受害。

3. 污水灌溉对地下水的影响

污水灌溉对地下水污染的机理为:污染物首先在表层土壤发生多种物理、化学及生物反应,大部分转化为能被作物吸收利用的污染物,另一部分能将土壤中置换出的离子(如 NO_3^-、Ca^{2+}、Mg^{2+})通过淋溶渗透到地下水,造成地下水的 NO_3^- 浓度和总硬度升高。特别是污水中全盐含量较高,多种毒性痕量物质(重金属、有机污染物等)以及病原体,可能会成为地下水的污染源,灌溉后这些有害物质会随水在重力作用下沿土壤和地层的孔隙进入含水层,使地下水中的相关离子含量升高,导致地下水水质恶化。利用 N、P 元素含量过高的污水不加控制的灌溉,不仅使地下水中的硝酸盐含量升高,同时也导致地下水中其他离子含量的相应增加,而亚硝酸盐是致癌物亚硝酸胺的前体,长期饮用将危害人类健康。因此,在进行污水灌溉时应考虑地下水污染。据全国污水灌区农业环境质量普查组对 20 个灌区地下水污染状况的调查,发现有 16 个灌区的浅层地下水受到不同程度的污染,主要污染物为酚类、重金属、CN^-、NO_3^-、NO_2^- 等。

4. 污水灌溉对地表水质量的影响

随着污水灌溉的发展,一些随污水带来的污染物将在土壤中残留累积。这些污染物一旦遇到暴雨,发生农田径流,就将排出农田,随水流汇到江河湖海。一般情况下,由于土壤径流发生的土壤侵蚀,会将大量泥沙及其含有的 N、P 以及其他化学元素带入水体并污染水域,包括近海。在海口发生的赤潮,即与径流携带的大量营养元素 N、P 有关。在污灌情况下,农田径流一方面把土壤残留污染物带出农田、流汇到水域,另一方面污水灌区的污灌退水中 N、P 等营养物质丰富,因此,污水灌区径流对地表水体有很大的影响。

污水具有双重性。利用污水灌溉的好处是:①为农业用水提供了补充水源。城市排放的污水包括生活污水和工业污水,每天的排放量是比较稳定的,把这些污水处理后用于农田灌溉,可节约大量淡水资源,缓解水资源短缺;②污水中的氮、磷等营养元素得到有效利用,减少了化肥使用量,提高了农业的经济效益;③起到净化水质以及改善土壤结构的作用。污水中的有机质具有一定的黏着性和吸附性,如果使用得当,可使黑土层加厚,砂土变紧,黏土变松,达到改良土壤、节省劳力的功效;④具有明显的增产效果。

但是,由于中国污水灌溉缺乏相关标准,不少地区直接引用原生污水进行灌溉,对环境造成了极大的破坏。近年来中国再生水灌溉虽然发展较快,但由于受经济、社会及技术方面的限制,经初步处理的污水中有害的污染物质并未完全去除,造成了土壤、作物和地下水的严重污染。

第四节 水体污染的生物防治

我国是世界上 13 个贫水国家之一,日趋严重的水体污染加剧了水资源短缺的矛盾。因地制宜地将污水自然生物处理与人工处理结合起来,实现污水资源化利用,是解决我国水资源短缺和水体污染矛盾的最有效途径之一。污水的自然生物处理是指通过土壤-植物-水系统中物理、化学和生物过程,使水体中的污染物得以净化,而营养物质和水得到再次利用的无害化与资源化处理技术。自然生物处理技术包括氧化塘技术、土地处理系统和湿地(主要指人工湿地)系统。

一、氧化塘技术

氧化塘(oxidation ponds)又称稳定塘或生物塘。氧化塘技术是利用库、塘等水生生态系统对污水的净化作用,进行污水处理和利用的生物工程措施。氧化塘作用的基本原理是生物降解。当污水进入塘后,可沉淀的固体沉至塘底,其中的有机物进行厌氧分解,产生的沼气(CH_4)逸出水面,二氧化碳、氨等溶解于水中。溶解或悬浮于水中的有机物经微生物作用进行有氧分解,同时释放的氨和二氧化碳溶解于水中,供水中藻类生长和繁殖。藻类进行光合作用放出的氧气供微生物分解有机物。

氧化塘由于基建、运行、管理费用低廉,节能,操作简易,性能稳定可靠,具有广谱和高效的去除能力,不仅能去除生物易降解的有机物(BOD),还能有效地去除氮、磷等营养物质、病原菌、病毒和难降解的有机物,再通过种植水生植物,养鱼、虾、贝、鹅等,实现污水资源化。目前,全世界已经有 50 多个国家在使用氧化塘系统。在发展中国家,氧化塘的应用也比较广泛。

(一) 氧化塘结构及净化机理

目前国内外普遍采用厌氧、兼性和好氧串联氧化塘。每塘又由于水深浅不同区分为好氧区、兼性区和厌氧区。

氧化塘的净化作用主要是通过氧化、还原、合成的过程去除污水中的污染物(生物可降解的物质)。生物不能降解的物质,则由污水中物理、化学性质的变化而发生氧化、还原、凝聚、沉降作用而沉淀除去。

1. 厌氧塘

厌氧塘的原理与其他厌氧生物处理过程一样,依靠厌氧菌的代谢功能,使有机底物得到降解。反应分为两个阶段:首先由产酸菌将复杂的大分子有机物进行水解,转化成简单的有机物(有机酸、醇、醛等);然后产甲烷菌将这些有机物作为营养物质,进行厌氧发酵反应,产生甲烷和二氧化碳等。

厌氧塘是在处理高浓度有机污染物时,在兼性塘和好氧塘前的预处理塘,有机负荷高,厌氧占优势。厌氧菌能从 NO_3^- 和 NO_2^- 中获取氧并放出氮。硫酸盐和碳酸盐是厌氧菌和兼性菌的主要供氧体。厌氧降解包括两个阶段,第一阶段是产酸阶段,主要靠厌氧菌把大分子的碳水化合物、脂肪、蛋白质分解为较小分子的有机化合物(羧酸和醇类)。第二阶段是甲烷发酵,由绝对厌氧的甲烷菌将羧酸和醇类等转化为甲烷、二氧化碳等最终产物。就去除 COD 和 BOD 而言,产酸阶段 COD 和 BOD 降低的很少,但在甲烷发酵阶段则明显降低。因为在甲烷发酵阶段废水中的有机物的主要组成元素碳、氢、氧、氮等转变为甲烷和二氧化碳而从废水中除去。产生甲烷和二氧化碳等气体的量越大,BOD 和 COD 的去除率越高。

构造及主要尺寸:

(1) 长宽比　一般为矩形,长宽比为 2∶1~2.5∶1。

(2) 深度　有效水深 2.0~4.5 m(2.5~5.0 m);储泥厚度≥0.5 m;超高 0.6~1.0 m。

(3) 堤坡　堤内坡度 1.5∶1~1∶3;堤外坡度 1∶2~1∶4。

(4) 进出水口　厌氧塘进口设在底部,高出塘底 0.6~1.0 m;出水管应在水面下,淹没深度不小于 0.6 m;应在浮渣层或冰冻层以下;进口和出口均不得少于两个。

(5) 塘数及单塘面积　至少应有两座,可并联;单塘面积 $(0.8~4)×10^4$ m^2。

2. 兼性塘

兼性塘是最常见的一种氧化塘。兼性塘的有效水深一般为 1.0~2.0 m,从上到下分为 3 层:上层好氧区,中层兼性区(也叫过渡区),塘底厌氧区。好氧区对污水的净化原理与好氧塘基本相同。藻类进行光合作用,产生氧气,溶解氧充足。有机物在好氧性异养菌的作用下进行氧化分解,兼性区的溶解氧的供应比较紧张,含量较低,且时有时无。其中存在着异养型兼性细菌,它们既能利用水中的少量溶解氧对有机物进行氧化分解,同时,在无分子氧的条件下,还能以 NO_3^-、CO_3^{2-} 作为电子受体进行无氧代谢。

厌氧区内不存在溶解氧。进水中的悬浮固体物质以及藻类、细菌、植物等死亡后所产生的有机固体下沉到塘底,形成 10~15 cm 厚的污泥层,厌氧微生物在此进行厌氧发酵和产甲烷发酵过程,对其中的有机物进行分解。在厌氧区一般可以去除 30% 的 BOD。

构造及主要尺寸:

(1) 长宽比　多采用矩形塘,长宽比为 3∶1~4∶1。

(2) 塘深　有效水深 1.2~2.5 m;储泥厚度≥0.3 m;超高 0.6~1.0 m。

(3) 单塘面积　一般介于 $(0.8~4)×10^4$ m^2;系统中兼性塘一般不少于 3 座,多串联。

3. 好氧塘

好氧塘全塘皆为好氧区,塘水深应保证阳光透射到塘底,使藻类能在整个塘内进行光合作用,好氧塘中藻-菌共生系统能很好地除去 BOD、氮、磷等无机营养,但由于藻类大量繁殖,使出水中因含藻类过多而使悬浮物、BOD、COD、总氮等含量偏高,造成水体二次污染。因此,国外常采用除藻技术,但技术复杂且不经济。最简便、经济和合理的除藻技术是养鱼、虾、贝、鸭、鹅等,消耗藻类,维持水体营养平衡,实现污水资源化。好氧塘如果水质差,塘浅不易养鱼,可种植耐污而有净化能力的水葱、芦苇、菖蒲、水花生、水葫芦等。

第二级好氧塘(最后氧化塘)处理的污水污染程度轻,BOD、COD 含量低,氮、磷营养物质(主要是氨氮、硝酸盐和磷酸盐)含量较多,导致藻类大量繁殖。藻类增多,又促使浮游动物、底栖动物和鱼类增多,由此建立起复杂而稳定的食物网。其中,细菌和真菌能将剩余的有机物进一步降解,从而使 COD、BOD 继续降低,分解产物如 CO_2、NH_3 和 PO_4^{3-} 以及其他无机盐、微量元素都能为植物所利用。不仅能高效地去除悬浮物、BOD、COD、氮、磷、细菌、病毒,而且能生产出植物产品和动物产品,达到污水资源化。

好氧塘多串联在其他稳定塘后做进一步处理,不用于单独处理。

构造及主要尺寸:

(1) 长宽比　多采用矩形塘,长宽比为 3∶1~4∶1。

(2) 塘深　有效水深:高负荷好氧塘 0.3~0.45 m;普通好氧塘 0.5~1.5 m;深度处理好氧塘 0.5~1.5 m;超高 0.6~1.0 m。

(3) 堤坡　塘内坡坡度 1∶2~1∶3;塘外坡坡度 1∶2~1∶5。

(4) 单塘面积　单塘面积介于 $(0.8~4)×10^4\ m^2$;好氧塘不得少于两座。

(二) 氧化塘的类型及净化效益

1. 氧化塘系统的类型

根据不同地区环境特点和差异以及污水的性质,可设计不同类型的氧化塘。

(1) 处理-贮存塘系统　我国北方冬季寒冷,有较长的结冰期,污水净化效率低。因此,冬季贮存污水,待到春、夏、秋季进行处理。过程如下:

原生污水→一级处理→深兼性塘→贮存塘→农田灌溉→排出
　　　　　　　　　　↓
沼气贮存罐←污泥消化塘或沼气池→晒泥场

在缺水的北纬 40 ℃以南至长江以北地区,可采用如下过程:

城市污水→一级处理→兼性塘→好氧塘→污水灌溉
　　　　　　　　　↓　　　　　↓
　　　　　　污泥消化塘→污泥干化场→渗滤水补充地下水

(2) 多级生态处理与利用系统　在长江以南地区,气候温暖,水量丰富,大多不需污水灌溉。因此,可利用氧化塘的水面种植多种水生植物,养殖鱼、虾、贝、螺、鸭、鹅等,建立复杂的人工水生生态系统。过程如下:

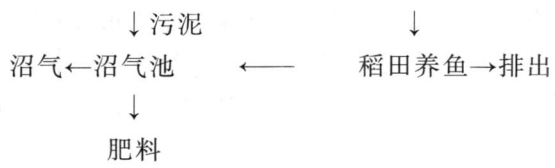

（3）高浓度有机污水的多级氧化塘处理系统　高浓度有机污水的处理较为困难，可采用多级氧化塘处理系统，过程如下：

高浓度有机废水→沉淀池→厌氧塘→兼性塘→好氧塘→出水

（4）病原微生物污水氧化塘处理系统　该系统主要用于处理病原微生物含量较高的医院污水，过程如下：

$$医院污水 \xrightarrow{石灰} 化学沉淀 \to 兼性塘 \to 好氧塘 \to 出水$$
$$\downarrow$$
$$污泥消化$$

2. 氧化塘的效益

这里主要强调氧化塘的净化效率和较低的投资费用。

（1）净化效率　氧化塘的净化效率前面已作阐述，这里介绍一些实例。

李建华等（1992）对黑龙江省安达市氧化塘系统进行研究，得出其氮和磷的去除有明显的季节性，并且与生态系统的类型及生物量成正相关关系。TN 和 TP 的去除率在 5—10 月分别为 69.7% 和 72.3%，11—4 月分别为 51.9% 和 41.7%。另外，NH_3-N 和 $PO_4^{3-}-P$ 的去除率在 5—10 月分别为 88.1% 和 35.4%，在 11—4 月分别为 23.8% 和 6.9%。由于填料的设置，11—4 月强化厌氧塘对 TN 和 TP 的去除率比普通厌氧塘提高 10% 左右，好氧塘承担了塘系统去除氮和磷约 50% 的负荷，氧化塘中氮、磷的去除是在生态系统的直接作用下完成的。生态系统越丰富，生物量越大，其去除氮、磷的效果越好。好氧塘中还有丰富的氮、磷资源可供利用。

在以高等水生植物、藻－菌共生体组成的综合氧化塘系统中，不同种类高等水生植物的净化功能是不同的。在自然条件下用 7 种植物净化污水（COD 700 mg/L，BOD_5 460 mg/L），10 d 后紫背萍大部分死亡，其他 6 种植物对 COD 的净化率分别为：凤眼莲 95.1%，香蒲 92.9%，水花生和水浮莲 94.5%，芦苇 92.7%，菱白 88.8%。将净化效果最好的凤眼莲在 COD 888 mg/L、BOD_5 554 mg/L 的污水中培植时，22 d 后其根、叶受到损害，生长受到影响，而在 COD 551 mg/L、BOD_5 353 mg/L 污水中则影响很小（王德铭等，1991）。

氧化塘出水一般会出现藻类增多现象，导致 COD、BOD、TSS（总悬浮物）等指标也会相应升高，影响出水水质。王德铭等（1991）还研究了氧化塘出水水质的生态学修饰。在天然条件下的模拟生态系统中，凤眼莲、水浮莲、水花生及紫背萍每天可分别使藻类细胞密度平均下降 5.2%、4.27%、0.82% 及 0.6%；每千克褶纹冠蚌每日平均可滤食 14.48 g 的水中物质。经过生态学修饰，综合生物塘中藻类年平均去除率为 42.4%，COD、BOD_5、TSS、TN、NH_3-N、TP、无机磷等指标的含量也明显降低。

水解池-稳定塘是一种新型的氧化塘系统，与传统氧化塘相比，其优势主要体现在降解谱广和降解速率快，在达到同样的出水水质时，所需时间可缩短 50%。同时，占地面积也可减少 50%。这主要是因为水解池能将大分子难降解有机物转化为小分子物质，从而加速了在后续稳定塘中的降解。王凯军、陶涛等在北京市高碑店污水处理试验场内进行研究，水解池和稳定塘的水温分别为 21 ℃ 和 15 ~ 25 ℃、水停留时间分别为 3 h 和 5 ~ 8 d、COD 有机负荷分别为 3.87 kg/（m^3·d）和 358.4 ~ 653.0 kg/（m^3·d）。净化效果如表 7-10 所示。

表 7-10　水解池-稳定塘系统的净化效果

指标	总进水	水解池出水	稳定塘出水	总去除率/%
COD/(mg·L^{-1})	548.2	329.2	89.7	83.6
BOD$_5$/(mg·L^{-1})	201.9	146.3	11.1	94.5
SS/(mg·L^{-1})	223.4	45.1	7.0	96.9
总氮/(mg·L^{-1})	34.68	31.17	9.17	73.56
总磷/(mg·L^{-1})	8.5	7.67	1.29	84.82
粪大肠菌群/(个·L^{-1})	2.3×10^8	5.0×10^7	2.3×10^6	99
沙门氏菌/(个·L^{-1})	5.1×10^5	1.2×10^5	1.2×10^4	97
总大肠菌群/(个·L^{-1})	2.3×10^8	7.3×10^7	9.2×10^6	96
CH$_2$Cl$_2$/(mg·L^{-1})	0.33	2.37	0	100
CHCl$_3$/(mg·L^{-1})	53.2	12.9	0.8	98.6
C$_2$H$_3$Cl$_3$/(mg·L^{-1})	52.0	19.2	7.4	85.8
CCl$_4$/(mg·L^{-1})	0.20	0.11	0.04	80.0

（王凯军等,1992）

（2）经济效益　氧化塘具有较好的经济效益,其基建投资、运转费用与耗电量均比二级污水处理厂低。

王凯军等(1992)报道了3种处理方法,设计水量7 500 m^3/d 的技术经济指标(表7-11),其中地价设为75 000元/hm^2。可见,水解池-稳定塘比初沉池-稳定塘和活性污泥法具有更好的经济效益。

表 7-11　3种处理方法技术经济指标的比较

方法	基建投资/万元	运行费用/(万元·a^{-1})	占地面积/hm^2	耗电/(kWh·a^{-1})	处理成本/(元·m^{-3})
水解池-稳定塘	162.2	13.5	6.7	26.3	0.049
初沉池-稳定塘	307.6	21.3	16.7	26.3	0.078
活性污泥法	421.9	47.7	1.5	109.5	0.165

（王凯军等,1992）

（三）氧化塘的发展趋势

氧化塘技术已越来越受到重视,今后氧化塘的发展趋势包括以下几个方面:厌氧塘、兼性塘、好氧塘和曝气塘技术日趋成熟,将得到广泛的应用;研究、开发和利用一些新型氧化塘(如水解池-稳定塘)和水生植物塘(如水葫芦、芦苇、水葱、蒲草塘等),可多级串联,也可作为最后净化塘,主要去除悬浮物(SS);充分利用氧化塘污水处理和污水资源化的双重功能,提高氧化塘的生态、经济和社会效益;氧化塘将由主要处理生活污水,发展为处理各种工业废水。但值得注意的是,氧化塘占地较大,在缺地的城市近郊推广使用受到限制。

二、土地处理系统

土地处理系统(land treatment system)是指利用生态工程原理,将污水通过土壤-生物系统,除去污水中的营养成分和污染物,达到净化和综合利用的目的。土地处理系统应包括污水的预处理设施(氧化塘)、贮水湖(污水库)、灌溉系统和地下排水系统等部分。土地处理系统较工程处理既节省投资,又节约能耗,还能综合利用,因此,是一种大有发展前途的污水处理措施。

从20世纪80年代以来,污水土地处理系统得到了快速发展,在美国、俄罗斯、日本、澳大利亚、以色列和西欧各国等都得到了广泛的应用。在美国,已有45个州发展了污水土地处理系统,占全部污水处理系统的25%左右,其中慢速渗滤系统800多个,快速渗滤系统300多个,地表漫流系统20多个。目前,俄罗斯应用于污水处理的土地面积超过1 000万hm^2,占世界第一位;日本利用土壤-植物生态系统开发了地下土壤毛管渗滤沟工艺,对污水的处理达到了三级处理的效果。我国在80年代初开始对污水土地系统进行研究,并在"八五"期间得到迅速的发展,其目的主要是通过合理利用自然生态系统,寻求一种低成本、低能耗的城市污水土地处理系统。

土地处理系统与污水灌溉有着十分密切的联系,但两者并不完全相同。相同点在于组成单元都是污水与土地,包括土壤、植物和微生物。污水经过土地后,其污染物含量均有不同程度的降低,具有良好的净化污水功能。但是,两者的侧重点是不同的,污水灌溉的主要目的是灌溉,即利用水资源。因此,通常是将污水引入农田,既没有预处理设施,更不具备污水处理的结构单元。污灌区以生产粮食和蔬菜为主,尽可能以少量的水灌溉多的土地面积。土地处理系统的主要功能是净化污水,它是具有氧化塘、污水库、灌溉系统和地下排水系统等结构单元的生物工程系统。而且对进入系统的污水水质有严格的要求。一般进入系统前的污水已经过处理,它要求有最适宜的水力负荷,即用尽可能少的土地面积来处理最大量的污水。如美国有20个州规定,污水必须首先经过预处理,才能用于土地处理系统;有的明确规定BOD≤10 mg/L,SS≤10 mg/L。此外,土地处理系统中主要生长牧草和森林。

(一) 土地处理系统类型

按照污水的处理方式,可将污水土地处理系统分为4种类型。

1. 慢速灌溉

慢速灌溉又称慢速渗滤,即用污水灌溉农田、草场和林地。将污水有控制地用喷灌或地表漫灌法导入土地以供植物生长所需。污水被植物吸收、蒸腾、蒸发和渗漏而得到处理。通过灌溉后一般在地表1 m左右深处水质得到很好的改善。

2. 快速渗滤

把污水通过土层得到净化,相当于把土层作为柱层析的载体。因此,不一定要有植被的覆盖和需要植物的净化作用。它并不利用污水中的肥分,这是与灌溉法不同的地方。要求土壤具有较好的渗透性,通常为粗砂、砂和砂壤土。一般是间歇地投配污水,以保持高的渗透率。

3. 坡面径流

使污水在长有植物的缓坡漫流,污水顺坡成片漫流而下,一部分渗入土壤中,少量蒸发,其余的流入集水沟。污水流动过程中,悬浮物被滤掉,有机物被微生物氧化分解。该法主要用于处理浓度高的有机污水。

4. 湿地系统

该法介于土地处理与水生生物处理之间。在运行中污水缓慢流过生长植物的土壤表面,植物光合作用产生氧气,向土壤和水中传输,污染物通过土壤、水生植物、水生动物和微生物得到净化,具有较强的氮、磷处理能力。

土地处理系统 4 种类型的比较如表 7-12 所示。

表 7-12 土地处理系统 4 种类型的比较

类型	年负荷 /(m·a^{-1})	占地面积 /(hm^2·km^{-3})	坡度与土壤基质	地下水深度/m	水的去向	水质变化	目标
慢速灌溉	0.3~1.53	24.2~119	有作物时,坡度小于20%,无作物时坡度小40%,土壤	0.61~2.44	蒸发,进入地下水,径流少	去除BOD、SS和营养物,TDS增加	尽可能多生产植物产品
快速渗滤	3.35~153	0.21~10.7	坡度无要求,粗砂、砂壤土	3.05	入地下水,部分蒸发,无径流	BOD和SS减少,TDS无变化	回灌或过滤水,植物产品较少
坡面径流	1.53~7.6	4.85~24.2	坡度2%~8%,黏土、粉砂土	无严格要求	地表径流,部分蒸发或入地下水	降低BOD及SS,营养物减少,TDS增加	尽可能处理水,附带生产植物
湿地系统	18.25	1.64	坡度1%~8%,底层为砾石,表层为土壤	无严格要求	地下水地表径流,部分蒸发或入地下水	降低BOD及SS,营养物减少,TDS增加	生产植物产品和处理水

(王焕校,2000)

(二) 土地处理系统的基本功能与处理机制

土地处理系统净化污水实际上是利用土地生态系统的自净能力消除环境污染。土地处理系统的净化机理包括土壤的过滤截留、物理和化学的吸附、化学分解、生物氧化以及植物和微生物的摄取等作用。它的主要过程是,污水通过土壤时,土壤将污水中悬浮和胶体状态的物质截留下来,在土壤颗粒的表面形成一层薄膜,这层薄膜里充满着细菌,它能吸附污水中的有机物,并且利用空气中的氧气,在好氧细菌的作用下将污水中的有机物转化为无机物,如 CO_2、NH_3、硝酸盐和磷酸盐等。植物经过根系吸收污水中的水分和被细菌矿化了的无机营养并通过光合作用进行同化,植物体又不断地通过收割和采伐而被去除,这就使污水得到了净化和利用。

1. 物理沉淀作用去除悬浮物

污水中的悬浮物进入土壤中,土壤颗粒间的孔隙将其阻留,起着过滤作用。土壤质地、土壤孔隙率、污水悬浮物含量及悬浮物性质对物理沉淀作用有着直接的影响。总之，污水的悬浮物是通过沉淀、过滤、吸附和固着等作用而除去的。但是，土壤阻留悬浮物的能力是有限的，过量的悬浮物可堵塞土壤的孔隙，使其透气性和透水性降低，使得土壤的物理性状恶化。因此，当接纳一定量的污水后，应有一定停灌的间歇期。在此时期配合休闲、中耕、晒田等农业措施，以便消除土壤孔隙堵塞及板结，恢复土壤的净化功能。

2. 物理沉淀作用和生物降解作用去除有机物

土壤是去除有机物的高效的处理系统。有机污水从土壤表层 50～100 cm 渗透通过时，经微生物、动物、植物根部的作用以及过滤、吸附、凝集等物理作用而得到去除。土壤中的微生物对有机物具有较强的分解能力，这是土地处理系统具有净化功能的基本原理。

土地处理系统可去除90%的有机物。当水、气、热条件适宜时，土壤 20 cm 内 BOD 分解可达 $20\sim50$ $g/(m^2 \cdot d)$；土壤对 COD 的分解能力要比 BOD 弱，其去除率一般为85%。污水中的单糖、淀粉、半纤维素、纤维素、蛋白质等在土壤中分解较快，而木质素、蜡、单宁、角质和脂肪等则分解缓慢。

3. 物理化学吸附作用、化学固定作用和植物吸收作用去除重金属

污水中的重金属离子可被土壤胶体（主要是层状硅酸盐，不溶性的铁、铝和锰的水合氧化物）吸附、置换而被固定在矿物晶体中，或与有机质（如腐殖酸）形成螯合物，降低其溶解度，减轻其危害。土壤的黏重程度、有机物含量、盐基代换量等因素对物理化学吸附作用影响较大。

4. 氧化还原作用和植物吸收作用去除氮

氮是引起富营养化的营养物之一，它在一、二级污水处理中难以去除。但在土地处理系统中可通过土壤的氧化还原作用以及植物的吸收利用而得到去除。

陈桂珠等（1996）研究了人工污水中的氮在模拟秋茄湿地系统中分配循环及其净化效果，结果表明，对污水氮起净化作用的主要是土壤子系统，几乎占总净化的98%。而且随着处理的污水浓度增大，其主导作用越明显。土壤吸收、吸附氮素的能力和土壤微生物的硝化和反硝化作用虽然很大，但毕竟是有限的，因此，不能低估植物对环境中氮的净化作用。

5. 化学固定作用和植物吸收作用去除磷

磷是决定水体富营养化的元素之一，它在一、二级污水处理中不易去除，在土地处理系统中，磷的去除取决于土壤结构，阳离子交换能力，铁、铝的氮化物含量以及植物对磷的吸收能力。磷在土壤中扩散、移动很慢，$H_2PO_4^-$ 离子的扩散系数相当于 NO_3^- 的千分之一或万分之一，故磷极难淋洗或渗漏至地下水中。因此在地下水和地表排水系统中，磷的质量浓度很少超过 0.12 mg/L。在酸性土壤中，磷和铁、铝生成磷酸盐沉淀，而在 pH 高的情况下，主要是磷酸钙沉淀。因此，多数土壤在 0.5～0.6 m 土层处，能将磷全部除去。

6. 物理沉淀作用和微生物间的相互作用去除病原微生物

城市生活污水中含有大量的致病细菌和病毒，是传染病的病源之一，通过土壤的截留、吸附、沉淀以及微生物的颉颃、原生动物的捕食能够去除。特别是土壤表层需氧微生物（如放线菌等）活跃，能抑制致病细菌和病毒的数量。因此，在有丰富微生物的肥沃土壤及干燥好气的土壤中，病原菌较少。在芦苇床系统净化污水中，总大肠菌群的去除主要是依靠原生动物的捕食作用和某些放线菌产生的颉颃作用，均能达到明显的效果。一般土壤能使大肠杆菌去除率达到99%。慢速渗滤土地处理系统能使蠕虫卵、细菌总数、大肠菌群和粪大

肠菌群的去除率均达到 99.99%。

(三) 土地处理系统的影响条件及效益分析

1. 土地处理系统的影响条件

(1) 土壤性质　土壤的结构和特性能影响污水的渗透性,影响其对各种营养元素和污染物的吸收与分解。

土壤的入渗能力限制了不产生径流的灌水率。入渗率与土壤性质、作物覆盖程度以及坡度大小有关。污灌时土壤含水量越高,入渗的能力就越差,当继续灌水时,入渗速度却随时间延长而减小,入渗速度限制了灌水率。

土壤的渗透性是指水渗入土壤后进入地下水的运动,主要取决于竖向透水性,也和侧向透水性有关。土壤透水性是决定灌水后土壤恢复透气所需时间的主要因素。

土壤类型、土壤质地和孔隙率与土壤的物理沉淀作用有着密切的联系。直接关系到土壤阻留(过滤、吸附、凝集)悬浮物、有机物和病原微生物的能力。此外,还与土壤的通气性有关。

土壤化学性质也是十分重要的。土壤有机质含量、盐基代换量都能影响土壤吸附重金属。而土壤 pH 和氧化还原电位、不溶性的铁、铝、锰的水合氧化物含量都能固定重金属和磷。

(2) 气候因子　土地处理系统的消耗用水量是土壤蒸发、植物蒸腾与下渗到地下水之和,而蒸发和蒸腾是与温度、风速、湿度以及植物的种类有关的。

土地处理系统受气温的影响较大。在冬季,如果气温低,其自然净化能力很差,导致处理效率大大降低。其主要原因是低温影响了植物根系吸收、微生物的增长和活性,改变了其生化反应。大多数土壤微生物是嗜温菌,在 20~35 ℃ 范围内显示出最大的活性。不同微生物类群对温度有不同的要求,在较高温度条件下,放线菌占优势;反之,当温度降低至 20 ℃ 以下,真菌和细菌占优势。这影响到土壤微生物间的相互作用(如颉颃作用),从而显著影响土地处理系统对病原微生物的去除效果。有资料表明,在芦苇床系统中,总大肠菌群的去除一方面是由于原生动物的捕食作用和某些放线菌产生的颉颃作用;另一方面也受温度、营养、pH 等因素的影响(李科德,1995)。此外,温度低时,土地处理系统蒸发、蒸腾的能力弱,耗水少。

(3) 植物　植物的功能是维持和增加土壤含水量和土壤渗透性,增加蒸腾和耗水量,减少地面径流和土壤侵蚀,吸收污水中的氮、磷和其他污染物。植物种类不同,其净化功能也不同,而且种类间差异较大(表 7-13)。

表 7-13　不同作物去除氮、磷数量的比较　　　　　单位:$kg \cdot hm^{-2}$

植物	苜蓿	黑麦草	草木樨属	高羊茅	大麦	玉米	棉花	大豆
氮	504	235	177	133	70	174	74	105
磷	39	67	18	30	17	19	13	12

(王焕校,2000)

森林-土地处理系统是一个典型的例子,已证明针叶林和阔叶林是去氮和改善水质的有效生物过滤器,同时又能增加生物产量,还可避免污染物进入食物链。特别是慢速灌溉处理已取得了成功。

多种水生植物在土地处理系统中的作用已受到人们的关注。

2. 土地处理系统的效益分析

(1) 净化效率　慢速渗滤土地处理法也受到了较多的关注。蔡思义等对玉米-小麦、茄子-大白菜和稻3种生态结构的组合进行比较,以一级处理出水通过1 m土层的玉米-小麦系统的综合效果最佳(表7-14)。玉米-小麦系统还能高效去除一级处理出水中难降解的有机污染物,如酚类、六六六、苯和萘。去除率在64.3%~100%。除二甲苯(64.3%)外,均大于90%。用菜地系统(茄子-大白菜)处理一级处理出水时,蠕虫卵、细菌总数、大肠菌群和粪大肠菌群的去除率均高达99.99%(蔡思义等,1992)。

表7-14　粮地(玉米-小麦)慢速渗滤系统水质处理效果　　　　　　单位:mg·kg^{-1}

项目	进水浓度	出水浓度	去除率/%
BOD_5	202	1.3	99.3
COD	339.4	19.6	94.2
SS	113.7	16.1	85.8
TN	34.6	0.67	98.1
NH_4^+-N	22.2	0.11	99.5
NO_3^-	0.16	1.56	增87.5
TP	2.23	0.072	96.8
TDS	1157	1741	增50.5

(蔡思义等,1992)

蔡思义等(1992)综合国内外有关资料,比较了不同水处理过程对污染物的去除率(表7-15)。慢速渗滤土地处理系统比其他土地处理系统和人工常规二级污水处理技术具有更好的效果。

表7-15　不同水处理过程中污染物去除率比较/%

项目	慢速渗滤	快速渗滤	坡面径流	湿地系统	二级处理
BOD_5/(mg·kg^{-1})	>99	>85	>85	>93.9	>85
SS/(mg·kg^{-1})	>90	>85	>80	91	80
TN/(mg·kg^{-1})	>90	>60	>80	82.6	30
NH_4-N/(mg·kg^{-1})	>99	>60	>85	90	30
TP/(mg·kg^{-1})	>90	>60	>40	87.5	20
大肠菌群/(个·100 mL^{-1})	99.99	>99	>99	99	

(蔡思义等,1992)

(2) 面积比较　据沈永明(1983)分析,土地处理系统占地面积大是致命的弱点。若以超深层曝气面积为1,则土地处理系统(慢速渗滤法)需60 000,两者相差6万倍,这在土地资源紧张的大城市是很难应用的。但在中小城镇、乡村等地区,可利用山林、荒地作为土地处理系统,还能产生经济效益。

(3) 耗能比较　沈永明(1983)比较了美国主要水处理工艺耗能(表 7-16)。土地处理系统电能的消耗仅为其他方法的 1/15~1/2,燃料油的消耗为其他方法的 1/20~1/10。如把活性污泥法的能耗定为 100%,则土地处理法仅为 13%~14%。按处理每立方米污水的耗电计算,其他方法为 0.13~1.39 kWh/m³,而土地处理系统仅为 0.02~0.007 kWh/m³。因此,节能是土地处理系统的一大优点。

表 7-16　主要污水处理工艺的耗能比较(以每天 2.3×10^7 L 计)

处理工艺	能耗		能耗比例/%[①]		电耗 /(kWh·m⁻³)
	电 /10⁴(kWh·a⁻¹)	燃料油 10⁶ Btu/a[②]	电	燃料油	
生物滤池,污泥厌气发酵	88.02	8 910	52	118	0.13
生物转盘,污泥厌气发酵	96.69	8 910	57	118	0.14
活性污泥法,污泥厌气发酵	170.3	7 540	100	100	0.25
生物滤池与离子交换脱氮	115.58	8 910	68	118	0.17
曝气氧化塘与出水砂滤	179.09	1 240	105	16	0.27
活性污泥法加高级处理	937.47	28 900	550	380	1.39
快速渗滤-兼性氧化塘	10.39	988	6.1	13	0.02
慢速渗滤-兼性氧化塘	22.84	1 090	13	14	0.03
坡面径流-兼性氧化塘	48.51	988	28	13	0.07

① 以标准活性污泥法为对比计算标准;② 1 Btu = 1 055 J。(沈永明,1983)

(4) 费用比较　在费用方面,土地处理系统的投入较少,同时还有一定的生物产品的经济收入。

土地处理系统具有效率高、节约能源和资金、操作简便以及能变废为宝等优点,但处理不好也会污染地面水和地下水,以及污染物积累,甚至进入食物链。因此,在土地处理系统投入运转前要进行调查,作出评估,确定土地处理的适宜度,并作出预测。当系统投入生产后,要定期观察,追踪各种元素在植物-土壤-水中的迁移动态,如发现土壤中污染物含量已超过土壤的负荷,应暂停污灌,以恢复土壤的活性。

三、湿地系统

湿地(wetland)是指天然或人工、长久或暂时性的沼泽地、泥炭地或水域地带,静止或流动的淡水、半咸水、咸水体,包括低潮时水深不超过 6 m 的水域(我国规定为 4 m)。湿地包括多种类型,珊瑚礁、滩涂、红树林、浅水湖泊、河流、河口、沼泽、水库、池塘、水稻田等都属于湿地。它们共同的特点是其表面常年或经常覆盖着水或充满了水,是介于陆地和水体之间的过渡带。湿地广泛分布于世界各地,是地球上生物多样性丰富和生产力较高的生态系统。

(一) 湿地系统的类型

湿地是一种重要的自然资源,在维持生态平衡和为一些珍稀动植物(特别是水鸟)提供野生生境方面具有不可替代的作用。由于湿地介于陆地和开阔的水域之间,所以湿地除了其自身的特征外,还不同程度兼有其他生态类群的特征。像湿地的定义一样,湿地的分类方法和系统也是多种多样的,世界各国对此也没有统一的分类系统,根据各自需要制定了适合本国需要的分类系统。

湿地可以分为自然湿地(natural wetland)和人工湿地(constructed wetland)两大类。人工湿地是指为了人类的利用和利益,通过模拟自然湿地,人为设计与建造的由基质、挺水植物与沉水植物、动物和水体组成的复合体。我国湿地分为近海及海岸湿地、河流湿地、湖泊湿地、沼泽湿地和人工湿地等5大类型,每种类型又分为若干小类。

(二) 湿地系统的基本功能与处理机制

湿地是世界上最具生产力的环境系统之一,是生物多样性的发源地,提供了水和基本的生产力,无数种类的植物和动物依赖湿地生存,支撑了众多的鸟类、哺乳类、爬行类、两栖类以及无脊椎动物。湿地也是重要的植物遗传基因库。水稻是很普遍的湿地植物,却是半数以上人类的主要食物。

生态系统服务功能(function of ecosystem service)是指生态系统具有的维持自然过程、直接或间接地为人类提供多种资源和能源、防止自然灾害等服务的能力。湿地具有多种功能和效益,如水资源功能、抵御自然灾害的功能、滞留与降解污染物的功能、生物多样性保护功能以及休闲、娱乐、科研等社会功能。

1. 滞留与降解污染物

湿地具有很强的降解和转化污染物的能力。湿地生态系统中的许多水生植物不仅具有抵御污水污染的能力,而且还可以吸收和富集水体中的 N、P 和重金属离子,对于污水的净化起着重要作用。湿地生态系统通过微生物的分解作用,具有较强的分解有机物的能力,能较好地去除污水中的 BOD 和 COD。

2. 吸纳多余的营养物

湿地作为集水区的汇点可接收来自周围地区的过量营养物,并使湿地植被及其生态系统从中获益,从而维持整个流域的生态平衡和水质的清洁。然而,湿地的吸纳能力是有限度的,超量的营养物输入会打破湿地生态系统的平衡机制,导致湿地富营养化,直至湿地生态系统的崩溃。如过量的氮、磷输入往往会导致淡水水体暴发"水华"以及沿海浅海地区发生"赤潮"等现象。

湿地能吸纳过量的营养物,净化水质,主要由于:①降低水流速度,促使悬浮物质沉积;②多样化的耗氧与厌氧过程,分解过程促进硝化/反硝化反应,化学沉降和其他化学反应,除去水体中的化学物质;③高的植物生产力提高矿物质吸收量,进而储存在植物体内,通过定期收获植物,去除水中的污染物。

3. 人工湿地污水净化机理

人工湿地污水处理系统是利用自然生态系统中的物理、化学和生物等因素的协同作用得以实现污水净化。人工湿地污水处理特别适用于远离城市污水处理厂的工矿企业及小城镇居民区的污水处理,可以很好地解决城市景园自身用水及污水处理的难题。污水既是环境污染的因素,又是可利用的水肥资源,它具有双重性。

人工湿地对污水的净化有着非常复杂的机理过程。一般认为,水体、基质、水生植物、湿生植物和微生物是构成人工湿地污水处理系统的的基本要素。植物吸收、微生物代谢以及基质的吸附、过滤、沉淀在人工湿地污染物的去除过程中起着关键作用,其中包含了物理、化学和生物三重效果共同作用的结果。

(1) 基质的去污机理　土壤是湿地的基质与载体,其去污过程来自离子交换、专性与非专性吸附、整合作用、沉降反应等。土壤-植物是一个天然的过滤器,污水进入湿地以后,经过基质层及密集的植物茎叶和根系,可以对污水中的悬浮物进行过滤和截留,并沉积在基质中。土壤中的黏土、腐殖质和矿物质具有强烈的吸附活性,能吸附污水中的各种溶解性污染物,其中基质颗粒之间的生物膜能分解或消耗水中的氮、磷,最终吸附或沉降在底泥,从而使底泥中氮、磷含量急剧升高,甚至可高达水中浓度的 10~10 000 倍。因此,人工湿地运行一段时间后需要再生处理,以恢复基质的去污效率。

(2) 植物的去污机理　植物是湿地中最重要的去污成分之一,通常是生长快、生物量大、吸收能力强的水生草本植物。在吸收移走养分的能力方面,挺水植物被普遍认为不如水葫芦这类漂浮植物,因为后者往往有极快的繁殖速度,且根系直接从水体中吸收养分与元素,并对悬浮颗粒产生过滤与吸附效果。不同的元素通过植物吸收移走的量也呈现较大差异。水生草本植物,包括挺水植物、漂浮植物和沉水植物,通过吸收能去除大量养分。如果能持续收获草本植物成熟的茎、叶可保证污水中养分被持续有效地移走。

(3) 微生物与藻类的净化机理　微生物在湿地养分的生物地球化学循环过程中往往起核心作用。它们是各类污水中最先出现并对污染物起吸收与降解作用的生物群体,而且还能捕获溶解的成分给它们的动物或植物共生体利用。微生物的生物量可作为一个湿地生态系统中土壤物理化学特征、养分含量变化以及有机质积累与分解的一个有效反映指标。

人工湿地处理污水时,有机物的降解和转化主要由植物根区微生物活动来完成。湿生植物通过通气组织的运输,将氧气输送到根区,在植物根须周围微环境中依次出现好氧区、兼氧区和厌氧区,为好氧微生物和厌氧微生物大量存在提供了条件。废水中大部分有机物在好氧区内被好氧微生物氧化分解,而在还原区域内则经厌氧细菌的发酵作用将有机物分解。细菌能使含氮有机化合物转化为可供植物和微生物利用的含氮无机化合物;真菌具有强大的酶系统,引起纤维素、木质素、果胶等的分解,能分解蛋白质,释放氨;放线菌是降解含氮化合物和不含氮化合物的积极参与者,还能形成抗生物质维持湿地生物群落的动态平衡;磷细菌能将有机态的、不可直接利用的磷素降解为简单的、可供植物及微生物吸收的磷化物,并在厌氧条件下提供短链脂肪酸;硫细菌能将有机硫化物降解为无机硫化物再从污水中除去;含氮化合物的去除则先由亚硝化细菌和硝化细菌在好氧条件下将其降解为硝酸和亚硝酸,又在缺氧条件下经反硝化细菌将其还原为 N_2O 或 N_2。

湿地土壤支撑着湿地动植物与微生物的生命过程。土壤中各种元素的循环与转化都与微生物作用密切相关,而这些微生物过程又受土壤 E_h 与 pH 的强烈影响。微生物的生物量随着土壤 E_h 的降低而降低,结果土壤酶活性与有机碳、N 和 P 的矿化反应也随之下降,它们之间有显著的相关性。植物除吸收与吸附功能外,另一个重要的净化场所来自其根际微生态系统的综合作用。固扎在土壤中的根系所形成的根际微生态系统所起的作用更大,它不仅影响土壤的物理结构,更重要的是具氧化效应的根际圈影响着土壤中的化学过程、pH 和土壤微生物的活动,而且土壤 pH 的升降又影响到养分的有效状态和金属对生物的毒性。湿地中有机质运转和养分循环与土壤中电子受体的有效性和氧化还原条件有密切关系。由于氧气的扩散,即使在淹水条件下,土体和水体内也会维持不同程度的有氧条件,从而使得氧化还原反应能在湿地内持续发生。

(三) 湿地系统的影响条件及效益分析

1. 人工湿地净化的影响因素

湿地的污水净化性能主要依赖于当地的气候、湿地中水流动力学特性、植物种类、微生物类群及基质组成。不同的植物种类和微生物类群对污水的净化效果不同,因此应选择对污水处理效果好、适应性强的种类,如芦苇便是特别有效的植物。基质的组成与水流过程及某些污染物的积累、释放密切相关,因此,选择合适的填料组成、设计合理的水流动力学特征参数可有效去除污染物质。最近还有研究表明,有机污染物的转化和营养物质循环与基质中的氧化、还原条件及可获电子受体量有很好的相关性。

(1) 自身因素　影响人工湿地处理效果的自身因素主要有湿地床结构的设计、填料的选用、植物的选择等。湿地植物的选择应考虑耐污性、生长适应性、观赏性及经济性等,并尽可能增加湿地系统的生物多样性以提高湿地系统的综合处理能力。对一定特征的污水,填料单独或联合使用时处理效果好,例如有试验证明联合使用沸石 – 石灰石不仅解决了去除氨氮的难题,也获得了较好的除磷效果。

人工湿地的床体有许多类型,常见的有碎石床、卵石床、碎石(卵石) – 土壤混合床、石(卵石)砂土混合床等,不同的床体结构(包括材质种类和粒度级配等)形成不同的渗流能力和净化机理,对人工湿地的净化与处理能力有明显的影响。

湿地能否有效处理污水的一个重要因素是选择种植合适的植物种类。污水处理系统中的植物被认为是一个营养贮存库,所吸收的营养在生长过程中基本被保留在植株中,只有枯死后才会被微生物分解。植物生物量的多少决定了植物吸收、去除污水氮、磷等营养物质的数量水平,因此植物的种类及生长状况直接影响到去除效果的好坏。漂浮植物是人工湿地中常用的一类植物。比如水葫芦,具有较好的净化效果;但由于它繁殖速度过快,目前已带来了一些问题,如侵占水体,阻塞河道。水葫芦的适时收获和资源化利用是关键的问题。挺水植物以芦苇属和香蒲属等的使用较多,效果也较好。

(2) 外在影响　温度、pH 等外界因素对人工湿地系统的处理效果具有较大影响。温度影响植物、微生物的生长和代谢,从而影响湿地系统去除 BOD、氮及磷的能力。在酸性和中性条件下,湿地植物根区附近的亚硝化细菌和硝化细菌活动增强,即硝化作用占主导地位;而在碱性条件下氨的蒸发作用以及可溶性正磷酸盐的化学沉淀作用就占据了主导作用,从而影响了湿地对氮、磷等物质的去除效果。

(3) 运行参数对人工湿地的影响　水力负荷、水力停留时间、水深是影响人工湿地运行的 3 大要素,在实际运行中均存在一个最佳值,大于或小于此值均使去除率有所下降。

一般来说,人工湿地抵抗水力负荷变化的能力较强,水力负荷在湿地系统能够承受的范围内波动不会对其净化效果造成明显的影响,但水力负荷过大,就会冲刷植物已经拦截的污染物及形成的生物膜,翻起已沉淀的污泥,加之水力停留时间缩短,影响出水水质。

人工湿地对进水污染负荷的承受能力有一定的范围,污染负荷过大或过小均会影响其去除率。TN 质量浓度在 5~11 mg/L 时,湿地系统及各功能区净化效果较好,尤其是 TN 质量浓度为 8~11 mg/L 时效果最佳;TN 质量浓度超过 11 mg/L 时,去除率就开始下降,当 TN 质量浓度为 14.93 mg/L 时,去除率只有 30.3%。

湿地系统的处理效果与水力停留时间关系密切,停留时间过短,生化反应不充分,停留时间过长,易引起污水滞留和厌氧区扩大,影响处理效果。一般来说,随着水力停留时间增加,污染物去除率升高,达到最大值后,去除率开始下降。

2. 效益分析

湿地地处水域和陆地的过渡地带,能产生许多对人类有重要作用的特殊功能,如生态功能、资源功能和服务功能等。由于其生态系统功能和服务的多面性,因而生态系统服务功能具有多价值性,给人类带来巨大的生态效益、经济效益和社会效益;湿地生态功能总经济价值按效益评价可分为生态效益、社会效益和经济效益。

(1) 投资少,建设、运营成本低廉　国内外研究实践表明,人工湿地处理污水的建设和运营成本低廉,并且易于维护。以我国部分系统为例,其建设成本和运营成本为传统污水处理厂成本的 1/10~1/2,能够节省大量的资金,经济效益显著。此外,由于湿地系统利用原有湖滩地的自然高差实现无能耗自流运行,不使用化学药剂,基本不需耗能,主要产物可二次利用。其运行费用极低,一般为每吨污水 0.1~0.2 元,此价格是传统二级处理的 1/10~1/5。这足以说明人工湿地系统在经济适用性方面较传统活性污泥法更优越。

人工湿地处理系统具有较好的净化效果。丁延华(1992)报道污水芦苇湿地系统处理工业废水和生活污水,处理效果可达到或超过二级处理水平,对 BOD_5、SS、氮、大肠杆菌和痕量挥发性有机物都有明显的去除效果。当冬季气温降至零度以下时,BOD_5 和 SS、大肠杆菌的去除率无明显差异,而氨氮的去除率冬季低于夏季,总去除效果如表 7-17 所示。人工芦苇湿地系统处理乳制品厂的污水时,COD 去除率达 97%~98%,几乎 70%~90% 的 COD 和 BOD_5 在进水沟段被去除。模拟秋茄湿地系统对污水中氮的去除效果随污水中氮浓度增大而增加。

表 7-17　芦苇湿地处理系统的总去除效果

项　目	平均进水浓度	平均出水浓度	去除率/%
$BOD_5/(mg \cdot L^{-1})$	125	17.8	85.8
$COD/(mg \cdot L^{-1})$	547	103	81.2
$TOC/(mg \cdot L^{-1})$	76.7	28.2	63.2
$SS/(mg \cdot L^{-1})$	275	17.0	93.8
$TN/(mg \cdot L^{-1})$	14.4	5.10	64.6
$NH_4-N/(mg \cdot L^{-1})$	4.80	1.95	59.4
$NO_3/(mg \cdot L^{-1})$	2.13	0.57	73.3
$TP/(mg \cdot L^{-1})$	0.94	0.42	55.3
大肠杆菌/(个·100 mL^{-1})	8.0×10^3	<8.1	99.9

续表

项 目	平均进水浓度	平均出水浓度	去除率/%
二氯乙烯/($\mu g \cdot L^{-1}$)	0.52	0.09	82.7
三氯甲烷/($\mu g \cdot L^{-1}$)	0.84	0.08	90.5
二氯甲烷/($\mu g \cdot L^{-1}$)	2.77	0.66	76.2
四氯化碳/($\mu g \cdot L^{-1}$)	0.02	0.004	80.0

(丁延华,1992)

在污水芦苇湿地处理系统中,芦苇发挥了重要的作用,因此受到了广泛的研究和运用。在红树林中,秋茄在湿地系统去除氮的过程中发挥着不可低估的作用。但要重视泥沙、有机物沉积,以及可能会导致的沼泽化。

(2) 直接经济效益 主要指湿地生态系统产生的产品的价值,它包括食品、农业产品及其他生产原料、景观娱乐等产生的直接经济价值,直接利用价值可用产品的市场价格来估算。人工湿地创造的直接经济效益主要有:①每年能收获大量经济动植物,包括鱼类、螺、虾、莲藕、菱角、慈姑及芋可直接供人们食用;②生态湿地又是原料生产基地,每年产出的植物可用于编织、建材或生产手工艺品。

丁延华(1992)研究了处理水量 500 m³/d 的芦苇湿地系统,总基建投资 5.13 万元,平均每处理 1 m³ 水的基建投资为 102.6 元,该系统土地补偿费每年 1.2 万元,电费每年 0.40 万元,平均每处理 1 m³ 水耗电量为 0.168 度。每年设备折旧费、检修费、人工费和常规化验费合计 1.24 万元。年运行费为 1.18 万元。污水处理成本为 0.065 元/m³。每年可生产芦苇 30 t(风干重),价值 0.93 万元。此外,芦苇湿地系统处理出水可养鱼和养鸭,每年养鱼 4 000 kg,养鸭 750 kg,出水种植蔬菜和青贮饲料,可产青贮饲料 6 000 kg、蔬菜 4 000 kg。

研究湿地生态系统服务的直接经济价值,并将其纳入国民经济核算体系,才能促进自然资本开发的合理决策,避免损害湿地生态系统服务的短期经济行为,有利于湿地生态系统的保护并最终有利于湿地的可持续发展。

(3) 间接经济效益 主要指无法直接商品化的湿地生态系统服务功能价值,如生物多样性、净化水质、调节气候等生态效益产生的间接利用的经济效益。间接经济效益评估需要根据湿地生态系统服务功能类型来估算。

人工湿地所能产生的间接经济效益主要体现在:生态系统将逐步进入良性循环状态,生态系统为人类的服务功能增强,净化水体,保护水质;恢复湖泊周边生态景观,保障湖泊周边旅游事业的健康持续发展;生态湿地的建设和持续管理,改善湖滨环境,控制各种疾病传播媒介,减少疾病发病率,提高公共健康水平;保护和恢复湖泊湿地生物多样性,保障湖泊周边社会经济可持续发展,造福子孙后代,为人类文明留下了无价之宝。

人工湿地具有维持生物多样性的营养循环价值和作为生物栖息地或避难所的价值,为区域的持续发展提供了生态屏障作用。湿地是生态系统中物种的重要基因库,能增加种群的遗传多样性,还能创造出一种接近自然的人工系统,创造一个植物区系和动物区系可以协调共存的生境,提高湿地生态系统的价值。

小结

水体包括水、悬浮物、溶解物质、底泥和水生生物等。水体污染导致水质恶化,威胁生态环境质量和人体健康。水体污染源包括点源和面源,水体污染物类型有耗氧污染物、致病污染物、毒性污染物、放射性污染物和热污染等。当N、P等营养物质大量进入水体时,导致水体的富营养化,破坏水体的生态平衡,失去水体原有的价值。

水体污染对水生生态系统的结构和功能产生一定的影响,导致结构简化,生物多样性程度降低,系统稳定性下降。水体污染的生物处理技术主要包括氧化塘、湿地系统和土地处理系统。污水生物处理的净化作用主要是利用土壤浅表层中的物理作用、化学作用和微生物的生化作用。与常规处理技术相比,前者具有工艺简便、操作管理方便、建设投资和运转成本低的特点。建设投资仅为常规处理技术的 $1/3 \sim 1/2$,运转费用仅为常规处理技术的 $1/10 \sim 1/2$,可大幅度降低污水处理成本。而且净化效果良好,净化水质可达二级以上处理水平。

水资源是人类和地球生物赖以生存的环境资源和自然资源,水资源的保护和水体污染的防治对于经济可持续发展和社会稳定具有重要的意义。

思考题

1. 水体及水体污染的概念是什么,水体污染的来源有哪些?
2. 污水灌溉的概念是什么,污水灌溉有什么优缺点?
3. 水体富营养化的概念是什么,水体富营养化形成的条件有哪些?
4. 水体富营养化的水体氧平衡指标有哪些,各指标的含义是什么?
5. 简述水体富营养化的危害及生物防治方法。
6. 水体富营养化的指标可分为哪几类,各有何特点?
7. 氧化塘的概念是什么?氧化塘可分为哪几类,各有何特点?
8. 简述氧化塘作用的基本原理。
9. 简述氧化塘的主要效益。
10. 氧化塘系统有哪些类型,各有何特点?
11. 污水土地处理系统的概念是什么,污水土地处理系统有哪些类型?
12. 试述土地处理系统的基本功能及处理机制。
13. 影响土地处理系统的条件有哪些?
14. 比较土地处理系统与污水灌溉的异同点。

建议读物

1. 李元. 环境生态学导论. 北京:科学出版社,2009.
2. 尹军. 人工湿地污水处理技术. 北京:科学出版社,2006.
3. 王世和. 人工湿地污水处理理论与技术. 北京:科学出版社,2009.
4. 朱鲁生. 环境科学概论. 北京:中国农业出版社,2005.
5. 李元. 农业环境学. 北京:中国农业出版社,2008.

6. 孙铁珩. 城市污水自然生态处理与资源化利用技术. 北京:化学工业出版社,2006.

7. 李穗中. 氧化塘污水处理技术. 北京:中国环境科学出版社,1991.

8. 国家环保局. 城市污水土地处理系统研究. 北京:科学出版社,1992.

9. 国家环境保护局科技标准司. 城市污水土地处理技术指南. 北京:中国环境科学出版社,1997.

10. E J 米德尔布鲁斯,等. 废水稳定塘的设计和运行. 杨文进,等,译. 北京:中国建筑工业出版社,1986.

11. 崔理华,卢少勇. 污水处理的人工湿地构建技术. 北京:化学工业出版社,2009.

12. 周怀东,彭文启. 水污染与水环境修复. 北京:化学工业出版社,2005.

13. 金相灿. 湖泊和湿地水环境生态修复技术与管理指南. 北京:科学出版社,2007.

14. 王超,陈卫. 城市河湖水生态与水环境. 北京:中国建筑工业出版社,2010.

15. 李强. 湿地植物:365 种水生、湿生、沼生植物的彩色图鉴. 广东:南方日报出版社,2010.

推荐网络资讯

1. 中国 21 世纪议程——中国 21 世纪人口、环境与发展白皮书
   http://www.acca21.org.cn/
2. 中华人民共和国水利部 http://www.mwr.gov.cn
3. 中华人民共和国环保部环境监测司 http://jcs.mep.gov.cn/

第八章

大气污染及其生物防治

本章将讨论全球变化下温室效应、UV-B辐射增强以及酸雨沉降对生物及其环境的影响。温室效应导致全球变暖，冰川融化和海平面上升，雨水分布不均，灾害天气增多，生物气候带变化，对农林牧业和人类健康产生负面影响。增强的UV-B辐射不但影响植物、动物和微生物的形态结构、生长发育以及改变其生育进程，而且影响到生态系统的结构，群落种间竞争性平衡，物质的循环和能量转换，并且对人类的健康产生了明显的副作用。酸雨使水生生态系统水体环境酸化，使水体生物多样性下降，结构简单化，食物链和种间关系遭到破坏。酸雨还影响到陆地生态系统植物的形态、生理代谢和生长发育，改变土壤的物理化学性质和微生物群落，引起土壤中营养物质的流失和某些金属元素的溶出。生物防治是治理大气污染的一种有效持久的方法。不同树种对大气污染物的吸收与抗性是不同的，本章介绍了部分对大气污染物有较强吸收或抗性作用的典型树种。

第一节 大气污染概述

一、大气污染的概念

大气中污染物或由它转化成的二次污染物的浓度达到了有害程度的现象，称为大气污染（air pollution）。大气污染物主要分为有害气体（二氧化硫、氮氧化物、一氧化碳、碳氢化物、光化学烟雾和卤族元素等）及颗粒物（粉尘和酸雾、气溶胶等）。它们的主要来源是燃料的燃烧和工业生产过程。

清洁的空气中含有78%的氮、21%的氧、0.93%的氩、少量的二氧化碳和水蒸气、微量的稀有气体。当大气中某些气体异常地增多或者增加了新的成分，危及生物的正常生存时，就造成了大气污染。大气污染的来源有自然和人为两种。由于火山爆发、地震、森林火灾等自然因素产生的叫做自然污染源（natural pollution sources）；人类的生产、生活活动形成的叫做人为污染源（anthropogenic pollution sources）。大气污染主要来源于人类的活动，特别是工业和交通运输，因而在工业区和城市中空气污染特别严重。

在世界著名的八大公害事件中就有五起是由大气污染造成的。据初步统计，已经产生危害或引起人们注意的大气污染物就有100种左右，其中影响范围广，对人类环境威胁较大的有煤粉尘、一氧化碳、二氧化氮、碳化氢、硫化氢和氨等。

二、大气污染的危害

大气污染对人的危害主要表现为呼吸道疾病；可使植物的生理活动受抑制，生长不良，抗病抗虫能力减弱，甚至死亡；大气污染还能对气候产生不良影响，如降低能见度，减少太阳的辐射而导致城市佝偻发病率的增加；大气污染物会腐蚀物品，影响产品质量。近十几年来，不少国家发现酸雨（acid rain），雨雪中酸度增高，使河湖、土壤酸化，鱼类减少甚至灭绝，森林发育受到影响，这与大气污染密切相关。

煤粉尘（coal dust）是人体健康的大敌，其中直径在 10 μm 以下的飘尘对人的危害最大，它可以直接到达肺细胞并沉积，也可进入血液送往全身。粉尘粒子表面有各种有毒物质，进入人体后可引起呼吸道、心肺等方面的疾病。

释放到大气中的二氧化硫（sulfur dioxide）往往与水汽结合变成硫酸烟雾，硫酸烟雾有很强的腐蚀性。工业和汽车排放的一氧化碳是无色无味的剧毒气体，可在大气中保持 2~3 a，是一种数量大、累积性强的毒气。汽车和工厂排出的氮氧化物和碳化氢经太阳紫外线照射能生成一种有毒的光化学烟雾（photochemical smog），强烈刺激人的眼睛和鼻、喉。

被排放到大气中的有害物质还包括许多重金属，如铅、镉、铬、汞等。它们进入人体可引起心血管、中枢神经、呼吸系统等方面的慢性病和癌症。

大气污染对儿童的身心健康危害尤其严重。污染区的儿童不仅发育缓慢、反应迟钝、智力下降，而且患病率比正常地区的儿童高 2~6 倍。大气污染还给农业生产带来巨大损失。少量二氧化硫气体就能影响植物的生理机能，水稻扬花时受到一次熏气，产量就会大幅度下降，甚至颗粒无收。家畜也会因大气污染而中毒，甚至死亡。建筑、器物，特别是珍贵文物和精密仪器在污染的大气下遭受着严重的腐蚀和破坏。

三、我国大气污染的特点

我国的空气污染以煤烟型为主，主要污染物是二氧化硫和烟尘。城市、工矿区的污染较严重，城市仍以煤烟型污染为主，部分大中城市出现煤烟－机动车尾气混合型污染。从总体上说，我国北方城市的大气污染大于南方城市；冬季大于夏季，城市、工矿区大于农村。

西方发达资本主义国家大气污染最严重时为 20 世纪 60 年代。近几十年来，由于这些国家采取各种措施来改善大气质量，取得了显著的效果。工业发达国家烟尘和 SO_2 污染已基本得到控制，但氮氧化物、重金属、二氧化碳和酸雨的污染还有待进一步地改善。

第二节 温室效应

由于人类大量的使用化石燃料及土地利用的变化，导致排放到大气中的温室气体逐年增加，打破了原有地球表面大气组成的平衡，产生了温室效应。

一、温室效应与温室气体

1896 年,瑞典科学家诺贝尔化学奖得主,S. 阿仑纽斯首创地球"温室效应"概念,大气中的某些成分,如 CO_2、H_2O 等气体,能让太阳光短波辐射通过,但却可以强烈地吸收长波辐射,就像罩了一层玻璃的温室一样,使地表大气温度提高,所以称为"温室效应"(greenhouse effect)。对温室效应起作用的大气成分叫温室气体(greenhouse gas)。实际上温室气体一直存在。如果没有温室效应,现在地球上平均温度将降低 40 ℃,即从现在的 15 ℃ 降至 −25 ℃(郑京,2003)。

主要温室气体有 CO_2、水蒸气、CH_4、N_2O、O_3、氟氯烃类。据估测全球每年排出的 CO_2 约 60 亿 t,对气候变暖的贡献率为 54%;CH_4 每年排放量为 5.5 亿 t,贡献率为 15%;N_2O 每年排放量为 3 000 万 t,贡献率为 7%;氟氯烃类每年排放量为 50 万 t,贡献率为 24%(王焕校,1990)。

温室气体增加的速度非常快。CO_2 浓度变化监测始于 1958 年,夏威夷 Mauna Loa 岛观测站已连续进行了 40 多年大气 CO_2 含量的测量,是世界上最长、最可靠的大气 CO_2 浓度记录。从 1959—1998 年,大气浓度从 315.83 cm^3/m^3 增加到 366.7 cm^3/m^3。年增长率约为 0.4%。大气 CO_2 与工业 CO_2 排放量之间有近似的比例关系,1959—1979 年的这一关系非常明显。大气 CH_4 的浓度监测始于 1978 年,当时的浓度为 1.51 cm^3/m^3,1998 年已达 1.73 cm^3/m^3,年增长率约为 0.6%。甲烷最重要的来源是沼泽、稻田和反刍动物,这 3 项占总排放量的 60% 左右。天然气、煤的采掘和有机废弃物的燃烧等人类活动也产生甲烷。在温室气体中甲烷的寿命期最短。工业化以来的大约 200 年间,大气 N_2O 浓度增长了大约 15%,从 18 世纪中叶到 20 世纪 90 年代,浓度从 275 mm^3/m^3 上升到 312 mm^3/m^3。年增长率为 0.25%。海洋是 N_2O 的一个重要来源,无机氮肥的大量使用和化石燃料及生物体的燃烧也能释放出一定量的 N_2O。氟氯烃类 1990 年的总浓度为 0.8 mm^3/m^3,年增长率达 4%,到 2030 年可达 1.5 mm^3/m^3。含氯氟烃(CFCs)是人工合成物,主要包括 CFC–11、CFC–12 等,主要来源是工业生产。它们在大气中的浓度由 30 多年前的 0 增加到目前的约 1 mm^3/m^3。随着各国逐渐禁止使用这些物质,它们的浓度会逐渐下降(王强,2000)。

非 CO_2 温室气体的数量尽管远低于 CO_2,但它们的增温效果远比 CO_2 强。CH_4 的增温效应为 CO_2 的 40 倍,N_2O 是 CO_2 的 100 倍,O_3 是 CO_2 的 1 000 倍,氟氯烃类是 CO_2 的 10 000 倍(王焕校,1999)。

二、温室效应的后果

(一)温度升高

20 世纪全球平均地表温度增加了约 0.6 ℃。据联合国政府间气候变化专门委员会(IPCC)第三次评估报告预测,未来 100 年全球气温将升高 1.4~5.8 ℃(侯春梅,2005)。

温度上升,世界各地高山冰川明显减少。自 1976 年以来,人们观察到格陵兰岛(丹麦)北部大面积海域冰层厚度减少 15% 或更多。南极也发现有类似的变化。

全球温度变化除受温室气体影响外,还受自然因素如太阳辐射、地球与太阳相对位置、地球公转的轨道参数、大气、海洋、生物圈以及地球状态(火山爆发等)等的影响。例如,1880—1940年气温迅速增加,1960—1970年气温又有所降低,70年代后半期又再度上升。如果21世纪气候自然变化趋势是变冷,将部分或全部抵消温室效应,使气温大体上保持在目前的水平上;如果气候自然变化趋势是增温,则两者叠加,使气温上升得更快、更高。

还有人认为,在温室效应的同时,存在有阳伞效应(umbrella effect)。如温度上升,水分蒸发加速,云层加厚,地面接收的太阳辐射减弱;在排放CO_2的同时,排出大量的固体悬浮物,这些物质也能减弱太阳辐射。阳伞效应是温室效应的反馈机制,能自动调控地球的温度。

随着气温升高,炎热引起的人类疾病和死亡数量会增加,北半球中高纬度地区花粉过敏症状感染者会增多。热浪、病原微生物的释放、干旱频繁爆发、自然灾害数目增多等会对人类健康产生威胁。

(二) 海平面上升

由于气温升高,冰雪融化,海水膨胀,致使海平面上升。近10年全球海平面上升幅度为2.5~3.84 mm/a,热膨胀是引起海平面上升的主要原因。海平面变化具有时空分布差异,西太平洋和东印度洋地区上升最快,其值高出全球平均值10倍以上。海平面上升严重地威胁着人类的生存环境。根据联合国环境署统计,全世界目前有近一半的人(约30亿)居住在距海洋200 km的范围内,百万以上人口的城市中,有2/5位于沿海地区(吴涛,2006)。

海平面升高将影响海岸带和海洋生态系统。近百年来,全球海平面平均上升了10~20 cm,并且未来还要加速上升。

海平面的这一变化将会给沿海地区带来如下的影响和灾难:①部分沿海地区被淹没;②海滩和海岸将遭受侵蚀;③地下水位升高,导致土壤盐渍化;④海水倒灌,洪水加剧;⑤损坏港口设备和海岸建筑物,影响航运;⑥沿海水产养殖业将受到影响;⑦破坏供排水系统。

(三) 降水量变化及灾变性气候增多

21世纪,全球平均降水将会增加,北半球雪盖和海冰范围将进一步缩小。一些极端事件(如高温天气、强降水、热带气旋强风等)发生的频率会增加(秦大河,2004)。

由于温室效应,今后位于南北回归线之间的沙漠将扩大(如非洲的撒哈拉、加拉哈拉沙漠,美国西南部的沙漠)。美国中西部到地中海,西澳大利亚等世界粮食主产区由于夏季降水量减少而严重减产(减产15%~20%)。

温度上升,热区面积将扩大。我国现有热区面积近2×10^5 km^2。其北界在北回归线以南。我国热区分布较分散,主要分布在台湾省的花莲、屏东、台南以南,广东省的雷州半岛,海南省、南沙群岛,云南省的元江河谷、西双版纳、耿马、潞西、西藏的墨脱等地。由于温室效应,使热区北界可能向北推移2°,其界线大体与北回归线一致,而垂直高度可能上升150 m左右。扩大后热区面积将从现在的3.59×10^5 hm^{2}增加到5.48×10^5 hm^2(2030年),增加53%。热区面积扩大,有利于发展热作,但必须注意在温度升高的同时会出现干旱。

全球温度升高,植被带将有很大变动。亚寒带森林可能由目前的23%减少到1%以下,泰加林几乎消失。当CO_2浓度增加一倍时,森林生物量将由现在的58.4%降到47.4%;草地生物量将由现在的17.7%增加到28.9%。

全球升温,植物物种将会向北(北半球)推移。根据地层埋藏的花粉分析,冰期后到现在的2万年期间,移动最快的是赤杨、桠木,每年平均移动2 000 m,移动较慢的有枫树、冷杉,每年约移动40 m。如果短期内CO_2浓度增加一倍,温度上升得较快、较高,植物需每年移动数十公里才能适应,而这远远超过植物每年迁移的能力,森林生态系统将崩溃,后果将极其严重。

三、温室效应的防治对策

(一) 遵守京都协议,减少二氧化碳等温室气体的排放

1. 京都协议(Kyoto protocol)

1997年12月,《联合国气候变化框架公约》第3次缔约方大会在日本京都召开。149个国家和地区的代表通过了旨在限制发达国家温室气体排放量以抑制全球变暖的《京都议定书》。《京都议定书》旨在减排温室气体的3个灵活合作机制(国际排放贸易机制、联合履行机制和清洁发展机制)。《京都议定书》规定,到2010年,所有发达国家二氧化碳等6种温室气体的排放量,要比1990年减少5.2%。具体说,各发达国家从2008年到2012年必须完成的削减目标是:与1990年相比,欧盟削减8%、美国削减7%、日本削减6%、加拿大削减6%、东欧各国削减5%~8%。新西兰、俄罗斯和乌克兰可将排放量稳定在1990年的水平上。议定书同时允许爱尔兰、澳大利亚和挪威的排放量比1990年分别增加10%、8%和1%。《京都议定书》需要占1990年全球温室气体排放量55%以上的至少55个国家和地区批准之后,才能成为具有法律约束力的国际公约。中国于1998年签署了议定书。欧盟及其成员国于2002年正式批准了《京都议定书》。2004年11月5日,俄罗斯总统普京在《京都议定书》上签字,使其正式成为俄罗斯的法律文本。截至2005年8月13日,全球已有142个国家和地区签署该议定书,其中包括30个工业化国家,批准国家的人口数量占全世界总人口的80%。2001年,美国总统布什刚开始第一任期就宣布美国退出《京都议定书》,理由是该议定书对美国经济发展带来过重负担。2007年,欧盟各成员国领导人一致同意,单方面承诺到2020年将欧盟温室气体排放量在1990年基础上至少减少20%。2005年2月16日,《京都议定书》正式生效,这是人类历史上首次以法规的形式限制温室气体的排放。

2. 减少二氧化碳排放的措施

目前全球年排放CO_2为50亿~60亿t。今后要提高能源利用效率和采用清洁能源(如太阳能、原子能、风能等),使CO_2排放量逐步降低。

国务院总理温家宝2010年主持召开国务院常务会议,部署进一步加大工作力度确保实现"十一五"节能减排目标。会议指出我国具体的减少二氧化碳排放的措施有:一要加大淘汰落后产能力度。2010年关停小火电机组1 000万kW,淘汰落后炼铁产能2 500万t、炼钢600万t、水泥5 000万t、电解铝33万t、平板玻璃600万重箱、造纸53万t。对未完成淘汰落后产能任务的地区,暂停项目环评、供地、核准和审批,对未完成任务的企业,不予审批和核准新的投资项目,不予批准新增用地,加大执法处罚力度。二要严控高耗能、高排放行业过快增长,不再审批、核准、备案扩大产能项目,未通过环评、节能审查和土地预审的项目一律不准开工建设。落实限制"两高"产品出口各项政策,控制"两高"产品出口。三要

加快实施节能减排重点工程。中央安排833亿元,支持十大重点节能工程以及污染治理等建设。各地区节能减排专项资金要向能直接形成节能减排能力的项目倾斜。四要深化能源价格改革,加强用能管理。推行居民用电阶梯价格。压缩高耗能、高排放企业用电。取消一些地方对高耗能企业实行的电价优惠政策,严格执行高差别电价。五要加强重点用能单位节能管理。突出抓好千家企业节能行动,确保形成2 000万t标准煤的节能能力。加强年耗能5 000 t标准煤以上重点用能单位节能监管。六要抓好建筑、交通、公共机构等重点领域节能减排。2010年底,全国城镇新建建筑执行节能强制性标准的比例达到95%以上,对客车实载率低于70%的线路不得投放新的运力,2010年公共机构能耗指标比去年降低5%。七要大力推广高效节能产品。继续实施"节能产品惠民工程",全面推广高效节能空调、节能汽车、节能电机,推广节能灯1.5亿只以上,东中部地区和有条件的西部地区城市道路、公共场所、公共机构全部淘汰低效照明产品。八要坚决查处违规乱上项目、严重浪费能源资源和污染环境等行为。深入开展节能减排全民行动,倡导绿色消费、适度消费。

(二) 增加植物对二氧化碳的吸收

植物是环境中CO_2和O_2的主要调节器。它能吸收CO_2,放出O_2,维护大气中CO_2和O_2的平衡。植物在光合作用时,每吸收44 g CO_2就能产生32 g O_2。植物体干重的87%来自CO_2,高产作物则90%~95%来自CO_2。据估测,陆生植物每年固定200亿~300亿t碳,其中森林每年能固定150亿t以上;海洋浮游植物每年固定400亿t。在森林中,又以热带雨林固定碳的效率最高,每平方米为1~2 kg,中纬度森林(阔叶林)只有0.2~0.4 kg。草地也能大量吸收CO_2,据估计每公顷草坪每日约吸收CO_2 0.12 t。因此保护森林、造林绿化是减少温室效应的重要措施(孙儒泳,1992)。

第三节 酸 雨

酸雨是半个世纪以来全球普遍关注的区域环境问题。1972年联合国首次讨论了酸雨的问题。随后,欧美各国围绕酸雨的形成、生态影响以及跨国输送等,进行了大量的研究工作。酸雨问题在我国也非常严重,尤其是长江流域以南的各省市已经造成明显的经济、生态环境影响。本节主要讲述酸雨的概念、形成机理、危害及防治对策。

一、酸雨及其形成机理

1872年,英国科学家R. 史密斯(Robert A. Smith)在分析英国伦敦市的雨水成分时,发现市区雨水含硫酸或酸性的硫酸盐,呈酸性。于是史密斯在他的著作《空气和降雨:化学气候学的开端》中首次提出"酸雨(acid rain)"的概念。

所谓酸雨是指pH小于5.6的降水(美国采用的标准为pH小于5)。由于生物的呼吸、火山的活动等,导致大气中含有二氧化碳和其他带酸的气体,所以,天然雨水本身略带酸性,雨水的酸度也是以酸碱值来表达的。一般雨水的pH约为5.6,因此一般是以雨水中的pH小于5.6称为酸雨;pH小于5.6的雪叫酸雪;在高空或高山上弥漫的雾,pH小于5.6时叫酸雾。可是,有些特别情况下,雨水受自然界许多自然现象影响,可使 pH 变化于 4.9~6.5 之间,因此以 pH 小于 5.0 作为酸雨比较可靠。

酸雨率指一年出现酸雨的降水过程次数除以全年降水过程的总次数,是判别某地区是否为酸雨区的一个重要指标。一般认为,年均降水 pH 高于 5.65,酸雨率是 0~20%,为非酸雨区;pH 在 5.30~5.60,酸雨率是 10%~40%,为轻酸雨区;pH 在 5.00~5.30,酸雨率是 30%~60%,为中度酸雨区;pH 在 4.70~5.00,酸雨率是 50%~80%,为较重酸雨区;pH 小于 4.70,酸雨率是 70%~100%,为重酸雨区(吴珂,2010)。

酸雨被认为是"空中死神",已成为重要的国际环境问题。它能使水体和土壤酸化,破坏森林,伤害庄稼,损害古迹,影响生物生存和人体健康。

早在 20 世纪初,英国就出现过酸雨,但没有引起人们的注意。20 世纪 50 年代以后,随着工业的迅速发展,北欧的瑞典、挪威、丹麦等国相继出现酸雨,北美在相当大的范围内出现 pH 5 以下的酸雨。1973—1975 年,日本各地都发生 pH 4~5 的酸雨,而神奈川县多次出现 pH 4 以下的酸雨。从此,酸雨引起了世界各国的极大关注,世界各国纷纷开展对酸雨的研究工作。通过实施长距离传输空气污染的监测与评价协作方案(EMEP)及加拿大与美国政府间有关共同防止大气污染意向书的实施,加速了对酸雨的研究与防治。继 1982 年在斯德哥尔摩召开的酸雨特别会议后,在 1984 年 3 月又召开了第二次酸雨国际会议,交流研究成果,共商对策。近十多年来,美国、加拿大与几个欧洲国家已经建立了测定酸雨组分的监测站。到 1986 年底已有 95 个国家参加世界气象组织的大气污染本底监测网(BAPMON)。

(一) 我国酸雨的特点

我国酸雨问题日趋严重。据全国监测数据表明,我国酸雨出现面积之广,酸度之大,已超过了欧美、日本。中国酸雨的特点是:

1. 频率高、酸度大

监测的 494 个市(县)中,出现酸雨的市(县)249 个,占 50.4%;酸雨发生频率在 25% 以上的市(县)160 个,占 32.4%;酸雨发生频率在 75% 以上的市(县)54 个,占 11.0%(表 8-1,表 8-2)。(2010 年中国环境状况公报)。

表 8-1 2010 年全国酸雨发生频率分段统计

酸雨发生频率	0	0~25%	25%~50%	50%~75%	≥75%
城市数/个	245	89	57	49	54
所占比例/%	49.6	18.0	11.5	9.9	11.0

(中国环境状况公报,2010)

表 8-2 2010 年全国降水 pH 年均值统计

pH 年均值范围	<4.5	4.5~5.0	5.0~5.6	5.6~7.0	≥7.0
城市数/个	42	65	69	238	80
所占比例/%	8.5	13.1	14.0	48.2	16.2

(中国环境状况公报,2010)

2. 分布有明显的区域性

全国酸雨分布区域主要集中在长江沿线及以南—青藏高原以东地区,主要包括浙江、江西、湖南、福建的大部分地区,长江三角洲、安徽南部、湖北西部、重庆南部、四川东南部、贵州东北部、广西东北部及广东中部地区(中国环境状况公报,2010)。

(二) 酸雨的成分

广义的酸雨(酸沉降)包括干沉降和湿沉降。干沉降包括各种酸性气体、酸性气溶胶和酸性颗粒物,其主要成分为 SO_2、NO_2、SO_4^{2-}、HF、HCl、HCOOH、CH_3COOH、NO_3^-、Cl^-、F^- 等。湿沉降即通常所说的酸雨,包括酸性雨、酸性雾、酸性露、酸性雪和酸性霜等,主要成分有阳离子:H^+、Ca^{2+}、NH_4^+、Na^+、K^+、Mg^{2+};阴离子:SO_4^{2-}、NO_2^-、Cl^-、HCO_3^-。

我国酸雨的酸度主要由 SO_4^{2-}、Ca^{2+}、NH_4^+ 3 种成分决定,如表 8-3 所示。

表 8-3 我国部分城市降水的化学成分　　　　　单位:$\mu mol \cdot L^{-1}$

城市	SO_4^{2-}	NO_3^-	Cl^-	NH_4^+	Ca^{2+}	Mg^{2+}	Na^+	K^+	H^+	pH
贵阳市区(1982—1984年)	206	21.0	8	79	116	28	10	26	85	4.1
重庆市区(1985—1986年)	164	29.9	25	152	135	11	15	8	51	4.3
广州市区(1985—1986年)	137	23.9	39	85	98	9	26	23	17	4.8
南宁市区(1985—1986年)	29	8.5	16	46	20	1	12	10	18	4.7
北京市区(1981年)	137	50.3	157	141	92	—	141	42	0.2	6.8
天津市区(1981年)	159	29.2	183	126	144	—	175	59	0.6	6.3

(左玉辉,2010)

酸雨不仅决定于酸量,更主要是决定于对酸起中和作用的碱量。如美国伊利诺伊州的资料(表 8-4)说明,雨水变酸不是酸量增加,而是 Ca^{2+}、Mg^{2+} 含量减少的缘故。如果 1954 年 Ca^{2+}、Mg^{2+} 的浓度与 1977 年相等,那么,1954 年酸雨的 pH 就不是 6.05 而是 4.17。

表 8-4 美国伊利诺伊州的酸雨成分　　　　单位:$\mu mol \cdot L^{-1}$,pH 除外

年份	SO_4^{2-}	NO_3^-	$Ca^{2+} + Mg^{2+}$	pH
1954	60	20	82	6.05
1977	70	30	10	4.1

(王焕校,1990)

我国酸性物主要是 SO_4^{2-} 和 NO_3^-,SO_4^{2-} 和 NO_3^- 的比值一般在 5~10。因此,我国酸雨是硫酸型的,也可称之为煤烟型酸雨。

(三) 酸雨的形成机理

1. 污染物及来源

污染物主要有 SO_2、SO_3、H_2S、$(CH_3)S$、$(CH_3)_2S_2$、SO_4^{2-}、H_2SO_4、CH_3COH、NO、N_2O、NO_2^-、NO_3^-、HNO_3、NH_4^+、NH_3、Cl_2、HCl。

SO_x 的天然来源是来自海洋的硫酸盐盐雾,经细菌分解后的有机化合物,火山爆发以及森林火灾所释放的硫化物。其中陆地天然排放以及由雷电形成的 NO_x 占主要成分。

2. 形成机理

酸雨形成包括两大过程,即排入大气中的酸性物质(SO_x、NO_x)被氧化后与雨滴作用,或在雨滴形成过程中同时被吸收与氧化;雨滴降落(冲刷)过程中把酸性物质一起冲刷下来。二氧化硫变为硫酸的最关键的一步是被氧化成三氧化硫,然后再与水作用成为硫酸,其形成机理可能有 3 种:

(1) 被光化学氧化剂氧化　SO_2 经过波长 290~400 nm 光的作用下,发生光化学反应,形成 SO_3,其简单反应为:

$$SO_2 \xrightarrow{h\nu} SO_2*$$

$$SO_2* + \frac{1}{2}O_2 \longrightarrow SO_3$$

$$SO_3 + H_2O \longrightarrow H_2SO_4$$

(2) 在金属触媒作用下,产生氧化作用　大气中有充足的氧、有一定的水分和微粒,包括各种金属元素。在这样的条件下,一些还原性污染物在金属触媒作用下,易产生氧化作用,即:

$$SO_2 + \frac{1}{2}O_2 \xrightarrow{Fe \cdot Mn} SO_3$$

$$SO_3 + H_2O \longrightarrow H_2SO_4$$

(3) 被空气中的固体粒子吸附和催化,形成硫酸烟雾　夜间的 O_3 对 NO_2 形成硝酸盐的反应可能是:

$$NO_2 + O_3 \longleftrightarrow NO_3 + O_2$$

$$NO_3 + NO_2 + M \longleftrightarrow N_2O_5 + M$$

$$N_2O_5 + H_2O \longleftrightarrow 2HNO_3$$

国外酸雨中硫酸和硝酸之比约为 2:1,我国硝酸含量不到硫酸的 1/10。雨水中除含酸性物质外,还有从空气中洗涤下来的碱性物质,其中主要有土壤粒子、氨等。酸、碱物质会发生中和反应,酸度是酸、碱物质相平衡的结果。

(四) 酸雨的形成过程

1. 成雨过程

SO_2、NO_x 在云层雨滴形成过程中被吸收和转化,包括:①水蒸气冷凝在含硫酸盐、硝酸盐或氯离子的凝结核上;②形成云雾时,SO_2、NO_x 和 CO_2 等气体被水滴吸收;③气溶胶粒子和水滴在形成云雾的过程中互相碰撞而结合。

2. 冲刷过程

酸性污染物被雨水从大气中冲刷、消除,它包括:①云单体形成期间凝结核的消耗;②布朗运动使气溶胶粒子附着到云单体上;③云体对微量气体的吸收与吸附;④下降雨滴对气溶胶粒子和 SO_2 的捕获。

(五) 影响酸雨形成的因素

1. 酸雨形成与酸性氧化物的浓度及转化条件有关

大气中 SO_2 浓度越高,降水中硫酸根浓度就越高,降水酸度就越大。

2. 酸雨形成与天气形势和降水有关

据研究,暖式切变线与酸雨的相关程度最大,由它产生的酸雨占切变线产生酸雨总数的88%。上述天气现象会使低层大气层结构趋于稳定,使酸性物质不沿铅直扩散,从而形成高积累。

值得注意的是雾,酸雨形成的全部化学转化过程在雾中是完全可以进行的。由于雾的存在,使各种污染源排放的酸性物质能在雾中滞留积聚,从而使降水开始时的 pH 很低。

大气层的结构稳定度与酸雨形成有一定关系。酸雨多发生在大气层结构较稳定的连续性降水过程。层结构越稳定,大气的对流就越弱,大气对污染物的稀释、扩散能力就越弱。稳定层结构如同一个大盖子,它使处于其下的酸性物质易于滞留、堆积而浮在空中,或做凝结核形成酸云或降水冲刷至地面。

3. 酸雨形成与土壤地带性差异有关

南方土壤多属地带性红壤和黄壤,北方土壤多属碱性土。这些碱性土壤粒子被风吹扬到空中,对雨水中的酸起中和作用(表8-5)。

表8-5 雨水酸度与酸碱成分

地点	pH	酸性物质/(mg·L^{-1})		碱性物质/(mg·L^{-1})	
		SO_4^{2-}	NO_3^-	Ca^{2+}	NH_4^+
重庆	4.12	13.29	1.39	1.53	1.21
北京	6~7	13.11	3.12	3.68	2.54
瑞典	4.3	3.4	1.9	0.28	0.56
美国	3.92	6.0	2.4	0.3	0.2

(王焕校,1990)

二、酸雨的危害

酸雨是工业高度发展出现的副产物,其污染是世界性的,而且日益扩大。目前,整个欧洲都在降酸雨,美国东部一些地区酸雨的 pH 竟然达到1.5,俄罗斯西部地区酸雨的 pH 为4.3~4.6。酸雨亦席卷着亚洲,如日本、印度南部和东南亚等国也在降酸雨。我国的酸雨危害亦非常严重,主要分布在长江以南地区,我国目前酸雨区域约占国土面积的30%。长江下游地区每三次降雨中就有一次酸雨。酸雨给地球生态环境和人类社会经济都带来严重的影响和破坏。

(一) 酸雨对陆地生态系统造成严重影响

在酸化的土壤中,在铝含量较高的情况下,$Al(OH)_3$ 和硅酸铝盐矿物同氢离子(H^+)反应,使土壤溶液中 Al^{3+} 浓度增加。这样不仅严重影响了植物,而且还会因 $Al(OH)_3$ 的减少使 PO_4^{3-} 等重要营养盐类流失,使土壤生产能力下降。同时,由于大部分 H^+ 与存在于土壤颗粒中的碱性阳离子交换,使 Ca^{2+}、Mg^{2+}、K^+、Na^+ 等离子溶解到土壤溶液中而流失。碱性阳离子的流失促使土壤 pH 急剧下降。

土壤酸化影响微生物群落结构和种群数量,并严重影响微生物的活动和营养元素在土壤－植物系统中的循环。土壤酸化能抑制硝化和氨化作用。随土壤酸度增加,硝化和氨化过程减慢,土壤中 $NO_3^- - N$ 形成量减少,$NH_4^+ - N$ 积累增加。根瘤菌、放线菌等适于在中性环境中活动,在酸雨影响下,上述固氮菌活性降低,甚至停止。

酸雨对土壤影响的程度决定于土壤类型和理化特征,如土壤有机质和黏土矿物提供的总缓冲能力或阳离子交换量的数量、土壤盐基饱和度、土壤剖面中有无碳酸盐以及土壤耕作制度、施肥、施石灰情况等。

酸雨抑制土壤中有机物的分解和氮的固定,淋洗与土壤粒子结合的钙、镁、钾等营养元素,使土壤贫瘠化,植物难以生长。此外,酸雨还会伤害植物的新生芽叶。春天大多数植物刚刚发芽,而这些嫩叶往往经受不住酸雨的冲洗,容易发生病虫害或干枯而死亡,从而影响其生长发育。

酸雨使土壤酸化,土质中的钙、镁等养分被酸溶解,导致土壤养分流失。酸化的土壤抑制了土壤微生物的活性,破坏了土壤微生物的正常生态群落,使有机物的分解减缓,土壤贫瘠,病虫害猖獗。酸雨对森林的危害更不容忽视,酸雨淋洗植物表面,直接伤害或通过土壤间接伤害植物,促使森林衰亡。

(二) 酸雨对水生生态系统造成严重影响

当湖泊、河水的 pH 降到 5 以下时,鱼、虾类的生长繁殖便受到严重影响,加之湖河底泥中有毒金属遇酸溶解,更加速了这些水生生物的死亡。欧洲、北美的许多湖泊因酸雨危害已经变为死湖。

受到最大危害的是那些缓冲能力很差的湖泊。当有天然碱性缓冲剂存在时,酸雨中的酸性化合物(主要是硫酸、硝酸和少量有机酸)就会被中和。然而,处于花岗岩(酸性)地层上的湖泊容易受到直接危害,因为雨水中的酸能溶解铝和锰等金属离子,引起植物和藻类生长量的减少,而且在某些湖泊中,还会引起鱼类种群的衰败或消失。例如:在加拿大,酸雨毁灭了 1.4 万多个湖泊,另有 4 000 多个湖泊也濒临"死亡"。欧洲有数千个美丽的湖泊也毫无生气,听不到蛙声,见不到鱼跃。美国酸化的水域已达 3.6×10^4 km²,在 28 个州的 17 054 个湖泊中,有 9 400 个受到酸雨影响,水质变坏。纽约州北部阿迪达克山区,1930 年只有 4% 的湖泊没有鱼,而目前半数以上的湖泊水 pH 在 5 以下,90% 没有鱼,听不到蛙声,死一般寂静(吴昭洪,1999)。

湖泊中的软水湖泊对酸的缓冲能力主要取决于碳酸氢盐离子。随着降水和径流中水的 pH 降低,碳酸氢盐离子相应减少,并由酸雨中碳酸盐离子取代碳酸氢盐。当碳酸氢盐被取代完后,湖泊就失去了缓冲的能力。

酸雨对水生生态系统的影响主要是由于水体酸化,促使土壤中重金属溶入水体。在酸化的水体中,阴离子的 SO_4^{2-} 取代了 HCO_3^-,阳离子中 Ca^{2+} 随着 H^+ 浓度增加而降低,Al、Ni、Cu、Zn、Pb、Cd 等则相应增加。

水域抗酸化能力的一个重要因素是基岩的地质学特征和集水区的土壤性质和特征。花岗岩、片麻岩和石英岩等硅质基岩地区,湖泊抗酸化能力弱。

1982 年斯德哥尔摩环境酸化国际会议上,把湖泊酸化分为 3 个阶段:

第一阶段:pH 下降。在湖水 pH 下降到 6.5 以前,由于水体中碳酸氢离子的中和作用,湖泊中的生物物种组成成分没有明显变化。

第二阶段:经一段时间后,HCO_3^- 的缓冲能力下降,pH 急剧变化。当 HCO_3^- 浓度低于 0.1 mol/L 时,对酸的中和能力很弱。当 pH 降至 5 以下时,大部分鱼类繁殖停止,就会从酸化的湖泊中逐渐消失。

pH 降低引起鱼类死亡的原因是鱼体对离子调节机能发生紊乱(妨碍对钠的吸收等),引起呼吸障碍(铅伤害鱼鳃),鱼卵不能孵化或者鱼苗死亡。

第三阶段:当湖水 pH 降至 4.5 以下时,水中的腐殖质和金属对进一步酸化起缓冲作用。此时,湖水的 pH 较稳定,湖水清洁透明,浮游生物减少,种类单一化。由于酸和铝的协同作用,湖泊中鱼类绝迹。酸化的另一结果是抑制水体中微生物的活动,影响水体中有机物分解,影响营养成分的释放、物质循环和能量流通。

水体酸化对水生生物种类的影响极为明显。如加拿大安大略湖,由于 pH 的降低,绿藻门从 26 种减至 5 种;金藻门从 22 种减少到 5 种;蓝藻门从 22 种减至 10 种。同时,甲壳类和腹足类浮游动物的种类也明显减少。实验证明,当 pH 为 5 时,上述浮游动物在第二天全部死亡。浮游动物的减少,影响了以它们为食的高一营养级的种类的生存,进一步影响了生态系统中能量沿食物链的正常流通。最直接受酸雨影响的是两栖动物,青蛙幼体在 pH 3.7~4.6 时发育不正常(畸形发育)。

(三) 酸雨加速建筑物和文物古迹的腐蚀和风化过程

酸雨对建筑物和金属材料的腐损也非常严重。许多城市刚落成或装修一新的建筑物在一场酸雨过后,就失去了美丽的光泽,本来光亮如镜的大理石经酸雨的腐蚀而变得暗淡无光,甚至被层层剥落。世界上许多古建筑和石雕艺术品遭酸雨腐蚀而严重损坏,如我国的乐山大佛、加拿大的议会大厦等。最近发现,北京卢沟桥的石狮和附近石碑、五塔寺的金刚宝塔等均遭酸雨侵蚀而被严重破坏。重庆是酸雨侵蚀比较严重的地区,电视塔及建筑机械的维修,路灯及电线的更换频率比南京快 1.5 倍。嘉陵江大桥的钢梁每年锈蚀 0.16 mm,如此下去不到 30 a 就会因钢梁锈坏而发生危险。

(四) 酸雨对人类健康的危害巨大

酸雨中含有的甲醛、丙烯酸等对人的眼睛有强烈的刺激作用。硫酸雾和硫酸盐雾的毒性比 SO_2 要高 10 倍,其微粒可侵入人体的深部组织,引起肺水肿和肺硬化等疾病而导致死亡。当空气中含硫酸雾达到 0.8 mg/L 时,就会使人难受而致病。据我国一项 15 a 的跟踪研究显示,重庆市中心肺癌死亡率呈逐年上升趋势,位居全国几个特大城市之首,原因之一是重庆是酸雨密集区。人们饮用酸化的地面水和由土壤渗入金属含量较高的地下水,食用酸化湖泊和河流的鱼类等,一些重金属元素通过食物链逐渐积累进入人体,最终对人体造成危害。农田土壤酸化,使本来固定在土壤矿化物中的有害重金属如汞、镉、铅等再溶出,继而被粮食、蔬菜吸收和富集,人类摄取后中毒、得病,这是酸雨对人体健康的间接影响。

三、酸雨的防治对策

酸雨的危害日趋严重,如果任其发展将会使人类生存的环境进一步恶化,甚至带来无法弥补的灾难。对酸雨的防治目前已成为一个全球性的问题,减少和杜绝酸雨已迫在眉睫。

(一) 加强国际合作,共同防治酸雨

由于酸雨的形成与工业有关,所以国际的一些主要工业国家正面临酸雨侵害的问题,目前,在美加五大湖区及西欧已出现 pH 4.5 以下的酸雨,湖泊及森林所遭受的危害非常严重。同时,硫氧化物、氮氧化物所形成的悬浮微粒能在大气中停滞很久,随着气流的扩散,所能影响的范围也就不受边界影响,甚至某国排放的污染物质会造成其他邻近国家雨水酸化。

1969 年经济合作开发组织(OECD)首先提出酸雨问题,各国开始对酸雨灾害进行观察。1979 年联合国欧洲经济委员会签了"长距离越境大气污染条约",共有 9 个国家签署。此后,在 1985 年国际间又缔结了"赫尔辛基条约",有 18 国同意在 1993 年前必须将硫氧化物排放量控制在较 1980 年减少 30% 的水平上。另依据 1988 年的索菲亚协议,有 12 国宣布 1989 年起 10 年间,各国应削减 30% 的氮氧化物排放量。而美国与加拿大也在 1980 年缔结"越境大气污染同意书",以共同合作防治酸雨。

(二) 改变生活和生产方式,减少酸性物质排放

人们只有改变生产和生活方式,调整能源结构,节约能源,采用新技术,开发新能源,才能从根本上消除酸雨的危害。目前,当务之急是要采取有效措施发展脱硫新技术,以控制二氧化硫的排放量;同时要加大环保力度,控制使用高耗能、低效率的小锅炉,减少废气的排放。其中改变用煤方式非常重要,包括:①选洗高硫煤。我国如每年对含 2% 的高硫煤选洗 2 亿 t,不但可减少 SO_2 的排放,而且可回收硫。②改变民用煤的燃料结构。例如用型煤代替块煤。现在民用煤只占总用煤量的 1/5,但排出的 SO_2 却占总排放量的 1/2,这与煤的燃料结构有很大关系。③用其他燃料代替煤。例如发展城市煤气,在有条件的地方以电代煤等。

酸雨中的主要成分是硫酸和硝酸,特别在我国,两者占酸雨总酸量的 90% 以上,其中硫酸又占 2 种酸总量的 90% 左右。据估计,全世界每年排入大气中的硫酸为 1.5 亿~3.8 亿 t(包括人为和自然排放量,以硫氧化物形式计算),氮 0.4 亿~1.1 亿 t(包括人为和自然排放量,以氮氧化物形式计算),因此,减少 2 种酸性物质的排放量是减少酸雨的重要措施。

(三) 筛选酸雨指示植物和抗性植物

根据模拟酸雨试验和实地调查,筛选酸雨的指示植物与抗性植物。根据模拟酸雨污染

和污染区实地调查结果,单运峰等(1993)应用相对比较排序法综合评价了 150 种树木对酸雨和大气污染的相对敏感性,在此基础上筛选出适于西南酸雨区可供城镇绿化和用材林、经济林建设的抗性植物。

第四节　臭氧层衰减与 UV-B 辐射增强

人类的活动排放了大量的破坏大气臭氧层的碳烃类化合物,使得地球臭氧层的臭氧浓度自从 20 世纪 70 年代开始急剧衰减,有些地方出现了臭氧"空洞"。臭氧的减少导致辐射到地表有害的紫外线-B(UV-B)强度增加,从而打破了地球生物圈原有的平衡,对人类健康、生态环境、材料、大气质量和建筑物等产生深远的影响。本节主要介绍臭氧层的现状及重要性,臭氧层变薄的危害以及防治措施。

一、臭氧层介绍

1. 臭氧层的位置

1913 年法国科学家布里首先发现,在大气平流层中距地面 20～40 km 的范围有一圈特殊的大气层。这一层大气中臭氧含量特别高。大气平均臭氧含量大约是 0.3 cm^3/m^3,而这里的臭氧含量接近 10 cm^3/m^3,高空大气层中 90% 的臭氧集中在这里,所以叫它臭氧层。估计臭氧层中臭氧的总质量大约为 50 亿 t。

2. 臭氧层的作用

臭氧层在保护地球方面具有特别的功能:对于太阳光中对生物无害的可见光和 A 段紫外线,臭氧几乎全部放行;对生物害处极大的 C 段紫外线,臭氧把它们全部吸收;对生物害大利小的 B 段紫外线,臭氧将它们大部分吸收,小部分放行。

臭氧在同温层是在不断形成和分解的,其化学反应为:

$$\left.\begin{array}{l} O_2 + h\nu \longrightarrow 2O\ (h\nu \leqslant 240\ nm) \\ O + O_2 + M \longrightarrow O_3 + M\ (M:N_2 \text{、} O_2) \end{array}\right\} O_3 \text{的生成}$$

$$\left.\begin{array}{l} O_3 + h\nu \longrightarrow O_2 + O\ (h\nu:280 \sim 320\ nm) \\ O_3 + O \longrightarrow 2O_2 \end{array}\right\} O_3 \text{的消失}$$

3. 破坏臭氧层的物质

1974 年两位加利福尼亚大学的科学家马里奥·奥利纳与 F.S. 罗兰假设,如果大量使用氟氯烃,可能会增加同温层中的氯离子,这些氯离子通过复杂的化学反应后,可减少同温层中的臭氧。这个假设现在已被证实。

破坏臭氧层的物质很多,如氟利昂类、CH_4、N_2O、CCl_4 等。

4. 臭氧空洞的形成

1984 年英国南极考察队的科学家首先在南极观察到南极上空有一个巨大的、面积与美国大陆差不多大的臭氧层"空洞"。1988 年,发现"空洞"又往北扩大 480 km,已逼近南美大陆的南端,空洞大小相当于整个北美洲,"空洞"深度能填得下整个珠穆朗玛峰。1992 年的资料表明,南极洲春天臭氧层水平仍低于 50%,紫外线 B 段辐射已增加 1.5%。1987 年德国科学家发现北极上空也出现了臭氧空洞,面积是南极臭氧空洞的1/3。中国气象科学家也发现,每年从6月到10月上旬青藏高原上空会出现一个大气臭氧浓度异常低值中心。这里臭氧总量比正常值低11%左右,而且低值中心区域的臭氧量一年比一年少,这可以说是地球上发现的第3个臭氧空洞。1996年,南极上空的臭氧层空洞达到历史上最大规模,面积超过了2 200 km²。最近20年,在欧洲、北美、北非臭氧层中的臭氧减少3%。最近10年南极春天臭氧层减少50%,北极也出现减少的趋势。

5. 臭氧层衰减的机理

氟氯烃有极好的化学稳定性,能稳定地上升到平流层,经紫外线照射,慢慢地分解成氯、氟和碳。每个氯原子在失活前要消耗10万个臭氧。其反应式为:

$$Cl + O_3 \longrightarrow ClO + O_2$$
$$ClO + O \longrightarrow Cl + O_2$$
$$O_3 + O \longrightarrow 2O_2$$

N_2O破坏臭氧的过程:

$$N_2O + h\upsilon \longrightarrow N_2 + O\ (h\upsilon < 337\ nm) \tag{8-1}$$
$$N_2O + h\upsilon \longrightarrow NO + N\ (h\upsilon < 250\ nm) \tag{8-2}$$
$$N_2O + O \longrightarrow N_2 + O_2 \tag{8-3}$$
$$\longrightarrow 2NO \tag{8-4}$$
$$NO + O_3 \longrightarrow NO_2 + O_2 \tag{8-5}$$
$$NO_2 + O \longrightarrow NO + O_2 \tag{8-6}$$

其中,反应式(8-1)~式(8-2)是紫外线的光分解;反应式(8-3)~式(8-4)是激发态氧化反应。N_2O分解主要是反应式(8-1),反应式(8-2)只占N_2O全部光解反应的1%,但可生成NO;反应式(8-4)也能生成NO。这些NO按反应式(8-5)、式(8-6)循环反应,使O_3分解。

溴化物也能破坏臭氧。自1972年以来,溴代甲烷(CH_3Br)的数量已增加4~5倍。溴化氟烃(FC-1301和FC-1211)用作灭火器的数量也在增加。甲基溴也会释放溴化物。为了满足国际市场水果与蔬菜贸易的需要,从80年代中期起,全世界有许多国家正在利用甲基溴对水果与蔬菜进行保鲜,到90年代中期,甲基溴的产量已增加50%,世界排放量每年增长5%~6%。大气层中溴化物的浓度正以每年大约10%的速度增加。如果大气中氯和N_2O的浓度保持不变,当大气中Br的浓度由0.02 mm³/m³增至0.10 cm³/m³,大气中臭氧的浓度将减少4%。

溴的破坏作用机理:

$$BrO + ClO \longrightarrow Br + Cl + O_2$$
$$Br - O_3 \longrightarrow BrO + O_2$$
$$Cl - O_3 \longrightarrow ClO + O_2$$

二、臭氧层衰减的危害

紫外线按其所起的生物作用和波段长度,可分为3个部分:A区紫外线波长为320~

400 nm,其影响表现在对合成维生素 D 有促进作用,但过量的紫外线 A 照射会引起皮肤老化和产生皱纹,抑制免疫系统功能,太少或缺乏紫外线 A 照射又容易患红斑病和白内障;B 区紫外线波长为 280～320 nm,其影响表现在使皮肤变红和短期内降低维生素 D 的生成,长期接受可能导致皮肤癌,白内障及抑制免疫系统功能;C 区紫外线波长在 280 nm 以下,具有 DNA 和蛋白质的直接破坏作用,但是全部被平流层臭氧层所吸收,不能达到地表。

臭氧减少将使紫外线增强。如果臭氧减少 10%,则紫外线将增加 20%,特别是 UV-B 增加较多。

1. UV-B 辐射增强对生命系统的危害

紫外线增强对生命有明显的影响。UV-A 能促进在皮肤上形成维生素 D,对骨骼生长有促进作用。但 UV-B 可引起皮肤癌,破坏免疫系统和引起眼病。美国近 10 年来美国皮肤癌患者平均每年递增 7%;英国的皮肤癌患者至少已增加 15%;澳大利亚昆士兰州皮肤癌死亡率是世界之最,且有逐年增长之势。美国环保局做出估计,今后 80 年内,仅美国将有 4 000 万人得皮肤癌,其中 80 万人会死于皮肤癌。

UV-B 可使免疫系统功能降低。有证据表明,疱疹和热带皮肤病——利什曼原虫病,眼睛黑瘤等发病与 UV-B 强度增加有关。UV-B 能杀死微生物并破坏动植物细胞,破坏蛋白质和核酸的分子结构。这可能是引起皮肤癌的原因之一。

UV-B 对海洋浮游生物的研究表明:UV-B 增强能杀死水中某些微生物、幼鱼、小虾和蟹,导致水生生态系统成分和结构的改变,削弱水体自净能力。

2. UV-B 辐射增强对材料的影响

因平流层臭氧损耗而导致的阳光紫外辐射的增加会加速建筑、喷涂、包装及电线电缆等所用材料,尤其是高分子材料的降解和老化变质。特别是在高温和阳光充足的热带地区,这种破坏作用更为严重。由于这一破坏作用造成的损失估计全球每年达到数十亿美元。

无论是人工聚合物,还是天然聚合物以及其他材料都会受到不良影响。当这些材料尤其是塑料用于一些不得不承受日光照射的场所时,只能靠加入光稳定剂或进行表面处理以保护其不受日光破坏。阳光中 UV-B 辐射的增加会加速这些材料的光降解,从而限制了它们的使用寿命。研究结果已证实短波 UV-B 辐射对材料的变色和机械完整性的损失有直接的影响。

在聚合物的组成中增加现有光稳定剂的用量可以缓解上述影响,但需要满足下面 3 个条件:①在阳光的照射光谱发生了变化,即 UV-B 辐射增加后,该光稳定剂仍然有效;②该光稳定剂自身不会随着 UV-B 辐射的增加被分解掉;③经济可行。目前,利用光稳定性更好的塑料或其他材料替代现有材料是一个正在研究中的问题。然而,这些方法无疑将增加产品的成本,而对于许多正处在用塑料替代传统材料阶段的发展中国家来说,解决这一问题更为重要和迫切。

3. UV-B 辐射增强对生物地球化学循环的影响

陆地生态系统的物质循环通常指植物矿质营养的循环,即营养元素在土壤-植物系统中的循环与平衡,它是系统存在和发展的营养基础,也是系统的主要功能之一。UV-B 辐射通常以两种途径影响生物地球化学循环。第一,通过影响生态系统中碳的获取(光合作用)、贮藏(生物量的积累和土壤碳含量)以及碳释放(植物与土壤碳呼吸)等环节影响整个系统的物质循环和能量转换。第二,UV-B 辐射影响矿物质(N、P、K)循环。

UV-B 辐射下植物残体分解影响陆地生态系统的营养循环有 2 种机制:一种是 UV-B 辐射直接影响对土壤中营养循环过程起主导作用的分解者,但是大多的 UV-B 被群叶或簇叶所吸收,所以这种直接影响很微弱。第二种机制似乎更合理一些,UV-B 通过改变叶片在落前的质量而影响生物地球化学循环。UV-B 辐射增强的情况下,植物体内黄酮、丹宁、木质素等次生代谢物的含量增加,使从事分解作用的微生物种群数量和多样性受到显著的影响,从而影响了微生物对植物残体的分解,改变植物残体分解速率,导致养分循环的改变。

三、防治措施

1. 遵守蒙特利尔协定,减少氟利昂类物质的排放

1987 年 9 月,由 UNEP 组织的"保护臭氧层公约关于含氯氟烃议定书全权代表大会"在加拿大蒙特利尔市召开。出席会议的有 36 个国家、10 个国际组织的 140 名代表和观察员,中国政府也派代表参加了会议。1991 年 6 月 14 日,中国政府签署并正式加入修正后的《关于消耗臭氧层物质的蒙特利尔议定书》(以下简称《议定书》)。

《议定书》主要内容如下:①规定了受控物质的种类,有 2 类共 8 种。第一类为 5 种 CFCs;第二类为 3 种哈龙。②规定了控制限额的基准,发达国家生产量与消费量的起始控制限额都以 1986 年的实际发生数为基准;发展中国家都以 1995—1997 年实际发生的 3 年平均数或每年人均 0.3 kg,取其低者为基准。③规定了控制时间。发达国家的开始控制时间,对于第一类受控制物质(CFCs),其消费量自 1989 年 7 月 1 日起,生产量自 1990 年 7 月 1 日起,每年不得超过上述限额基准。1993 年 7 月 1 日起,每年不得超过限额基准的 80%。自 1998 年 7 月 1 日起,每年不得超过限额基准的 50%。对于第二类受控物质(哈龙),其消费量和生产量自 1992 年 1 月 1 日起,每年不得超过限额基准。发展中国家的控制时间表比发达国家相应延迟 10 a。④确定了评估机制。

1994 年,联合国大会宣布从 1995 年起每年 9 月 16 日为国际保护臭氧层日。

2. 培育抗 UV-B 辐射品种

减少氟利昂类物质的排放是保护臭氧层的主要措施。同时,通过人工选择并培育抗 UV-B 辐射品种是今后污染生态工作的首要任务,这将是一项长期而艰巨的工作。

植物对于 UV-B 辐射的敏感性在种间和品种间存在差异。主要受植物基因型、生态型和生活型的控制,与它们的生态特性、分布的地理位置和生长条件有关,而且同一植物个体不同部位和不同发育阶段对 UV-B 增强的效应也不同。

第五节 大气污染与生物防治

生物防治是治理大气污染的一种有效持久的方法。很多植物能够吸收空气中的有毒有害物质,并将这些物质在体内进行分解,转化为无毒物质。

一、植物对空气中有毒有害物质的吸收

空气中的有毒物质,如 SO_2 达到十万分之一时,人就不能长时间工作;当它的浓度达到万分之四时,人就会中毒死亡;而很多植物在这种环境中仍能正常生长。生态学家曾采集了多种抗污能力较强的植物进行分析,发现木槿叶片中的含氯量及黏附在叶片上的氯量很多。并且它对 SO_2 也有很强的抗性,SO_2 对木槿的叶肉细胞危害极小,有"天然解毒机"之称。又如榆树对空气中的尘埃有过滤作用。据测定,它的叶片滞尘量为 $12.27\ g/m^2$,有"粉尘过滤器"之称。同时,榆树对大气中的 SO_2 等有毒气体也有一定的抗性。泡桐是我国著名的速生用材树种之一。它的树干挺直,树冠庞大,叶大多毛,分泌黏液,能吸附粉尘,净化空气,并且对 SO_2、Cl_2、HCl、HF、硝酸雾等有毒气体均有较强的抗性,被称为"天然吸尘器"。枝繁叶茂、四季常青的黄杨,是常见的庭园观赏树木。由于它的叶片有革质,表皮细胞有较厚的角质层,所以对 SO_2、Cl_2、H_2S、HF 等有毒气体有很强的抗性,还有吸除毒气,净化空气的本领。它的吸氯量和抗性都很强。夹竹桃也是一种抗污能力很强的树种。夹竹桃的叶面有蜡质,既有很强的耐旱能力,又能在毒气和尘埃弥漫的恶劣环境中照常生长。据试验,在 SO_2 强污染环境中,一般植物均会花落叶枯,而夹竹桃仍枝繁叶茂,生长如常。它对粉尘、烟尘也有较强的吸附力,每平方米叶面积能吸附灰尘 5 g,因而被誉为"绿色吸尘器"。

二、不同树种对大气污染物的吸收与抗性

不同的树种对不同的污染气体的抵抗能力和吸收量差别较大。吸氟能力较强的树木有泡桐、梧桐、叶黄杨、女贞等。表 8-6 是北京市园林绿化局(1974 年)对一些植物叶片含硫量调查的结果,从表中可看出,树种不同,含硫量差别很大。

表 8-6　几种树木叶片含硫量　　　　单位:%,占叶片干重

针叶树	含硫量		阔叶树	含硫量	
	最高	最低		最高	最低
桧柏	0.860	0.056	垂柳	3.156	1.586
白皮松	0.597	0.075	加拿大白杨	2.149	0.252
侧柏	0.523	0.054	臭椿	1.656	0.037
油松	0.487	0.022	苹果	1.255	0.058
华山松	0.329	0.070	榆树	1.215	0.066
			刺槐	1.148	0.065
			毛白杨	0.620	0.057
			槐	0.542	0.053
			黄栌	0.477	0.108

(北京市园林绿化局,1974)

日本学者在东京市内通过对树木生长衰退的实况进行调查,将 42 种树种对 SO_2 的抗性

分为3类:抗性最强的树种25种,如夹竹桃、日本女贞、厚皮香、珊瑚树、大叶黄杨、罗汉松等;稍有抗性的树种8种,如法国梧桐、香樟、垂柳、石榴等;抗性弱的树种9种,如日本赤松、柳杉、雪松、贴梗海棠等。植物吸收氟化氢的能力也很强,江苏省植物研究所对几种植物调查的结果如表8-7所示。

表8-7 植物吸氟量 单位:mg·kg^{-1}

植物种类	含氟量	对照植物含氟量	与对照植物的差值(吸氟量)	受害症状
美人蕉	146.0	7.95	138.0	叶缘稍有焦枯
向日葵	112.0	3.71	108.3	同上
泡桐	106.0	10.90	95.1	无症状
加拿大白杨	95.0	10.70	84.3	叶发黄
蓖麻	89.4	2.99	86.4	叶缘枯焦
梧桐	68.4	12.00	56.4	无症状
大叶黄杨	55.1	6.25	48.8	无症状
女贞	53.8	5.56	48.2	无症状
榉树	45.7	12.60	33.1	无症状
垂柳	37.8	16.70	21.1	无症状

(江苏省植物研究所,1977)

美国某研究所对100种植物进行4500次以上的分析,证明植物吸氟量因种类、年龄等而异。植物还能吸收其他气体。很多植物都能直接从空气中吸收NH_3以满足所需总氮量的10%~20%,如大豆幼苗一昼夜能吸收NH_3 70 μg,大多数植物都能吸收O_3,其中银杏、柳杉、日本扁柏、樟树、海桐、青岗栎、夹竹桃、刺槐等吸收O_3量较大。植物吸收汞蒸气的量(μg/g,干重)为:夹竹桃96,棕榈84,樱花60,桑树60,大叶黄杨52,八仙花22,美人蕉19.2,紫荆7.4,广玉兰6.8,月桂6.8,桂花5.1(上海园林管理处,1975)。

森林净化大气污染物质的能力很强,1 hm^{2}模式森林净化效率(以t/a计):O_3 9.6×10^4、SO_2 748、CO 2.2、NO_x 0.38、PAN 0.17。

森林群落结构越复杂,疏密度适中(0.5~0.7),净化效率越大,如表8-8所示。

表8-8 密林和疏林降低大气HF浓度的效能 单位:mg·m^{-3}

测定	林前至烟囱距离/m	林带		林前		林后		通过林带后浓度的降低率/%	
		宽度/m	郁闭度	平均浓度	最大一次浓度	平均浓度	最大一次浓度	平均浓度	最大一次浓度
第一次①	20	80	0.1	0.153	0.237	0.085	0.113	44.4	52.3
			0.7	0.179	0.346	0.060	0.120	66.5	65.3
第二次②	100	20	0.1~0.2	0.046	0.135	0.040	0.104	14.4	23.1
			0.9	0.019	0.040	0.007	0.022	62.1	45.1

① 第一次:7月23日,西南风,风速2~3级。② 第二次:10月17日,西北风,风速3~4级。(江苏省植物研究所,1977)

据报道,营造 1 hm² 柳杉林,每年可吸收 SO_2 720 kg。草地也有很强的净化能力,258.9 km² 的紫花苜蓿,每年可使大气中的 SO_2 减少 600 t 以上。

为了配置有高效净化能力的群落,必须同时把植物净化(大气)能力与抗性能力相结合,乔、灌、草相结合,因地制宜,合理配置。现以工业区绿化林带的建设为例:

林带的净化效应在于林带能阻滞气流的速度,使空气中夹持的粉尘在林前大量沉降;由于气流通过林带,在林带内被植物吸附和吸收,使空气得到净化;林带中的气温与附近城市、工矿区的气温有一定差别,由此引起两地空气的小环流,从而使城市、工矿区的空气得到稀释、净化。因此,建立防护林带有重要意义。

净化防护林带一般宜布置在污染源烟囱高度 15~20 倍的距离以外(在污染源与生活区之间),因为在该范围内污染物浓度最高。林带疏密度要合适,密而宽的林带完全不透风,含污染物的气流常从树冠越过而得不到净化;过稀、过窄的林带净化效果则太差。最好的林带结构是疏密适度、下部适当通风,当气流通过林带的最后部分时,则林下密度增大,迫使气流向上抬升,穿过林冠,增加植物与气流接触面积,达到最大限度的净化效果。

林带愈高,防护的范围愈宽;林带宽度一般以 30~40 m 为宜。

三、城市绿化工作的原则

城市人口集中,工业污染较重,更需要植物净化大气。有人按人类对氧的需要以及植物对氧和二氧化碳的调控能力来计算城市居民的绿地定额(按成人每人需 0.75 kg 氧、呼出 0.9 kg CO_2,绿色植物在光合作用过程中,每吸收 44 g CO_2,排出 32 g O_2 计),即每人约需森林 10 m² 或者需草坪 50 m²(如按吸收 SO_2 计,北京每人需森林 150~420 m²;按吸尘计,则每人需森林 11~75 m²)。

联合国生物圈生态与环境保护组织规定,城市居民每人约需 60 m² 的绿地,住宅区绿地每人要保持 28 m²。世界上许多国家都非常重视绿地的建设。例如,波兰华沙,30 年前还是一座缺乏绿色植物的城市,现在市内有公园 95 个,18.9 万亩绿地,街道两侧都是草坪;城郊有 100 万亩森林和防护林带,人均绿地面积达 90 m²。澳大利亚的堪培拉,现绿地已占该城面积的 58.5%,人均绿地 70.5 m²。其他城市如维也纳人均绿地为 70 m²,瑞典的斯德哥尔摩 68.3 m²,东柏林 50 m²,平壤 47 m²,华盛顿 45.7 m²,莫斯科 44 m²,巴黎 24.7 m²,伦敦 22.8 m²。我国城市绿地面积很少。据 55 个城市调查的平均值计,人均在 3 m² 以下的有 41 个城市,占总数的 74.5%。为了减轻大气污染,保障人体健康,必须加速城市和厂矿区的绿化,增加人均绿化定额。

在绿化工作中应注意以下几个原则:

(1) 常绿树与落叶树配合,使各个季节都能起到净化作用。

(2) 速生树与慢生树结合,前者易取得绿化效果,但寿命短,因此要考虑若干年后用慢生树种接替速生树种。

(3) 骨干树种与其他树种相结合,目的是使城市绿化树种丰富多彩,各有特色。

(4) 乔、灌、草、藤相结合,立体绿化,可以增加单位土地面积上的叶面积指数,提高净化效率。在有条件的地区,要建设屋顶花园。

(5) 尽量采用树型美观、没有病虫害和特殊气味的乡土植物。

绿化种类的配置应因地制宜，但可参考采用以下的比例：

$$\text{乔木 } 60\% \begin{cases} \text{常绿乔木} & 70\% \sim 30\% \\ \text{落叶乔木} & 30\% \sim 70\% \end{cases}$$

$$\text{灌木 } 20\% \begin{cases} \text{常绿灌木} & 70\% \sim 30\% \\ \text{落叶灌木} & 30\% \sim 70\% \end{cases}$$

$$\text{草坪 } 15\%; \text{花卉 } 5\%。$$

城市绿化是关系到每个居民身体健康的大事，要全力以赴地把它做好。

小结

大气污染对人体的危害主要表现为呼吸道疾病；对植物可使其生理机制受抑制，生长不良，抗病抗虫能力减弱，甚至死亡；大气污染还能对气候产生不良影响，如降低能见度，减少太阳的辐射而导致城市佝偻发病率的增加；大气污染物会腐蚀物品，影响产品质量；酸雨的产生也与大气污染密切相关。

由于人类大量的使用化石燃料以及土地利用的变化，导致排放到大气中的温室气体逐年增加，打破了原有的地球表面大气组成的平衡，进而产生了温室效应。主要温室气体有 CO_2、水蒸气、CH_4、N_2O、O_3、氟氯烃类。温室效应会造成温度升高、海平面上升、降水量变化及灾变性气候增多。温室效应的防治对策有遵守京都协议、减少二氧化碳等温室气体的排放及增加植物对二氧化碳的吸收等。

酸雨被认为是"空中死神"，它能使水体和土壤酸化、破坏森林、伤害庄稼、损害古迹、影响生物生存和人体健康。酸雨是指 pH 小于 5.6 的降水（美国采用 pH 小于 5）。酸雨率指一年出现酸雨的降水过程次数除以全年降水过程的总次数，是判别某地区是否为酸雨区的又一重要指标。我国酸雨频率高、酸度大，分布有明显的区域性。我国酸雨是硫酸型的，也可称之为煤烟型酸雨。

人类的活动排放了大量的破坏大气臭氧层的碳烃类化合物，使得地球臭氧层的臭氧浓度自从 20 世纪 70 年代开始急剧衰减，有些地方出现了臭氧"空洞"。臭氧的减少导致辐射到地表有害的紫外线 – B（UV – B）强度增加，从而打破了地球生物圈原有的平衡，对人类健康、生态环境、材料、大气质量和建筑物等产生了深远的影响。破坏臭氧层的物质很多，如氟利昂类、CH_4、N_2O、CCl_4 等。减少氟利昂类物质的排放是保护臭氧层的主要措施。同时，通过人工选择并培育抗 UV – B 辐射品种是今后污染生态工作的首要任务。

生物防治是治理大气污染的一种有效持久的方法。很多植物能够吸收空气中的有毒有害物质，并将这些物质在体内进行分解，转化为无毒物质。不同的树种对不同的污染气体的抵抗能力和吸收量差别较大。城市人口集中，工业污染较重，更需要植物净化大气。

思考题

1. 简述大气污染的危害。
2. 我国大气污染属什么类型？在时空分布上有何差异？主要污染物有哪些？
3. 什么是温室效应？温室效应有哪些严重后果？
4. 什么是酸雨？我国酸雨属何种类型？分布上有什么特点？
5. 臭氧层破坏的元凶是谁，臭氧层破坏将导致哪些严重后果？
6. 在城市绿化工作中应该注意哪些原则？

建议读物

1. 李元．环境生态学导论．北京：科学出版社，2009.

2. 尚玉昌. 普通生态学. 北京:北京大学出版社,2010.
3. 孙铁珩,周启星,李培军. 污染生态学. 北京:科学出版社,2004.
4. 乔玉辉. 污染生态学. 北京:化学工业出版社,2008.
5. 李元,岳明. 紫外辐射生态学. 北京:中国环境科学出版社,2000.

推荐网络资讯

1. 中国普法网——中华人民共和国大气污染防治法：
http://www.legalinfo.gov.cn/zt/2004-06/10/content_105942.htm
2. 中国科普博览——酸雨专题馆：http://www.kepu.net.cn/gb/earth/acidrain

第九章

土壤污染与生物防治

土壤(soil)是发育于地球陆地表面,进行活跃生物地球化学过程的疏松表层,也是一个复杂多相的物质系统,是由矿物质、有机质、水分和空气组成的三相多孔体系。同时,土壤不仅作为陆地生态系统的基础,对陆地生态系统的生物多样性、稳定性和生产力起着极其重要的作用,而且土壤又是人类文明赖以存续的物质基础和生产资料,深受人类长期生产实践的影响。

随着人口增长和工农业发展,人类生产、生活过程中所产生的废弃物不断进入土壤,当这些废弃物累积到一定程度后就会污染土壤,导致土壤生产性能下降和土壤质量恶化,进而影响和危害人类健康。19世纪四五十年代之后,随着一些土壤污染事件的发生,如日本神通川"镉米"事件、美国加利福尼亚州腊夫运河废弃地垃圾污染事件等,土壤污染问题开始受到人们的关注。1971年联合国粮食与农业组织在《土壤退化》一书中,将土壤退化问题分为10大类,而由污染所导致的土壤质量退化就占了8类。为了有效治理污染的土地,英国政府于1992年开始土壤污染风险管理与修复研究工作,并于2000年立法,同时于2002年3月发布了土壤污染评价、估算等一系列报告与标准,形成了相应的技术规范。

据不完全调查,目前我国受污染的耕地约有1 000万hm^2,污水灌溉耕地有217万hm^2,固体废弃物堆存占地和毁田有13万hm^2,合计占耕地总面积的1/10以上。由于我国土壤资源人均占有量低,因此受污染农田面积的进一步扩大,将会使我国生态环境安全和粮食安全置于极其危险的境地。虽然由于土壤污染的隐蔽性、潜伏性、长期性和不可逆性等特征使人类对它的认识还处于探索阶段,但是其危害的严重性已经迫使人类重新审视自己的行为方式,并开始寻找解决土壤污染的途径。

第一节 土壤污染概述

土壤圈连接地球表层及其他圈层系统,维持和调节各圈层的能量流动、物质流动及信息传递,而且是构成陆地生态系统中结合无机界和有机界的枢纽。土壤因其具有缓冲、过滤和吸附等性能经常被充当污染物的载体和天然净化场所。然而,当人类活动所产生的污染物排放转移到土壤中,积累到一定程度并超过土壤自净能力时,就会恶化土壤质量,进而对动植物和人类健康产生直接或潜在的危害,这就被称为土壤污染(soil pollution)。

由于土壤是一个不断发展和演变的、复杂的开放系统,因此确定土壤背景值在土壤污染评价和环境质量标准制定中具有重要的意义。土壤背景值(soil background value)是指在自然成土过程中,构成土壤本身的化学元素组成及含量。由于目前已经难以找到不受人类活动影响的土壤,因而土壤背景值仅代表土壤在某一演变阶段的一个相对意义上的数值

(黄昌勇,2000)。土壤自净能力和环境容量均以土壤背景值作为基础数据。土壤中的胶体、氧化还原、专性吸附及生物等体系和过程会对进入土壤的污染物质产生消纳作用以维持土壤系统的稳定,这种现象称为土壤自净(soil self-purification)。土壤自净能力(ability of soil self-purification)是指以各种方式进入土壤的污染物,通过土壤的物理、化学和生物化学反应过程,使其浓度降低、毒性减轻或者消失的性能。土壤自净作用能对进入土壤的少量污染物通过吸附、降解等作用降低其危害性能,从而维持土壤性质稳定及其生态平衡。然而,土壤自净能力是有一定限度的,这取决于土壤环境容量的大小。土壤环境容量(soil environmental capacity)是指在一定时限内,在保证农产品和生物安全,同时又不使环境污染时,土壤对污染物的最大承受能力或负荷量。当进入土壤系统的污染物的量低于土壤环境容量时,土壤能发挥正常的净化作用,不被污染;但如果污染物的量超过土壤环境容量时,则导致土壤污染。由此可见,土壤是否被污染及其污染的程度主要取决于污染物输入量和土壤系统的自净能力大小。因此,土壤污染就是人为直接或间接破坏或干扰土壤的正常生态功能,具体表现为干扰和破坏土壤的物理、化学及生物化学性质,导致生物的数量和质量下降,从而危害人类健康。

一、土壤污染的特点

土壤是一个三相的疏松多孔体系,具有多种胶体表面和高的表面活性,同时土壤中还存在酸碱反应和氧化还原反应等化学过程和生物化学过程,因此,污染物质进入土壤后,土壤通过吸附、沉淀、络合-螯合、生物降解等作用改变污染物的毒性和形态,以缓冲土壤污染的发生。另一方面,随着污染物进入土壤的数量增加和时间延长,控制和影响污染物的土壤过程也会改变其方向、性质和速度。因此,土壤污染的初期状态是难以察觉的。曾经在很长一段时间内,土壤污染未引起人们的足够重视,这主要归因于土壤污染的发生、发展特征。土壤污染的表现主要有以下四大特征(陈怀满等,2004;孙铁珩等,2005)。

1. 隐蔽性和潜伏性

土壤污染与大气、水体污染有所不同,大气、水体污染比较直观,而土壤污染问题往往要通过对土壤样品进行分析化验和农作物的残留检测,甚至通过研究对人畜健康状况的影响后才能确定。因此,土壤污染从产生污染到出现问题通常会滞后较长的时间,具有较强的隐蔽性和潜伏性,因此土壤污染问题一般都不太容易及时发现和处置。如日本的"骨痛病"经过了 10~20 a 后才被人们所认识。

2. 不可逆性

土壤一旦遭到污染后极难恢复原状。重金属对土壤的污染基本上是一个不可逆转的过程,许多有机物质的污染也需要较长时间才能降解。如被某些重金属污染后的土壤可能需要 100~200 a 的时间才能够逐渐恢复。

3. 累积性和后果严重性

由于污染物质在土壤中的扩散和稀释速率很低,因此容易在土壤中不断累积而污染土壤,同时也使土壤污染具有很强的地域性。例如在包头钢铁厂周围受氟污染的牧草含氟量高达 330 mg/kg,羊吃后患氟骨病的发病率在 95% 以上,大牲畜发病率在 60% 以上,但在远离钢铁厂的区域牧草含氟量则很低。再如陕西凤翔县长青镇东岭冶炼公司 2006 年投产,

2009 年发现其周边 1 000 m 范围内的村庄有 800 多名儿童血铅含量超标,经检测发现企业周边土壤中铅的平均值呈现上升趋势。

4. 长期性和难治理性

累积在土壤中的难降解污染物很难靠稀释和自我净化作用来消除,因此土壤污染发生后仅依靠切断污染源的方法则难以清洁土壤,有时要靠换土、淋洗等方法才能解决污染问题,而生物吸附等其他治理技术的治理时间较长。因此,治理污染土壤通常成本较高,治理周期较长。如沈阳抚顺污灌区发生的石油、酚类和镉污染,造成大面积的土壤毒化、水稻矮化、稻米异味等现象,经过十多年的艰苦治理,通过采用客土、深翻、淋洗及选择不同品种作物等有效措施才逐步恢复其部分生产性能。有机氯农药——DDT 的化学性质十分稳定,它在土壤中的半衰期长达 2~4 a,若使其在土壤中的滞留量消失 95% 需要 10~30 a 的时间。虽然世界各国已在较长一段时间前就已禁止生产和使用,但它们对环境和生物的危害仍会存在很长一段时间。

二、土壤污染的类型

土壤污染的类型可以根据污染物进入土壤的不同途径和进入土壤的物质类型来划分。

(一) 污染途径类型

根据污染物进入土壤的不同途径可将土壤污染分为以下几种类型:

1. 水体污染型

工业及城市污水进行农田污水灌溉时,如果污染物在土壤中积累而超过土壤自净能力时就会产生土壤污染。20 世纪 80 年代以来污灌面积在我国持续增加,目前,我国污灌面积已经达到 217 万 hm^2。污灌虽能为农业生产带来一定的收益,但如果控制不当,将发生严重的土壤污染问题,影响农产品的产量和质量,进而影响人体健康。同时,利用未经消毒灭菌的污水对土壤进行灌溉时,可能使土壤受到有害微生物的污染,成为某些病原菌的栖息繁殖基地,进而影响人体健康。

2. 大气污染型

世界各国的工业生产及汽车尾气每年均排放大量的有害气体和粉尘,这些有害气体及粉尘直接危害人体健康。然而,当大气污染物进入土壤后,改变土壤的物理化学性质,使土壤受到污染,从而产生更为长久而深刻的危害。如二氧化硫、重金属以及原子能工业的废弃物,这些污染物很难使土壤在短期内得到恢复。工业排放的 SO_2、NO 等有害气体在大气中发生反应形成酸雨,以自然降水的形式进入土壤,引起土壤酸化;冶金工业烟囱排放的金属氧化物粉尘,则以降尘形式进入土壤,形成以工厂为中心、半径为 2~3 km 范围的污染范围,而核爆炸的尘埃则可以覆盖更广泛的区域。

3. 工业固体废物污染型

我国工业固体废物产生量每年均在 20 亿 t 以上,综合利用率不超过 70%,每年有 700 多万 t 被排放到自然中去,这是引起固体废物污染环境的主要原因。各类金属矿场开采的尾矿废弃物、重金属冶炼厂的矿渣更易使周围的土壤受到污染;另外,"白色污染"(white pollution,指废弃在环境中的废塑料包装物及废农膜对土壤和生态环境的破坏)问题也受到世界各国的重视。

4. 农业生产污染型

施用化肥、农药是农业增产的重要措施,但不合理的使用,也会引起土壤污染。农业生产中农药、化肥的不当使用,容易使一些有机及无机污染物累积到土壤系统中,使其受到一定程度的污染。如长期过量地使用硝态氮肥,会使饲料作物含有过多的硝酸盐,妨碍牲畜体内氧的输送,使其患病,严重的导致死亡;农田土壤残留的农药不仅会通过农作物累积而危害人畜的健康,而且还能通过水土流失迁移到水体或其他区域造成二次污染。

(二) 污染物质类型

土壤污染源可分为自然污染源和人为污染源,对人类生活造成重大影响的通常为人为污染源,包括化学污染物和生物类污染物(如肠杆菌科细菌、炭疽杆菌等)。其中,化学污染物主要分为有机污染物和无机污染物两大类。有机污染物主要是指化学农药、酚、多环芳烃、多氯联苯等。无机污染物主要是指重金属如镉、汞、铅、砷、铬、镍、铜、锌等,放射性核素如铯、锶、铀等,以及营养物质如氮、磷、硫等,还有其他物质如氟、酸、碱等(窦贻俭和李春华,1998)。

根据污染物的性质可将土壤污染划分为以下几种类型:

1. 重金属污染

重金属由于不能被土壤微生物所分解、易于在土壤中积累,甚至在土壤中可能转化为毒性更大的甲基化合物,通过食物链在动物、人体内积累,严重影响人体健康,因此重金属是土壤污染中最重要的污染物质之一。环境污染中所说的重金属(heavy metal)主要指镉、铅、锌、汞、铬和类金属砷等几种生物毒性显著的元素,以及锰、钼、镍、钴、铜、铝等常见的元素。这类元素一般具有变价化学性质,不同环境条件下其价态不同,不同价态元素的迁移性能和生物毒性也不同。

2. 农药残留污染

用于防治农作物病害、虫害和杂草的化学物质,调节植物生长的药剂以及提高这些药剂效力的辅助剂、增效剂等都统称为农药(pesticide),它包括杀虫剂、杀菌剂、杀螨剂、杀线虫剂、杀软体动物剂、杀鼠剂、除草剂及植物生长调节剂等。农药的使用一方面抑制了害虫的生长,提高了农作物的产量和质量;另一方面也抑制了害虫天敌的生长、发育和繁殖,长期使用一种农药可促进害虫的抗药性不断得到增强,破坏了农业生态平衡;更为严重的是有些农药的化学性质稳定,不易在环境中和生物体内分解转化,因而造成土壤污染,增加了农作物和食物中的毒物含量,最后通过食物链危害动物及人体健康。

3. 化学肥料污染

严格说来合理使用化学肥料本身并不对环境及土壤造成负面影响。长期以来我国在使用有机肥的基础上,大力发展和广泛使用化肥已成为农业高速发展,实现高产、稳产的一项重要措施。但随着科学技术的发展和人们对化肥的正负效应认识的深入,发现施肥不当或过量施肥都会对土壤、植物和环境造成污染。杨景辉(1995)将这种对环境的负面影响归纳为6个方面:施肥不当或过量施肥对自然水体富营养化和水体质量的影响;肥料和土壤中硝酸盐对地下水的污染;肥料N和土壤N向大气散失对生物圈的不良影响;化肥对土壤肥力和性质可能产生的消极影响;施用化肥对土壤和生物卫生状况的影响;施用化肥对农产品质量的影响。

4. 有机矿物油污染

有机矿物油污染主要指石油、多环芳烃化合物(PAHs)及各种烷烃、芳烃的混合物对土壤的污染,如各种萘、菲、蒽、芘、苯并[a]芘、苯并[a]蒽、苯并[g,h,I]芘等有机类化合物。

5. 放射性元素污染

放射性污染到目前为止主要是核爆炸引起的。核裂变产物有 ^{90}Sr、^{137}Cs、^{131}I、^{103}Ru、^{106}Ru、^{95}Zr、^{141}Ce、^{239}Pu 等核素,其中 ^{90}Sr、^{137}Cs、^{239}Pu 的半衰期均较长,对人体的危害也最大。随着更多的核电站投入运行,各种人为放射性污染有增加的可能。

6. 致病微生物污染

致病微生物主要是能引起动物及人体疾病的细菌和病毒,如沙门氏菌、霍乱弧菌、志贺氏菌等;引起人体及牲畜肠道疾病的寄生虫以及一些动物排出的传染性病原体如钩端螺旋体、结核杆菌、伤寒、阿米巴痢疾、赤痢、沙门氏菌、炭疽杆菌、破伤风梭状芽孢杆菌、肉毒梭状芽孢杆菌及部分霉菌等,还有肠道蠕虫、钩虫等。

7. 酸性大气及固体沉降物污染

酸性沉降物一般指 pH<5.6 的酸雨。酸雨中不仅含有大量 H^+,而且还含有高浓度具酸化作用的 SO_4^{2-}、NO_3^- 等阴离子。酸雨中通常还含有多种金属阳离子、重金属、痕量元素和各种有机污染物。

第二节　土壤污染的生态效应

一、重金属污染的生态效应

土壤重金属污染(heavy metal pollution)所涉及的元素主要是指生物毒性显著的 Hg、Cd、Pb、Cr 等重金属元素,As 等类金属元素和 F 等非金属元素及其化合物。重金属污染的危害程度取决于重金属污染物在环境、食品和生物体中存在的浓度和化学形态。

(一) 土壤中重金属元素的背景值

重金属(heavy metal)指比重大于 4 或 5 的金属,如 Pb、Zn、Co、Ni、V、Mn、Cd、Hg、Cu、W 等。尽管一些重金属如 Mn、Cu、Zn 等是维持生命活动所必需的微量元素,但是大部分重金属如 Hg、Pb、Cd 等却非生命活动所需,而且所有重金属超过一定浓度都对生物产生毒害作用。重金属元素广泛分布于岩石、土壤、动植物组织中,通常情况下它们在正常活体组织中的浓度很低,并能维持在一定浓度范围内。但是,土壤受重金属污染将直接影响到土壤中生物体内的重金属含量,并进而影响食物链和土壤生态系统的平衡。为判断土壤是否受到重金属污染及其污染程度,首先应调查出该土壤系统中重金属的背景值或本底值,也就是土壤未受污染时自然存在的重金属含量,它是评价土壤重金属污染的基本依据。

总体来看自然土壤中各重金属元素含量相对比较稳定,表 9-1 列出了 Browen(1979) 和 Lindsay(1979) 所报道的数据。

表 9-1　世界土壤中重金属元素含量　　　　　　　　　　单位:mg·kg^{-1}

元素	Browen(1979)		Lindsay(1979)	
	范围值	中值	范围值	中值
As	0.1~40	6	1~50	5
Cd	0.01~2	0.35	0.01~0.7	0.06
Co	0.05~6.5	8	1~40	8
Cr	5~1 500	70	1~1 000	100
Cu	2~250	30	2~100	30
Fe	2 000~550 000	40 000	7 000~550 000	38 000
Hg	0.01~0.5	0.06	0.01~0.3	0.03
Mn	20~10 000	1 000	20~3 000	600
Ni	2~750	50	5~500	40
Pb	2~300	35	2~200	10
Zn	1~900	90	10~300	50

(许嘉琳和杨居荣,1996)

不同国家及地区土壤中的重金属含量的背景值不相同。根据魏复盛等(1991)的研究,我国土壤中 Hg、Cd 与日本、英国相比明显偏低,其他重金属背景值和美、日、英等国的含量基本相当(表 9-2)。需要指出的是土壤重金属背景值的高低与其所发育的母质密切相关。

表 9-2　中国土壤中重金属元素含量　　　　　　　　　　单位:mg·kg^{-1}

元素	全距	算术平均值	几何平均值	95%置信度范围
As	0.01~62.6	11.2	9.2	2.5~33.5
Cd	0.001~13.4	0.097	0.074	0.017~0.33
Co	0.01~93.7	12.7	11.2	4.0~31.2
Cr	2.2~1 209	61.0	53.9	19.3~150
Cu	0.33~272	22.6	20.0	7.3~55.1
Hg	0.001~45.9	0.065	0.04	0.006~0.272
Mn	1~5 888	583	482	130~1 786
Ni	0.06~627	26.9	23.4	7.7~71.0
Pb	0.68~1 143	26.4	23.6	10.0~56.1
Zn	2.6~593	74.2	67.7	28.4~161

(魏复盛等,1991)

(二) 土壤中重金属及其化合物的形态及其迁移转化规律

重金属污染物多为过渡元素,在土壤中其价态和形态总是在不断地发生转化,不同的存在形态和价态导致其活性和毒性呈现很大的差异。进入土壤的重金属元素容易被转化成专性吸附态、氧化物态、硫化物态或矿物固定态,这些形态的含量越高,其对生物的毒性越小;而水溶态和交换态的有效浓度越高,则其对生物的毒性也越大。重金属污染物进入土壤后,与各种土壤组分发生物理、化学和生物化学反应,主要包括吸附解吸、沉淀溶解、络合解络、氧化还原等过程(许嘉琳等,1996)。土壤重金属污染物的形态含量受重金属污染物总量、土壤 pH、有机质、质地、E_h 及生物活性等因素的共同影响。

(三) 重金属污染物对土壤代谢和肥力的影响

土壤生态系统是土壤同生物之间相互作用,以物流和能流所贯穿的一个开放系统。土壤为土壤中的微生物、动植物提供生长发育、新陈代谢所必需的物质。重金属污染物一旦进入土壤首先将影响土壤微生物的生长繁殖以及其新陈代谢过程。同时,重金属污染物的进入还将影响土壤代谢、土壤酶活性、土壤肥力等正常生理生态功能。

1. 重金属污染物对土壤微生物群落的影响

土壤微生物生物量主要指参与调控土壤中能量和养分循环以及有机质转化的微生物的数量,是比较敏感的生物学指标。重金属污染物进入土壤后将首先影响土壤中的细菌、真菌、放线菌等微生物的数量,然后使土壤微生物群落发生变化,导致土壤微生物生态功能下降,甚至丧失。大量研究表明受到重金属污染土壤的微生物生物量明显低于未污染土壤的微生物生物量。Kandeler 等(1997)研究指出靠近 Cu、Zn、Pb 等重金属污染矿区土壤的微生物生物量明显低于远离矿区土壤的微生物生物量。杨景辉(1995)研究表明在含镉较少的土壤中加入镉能使土壤细菌数目由每克土壤 4.8×10^7 个减少为 2×10^3 个,而长期受重金属污染的土壤中加镉可使土壤细菌数目减少 50 倍,与对照相比减少的倍数相差 480 倍。杨居荣等(1996)通过模拟试验及污染现场调查研究发现砷污染也能明显影响土壤微生物的存活数量(表 9-3)。同时,不同重金属及其不同浓度对土壤微生物生物量的影响效果也不一致。大量研究表明,一些重金属污染物在其浓度较低时对微生物生物量有增加作用,但超过一定浓度时对土壤微生物则有毒害效应。另外,土壤质地等因素也会影响重金属污染物对土壤微生物生物量作用的大小。

表 9-3 砷对土壤微生物总数的影响(存活率,%)

投加量/$(mg \cdot kg^{-1})$	0	5	10	20	40	60	100	200
细菌	100	3	0.3	4	170	20	26	0.8
真菌	100	59	63	111	132	202	95	270
放线菌	100	82	61	73	65	50	61	35

(许嘉琳,杨居荣 1996)

不同类群微生物对土壤重金属污染的耐性也不同,其耐性一般表现为真菌 > 细菌 > 放线菌。采用碳素利用法、脂肪酸甲基酯(PLFA)分析法及核酸测定法可以研究重金属污染条件下土壤微生物功能多样性和结构多样性的变化情况。在通常情况下,重金属污染土壤会减少或绝灭难适应的微生物数量,扩大与积累适应生长的微生物数量(滕应等,2002)。重金属严重污染会减少土壤微生物群落的多样性及改变土壤微生物的种群结构(Baath 等,1998;姚槐应,2003)。龙健等(2004)研究发现矿区重金属污染土壤会导致土壤微生物的群落结构发生变异,改变了微生物利用碳源的种类,降低了微生物利用碳源的效率。

土壤受 Hg、Cd、Pb、Cr、As 等重金属污染后不但其细菌数量明显降低,而且还会对固氮菌、解磷细菌、纤维分解菌、枯草杆菌、木霉等其他菌类起抑制作用。同时,不同价态和形态的重金属离子和砷类化合物对土壤微生物的影响效应也不完全相同。例如砷类化合物中亚砷酸钠和砷酸氢二钠能很好地抑制大芽孢杆菌、木霉、枯草杆菌等微生物的存活率（表9-4）。

表9-4 不同质量浓度砷污染对几种土壤微生物存活率的影响(%)

砷化物	质量浓度/($mg \cdot L^{-1}$)	含脂刚螺菌	大芽孢杆菌	枯草杆菌	木霉
砷酸氢二钠	0	100	100	100	100
	10	98	4.5	62.3	50-70
	50	90.8	0	63.7	0
	100	58.4	0	2.9	0
	300	59.2	0	0	0
亚砷酸钠	5	65.6	95.6	67.0	70-80
	10	72.6	79.0	18.3	60-70
	20	62.6	51.6	12.1	50-60
	50	51.9	48.0	0	50
	100	45.9	0	0	0

（杨居荣等，1982）

重金属污染物在影响土壤微生物数量和结构的同时，土壤微生物也对重金属污染物具有分解转化的反作用，其主要作用机理是微生物能够通过氧化还原、甲基化和脱甲基化等作用转化重金属的形态及价态从而改变其毒性。例如，汞在环境中存在多种价态（元素汞、无机汞离子、有机汞化合物），有机汞化合物的形成除人工合成的有机汞制剂外，细菌也具有合成甲基汞的能力。在有甲基钴胺等条件下，细菌可使Hg^{2+}形成CH_3Hg^+或CH_3HgCH_3。

砷和汞一样也能发生甲基化作用。土生假丝酵母、粉红黏帚霉、青霉等菌株可将单甲基砷酸盐和二甲基亚砷酸盐形成三甲基砷。除了砷的甲基化作用外，无色杆菌、假单胞菌、黄杆菌、产碱杆菌等土壤微生物也可以将亚砷酸盐氧化形成砷酸盐；相反一些微生物如甲烷细菌、微球菌等也能将砷酸盐还原成亚砷酸盐。其他重金属如铅等也能被微生物所甲基化。

2. 重金属污染物对土壤酶活性的影响

重金属污染物对土壤酶活性有着较为明显的影响。一方面某些重金属元素是土壤酶的重要组成或辅因子，另一方面当重金属过多时又会对土壤酶活性产生抑制作用（滕应，2003）。这种抑制作用一方面可能是重金属对土壤酶活性产生直接影响，使酶类活性基团、空间结构受到破坏从而降低其活性；另一方面重金属能抑制土壤微生物的生长繁殖，减少微生物体内酶的合成和分泌量，最终导致土壤酶活性降低。一些研究发现重金属污染土壤对与土壤碳循环有关的酶活性抑制作用较小，对与土壤氮、磷、硫等循环有关的酶活性的抑制作用明显，如脲酶、碱性磷酸酶、蛋白酶、硫酸脂酶、多酚氧化酶、转化酶等（杨居荣等，1996；Kandeler等，1997；罗虹等，2006）（表9-5，表9-6）。

3. 重金属污染物对土壤生化过程的影响

重金属污染物对土壤生化过程的影响主要有以下几个方面：对土壤有机残落物降解作用的影响、对土壤呼吸代谢的影响以及对土壤氨化和硝化作用的影响。

表9-5 重金属对土壤氧化还原酶活性的影响

	过氧化氢酶		脱氢酶	
	绝对值①	对照的/%	绝对值②	对照的/%
对照	32.9	100.0	0.147	100.0
Hg	29.5	89.6	0.018	12.2
Ag	20.8	63.0	0.004	2.7
Pb	37.4	113.4	0.143	97.2
Cd	32.2	97.7	0.144	98.0
Zn	31.1	94.3	0.148	100.1
Cu	32.2	97.7	0.107	72.8
Mg	32.8	99.7	0.149	101.3
Na	32.8	99.7	0.138	93.9
K	32.7	99.2	0.132	89.8
污泥	34.8	105.2	0.152	103.4

①土壤过氧化氢酶活性,单位:mL O_2/(2 g 土·7 min);②土壤脱氢酶活性单位:mgTPF/(g 土·3 h)。
(Mateos 等,涂从简译,1989)

表9-6 砷对土壤脲酶、碱性磷酸酶和蛋白酶活性的影响

投加砷量 /(mg·kg^{-1})	脲酶活性		碱性磷酸酶		蛋白酶活性	
	NH_4^+-N /(mg·100 g^{-1} 土·24 h^{-1})	相对活性 /%	P_2O_5 /(mg·100 g^{-1} 土·24 h^{-1})	相对活性 /%	酪氨酸 /(mg·g^{-1} 土·24 h^{-1})	相对活性 /%
0	77.83	100	72.86	100	7.86	100
10	51.17	65.7	—	—	0.86	10.9
20	63.79	81.9	57.21	78.5	3.43	43.6
30	—	—	23.73	32.6	10.1	128.5
40	51.29	65.9	19.78	27.2	2.06	26.2
60	74.05	95.1	—	—	9.85	125.3
100	62.58	80.4	0.16	0.22	7.54	95.9
200	72.93	91.7	19.65	27.0	7.48	95.2

(许嘉琳和杨居荣,1996)

土壤有机残落物的降解主要是通过土壤有机质矿化、氨化、硝化与反硝化等作用完成的。资料表明,相当多种类的重金属能抑制土壤有机残落物的降解,从而影响土壤腐殖质的质量。王惟咨等(1990)研究了小粉土和红壤土中铬对有机质(主要为纤维素)分解的抑制作用,其研究结果表明:铬能抑制土壤纤维素的分解,当 Cr^{6+} 质量浓度为 5 mg/kg 时,可抑制纤维素分解速率的 36%;当质量浓度大于 40 mg/kg 时,纤维素分解在短时间内全部受到抑制。铬的价态不同,毒性差异较大,六价铬的毒性大于三价铬。土壤性质不同,重金属毒性也有所不同,铬在小粉土中的毒性大于在红壤土中的毒性。Bergetal(1991)研究也表明在铜为 500 mg/kg 和锌为 1 000 mg/kg 条件下,针叶林凋落物降解速率较无污染土壤的明

显减缓。杨居荣等(1996)的研究结果也表明不同重金属元素对小麦根际固氮强度和纤维分解强度的影响也不同。铜、砷的危害作用相对最强,Pb 次之,多数情况下砂砾质灰钙土受抑制的程度比普通灰钙土强。

土壤呼吸作用强弱意味着该土壤生态系统代谢旺盛与否。呼吸作用的强弱与微生物数量有关,也与土壤有机质水平、N 和 P 的转化强度、pH、中间代谢产物等因素有关。任何抑制性因素的存在都可能影响土壤生态系统的呼吸强度,这些影响因素中重金属污染是最重要的影响因素之一。在重金属胁迫下,土壤微生物代谢活性可能从生物合成过程转向能量释放的分解代谢过程。北京师范大学环境科学研究所(1990)通过从灰钙土中加入镉、铜、铅、砷的盆栽试验结果中发现这几种重金属元素都对土壤呼吸强度有一定的抑制作用,其中砷对土壤呼吸抑制作用最强,随着投加的浓度的增加,呼吸强度明显下降,二者呈显著负相关关系,与微生物数量的变化趋势基本一致(表9-7)。还有一些研究表明,轻度的重金属污染土壤可能促进呼吸作用,但严重的重金属污染土壤的呼吸速率则显著下降。

表9-7　Cd、Cu、Pb、As 对土壤呼吸强度的影响

Cd		Cu		Pb		As	
质量浓度/($mg \cdot kg^{-1}$)	相对呼吸强度/%	质量浓度/($mg \cdot kg^{-1}$)	相对呼吸强度/%	质量浓度/($mg \cdot kg^{-1}$)	相对呼吸强度/%	质量浓度/($mg \cdot kg^{-1}$)	相对呼吸强度/%
0	100	0	100	0	100	0	100
1	69.8	100	80.8	50	93.9	10	103.9
3	110.6	300	117.2	100	99.8	20	95.4
5	92.8	500	33.6	130	97.5	30	97.0
10	87.7	700	74.2	150	95.2	40	98.6
20	90.4	1 000	61.5	200	92.1	60	—
50	81.7	1 500	18.9	250	89.1	100	51.6
100	77.9	2 000	43.4	300	—	200	25.4

(许嘉琳和杨居荣,1996)

Cornfield(1977)的研究证明,各种不同的重金属对土壤呼吸的抑制程度如下:Ag > Hg > Zn > Sn > Sb > Tl > Ni > Pb > Cu > Co > Cd > Bi。

重金属污染对土壤的硝化作用、反硝化作用以及微生物固氮作用等生物化学过程均产生抑制作用。胡荣桂等(1990)研究了镉和铅对土壤氨化和硝化作用的影响,结果表明镉的浓度越高,土壤氨化作用和硝化作用越低。当镉加入量达 30 mg/kg 时对硝化作用有显著抑制作用,当镉加入量达 100 mg/kg 时对氨化作用才有显著抑制效应(表9-8)。王淑芳等(1991)的研究结果表明,固氮菌的固氮强度随土壤 Cd、As、Cu、Pb 的含量增加而趋于降低。但是在重金属污染对土壤中硝化作用和有机氮的矿化作用的影响方面,室内和野外研究结果明显不同。室内培养的研究表明重金属污染对土壤中硝化作用的抑制比对有机氮的矿化作用的抑制更强,而野外田间试验研究结果与此相反。在 Cd、Cu、Zn、Pb 4 种重金属元素中,Cd 对土壤反硝化作用抑制最强,而 Pb 几乎无影响(Wilke,1989)。

表9-8 不同质量浓度Cd对土壤氨化、硝化作用强度的影响

Cd加入量 /(mg·kg^{-1})	氨化作用		硝化作用	
	氨化强度 /(NH$_4^+$ - N mg·100 g^{-1}土)	抑制率/%	硝化强度 /%	抑制率/%
0	44.06	0.00	94.48	0.00
1	44.47	-0.94	98.16	-3.89
5	44.47	-0.94	93.79	0.73
10	43.64	0.95	86.21	8.75
30	42.89	2.66	80.46	14.84
60	41.31	6.24	71.26	24.58
100	37.66	14.53	67.83	28.20
200	36.49	17.89	53.22	33.09
300	30.17	31.53	43.68	53.77

氨化作用：5% LSD = 5.92,1% LSD = 8.60；硝化作用：5% LSD = 11.55,1% LSD = 16.81。(胡荣桂等,1990)

二、土壤有机废物污染的生态效应

土壤矿物油是土壤中各种烷烃、芳烃的混合物。随着污水灌溉和油田开发事业以及石油化工的发展,矿物油对土壤的污染已成为日益关注的环境问题。矿物油的存在给土壤生态系统带来了一系列复杂的影响,其组成成分不同,对土壤的污染程度也不同。研究矿物油对土壤生态系统的污染效应在农业环境保护中具有十分重要的意义。

(一) 土壤中矿物油污染物的来源和种类

土壤矿物油来源非常广泛,其主要来源有以下几方面：①利用含矿物油的污水进行农田灌溉,这是造成土壤矿物油污染的主要原因；②大气矿物油沉降污染；③泄油事故及油页岩矿渣的不合理堆放；④汽车尾气矿物油污染；⑤其他方面的来源,如垃圾的不合理堆放和使用、矿物油作为农药药剂或其溶剂使用等。矿物油的种类主要有含烷烃、环烷烃、芳香烃化合物的原油,石油的系列产品如汽油、煤油、柴油、润滑油以及各类油的分解产物。

(二) 矿物油对土壤系统的污染

1. 对土壤微生物群落的影响

矿物油进入土壤后对土壤微生物的影响很广。在草甸棕壤土中,矿物油对细菌的抑制作用较明显,对真菌、放线菌的抑制作用较弱；低浓度矿物油对固氮菌有刺激作用,高浓度则抑制；矿物油对硝化细菌的代谢作用有明显的抑制效应。矿物油进入土壤后改变了土壤有机质的组成和结构,土壤有机质的组成和结构又是影响土壤微生物生长发育的重要因素。由于土壤中碳/氮比和碳/磷比不同,土壤中的微生物种类和组成也不同,因此矿物油

进入土壤后改变了土壤碳/氮比及碳/磷比,从而改变了土壤微生物的组成和种类。少量矿物油进入土壤对土壤通气性影响较小,因此基本不会影响土壤厌氧性和需氧性微生物的组成和种类的变化。但大量矿物油进入土壤将严重影响土壤的通透性,进而促进土壤厌氧性微生物的生长繁殖,同时抑制了需氧性土壤微生物的正常生长及其活性(张久根等,1993)。常志州等(1998)研究了石油污染对土壤氮素矿化和硝化的影响,结果表明石油污染对土壤中有机氮的矿化没有显著影响,但减缓了硝化作用的进程。土壤经过 10 d 的培养,在受其他污染的土壤中硝化细菌数量由 1.6×10^3 个增加到 1.6×10^6 个,而在受石油污染的土壤中硝化细菌数量仅增加到 6.3×10^4 个。张晶等(2008)研究了含油污水长期灌溉对东北沈抚灌区农田土壤微生物的影响,结果表明土壤微生物生物量碳和生物量氮随着污灌有机物污染程度的增加而增加,与土壤石油烃(TPH)和土壤多环芳烃(PAHs)的含量呈极显著正相关。

不同 PAHs 污染物对土壤微生物的影响不同,不同种类的土壤微生物对不同 PAHs 的敏感性也不完全相同。曹幼琴等(1991)研究了 6 种 PAHs 有机污染物对土壤微生物褐球固氮细菌、纤维单胞菌、土壤放线菌、霉菌、酵母菌的影响,结果表明,邻苯二甲酸二丁酯在 10 mg/kg 和 50 mg/kg 两种含量时均使纤维单胞菌无一存活,其他 5 种污染物在两种受试含量时,对 5 种土壤微生物效应各不相同。6 种污染物对土壤中的霉菌和酵母菌均无抑制作用,相反间－二氯苯和邻－二氯苯导致了土壤中霉菌数量的增加,10 mg/kg 苯乙烯增加了土壤中酵母菌的数量。矿物油对不同土壤类型的土壤微生物的影响也不同。Franco 等(2004)研究发现原油污染对始成土的微生物有明显的抑制作用,对新成土微生物的抑制作用不高,但对软土的微生物反而有促进作用。

2. 土壤矿物油对土壤酶活性影响

矿物油污染对不同土壤类型的土壤酶活性影响有所不同,比如草甸褐土中施入矿物油后对脲酶、蛋白酶、碱性磷酸酶的活性均有抑制作用,其抑制程度为脲酶＞蛋白酶＞碱性磷酸酶。草甸棕壤土施入矿物油后对脲酶有明显抑制作用,但对蔗糖酶、过氧化氢酶、蛋白酶、磷酸酶等酶类无明显抑制作用。土壤酶的种类和活性被矿物油污染改变是因为矿物油进入土壤系统后改变了土壤理化性质,如有机质含量和组成,进而导致土壤微生物群落种类组成及区系发生变化,最终引起土壤酶活性的改变。张晶等(2008)研究表明受污水灌溉的影响,土壤脲酶、脱氢酶和多酚氧化酶与土壤 TPH 的含量显著相关,而与 PAHs 污染无明显相关性。宫璇等(2004)采用室内培养方法探讨了菲与土壤酶活性之间的关系,结果表明,当菲的添加含量 >100 μg/kg 时,添加菲后的 3 d 时间里,土壤中脲酶活性有被抑制的现象;添加菲后的 7 d 时间里,土壤中脱氢酶活性被抑制,土壤磷酸酶的活性却被激活;当菲的添加含量为 100～2 400 μg/kg 时,土壤过氧化氢酶活性没有显著变化。但是,目前 PAHs 对土壤酶活性影响研究尚不太充分,有待于进一步开展。

3. 影响土壤矿物油降解的因素

土壤矿物油的降解受多种因素的制约和影响。首先,矿物油的物理、化学特性是其降解速率的主要制约因素。总体上看,各类矿物油在环境中的行为大致相似,但每一种矿物油又有其特有的理化性质。例如,PAHs 在水中不易溶解,但不同种类 PAHs 的溶解度差别很大,典型 PAHs 降解的难易程度依次为菲＜蒽＜芘＜苯并[a]芘。PAHs 的可溶性和挥发性随苯环数量的增多而降低,它们的苯环数量与其在土壤中的衰减量成负相关,双环和三环的 PAHs 极易被土壤微生物降解,而四、五、六环的 PAHs 很难被微生物降解。其次,土壤的理化性质是影响矿物油及 PAHs 降解的另一重要因素。土壤原有的有机质含量、酸碱度、物理结构、土壤质地等因素能影响矿物油及 PAHs 的降解速率。同时改变土壤环境条件使得土壤微生物降解达到最佳活力状态也能提高矿物油和 PAHs 的降解。再次,土壤微生物的代谢方式将直接影响矿物油的降解。微生物对二者的降解有两种代谢方式:①将矿物油作为唯一的碳源和能源;②将矿物油与其他有机物质进行共氧化代谢。气单胞细菌属(Aeromonas)、芽孢杆菌属(Bacillus)、棒状杆菌属(Corynebacterium)、蓝细菌属(Cyanobacteria)等细菌能将低相对分子质量的 PAHs(二环或三环)作为唯一碳源进行降解,对四环和多环 PAHs 则无能为力。共氧化代谢方式的细菌和真菌能促进四环或多环 PAHs 等高相对分子质量的有机物的降解。例如,能降解荧蒽的美丽小克银汉霉菌(Cunninghamella elegans)、能降解苯并[a]芘的显毛金孢子菌(Chrysosporium phanerochaete)均属这种类型(孟范平等,1995)。除上述因素外,对土壤使用表面活化剂也能加强矿物油及 PAHs 的降解。

三、农药、化肥施用不当的生态效应

(一) 农药施用不当对土壤的危害

农药指用来防治危害农作物的害虫、杂草和病菌的药剂。在全球人口增长及耕地面积减少的矛盾下,农药的广泛施用以降低农产品生产过程中的损失是解决的粮食安全的重要出路之一,但使用农药的同时也对环境和人类健康造成了直接或间接的危害,因此,农药的毒性问题和残留问题越来越受到关注。

据统计,世界农作物的病虫草害中约有 50 000 种真菌、1 800 种杂草和 1 500 种线虫,这些病害使世界每年粮食减产约 50%,这相当于 750 亿美元的经济损失。施用化学农药是防治这些病害的重要措施。目前世界上生产的农药品种有近 500 种,而我国农药的生产量已居世界第一,2010 年我国农药总产量达到 226 万 t。农药作为一类有毒化学物质,它的施用在提高作物产量的同时,也对环境及人体健康、牲畜、鸟类、有益昆虫及土壤微生物构成一定的威胁,尤其是稳定性强、残留期长的有机氯农药。农药对土壤环境的污染程度取决于其自身的毒性及其在土壤环境中的残留水平,残留水平又与农药理化性质、使用状况及相应的环境条件等众多因素密切相关。

1. 农药在土壤环境中的迁移转化行为

(1) 农药在土壤环境中的吸附行为 吸附在农药移动行为中起重要作用。土壤对农药的吸附决定于多种因素,其中构成土壤胶体复合体的胶粒和有机质最为重要。吸附的机理在于土壤溶液中农药分子和胶体之间形成不同类型的键。这里主要介绍以下几种(严健汉等,1985;杨景辉,1995):离子交换吸附(有机物质和黏土矿物对敌草快和对草快等除草剂的吸附即通过此方式进行,见表 9-9);农药通过质子化作用带正电荷后可借离子交换而被吸附;通过范德华力以及 π 键等作用方式对农药进行吸附;通过疏水型相互作用产生的吸附;通过电子从供体向受体的传递产生的吸附;通过形成配位键和配位体交换产生的吸附。

表 9-9　胡敏酸对对草快和敌草快的吸附　　　　　　　单位:mg·kg^{-1}

吸附剂	施入量		吸附量		总计	Pa/(Pa+Da)*
	对草快	敌草快	对草快	敌草快		
胡敏酸	80	80	40.8	35.8	76.6	0.53
胡敏酸**	80	80	44.1	43.1	87.2	0.51
胡敏素***	80	80	42.1	36.1	78.2	0.54
胡敏酸	50	50	39.1	39.5	78.6	0.50

* Pa 和 Da 分别表示吸附态的对草快和敌草快，**（Best 等，1972），*** 商品名为 Aldrich（杨景辉，1995）

定量描述土壤物质对于农药的吸附时常利用 Freundlich 的吸附方程式：

$$x/m = kC^{1/n}$$

式中，x/m 为农药与吸附剂的质量比；C 为达到平衡时的农药浓度；k 和 n 为常数。用对数表示则为：

$$\lg(x/m) = \lg k + \frac{1}{n} \cdot \lg C。$$

（2）农药在土壤环境中的降解作用　农药在土壤中的降解作用有微生物降解和非生物降解两种主要方式。

① 微生物降解：某些农药的有效成分能成为土壤微生物的氮源和碳源，这些土壤微生物可直接或通过代谢过程中释放的酶类将农药进行降解。例如烟曲霉、焦曲霉、黄柄曲霉等真菌能将阿特拉津分解；烟曲霉还能参与西玛津的降解；黑曲霉、米曲霉等真菌能参与扑草净的降解；缠绕棒杆菌等土壤微生物能降解对草快。到目前为止，国内外对 DDT、DDD、艾氏剂、狄氏剂、林丹等有机氯农药的降解研究最多。

② 非生物降解：非生物降解主要有光化学降解、水解式降解、氧化还原型降解、形成亚硝基化合物的降解等类型。

有些农药受土壤表面太阳辐射能和紫外线等能流作用从而可被分解。例如，对草快光解生成盐酸甲胺，分解过程如下：

Ⅰ：1,1′-二甲基-4,4′-二氯二吡啶（百草枯，对草快）；Ⅱ：化合物Ⅰ的吡啶环经过光化学降解形成的中间体；Ⅲ：异烟酸-N-甲基内铵盐酸盐；Ⅳ：甲胺盐酸盐

有机氯农药和均三氮苯类除草剂多见于水解式降解，许多含硫农药在土壤中容易受到氧化而降解，如菱锈灵能在土壤中氧化成它的亚砜，对硫磷能氧化成对氧磷，DDT 能氧化转化成 DDD 等；一般来说农药很难通过形成亚硝基化合物的途径降解，只有在土壤 pH 3~4 的条件下存在过量硝酸盐时才能发生。

(3) 农药在土壤中迁移转化的影响因素　影响农药迁移转化的因素很多,有农药本身的性质,也有天然和人工环境条件等。就土壤而言,不同降水量、淹灌条件、土壤初始含水量、土壤酸碱度、有机质含量、土壤黏土矿物粒组成,以及农药的不同分子结构、电荷特性及水溶性都是影响迁移转化的主要因素。

2. 农药残留对土壤环境及微生物的危害

(1) 农药对土壤微生物群落的影响　不同农药对土壤微生物群落的影响不完全相同,同一种农药对不同种微生物类群影响也不同。一般来说,杀菌剂可以直接杀灭微生物,能在短时间内剧烈地改变微生物种群的结构和功能。由于杀虫剂或除草剂不直接针对土壤微生物,因此低量施用它们不会对土壤微生物多样性造成明显影响;但是如果大量施用,也会抑制甚至消灭某些敏感微生物,从而对微生物群落的组成起到选择作用。例如,3 mg/kg 二嗪农处理 180 d 后细菌和真菌数并没有改变,而放线菌增加了 300 倍;5 mg/kg 甲拌磷处理使土壤细菌数量增加,而用椒菊酯处理则使细菌数量减少。Kapusta 等(1973)对 24 种农药的研究发现所用的农药均对大豆根瘤菌的结瘤情况没有明显影响,但 Eisenhardt(1975)发现辛硫磷显著降低了根瘤菌的固氮作用;Vlassak 等(1976)报道了地乐醇在低浓度时即可对土壤固氮作用有明显抑制作用。农药污染往往对土壤微生物群落产生选择作用,从而导致了土壤微生物的功能多样性和遗传多样性的下降(姚健等,2000;石兆勇等,2007)。胡晓等(2008)发现有机磷农药污染的土壤中微生物多样性指数最低,在有机磷农药污染严重的土壤的微生物群落结构中,真菌、细菌及放线菌的优势种群分别为头孢霉属、芽孢菌属、链霉菌属。

(2) 农药对土壤酶活性的影响　农药主要通过影响微生物的新陈代谢,参与酶促反应,改变酶分子结构等作用来影响土壤酶的活性,但是农药对土壤酶活性的作用受到土壤性质的强烈影响。一些研究表明,农田土壤中施用多菌灵与氯氰菊酯后,在低浓度时对蔗糖酶和过氧化氢酶有一定的激活作用,而高浓度时则产生抑制作用。

(3) 农药对土壤硝化和氨化作用的影响　硝化作用是一个对大多数农药都敏感的微生物转化作用。某些杀虫剂当按一定浓度使用时对硝化作用影响较小或没有影响,而另一些杀虫剂则会引起长期显著抑制作用。如异丙基氯丙胺灵在 80 mg/kg 时完全抑制硝化作用,而灭草隆在 40 mg/kg 时硝化作用还没受影响。张爱云等(1990)研究结果表明,五氯酚钠、克芜踪、氟乐灵、丁草胺和禾大壮 5 种除草剂分别施入太湖水稻土和东北黑土后,对硝化作用的抑制影响以在水稻土中较为明显。杀菌剂和熏蒸剂对硝化作用影响较大,如代森锰和棉隆分别以 100 mg/kg 和 150 mg/kg 施入土壤时即可完全抑制硝化作用。不过多数研究者认为,按田间常规用量施入的大多数除草剂和杀虫剂对硝化作用没有明显的影响。一般说来,除草剂和杀虫剂对氨化作用没有什么影响,而熏蒸剂消毒和施用杀菌剂通常会导致土壤中氨态氮的增加。在对矿化作用和硝化作用的比较研究中 Caseley(1968)发现 10 mg/kg 的壮棉丹在一个多月的时间内完全抑制了硝化作用,而在 100 mg/kg 时对氨化作用却只有轻微影响。现在普遍认为氨化作用或矿化作用对化学物质的敏感性要比硝化作用小得多。乔雄梧等(1999)研究发现添加低含量(100 mg/kg)的氯氰菊酯、高效氯氰菊酯、多菌灵和丁硫克百威对土壤氮素矿质化无显著影响;高含量(1 000 mg/kg)的菊酯类农药会抑制土壤中硝化细菌的活动,使土壤中氨的含量明显积累;添加高含量多菌灵的土壤样品出现硝态氮积累的现象;添加高含量丁硫克百威在一种土壤样品中可使氨的含量有明显积累,但在另一种土壤样品中与对照基本相同。这表明农药对土壤氮素矿质化的影响因农药品种的不同和含量的不同而异。

（4）农药对土壤呼吸作用的影响　不同农药对土壤呼吸作用的影响存在较大的差异。一些农药对土壤呼吸作用有明显的、非持续性的影响。Bartha（1967）等的研究结果表明高度持留的氯化烃类化合物对土壤呼吸作用的影响极小，氨基甲酸酯、环戊二烯、苯基脲和硫氨基甲酸酯虽然持留性小，但却能抑制呼吸作用和氨化作用。当土壤用常规用量的 2 - 甲 - 4 - 氯丙酸、茅草枯、毒莠定及阿米酚处理时，8 h 后二氧化碳的生成量就降低了 20% ~ 30%，这表明土壤微生物的呼吸作用受到了抑制。具有这种抑制作用的农药还有杀菌剂敌克松及除草剂黄草灵、2,4 - D、丙酸等。王占华（2004）研究认为多菌灵对土壤呼吸有激活作用。刘惠君等（2001）研究表明 100 μg/g 吡虫啉对土壤呼吸的抑制作用较强，其水解产物对土壤呼吸的影响小于吡虫啉，10 min 光解产物对土壤呼吸的影响要略强于吡虫啉，但 30 min 光解产物对土壤呼吸的影响大大降低。

（二）化肥施用不当对土壤的危害

1950—2008 年，世界化肥用量从 1 400 万 t 增长到 1.6 亿 t。随着化肥用量的增长，世界粮食从 6.24 亿 t 增加到 22.82 亿 t。据估计，世界粮食产量的增加约有 40% 依赖于化肥的作用。肥料是提供植物生长必需营养元素、改善土壤肥力的物质，它是提高农业生产的物质基础之一。合理施用化学肥料对于提高土壤肥力起着重要的作用。华珞等（1998）研究发现，施入有机肥料后土壤中有效态镉、锌的含量明显降低，通过络合和淋洗作用后土壤中镉、锌含量减少显著，因而能够显著减轻镉、锌等离子对植物的毒害作用。

长期以来人们普遍认为环境污染主要是工业造成的，而农业化学肥料的施用不会造成环境污染。由于化肥在作物增产中起着重要作用，许多生产者为追求高产不考虑具体土壤、气候条件及农作物的营养特性，长期过量或不当施用化肥，结果造成环境污染，破坏了土壤资源，对牲畜和人类健康造成了潜在的威胁。

1. 我国化肥生产和施用现状

我国化肥工业起步于 20 世纪 30 年代，1933 年和 1945 年分别在大连和南京建立了氮肥生产基地，到 1949 年化肥年产量近 1.3 万 t。目前我国已成为世界最大的化肥生产国与消费国，以 2008 年为例，国内生产化肥（折纯）5 239.2 万 t，其中氮肥 2 302.9 万 t，磷肥（P_2O_5）780.1 万 t，钾肥 545.2 万 t，复合肥 1 608.7 万 t。我国氮肥种类主要包括尿素、硝铵、碳铵、硫铵等品种，其中尿素是主要品种，占中国氮肥总消费量的 60% 以上。我国磷肥生产的主要品种有过磷酸钙、钙镁磷肥以及磷酸一铵、磷酸二铵、重过磷酸钙、硝酸磷肥、NPK 复合肥等；我国生产的钾肥主要品种是氯化钾和硫酸钾，国内钾肥自给率仅有 17%。

表 9 - 10　我国化肥用量与粮食产量

年份	粮食产量/×10^7kg	化肥用量/×10^7kg（N + P_2O_5 + K_2O）
1952	16 390	7.8
1957	19 505	37.3
1963	19 455	194.2
1973	28 450	536.9
1980	32 056	1 269.4

续表

年份	粮食产量/×10⁷kg	化肥用量/×10⁷kg (N+P₂O₅+K₂O)
1985	37 911	1 775.8
1990	44 624	2 590.3
1995	46 662	3 593.7
2000	46 218	4 146.4
2005	48 402	4 766.2
2006	49 804	4 927.7
2007	50 160	5 107.8
2008	53 082	5 239.2

(林葆,1995;中国统计年鉴,2009)

近20多年来,我国化肥用量持续高速增长,粮食产量却始终增加缓慢。从历史变化来看,我国主要粮食作物的肥料利用率均呈逐渐下降趋势。目前我国主要粮食作物的氮、磷、钾肥的利用率分别为26%～28%、11%～13%、30%～32%(张福锁等,2008)。这主要是由于我国化肥的施用存在一些不合理的现象而导致的。首先是高产农田过量施肥,张福锁等(2008)发现20世纪90年代山东省小麦-玉米轮作体系中小麦平均化肥(纯养分)用量为695 kg/hm², 而21世纪初该体系氮、磷、钾投入量则分别达到673 kg/hm²、244 kg/hm²和98 kg/hm²,呈明显的增加趋势。施肥过量是我国肥料利用效率低的最主要原因。其次是大量元素肥料的比例和品种结构不合理,导致氮肥损失较多。如华北平原在小麦和玉米的生长季节,农民惯用的氮肥管理方法可使氮肥损失分别高达159 kg/hm²和151 kg/hm²,占总氮肥用量的50%和59%。据统计,中国每年因不合理施肥造成1 000多万t的氮素流失到农田之外,直接经济损失约300亿元。这还不包括化肥对土壤和水体污染所带来的间接经济损失和环境破坏。

2. 不当施用化肥及长期施用化肥对土壤的污染

(1) 对土壤理化性质的影响 施肥不当,尤其是长期施用化肥不当对土壤理化性质影响最大。较为一致的结论是长期偏施无机肥,会导致土壤生态系统的失衡和土壤质量的下降。研究表明,长期施用化肥会导致土壤酸化。洛桑试验站Geescroft Wilderness的表土pH从1883年的6.2降低到1991年的3.8,ParkGrass的表土pH则由1876年的5.2降低到1991年的4.2(Blake等,1999)。Stone和Whitney(1992)研究了20年施用生理酸性氮肥后对土壤理化性质的影响发现,长期施用生理酸性肥料可使土壤发生酸化(pH从6.2降到5.2),在pH降低的同时土壤微量元素(Fe、Cu、Mn等)的含量增加,但锌浓度未发生明显变化。此外,随着土壤酸化,有效磷和交换性盐基(Ca、Mg、Na)的含量降低,交换性钾含量变化不大。同时长期施用氮肥可使上层土壤水稳性团聚体的几何平均直径(GMD)值显著增加,使下层土壤的GMD值显著减少。Sarkar对印度土壤连续施用硫酸铵、氯化铵和液氨之类的氮肥进行的研究结果发现,这些化肥在连续施用30年后也会导致土壤酸度提高,在酸性土壤上这种现象更为突出(表9-11)。

同时,硫酸钾在中性和石灰性土壤中生成硫酸钙,而在酸性土壤上生成硫酸,因此在中性和石灰性土壤上长期大量施用硫酸钾,土壤中钙会逐渐减少,而使土壤板结。

表 9-11 连续施用化肥 30 年对土壤 pH 和交换性钙的影响

处理	pH	交换性钙/(me·100 g^{-1})
无肥	5.4	3.76
硝酸铵	5.8	5.15
过磷酸盐 + 硫酸钾	6.0	5.0
硫酸铵	4.5	0.89
硫酸铵 + 过磷酸盐 + 硫酸钾	4.8	1.39

(Sarkar,1990)

吕家珑等(2001)研究表明长期单施化肥虽然可以维持土壤有机质水平和肥力水平,但使土壤腐殖质能量水平降低,分子缩合程度和芳构化度增加。

(2) 施肥过程中产生的 F^-、Cl^-、NO_3^-、NO_2^- 对土壤的污染　各种磷素化肥的主要原料——磷矿石含有不定量的氟,氟是磷肥污染环境的主要元素之一。虽然由磷肥输入土壤的氟很少,但在中性和碱性土壤中,氟会以 CaF_2 的形式沉淀到土壤中,在渗漏性强的砂质土壤中一些 F^- 还会经淋洗进入地下水。氟具有很高的化学活性,对人畜危害很大。钾肥中一般含有 Cl^-,对忌氯作物如甘薯、马铃薯、甘蔗、甜菜、柑橘、烟草、茶树和葡萄等的产量均有不良影响,而且用量越大,负效应越大。茹国敏等(1985)的实验表明,茶树叶片中 Cl^- 含量超过 0.4% 时,就会出现危害,当幼龄茶园氯化钾一次用量达 300 kg/hm² 时,新梢内 Cl^- 含量迅速超过临界值,导致其受害凋萎。

另外在过量施用氮肥和大量灌溉的情况下,肥料氮会以 NO_3^- 从土壤中淋溶损失或者在土层深处中积累过量,不仅会造成氮肥的损失,也是影响水体环境的主要因素。NO_3^- 本身对土壤没有毒害,但这些离子可在青贮饲料过程中释放二氧化氮、四氧化氮气体,严重影响人和家畜的健康;饲料中过量的 NO_3^- 进入反刍动物胃内,还原为亚硝酸盐,可干扰血液中氧的流动,使家畜受到过量亚硝酸盐的毒害。

(3) 由肥料引起的土壤重金属污染及放射性污染　一般而言,无机肥料中的商品 N 肥和 K 肥都是化学结晶体,一般含有很微量的杂质,不会有重金属污染土壤的问题。混杂有重金属的最主要矿质肥料为磷肥以及利用磷酸制成的一些复合肥料。多数磷矿石含镉 5~100 mg/kg,大部分或全部进入肥料中。据调查我国各地施用的磷肥含有多种重金属,从含量看目前尚不构成威胁,但其对土壤环境构成的潜在危险不容忽视。不同产地的磷矿石其重金属含量也有较大差异(表 9-12)。一般来说,As、Hg 和 Pb 含量较低,沉积岩中 Zn 和 Cu 含量较高。不同种类的肥料其重金属含量也不相同,一般过磷酸盐中重金属含量较高,其他磷肥次之;氮肥中硝酸铵的铅含量最高。

磷肥不但可能引起土壤重金属污染,而且还可能成为土壤中天然放射性金属铀(U)、钍(Th)和镭(Ra)等污染源。不同产地磷矿石中放射性元素种类和含量都有所不同。美国佛罗里达磷矿石中含 U 最多,摩洛哥磷矿石中含有相当数量的 U。苏联经浮选的马尔杜磷矿石含 ^{226}Ra 444 ± 55.5 Bp/kg。新莫斯科化学联合工厂生产的硝磷含 ^{226}Ra 29.6 ± 3.7 Bp/kg。美国由 Glinvill 磷矿生产的过磷酸钙中 ^{226}Ra、^{210}Po、^{210}Pb 的含量分别为 358.9 ± 12.2、301.9 ± 22.1 和 292.3 ± 20.2 Bp/kg。因此,如果假定土壤的平均 α 放射性在其自然状态下等于 30 Bp/kg,则很多种含磷矿质肥料可使农业用地富集具有天然放射性的金属,并产生人为活动下的放射性污染。

表 9-12 部分国家和地区磷矿石的重金属含量

磷矿石产地	重金属含量/(mg·kg^{-1})					
	Cd	Hg	Pb	Ni	Zn	As
摩洛哥	18	0.04	2	30	270	10
美国佛罗里达	5	0.09	12	13	80	5
突尼斯	34	0.03	2	16	290	2
塞内加尔	71	0.33	4	53	500	2
苏联	0.2	0.01	4	0.5	20	<1
瑞典	0.1	0.04	3	15	21	235

(Sarkar,1990)

有机肥料的成分复杂,或多或少都会有重金属组分。这是因为畜禽饲料的添加剂,各种药剂、包装及日用品(如电池等)的金属材料的污染,同时用做堆肥的垃圾和污泥中都含有较高的重金属,堆肥制造过程不仅使有机物料脱水,酸度变化还可使重金属活化。因此,就施肥与土壤和农产品的重金属污染对人畜健康的影响而言,有机肥的问题比无机肥更多也更严重(曹志洪,2003)。

四、致病生物对土壤的影响

土壤是多种微生物的居住介质,也是自然界中微生物最大的生存场所。这些土壤微生物中大部分是土壤生态系统中不可缺少和有益的组成成分,是生态系统中生物与非生物、有机界与无机界之间转化循环的中介体。但是,土壤生物与微生物中有相当一部分种类是对牲畜、人类健康有害,甚至致命的,这些致病生物包括细菌、病毒、线虫、原生动物、肠道寄生虫、钩虫、寄生虫卵、昆虫以及其他以人、动植物为携带传播媒介的寄生生物。

造成土壤致病生物(pathogenic organisms)污染的来源主要有:工业废水、城市生活污水、医院污水和含病原体的废弃物等未经处理而进入土壤系统;未经无害化处理的人畜粪便施入农田;农村病畜及具有传染性生物尸体处理不当引起土壤污染。这些病原体随同废弃物进入土壤系统后能在污染的土壤中存活相当长的时间。比如痢疾杆菌可存活 15～20 d,白喉杆菌 20～30 d,伤寒杆菌 60～90 d,结核杆菌可达 300 d,甚至有些病原体如破伤风病菌、炭疽病菌及一些病原体的芽孢可存活数年之久。

根据生境条件和疾病传播方式可将土壤病原体污染土壤、危害牲畜、人体健康的途径分为以下 3 种途径:

(1) 人→土壤→人　即人体排出的病原体直接或间接传入土壤中,这些病原体再通过直接或间接的方式感染人体。链球菌、葡萄球菌、沙门氏菌、伤寒杆菌、霍乱弧菌、痢疾杆菌、脊髓灰质炎病毒、传染性肝炎病毒、肠道寄生虫等病原体一般是通过这种方式进行传播的。在土壤中这些病原体存活时间长短不一,这与病原体种类、土壤有机质种类和含量、土壤理化性质、酸碱度、日照时间、土壤温湿度等因素有关。例如沙门氏菌在潮湿冬季能在土壤中存活 70 d,而在干燥的夏季只能存活 35 d。各种肠道寄生虫在土壤中存活的最适条件与降水量、土壤温度、土壤湿度、植被、光照及土壤结构有关。蠕虫种类不同其存活时间也不同。

(2) 动物→土壤→人　这一方式是由于有病动物将病原体排入土壤中,人与土壤发生直接或间接的接触而感染。钩端螺旋体、炭疽芽孢杆菌、结核杆菌、沙门氏菌、破伤风菌、巴氏梭菌等病原体一般是通过这种方式进行传播的。这些致病生物体引起的疾病常见于人和动物,它们的感染通过土壤、水体、农产品传向牲畜和人体,并常见于广大农村。

(3) 土壤→人　土壤中本身有一些致病生物体,如破伤风、肉毒梭状芽孢杆菌及一些能致病的真菌和放线菌等,它们能通过土壤直接或间接感染人体。土壤中发育的部分真菌和放线菌能引起严重的皮下真菌病,这些病原菌寄生于人体的某些组织和器官中。放线菌能使人体感染足分枝菌病,这种疾病可引起劳动能力长期丧失。

土壤中病原体的抗性受其不利的发育条件影响。在病原体所生存的土壤层中,极端温度、湿度、紫外线、土壤过酸或过碱、有机质含量极端贫乏等因素都可能限制这些病原体的生长、传播,甚至导致部分病原体死亡。

五、土壤中放射性污染物的生态效应

从 1945 至 1979 年全世界已进行了 1 200 多次核试验,其中约半数是在大气层中进行的。它所造成的全球放射性沉降至今还存在于地球的各个子生态系统中并威胁着人类。核工业的采矿、核动力堆的建立以及放射性同位素应用的迅猛发展,必然造成相当数量的放射性废弃物的处置、堆放和埋藏,并在这些过程中引起土壤、动植物的放射性污染。人类环境中的放射性元素来源如图 9-1 所示。

放射性污染是土壤污染的一个重要类型。放射性污染物的污染程度决定于放射性物质的放射性、半衰期及其被消除的可能性。放射性沉降物污染作物和土壤的途径如图 9-2 所示。大气层的放射性污染物直接沉降于土壤表层和植物地上部分,沉降于土壤表面的放射性污染物随降水渗入土壤,一部分经根系吸收进入植物体,其余部分进入地下水或地面径流。

放射性沉降物污染土壤的程度依各地区的降水量和风向等气象条件而有所不同,同时也受地形、地势等地理条件的制约。^{90}Sr 和 ^{137}Cs 具有极长的半衰期,两者在土壤放射性污染中起着重要作用。在大多数土壤中提高土壤 pH 和交换性阳离子钙、钾的数量会促进 ^{90}Sr 的吸附。但在泥炭土中提高土壤 pH 则反而导致 ^{90}Sr 的解析。^{137}Cs 不易被土壤有机质固定,但矿质土壤中可溶性有机质可减弱和推迟黏土矿物对 ^{137}Cs 的固定。

放射性物质对作物的污染程度受放射性核素种类、气象、作物、土壤、施肥和栽培管理等多种条件的影响(表 9-13)。不同途径对污染的影响,依放射性核素的沉降状况、沉降后经历的时间及其在土壤中的存在状态、作物形态、生育阶段和生长期长短而有显著的差异(杨景辉,1995)。

第二节 土壤污染的生态效应

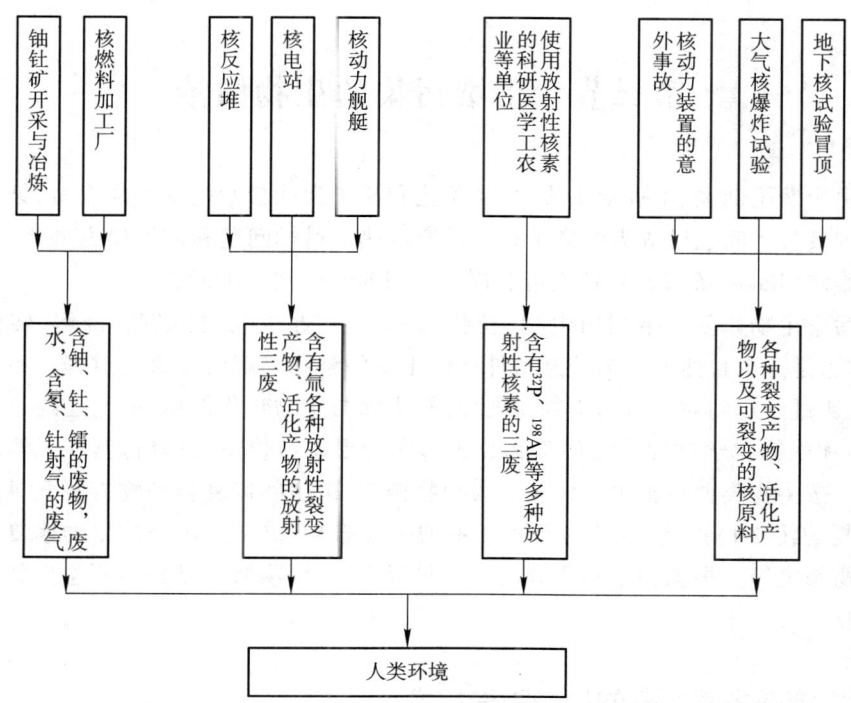

图 9-1　人工放射性物质污染环境示意图（高米力，1989）

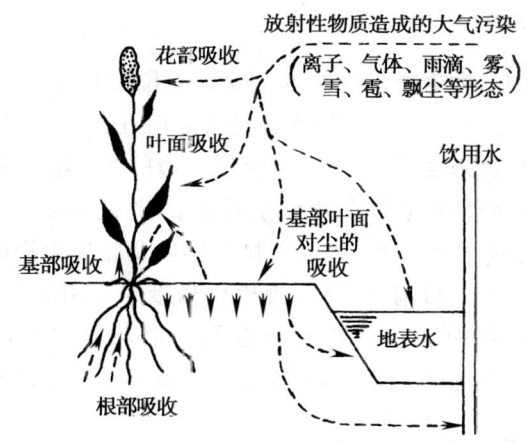

图 9-2　放射性沉降污染作物和土壤的途径（仿涉谷政夫，1989）

表 9-13　作物对放射性物质的吸收途径及其影响因素

途径类型	吸收机制	影响因素
直接污染	1. 地上部物理性吸附 2. 叶片花部吸收	1. 核素性状、沉降量、沉降时期、地面飞扬 2. 植物种类、生育状况、地上部形态
间接污染	3. 经根部吸收	1. 核素在土壤中的存在形态和行为 2. 土壤类型、物理化学性质、管理状况和施肥 3. 植物类型、生育状况、根部形态
直接与间接综合作用	4. 基部吸收	上述各种影响因素的综合

（涉谷政夫，1979）

第三节　土壤污染的生物防治

目前由于费用低廉、不扰动土壤、景观美化和易于为社会所接受等优点,污染土壤的生物修复机理及技术问题已成为污染生态学研究的热点科学问题和前沿研究领域,同时也是世界性的难题(Baker 等,1994;孙铁珩和周启星,2000;Li 等,2003)。

土壤污染生物修复是指利用生物(植物、微生物和原生动物)吸收、降解、转化土壤中的污染物质,是一个自然或人为控制条件下的土壤污染物降解或无害化过程。生物不仅通过吸收、代谢过程达到对土壤污染物质的削减、去除与生物转化作用,而且还通过影响土壤物理、化学和生物化学过程改变污染物在土壤中的形态和价态,以降低其在土壤环境中的毒害作用。按生物类群可把生物修复分为植物修复、微生物修复和动物修复 3 种类型。根据生物修复的污染物种类,可分为有机污染的生物修复、重金属污染的生物修复和放射性物质的生物修复等。根据污染物所处的治理位置不同,生物修复可分为原位生物修复和异位生物修复。

一、土壤重金属污染的生物防治技术

(一) 微生物修复技术

目前土壤重金属污染的微生物修复技术主要是原位修复技术。原位生物修复(in situ bioremediation)是指对受污染的土壤不作搬运或输送而在原位污染地进行的生物修复处理。与有机污染物的微生物修复相比,土壤重金属污染的微生物修复的应用较少。微生物主要通过生物吸附和生物氧化还原来降低土壤中的重金属水平或其毒性(沈振国等,2000)。筛选和培育低成本、高效、专一性强的微生物以及收集生物体及被吸附重金属的方法是工程菌实际应用的关键。目前,仅有小规模生物吸附应用的报道。另外,微生物还可以通过改变根际微环境,从而提高植物对重金属的吸收,挥发或固定效率。耿春女等(2002)利用菌根吸收和固定重金属 Fe、Mn、Zn 及 Cu 取得了良好的效果。

(二) 植物修复技术

植物修复技术(phytoremediation)是一种利用自然生长植物或遗传培育植物修复重金属土壤污染技术的总称。根据其作用过程和机理,可分为植物提取、植物挥发和植物固定 3 种技术。

1. 植物提取技术

植物提取技术(phytoextraction)又称植物吸收、植物萃取技术,是利用一些植物能从土壤中大量吸取富集重金属污染物的特性,将重金属富集于植物体的地上部,通过连续种植和收割植物而达到降低或去除土壤重金属污染的植物修复技术。这些能够大量吸收并富集重金属的植物称为超富集植物(hyperaccumulator)。然而,由于大多数超富集植物的研究还处于盆栽和田间试验阶段,故研究的重点多集中在考察超富集植物的修复潜力,对其生

长特性缺乏深入的了解,因此,比较成熟的植物提取修复技术规模化应用实例还少见报道。即便如此,植物提取技术仍是目前应用最多、最有发展前景的土壤重金属污染植物修复技术。

目前,国外及国内研究较多的超富集植物主要有以下几种。布氏香芥(*Alyssum bertolonii*)是一种著名的 Ni 超富集植物,在土壤中 Ni 总量为 1 600 mg/kg 条件下,植物地上部 Ni 含量平均为 6 900 mg/kg,富集系数为 4.31(Robinson 等,1997)。遏蓝菜属是一种已被鉴定的 Zn 和 Cd 超富集植物,Baker 等(1994)发现在土壤含 Zn 444 mg/kg 时,遏蓝菜地上部 Zn 的含量可达到土壤的 16 倍。Ma 等(2001)、陈同斌等(2002)、Visoottiviseth 等(2002)研究发现蜈蚣草(*Pteris vittata*)是一种 As 超富集植物,当土壤中 As 总量为 50～23 400 mg/kg 时,植物羽片中 As 含量为 120～1 540 mg/kg,羽片中 As 的富集系数为 0.07～7.42。杨肖娥等(2002)研究发现东南景天(*Sedum alfredii*)是一种 Zn 超富集植物,当土壤中总 Zn 含量为 2 269～3 858 mg/kg,有效态 Zn 含量为 105.5～325.4 mg/kg 时,东南景天地上部 Zn 含量为 4 065～5 000 mg/kg,地上部富集系数为 1.25～1.94。据现有的研究资料发现,禾本科、石竹科、茄科、十字花科、蝶形花科、杨柳科等科中的部分植物种具有这一特性(Antonovics 等,1971;Roose 等,1982;Shaw,1990;Bell 等,1991)。一些具有显著积累重金属能力的植物如表 9-14 所示(沈德中,1998)。

表 9-14 超量重金属积累的植物地上部分的金属含量

金属种类	植物种	含量/(mg·kg^{-1})
Cd	天蓝遏蓝菜 *Thlaspi caerulescens*	1 800
Cu	高山甘薯 *Ipomoea alpina*	12 300
Co	星香草 *Haumaniastrum robertii*	10 200
Pb	圆叶遏蓝菜 *Thlaspi rotundifolium*	8 200
Mn	粗脉叶澳洲坚果 *Macadamia neurophylla*	51 800
Ni	九节木 *Psychotria douarrei*	47 500
Zn	天蓝遏蓝菜 *Thlaspi caerulescens*	51 600

(沈德中,1998)

目前,大多学者都试图通过基因工程的新方法来获得超量积累、生长迅速的植物种类(如芸薹属植物)。例如通过引入金属硫蛋白(metal-lothioneins)基因或引入编码 Mer A(汞离子还原酶)的半合成基因以及其他与重金属耐性有关的基因,以此来增加植物对金属的耐受性,最后通过这些超量积累植物体来回收污染土壤中的重金属元素,从而达到对重金属污染土壤的治理。

2. 植物挥发技术

植物挥发技术(phytovolatilization)是利用植物将重金属污染物吸收于体内后又将其转化为气态物质而释放到大气中的机理,从而消除重金属对土壤的危害的技术。植物挥发只适用于具有挥发性的金属污染物,目前应用范围只限于汞、硒等挥发性重金属污染物。研究发现,一些植物通过生物甲基化过程使汞、硒等形成可挥发态的分子而排出体外。Rugh 等(1996)和 Meagher(2000)研究表明将汞抗性基因转入到植物后,可以使植物将从土壤中吸取的汞还原成挥发性的单质汞。Banuelos 等(1997)发现湿地上的某些植物可清除土壤中的 Se,其中单质占 75%,挥发态占 20%~25%。需要指出的是植物挥发技术只是将污染物从土壤转移到大气,对环境仍有一定影响。

3. 植物固定技术

植物固定技术(phytostabilization)是利用重金属在植物根部的积累、沉淀或根表吸收作用,固化稳定土壤中的重金属,降低重金属的迁移能力,从而减轻重金属危害的植物修复技术。该类修复植物首先能在高含量重金属污染土壤上生长,其次根系及分泌物能够吸附、沉淀或还原重金属。如根系分泌物可专性吸附 Pb、Cu 和 Cd 等金属离子,使其在植物根外沉淀,同时降低其在土壤中的迁移性,或者植物的根毛可直接从土壤交换吸附重金属,增加根表固定。再如植物根系分泌物能改变土壤根际环境,可使多价态的 Cr、Hg、As 的价态和形态发生改变,影响其毒性效应。利用固化植物稳定重金属污染土壤最有应用前景的是 Pb 和 Cr。但是,植物固定修复可能是植物对重金属毒害抗性的一种表现,只是暂时将其固定,并未使土壤中的重金属去除,环境条件的改变仍可使重金属的生物有效性发生变化,因此并没有彻底解决重金属污染问题。

二、土壤有机污染的生物防治技术

土壤中有机污染物种类繁多、性质各异,其中相当一部分都是难生物降解的人工合成有机物和石油产品,其生物可降解性直接决定了修复手段的有效性。有机污染物的可降解性取决于其化学结构,是决定微生物降解能力的重要因素之一。通常来看,相对分子质量小、结构简单的有机污染物比相对分子质量大、结构复杂的容易降解,同时取代基的数量、类型和相对位置对有机物的生物降解性能也有很大的影响。同时,有机污染物的生物可利用性、水溶性和吸附性也对生物降解产生明显的影响。另外,有机污染物进入土壤的时间越久,其进入土壤微孔隙就越多,进而就降低了污染物的生物可利用性,不利于生物降解。

目前土壤有机污染物的微生物修复技术主要包括原位修复技术和异位修复技术。前者强调不扰动土壤和降低成本,而后者强调人为控制和创造更加优化的降解环境。原位修复技术有投菌法、生物培养法和生物通气法等。在自然条件下残留农药被土壤消除的速度极为缓慢,但通过接种适宜微生物,其降解速率则大大加快。如 Nasser(1994)从污染了氯乙异丙嗪的土壤中分离出混合微生物培养物,接种到土壤中可将 0.14 mol 的氯乙异丙嗪在 25 d 内完全降解,使其矿化速度提高了 20 倍。虞云龙等(2002)研究表明根部周围土壤丰富的微生物对丁草胺的降解具有显著的促进作用。同时接种,对其他有机污染物的降解也有明显作用,部分降解农药的微生物见表 9-15。Grosser 等(1991)报道,从受多环芳烃污染的土壤中分离细菌培养 2 d 后,再接种到土壤中,芘的降解速率提高了 55%。异位修复技术主要包括预制床技术、生物反应器技术、堆肥法等。目前,人们通过基因改良和基因重组的方式筛选工程菌,但是基因工程菌的存活、繁殖及降解活性的保持都会影响其在实际应用中的效果,更需要指出的是基因工程菌还存在生态安全性方面的问题。农药的微生物降解代谢途径、中间产物与降解相关基因见表 9-16。

表 9-15　分离降解农药的微生物

农药	微生物	过程
三氟羧草醚(acifluorfen)	*Pseudomonas fluorescens*	芳香环硝基还原
甲草胺	*Pseudomonas* sp.	谷胱甘肽介导的脱氯
涕灭威(aldicarb)	*Achromobacter* sp.	水解
阿特拉津	*Pseudomonas* sp.	脱氯
阿特拉津 1	*Rhodococcus* sp.	N-脱烷基
呋喃丹	*Achromobacter* sp.	水解
2-(1-甲基-正丙基)-4, 6-二硝基苯酚	*Clostridium* sp.	硝基还原
2,4-D	*Pseudomonas* sp.	脱氯
DDT	*Proteus vulgaris*	脱氯
伏草隆	*Rhizopus japonicus*	N-脱甲基
林丹	*Clostridium* sp.	还原脱氯
利谷隆	*Bacillus sphaericus*	acylamidase
甲基对硫磷	*Plesiomonas* sp.	水解
对硫磷	*Bacillus* sp.	水解和硝基还原
二甲戊乐灵(pendimethaline)	*Fusarium oxysporum*, *Paecilomyces varioti*	N-脱烷基硝基还原
敌稗	*F. oxysporum* *Pseudomonas* sp.	酰胺酶
氟乐灵	*Candida* sp.	N-脱烷基

(李顺鹏等,2004)

表 9-16　部分农药的微生物降解代谢途径、中间产物与降解相关基因

农　　药		降解性微生物(分离者)	代谢途径和代谢中间产物	相关降解基因克隆与定位
有机磷类	对硫磷	*P. diminuta* GM(Sedar)	二乙基硫代磷酸、对硝基酚	*opd*(pCMS1)
		Flavobacterium sp. ATTCC27551 (Mulbry[28])	对硝基酚	*opd*(pPDL2)
	甲基对硫磷	*Flavobacterium* sp. (Chaudhry[29])	对硝基酚	*Opd*
		*P. pudita**(Rani[30])	1,2,4-三羟基苯	
		Plesiomonas sp. M6(Cui[23])		*Mpd*
		P. pudita DLL-1*(Liu[31])	对硝基酚、氢醌	*Mph*
有机氯	β-HCH	*Sphingomonas paucimobilis* B90A		*linA,B,D,E*
	γ-HCH	*Phanerochaete chrysosporium* (Singh)	四氯环己烷、四氯环己醇	
		S. paucimobilis UT26(Nagata)	2,5-二氯对苯二酚	*linA,B,C,D,E*
	DDT	*Synechococcus* sp.	DDD	
		Klebsiella pneumoniae	DDE	

续表

农药		降解性微生物(分离者)	代谢途径和代谢中间产物	相关降解基因克隆与定位
拟除虫菊酯类	permethrin	P. fluorescens(SM-1), Achromobacter. Sp(SM-2)和B. cereus(SM-3)(Maloney[32])	3-苯氧基苯甲酸和trans-DCVA	
氨基甲酸酯	西维因	Pseudomonas spp. 及 Rhodococcus sp.	龙胆酸途径利用1-萘酚	
		Arthrobacter sp. RC100 (Masahto[33])		pRC1, pRC2
除草剂	阿特拉津	R. corallinus(Cook 和 Huntter)	从CEAT上脱氯和氨基	
		R. corallinus NRRLB-15444R (Walter[34])	MCEAT 和 CIAT 脱氯活性	
		Rhodococcus sp. TE1(Shao)	脱烷基	Plasmid(77kb)
		Pseudomonas sp. ADP*(De Souza[35])	先脱氯再脱烷基	atzA, atzB, atzC
		Rhodococcus sp. BTAHI*(Hu)	先脱氯再脱烷基	和atzA高同源性
	2,4-D	A. eutrophus JMPI34		tfd_H和tfd
		P. cepacia CSV90*(Manzoor[36])	2-甲基-4-氯苯氧乙酸	cadR, A, B, K, C
	草甘膦	P. pseudomauei(Penaloza-vazquez)		glpA, glpB
	草丁膦	Streptomyces hugroscopicus		bar

(李顺鹏等,2004)

植物可以直接吸收和降解土壤中的有机污染物。Kruger等(1997)研究发现,植物Kochia可明显地吸收阿特拉津,使土壤中多年沉积的阿特拉津量显著减少。杨柳春等(2002)研究表明种植杨树等植物可以吸收并挥发土壤中的甲基叔丁基醚。梁涛等(2010)研究发现种植苏丹草能大大强化土壤菲、芘污染的修复效果,50 d后植物-微生物联合去除率分别达到68.9%和71.24%。然而,大多数植物降解有机污染物的研究多集中在水生植物方面,对陆生植物的研究则较少。

小结

土壤处于地球表面4大圈层的中心,是一个复杂而多相的物质系统,深受人类长期生产实践的影响。土壤污染物主要来自人类生产生活过程中所排放的各种废弃物。土壤污染不仅导致土壤质量恶化,而且污染物还会通过土壤进入到食物链中并引起生物中毒。由于土壤污染的隐蔽性、滞后性、累积性等特征,使土壤污染的治理成本较高,治理周期较长。控制和消除污染源是预防土壤污染的根本措施。通过生物措施增加土壤环境容量、提高土壤自净能力是治理土壤污染的积极有效的措施之一。

❓ 思考题

1. 导致土壤污染的原因有哪些？
2. 土壤污染有哪些特点？
3. 重金属对土壤的影响有哪些方面？其后果如何？如何防治？
4. 施用化肥对土壤生态系统有何影响？如何合理地使用化学肥料？
5. 致病生物体危害人、牲畜有哪些途径？如何防治？
6. 生物防治土壤污染的作用是什么？
7. 重金属污染土壤植物修复的方法主要有哪些？
8. 就你所掌握的污染生态学知识，谈谈你对我国耕地可持续发展和土壤污染防治的综合对策。

📖 建议读物

1. Lal R. Soil Quality and Agricultural Sustainability. Ann Arbor Press, 1998.
2. 曹志洪，周健民. 中国土壤质量. 北京：科学出版社，2008.

💻 推荐网络资讯

1. http://www.springer.com/environment/pollution+and+remediation/journal/11267
2. http://onlinelibrary.wiley.com/journal/10.1002/(ISSN)1522-7278

第十章

污染生态学中的环境质量评价问题

自然环境质量主要指大气、水、土壤和生物的质量,其中尤为关注的是大气、水、土壤是否符合规定的环境标准和生物体可食部分是否符合卫生标准,是否对人体有害。也有人把环境质量(environmental quality)称为生态环境质量,即整个生态系统是否受破坏(特别是受污染破坏),是否保持良性循环、保证人体健康和社会的正常发展。两者没有本质区别,只不过侧重点略有不同。因此环境质量评价(environmental quality assessment)[包括生态质量评价(ecological quality assessment)]应以人为中心,以生态系统为基础,以食物链为污染物流通途径和生态系统的支架,以营养级为追踪污染物去向和对象,以生物多样性保护和生态系统的良性循环为研究的主要内容,以经济、社会、环境效益的高度统一为目的。

第一节 环境容量

在一定范围和规定的环境目标下,能容纳某污染物的最大负荷量称为环境容量(environmental capacity)。

环境容量是20世纪60年代由日本首先提出。当时环境污染日趋严重,在管理上单纯用控制污染物浓度的办法来控制污染物排放已达不到环境的要求。因为在工矿区尽管各个污染源排放的污染物都达到浓度控制标准,但排放总量很大,超过了该环境自净能力而使环境进一步恶化。因此在环境管理上必须改浓度控制为总量控制,使污染物排放总量限制在环境自净能力并使系统处于良性循环的允许范围内。采用总量控制,必须研究环境容量问题。

环境容量首先在大气和水体方面开展工作,而土壤环境容量远比大气和水体环境容量复杂和困难。我国在开展区域性环境质量评价中,对污灌农田进行土壤容量的研究(吴燕玉和夏增禄,1981),并逐步从以单一作物的研究发展到以土壤生态系统为中心,从整体上研究土壤环境容量,并建立了数学模型,推动了环境容量研究的发展和提高。

在一个特定的环境条件下,环境容量是一定的。容量大小与污染物的毒性及其物理化学特性有关,也决定于环境空间大小,环境的物理化学性质和生物的净化能力。污染物毒性越大,越稳定,则环境容量越小;环境空间越大,环境的自净能力越强,环境容量越大。

一、研究的程序

根据张学询等(1986)的研究,区域土壤容量研究内容与程序如图10-1所示。

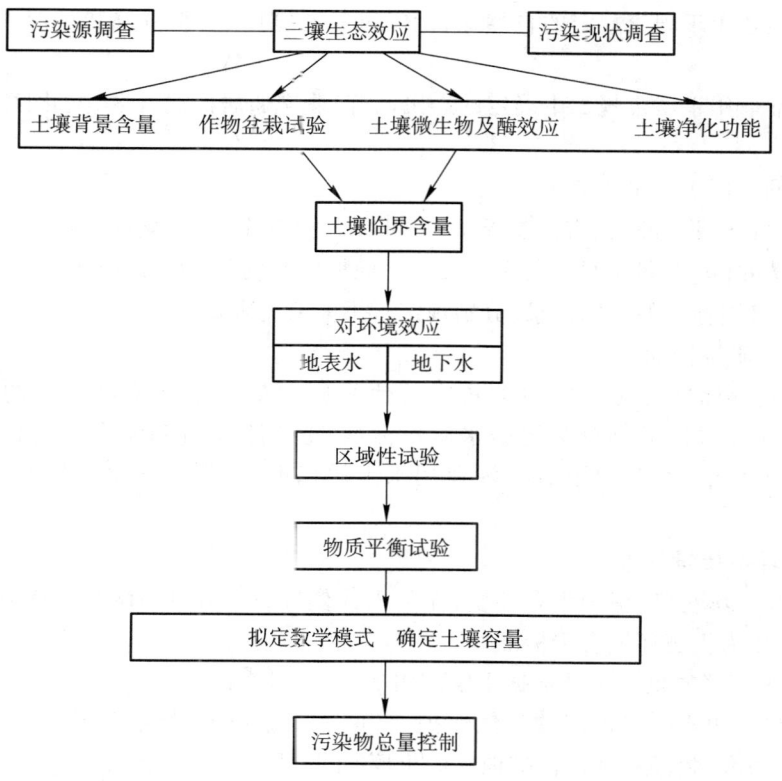

图 10-1 土壤容量研究内容与程序(张学询,1986)

二、研究基本内容和参数

(一) 选择参数

根据当地实际情况和工作目的,选择污染物。在一般情况下,要注意以下几种污染物,如 Hg、Cd、As、Cr、Pb、苯并[a]芘、有机氯农药等。

(二) 确定本底值或相对清洁值

主要在没有污染的相似地区进行调查,以确定主要化学元素的正常含量。环境背景值的研究是环境科学的一项基础工作,能为环境质量评价和预测、污染物在环境中迁移转化规律的研究和环境标准的制定提供依据。

(三) 确定环境质量标准

环境质量标准(environment quality standard)是为了保护人体健康,对环境中污染物允许含量进行明确、统一规定,这体现了国家的环境保护政策和要求,是衡量环境是否受到污染的尺度。近几年来,各国先后颁布了各种环境质量的标准。环境质量标准中又分为空气质量、水质量、土壤质量、生物质量标准等。

1. 环境空气质量标准

我国在 1996 年颁布的《环境空气质量标准》(GB 3095—1996)中,把大气质量划分为 3 级:

一级标准适用于国家规定的自然保护区、风景游览区、名胜古迹和其他需要特殊保护的地区。

二级标准适用于城市规划中确定的居民区、商业交通居民混合区、文化区、一般工业区和农村地区。

三级标准适用于特定工业区。

《环境空气质量标准》列有总悬浮微粒、可吸入颗粒物、二氧化硫、氮氧化物、一氧化碳和臭氧、铅、苯并[a]芘等项目。每一项目按不同取值时间（年平均、季平均、日平均、1小时平均）和3个级别标准的不同要求，分别规定了不同浓度限量。

2. 水环境质量标准

水环境质量标准是对水中污染物或其他物质的最大容许浓度所作的规定。水环境的质量标准按水体类型分为地表水质量标准、地下水质量和海水质量标准。按水资源的用途分为生活饮用水质标准、渔业用水水质标准、农业用水水质标准、娱乐用水水质标准。

3. 土壤环境质量标准

为了防止土壤污染，保护生态环境，保障人体健康，以 GB 15618—1995 规定的土壤质量3级标准，作为土壤环境质量标准。

(1) 土壤环境质量分类　根据土壤应用功能和保护目标，划分为3类：

Ⅰ类主要适用于国家规定的自然保护区（原有重金属背景值高的除外）、集中式生活饮用水源地、茶园、牧场和其他保护地区的土壤，土壤质量基本上保持自然背景水平。

Ⅱ类主要适用于一般农田、蔬菜地、茶园、果园、牧场等土壤，土壤质量基本上对植物、人类和环境不造成危害和污染。

Ⅲ类主要适用于林地土壤及污染物容量较大的高背景值土壤和矿产附近的农田土壤（蔬菜地除外）。土壤质量基本上对植物和环境不造成危害和污染。

(2) 标准分级

一级标准：为保护区域自然生态，维持自然背景的土壤环境质量的限制值。

二级标准：为保障农业生产、维护人体健康的土壤限制值。

三级标准：为保障农林业生产和植物正常生长的土壤临界值。

(3) 各类土壤环境质量执行标准的级别　规定如下：

Ⅰ类土壤环境质量执行一级标准。

Ⅱ类土壤环境质量执行二级标准。

Ⅲ类土壤环境质量执行三级标准。

(4) 本标准规定的3级标准值　见表10-1。

表10-1　土壤环境质量标准值　　　　　　　　　单位：mg·kg^{-1}

级别 项目　土壤pH	一级 自然背景	二级			三级
		<6.5	6.5~7.5	>7.5	>6.5
镉[①] ≤	0.20	0.30	0.30	0.60	1.0
汞 ≤	0.15	0.30	0.50	1.0	1.5
砷[②] 水田 ≤	15	30	25	20	30

续表

级别 土壤pH 项　目	一级 自然背景	二级 <6.5	二级 6.5~7.5	二级 >7.5	三级 >6.5
旱地 ≤	15	40	30	25	40
铜农田等 ≤	35	50	100	100	400
果园 ≤	—	150	200	200	400
铅 ≤	35	250	300	350	500
铬水田 ≤	90	250	300	350	400
旱地 ≤	90	150	200	250	300
锌 ≤	100	200	250	300	500
镍 ≤	40	40	50	60	200
六六六[③] ≤	0.05	0.50			1.0
滴滴涕 ≤	0.05	0.50			1.0

①重金属铬(铬主要是三价)和砷均按元素量计,适用于阳离子交换量 >5 cmol(+)/kg的土壤,若阳离子交换量 ≤5 cmol(+)/kg,其标准值为表内数值的半数;②水旱轮作地的土壤环境质量标准,砷采用水田值,铬采用旱地值;③六六六为4种异构体总量,滴滴涕(DDT)为4种衍生物总量。(《土壤环境质量标准》,GB 15618—1995)

也有人用与作物可食部位的卫生标准相对应的土壤最低含毒量作为相应的土壤临界含量,制定土壤环境质量标准,这在中国科学院沈阳应用生态研究所张学询等的研究资料中作了系统的介绍。例如,张学询(1986)确定的第二松花江灌区土壤、大米汞含量及临界含量如表10-2所示。

表10-2　第二松花江灌区土壤、大米汞含量及临界含量　　单位:mg·kg^{-1}

年限	样点数	土壤含量范围	大米含量范围	超标数	超标大米的土壤最低汞量	超标大米最低汞量	相应土壤临界含量
1977—1980	10个	0.0485~0.690	0.0055~0.0400	11	0.454	0.0301	<0.4

(张学询,1986)

据表10-2的数据,超标大米最低含汞量为0.0301 mg/kg,相应的土壤为0.454 mg/kg,根据最低安全线,张学询等确定土壤汞的土壤安全临界含量为0.2 mg/kg,并以此作为土壤中汞的环境质量标准。

也有根据作物减产10%作为相对应的土壤污染物含量,并以此确定土壤污染物临界含量。

4. 生物质量卫生标准

我国粮食卫生标准目前执行 GB 2715—2005 的卫生标准(表10-3),蔬菜、奶制品、植物油、鱼等都有相应的卫生标准规定,本章不再一一列出。

表 10-3　粮食卫生标准

项　目	限量指标/(mg·kg^{-1})
磷化物(以 PH$_3$ 计)(以原粮计)	≤0.05
氰化物(以 HCN 计)(以原粮计)	≤5
氯化物(以原粮计)	≤2
二硫化碳(以原粮计)	≤10
砷(以 As 计)(以大米计)	≤0.15
汞(以 Hg 计)(以成品粮计)	≤0.02
六六六(以成品粮计)	≤0.05
滴滴涕(以成品粮计)	≤0.05
黄曲霉素 B$_1$(以玉米计)	≤0.02
黄曲霉素 B$_1$(以大米计)	≤0.01
黄曲霉素 B$_1$(以其他粮食计)	≤0.005
七氯(以原粮计)	≤0.02
艾氏剂(以原粮计)	≤0.02
狄氏剂(以原粮计)	≤0.02
镉(以 Cd 计)(以稻谷、豆类计)	≤0.2
镉(以 Cd 计)(以麦类、玉米计)	≤0.1
铅(Pb)	≤0.2

(GB 2715—2005)

(四) 环境自净能力

在自然界中,人为因素造成污染物向环境的不断输入,同时又通过不同途径从环境中输出,在输出后的总过程中包括污染物在环境中(土壤、土壤微生物、动物和植物)通过物理化学和生物过程分解污染物,把污染物的毒性降低。这种对污染物的输出和分解过程统称为环境的自净能力(environmental self-purification capacity)。任何污染物在环境中含量的高低都是输入和输出这一动态平衡的结果。因此,研究污染物在生态系统中的输入和输出是探索生态系统的自净能力与环境容量的重要内容。例如张学询等(1986)在东北草甸棕壤污灌区研究 Hg、Cd、Pb、As、Cr 5 种重金属在土壤和作物中的循环情况,如图 10-2。

三、生态系统容量的制定

生态系统容量(ecosystem capacity)的计算式如下:

$$Q_I = Q_{I本} + \Delta Q_I \tag{10-1}$$

式中,Q_I 为 I 物质的生态系统容量(kg);ΔQ_I 为向环境中排放某化学物质的数量,即环境增量(kg);$Q_{I本}$ 为环境本底容量(kg)。

增量对生态系统能产生以下几方面的效应:① 不破坏生态平衡或不危害人类健康的元素或化合物,则环境容量就极大。② 进入生态系统立即危害人类健康,破坏生态系统平衡,而且作用持久的元素或化合物,则环境容量就极小,如有机氯农药、Hg、Cd 等。③ 进入

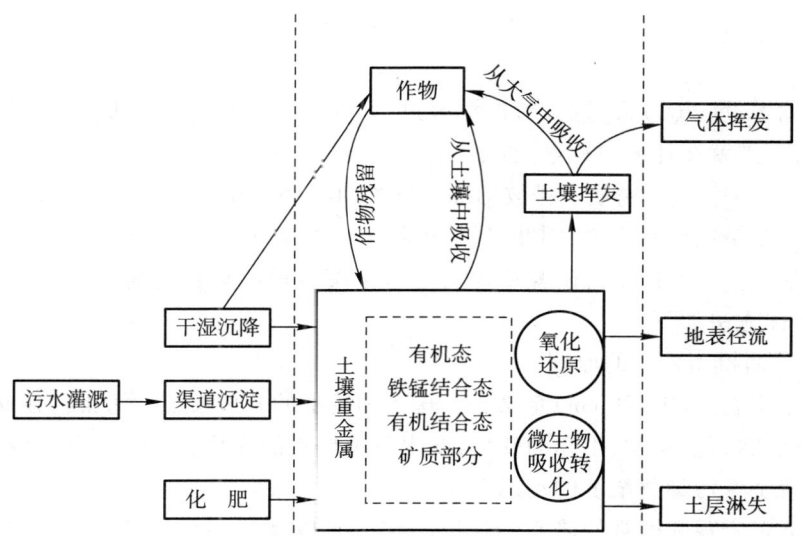

图 10－2　5 种重金属在污灌土壤与作物中的局部循环(仿张学询,1986)

生态系统的各种元素和化合物,由于物理、化学、生物的分解等净化作用,使毒物不断减少。只有增量大于其净化系数,污染物才能在环境中逐渐积累起来,才会危害人体健康及破坏生态系统的平衡。

根据第三条效应,环境容量的增量应为：

$$\Delta Q_I = \Delta Q_{I生} + \Delta Q_{I物} \tag{10-2}$$

式中,$\Delta Q_{I生}$ 为 I 物质的生物化学容量(kg);$\Delta Q_{I物}$ 为 I 物质的物理化学容量(kg)。

其中

$$\Delta Q_{I生} = Br_I t \tag{10-3}$$

式中,B 为被研究环境单元生物量(kg);r_I 为 I 物质生物净化系数,主要决定于优势种(mg·kg^{-1}·h);t 为时间(h)。

瞬时生物化学容量：
$$\Delta Q'_{I生} = Br_I$$

$$\Delta Q_{I物} = GK_I t \tag{10-4}$$

式中,G 为被研究环境单元非生物介质(水、气、土)量(kg);K_I 为 I 物质的物理化学净化系数(mg·kg^{-1}·h);t 为时间(h)。

瞬时物理化学容量：
$$\Delta Q'_{I物} = GK_I$$

将式(10－3)、式(10－4)代入式(10－2)得

$$\Delta Q_I = Br_I t + GK_I t = (Br_I + GK_I)t \tag{10-5}$$

瞬时增量：
$$Br_1 + GK_1 = \Delta Q'_{1生} + \Delta Q'_{1物} = \Delta Q'_1$$

瞬时环境增量($\Delta Q'_1$)很重要,当排污超过 $\Delta Q'_1$ 时,就造成污染,对生态系统造成损害,如果连续污染,则就在环境中积累、富集。

可根据 $\Delta Q'_1$ 来制定 I 物质的排放标准。据式(10-5),G 和 K_1 是一定值,r_1 也是一定值,则 B 可测出。B 是以植物为主,因此,增加植物量可增加环境容量。

中国科学院沈阳应用生态研究所对污灌区土壤容量的计算是通过建立物质平衡模型来进行的,具体方法如下：

1. 物质平衡模型建立的原则

首先将土壤表层(0~20 cm)定义为有输入和输出的开放系统。污染物在此系统中,经过一系列复杂的物理、化学、生物的变化,发生各种形式的迁移、转化、循环及降解。上述各过程均制约着土壤污染物浓度的动态变化。

其次是通过宏观和微观的研究,阐明污染物在土壤生态系统中的迁移、转化规律,确定输入和输出的项目,分别建立各自的函数式。项目不可遗漏,同时对每一项目的真实过程或客观规律要认识明确,否则无法进行数学抽象。

最后,所谓物质平衡,是指某一环境单元在一定时间内,污染物输入和输出的差值等于限定的土壤层次中污染的净积累,在这个模型中,对于年输入和输出,既可是一个脉冲,也可分解为若干脉冲,根据实际情况确定。

2. 物质平衡模型

总体综合式为：

$$S_{t+1} = S_t + \left(\sum E_{输入} - \sum E_{输出} \right)$$

式中,S 为土壤污染物含量(mg/kg);t 为时间(a);以 E 代表输入和输出,以 f 代表函数,j 代表月份。

物质平衡模型可有下列函数分式：

背景值：
$$E_1 = f_1(S_o) \tag{10-6}$$

式中,S_o 为土壤污染物背景值。

灌溉水的年输入：
$$E_2 = \sum_j [f_2(C_w, m_j)] \tag{10-7}$$

式中,C_w 为灌溉水中污染物含量(mg/L);m_j 为 j 月的灌溉量(L)。

干湿沉降的年输入：
$$E_3 = \sum_j [f_3(n_j)] \tag{10-8}$$

式中,n_j 为 j 月干湿沉降总和。

地下水的年淋失：

$$E_4 = \sum_j [f_4(S_j)] \tag{10-9}$$

式中，S_j 为 j 月土壤污染物含量（mg/kg）。

表层向底层的年迁移：

$$E_5 = \sum_j [f_5(S_j, S_e, W_j)] \tag{10-10}$$

式中，S_j 为 j 月土壤污染物浓度（mg/kg）；S_e 为土壤某些理化性质；W_j 为 j 月接受水量（L）。

作物的年富集量：

$$E_6 = \sum_k [x_k(S_t) \cdot y_k(S_t)] \tag{10-11}$$

式中，S_t 为土壤污染物浓度（mg/kg）；x_k 为作物 k 部分污染浓度（mg/kg）；y_k 为作物 k 部分的生物产量（kg）；k 为作物的部分（茎、叶、子实等）。

年侵蚀量：

$$E_7 = f_7(S_t, R, K, LS, C, P) \tag{10-12}$$

式中，S_t 为土壤污染物浓度（mg/kg）；R 为降雨侵蚀因子；K 为土壤侵蚀因子；LS 为地形因子；C 为作物覆盖及管理因子；P 为侵蚀控制措施因子。

将 $E_1 \sim E_7$ 代入总体综合式得：

$$S_{t+1} = S_t + [(E_1 + E_2 + E_3) - (E_4 + E_5 + E_6 + E_7)] \tag{10-13}$$

总体综合式及各函数分式，共同构成物质平衡模型。

令 C_s 代表土壤临界含量。在式（10-13）中给以任一初值 E_λ，计算出相应土壤浓度 S_t。用迭代法令 S_t 趋于 C_s，$|S_t - C_s| < \delta$（δ 可酌情选定），此时的 E 即为年容量。上述计算，用电子计算机完成。

以表 10-4 所列的灌溉水的月份分配作为基本参数，计算求得 5 种重金属的年容量（50 a 计）和总容量（表 10-5）。

表 10-4　灌溉水的月份分配

月份	5	6	7	8	9	全年累计
用水量/(m³·hm⁻²)	3 750	2 250	3 000	1 875	1 125	12 000

（熊先哲等，1987）

表 10-5　5 种重金属的年容量和总容量

容量＼重金属	Hg	Cd	Pb	As	Cr
年容量[1]/(g·hm⁻²·a⁻¹)	6.45	106.35	26 940	1 539	12 942
总容量/(g·hm⁻²·a⁻¹)	227.25	4 305	1 082 475	34 080	112 500

[1] 系统寿命规定为 50 a。（张学询等，1988）

根据环境容量的大小,可以判断该系统的环境质量好坏和达到有计划地实施污染物总量控制的目的。

第二节 环境评价及分区

根据污染程度进行分区是环境评价的基础工作。它涉及面广,内容很多,这里主要以土壤和生物的某些指标为依据,对环境进行评价和分区。

一、土壤污染评价及分区

土壤污染评价(evaluation of soil pollution)普遍采用污染指数法(国家环保局监督管理司,1992),评价步骤如下:

1. 污染现状调查

在评价区和对照区根据污染源类型、分布及污染途径,布采样点采土样分析污染物的含量,一般采用网格布点,取 0~20 cm 和 20~40 cm 两个深度土样。样品按标准程序处理、分析。

2. 评价因子选择

评价参数一般按现有污染物和拟议项目排放的主要污染物,根据毒性大小,用等标污染负荷比等方法筛选确定。常用参数有:金属元素,如 Hg、Cd、Pb、As、Cr、Mn、Cu、Ni、Zn 等;有机毒物,如酚、石油、苯并[a]芘、DDT、六六六、三氮乙醛、多氯联苯等;其他污染物,如氟化物、氨氮、磷化物、硫化物、酸、碱及溶解盐等。土壤有机质、土壤物理结构、酸碱反应、氧化还原势等必要时也作为附加因子。

3. 评价标准

土壤质量评价标准分为土壤背景值和土壤环境质量标准。一般是以区域土壤背景值作为基本依据,如果评价区范围不大,又无背景值时,可使用对照区土壤现状调查的数点平均值作为对比标准。土壤环境标准如表 10-1 所示。

4. 评价的基本参数

(1) 土壤起始污染值 土壤中有毒、有害物质的实测值大于土壤背景值时,即以该值作为土壤起始污染值 X_a。

(2) 植物起始污染值 植物吸收土壤中污染物,致使植物体内污染物含量超过当地同类植物体内污染物的平均含量。

(3) 植物临界含量 植物体内积累的污染物使植物减产 10%,或超过食品卫生标准时的含量。

(4) 土壤轻度污染值 植物起始污染时,土壤中污染物含量 X_c。

(5) 土壤临界含量 土壤重度污染值,即植物中污染物达到临界含量时土壤中所含污染物量 X_e。

5. 评价模式

单因子评价,计算公式如下:

$$P_i = C_i/S_i$$

式中，P_i 为土壤中 i 污染物的污染指数；C_i 为土壤中 i 污染物的实测值（mg/kg）；S_i 为土壤中 i 污染物的评价标准（mg/kg）。

根据土壤和植物污染含量相关数量，计算土壤的单因子污染指数，据此判定其污染等级：

清洁级	$C_i \leq X_a$	即 $P_i < 1$
轻污染级	$X_a < C_i \leq X_c$	即 $1 \leq P_i < 2$
中度污染级	$X_c < C_i < X_e$	即 $2 < P_i < 3$
重度污染级	$C_i \geq X_e$	即 $P_i > 3$

土壤单因子污染指数计算式如下：

$C_i \leq X_a$ 时　　　　　$P_i = C_i/X_a$

$X_a < C_i \leq X_c$ 时　　$P_i = 1 + [(C_i - X_a)/(X_c - X_a)]$

$X_c < C_i < X_e$ 时　　　$P_i = 2 + [(C_i - X_c)/(X_e - X_c)]$

综合指数计算式如下：

$$P = \sum_{i=1}^{N} P_i$$

式中，P 为综合指数；P_i 为污染物 i 的污染指数；N 为污染物种类数。

当需要突出污染程度严重的污染物在总污染水平中的作用时，建议用下式计算综合指数：

$$P = \sqrt{\frac{[平均(C_i/S_i)]^2 + [最大(C_i/S_i)]^2}{2}}$$

式中，平均(C_i/S_i) 为土壤中各污染指数的平均值；最大(C_i/S_i) 为土壤污染物中最大的污染指数。

有人建议，为了反映不同毒性污染物在总污染水平中的作用，可采用以下权重计算公式：

$$P = \sum_{i=1}^{N} W_i P_i$$

式中，W_i 为污染物 i 的权重因子。

由于目前还难以定出权重因子，所以在"环境影响评价技术原则和方法"中没有就综合评价方法提出具体推荐意见。

6. 土壤污染现状评价图

将评价图编绘在评价区地图上，按采样网格和布点位置标明土壤污染等级，绘出等值线。土壤评价图的优点是比较直观，不过不是在所有评价中都要给出。

二、生物污染评价及分区

（一）生物种群类别调查

生物种群类别调查（国家环保局监督管理司，1992）是调查评价区内种群类别以及在污染条件下的生物种群变化趋势。

第十章 污染生态学中的环境质量评价问题

1. 根据当地生物种群所处的不同危险程度,把生物种群分为5类。

(1) 濒危类(endangered) 有立即灭绝危险的种或亚种。如果诱发因素持续作用,将不可能生存,包括数量已减少到临界水平或者因栖息地剧烈减少而处于立即灭绝危险之中的物种,如大熊猫、水杉、银杉等。

(2) 渐危类(vulnerable) 当诱发因子持续起作用时,会在不久以后进入濒危类的种或亚种,包括栖息地被过量开发和广泛破坏或因环境骚扰导致全部或大部分种群数量下降的种或亚种,或者已严重退化而且基本安全不能保证的种或亚种,或者虽然种群数量依然丰富但处于不利因子的严重威胁之下的种或亚种。

(3) 稀有类(rare) 虽然目前还不属于濒危和渐危类,但由于存在数量极少会很快消失的种或亚种。它们通常位于有特殊栖居条件的有限地理区,或者在广泛范围内稀少散布。

(4) 脱离危险类(out of danger) 以前曾分属于以上各类。由于采取了有效保护措施,或以前的威胁因子不复存在了,现在已经比较安全的种或亚种。

(5) 未确定类(indeterminate) 怀疑分属前3类,但尚无充分资料根据。

调查上述5类种群在环境污染条件下将发生哪些数量和质量上的变化。

2. 危险系数法

根据英国自然资源保护委员会(Natural Conservation Council)生物记录中心(Biological Recording Center)评价野生植物的方法,在环境污染威胁下,用危险系数法(Perring 和 Farrell,1971)来表达物种的保护价值。计算步骤如下:

(1) 对物种的下列特征确定价值:

① 物种在 10 a 观察期间的退化速率:

  0 退化率 <33%
  1 退化率在 33% ~66%
  2 退化率 >66%

② 生物记录中心已知的该物种存在地方数:

  0 >16 个地方
  1 10~15 个地方
  2 6~9 个地方
  3 3~5 个地方
  4 1~2 个地方

③ 对物种诱惑力的主观估计:

  0 没有诱惑力
  1 具有中等程度诱惑力
  2 具有高度诱惑力

④ 物种"保护指数":该物种所在地占自然区面积的百分比。

  0 占自然区面积的 66% 以上
  1 占自然区面积的 33% ~66%
  2 占自然区面积的 33%
  3 占自然区面积的 33% 以下,而且属于非常危险的地区

⑤ 遥远性(remoteness):指人类抵达该物种所在地的难易程度。
  0   不易抵达
  1   中等程度容易抵达
  2   容易抵达

⑥ 易接近性(accessibility):指人类一旦抵达该物种所在地后,接近该物种的难易程度。
  0   不易接近
  1   中等程度容易接近
  2   容易接近

(2) 按下式计算"危险序数 TN":

$$TN = ① - ② + ③ + ④ + ⑤ + ⑥$$

所得"危险序数"的最大值是 15,$TN = 7 \sim 11$ 时属脆弱类,$TN > 12$ 属濒危类。

3. 地带性植被类型评价法

任何一个地区都有与该地区气候条件相适应的发育得最好的群落类型,该群落类型被称为顶极群落。如热带地区的雨林,亚热带地区的常绿阔叶林,温带地区的落叶阔叶林都是该地带的顶极群落。顶极群落发育得越好,所占面积的比例越大,说明该地区环境质量就越好,人为的干扰越小。因此用顶极群落(或接近顶极群落的类型)乘以面积所得值作为评价环境质量好坏的标准是目前环境评价中的重要内容之一。

(二) 根据作物体内污染物含量评价环境质量及分区

我们在云南省开远市的工作中曾采用此方法。

1. 确定标准

首先必须确定食品的卫生标准、摄入限制浓度和相对清洁值。

我们调查、分析水稻、白菜、莴苣、甘蔗的 As、Pb、Hg、F、Cr、Cd 含量,发现上述毒物都有相应的卫生标准。例如,蔬菜中 Hg、Cr、Cd 的含量是根据我国食品卫生标准;As、Pb 的含量为联合国粮食与农业组织和世界卫生组织食品卫生标准;F 的含量为中国医学科学院卫生研究所推荐的标准。粮食的食品卫生标准中,Hg、Cd、As 的含量为我国食品卫生标准;Pb、Cr 的含量参考联合国粮农组织和世界卫生组织的蔬菜标准;F 的含量为中国医学科学院卫生研究所推荐标准值。上述 6 种元素的卫生标准如表 10 - 6 所示。

表 10 - 6   蔬菜粮食卫生标准   单位:$mg \cdot kg^{-1}$

	As	Pb	Hg	F	Cr	Cd
蔬菜卫生标准	0.2	0.3	0.01	1	0.3	0.2
粮食卫生标准	0.7	<1	0.02	1	0.55	0.2

(王焕校,2000)

2. 摄入限制浓度

摄入限制浓度是指单位时间内对某毒物(或元素)最大允许摄入量。6 种元素的每日允许摄入量如表 10 - 7。每日允许摄入总量中包括水、主食、副食等的含量。因此,必须算出每种食品所能分担的限量。如果每人每天以粮食 0.5 kg,蔬菜 0.5 kg,肉类(猪肉 70 g、鸡肉 8.4 g、鸭肉 4.2 g、鸡、鸭内脏各 0.014 g),鸡蛋 35 g,鸭蛋 8.5 g,饮水 3L 计,根据上述实测的数据,参考每人每日对某元素最高允许摄入量和通过食物链实际摄入量之间的关系,可求出蔬菜、粮食摄入限制浓度,如表 10 - 8 所示。

表 10 - 7　6 种元素每日允许摄入量　　　　　　　　　　　单位:mg·L^{-1}·d^{-1}

元素	Pb	F	Cr	Hg	Cd	As
每日允许最大摄入量或正常摄入量	428.5	3 000 ~ 5 000	10 ~ 1 200	42.86	57.1 ~ 71.4	3 000

①Pb、Cd、As、Hg 每日、每人允许最高摄入量是根据 FAO/WHO(联合国粮农组织,世界卫生组织)制定的标准;Mn、Cr 采用正常摄入量(根据 H. A 施罗德著《痕量元素与人类》)。(王焕校,2000)

表 10 - 8　粮食、蔬菜摄入限量　　　　　　　　　　　单位:mg·kg^{-1}

元素	As	Pb	Hg	F	Cr	Cd
蔬菜摄入限量	4.5	0.6	0.06	6	0.63	0.2
粮食摄入限量	2.4	0.6	0.08	6	0.63	0.2

(王焕校,2000)

3. 相对清洁值

根据当地调查的结果,6 种元素相对清洁值如表 10 - 9 所示。

表 10 - 9　粮食、蔬菜 6 种元素相对清洁值　　　　　　　　　　单位:mg·kg^{-1}

元素	As	Pb	Hg	F	Cr	Cd
粮食、蔬菜相对清洁值	<0.1	<0.2	<0.005	0.6	<0.14	<0.05

(王焕校,2000)

粮食、蔬菜 6 种元素综合污染指数(I)为:

$$I = \sqrt{I_{max} \cdot \frac{1}{n} \sum_{i=1}^{n} I_i}$$

式中,$\frac{1}{n} \cdot \sum_{i=1}^{n} I_i$ 代表各单点的单项污染指数之和的平均值。

根据上式求出的综合指数,并根据表 10 - 6、表 10 - 7、表 10 - 8 和表 10 - 9 的各项数据,就能把污染调查区划分为 4 级,如表 10 - 10 所示。

表 10 - 10　污染分区

	清洁	轻度污染	中等污染	重度污染
蔬菜	<0.75	0.75 ~ 2.4	2.4 ~ 7.8	>7.8
粮食	<0.77	0.77 ~ 2.5	2.5 ~ 4.2	>4.2

(王焕校,2000)

这种污染分区不仅考虑卫生标准,同时特别注意通过食物链进入人体的毒物量和每日允许摄入量的关系,把维护人体健康作为重要指标。

三、生态质量评价

(一) 生态质量

所谓生态质量(ecological quality)就是生态系统的质量,是指生态系统是否稳定,是否保持良性循环,是否符合人类的需要。

对生态系统质量以数量化表征,并划分为一定等级给予评价,称为生态系统质量评价(assessment of ecosystem quality)。进行生态质量评价,需要从生态系统本身的生物因子变化中选取可以标度整个系统质量改变的参变量。如属于生态结构方面的营养结构、群落结构、甚至涉及优势种或建群种的种群结构、种群年龄结构等;属于能量过程的初级生产能力,各级能量转化、能量累积、总的生产能力、生物量等。再者,污染物在生态系统内的迁移、富集、毒害以及生态系统对污染的解毒与抗性或其他对人为破坏作用的抵抗能力也是必须考虑的。

(二) 生态质量模型

以第二松花江生态质量评价为例(东北师范大学环境生物学研究室,1982),该研究选取了群落结构,主要经济鱼的年龄结构,江体内浮游生物、底栖动物、鱼类资源的单位空间生物总量(湿重),汞、铜、锌、酚在 8 种较有代表性的生物体内的含量,主要经济鱼类环境最大容纳量等 5 个方面,把这 5 个方面各作为一个生态参数,然后综合在一起来评价生态质量,即:

$$Q = \varphi(I, P, M, Z, K)$$

式中,Q 为生态质量;I 为经济鱼类的年龄结构参数;P 为群落结构参数;M 为单位空间生物量;Z 为对污染物的稳定度;K 为经济鱼类的最大容量。

$$I = \frac{\frac{1}{n_1}\sum_{i=1}^{n_1}(a_{1_i} - b_{1_i})\frac{a_{1_i}}{b_{1_i}}}{I_0}$$

式中,I_0 为第 l 江段 1956 年主要经济鱼类平均年龄结构参数;n_1 为 1980 年经济鱼类种数;a_{1_i} 为第 l 个江段第 i 种鱼的 a 值;b_{1_i} 为第 l 个江段第 i 种鱼的 b 值。

在引用的第二松花江这个实例中,东北师范大学环境生物学研究室的工作人员对 5 个江段的 8 种鱼类的年龄结构都进行了分析,并求得其年龄结构方程,这 8 种鱼类的年龄结构普遍具有以下形式:

$$y = e^{a-bx} \quad (a > 0, b > 0)$$

式中,x 为鱼的年龄;y 为 x 龄鱼的数量。

当鱼群达到生存极限时,$y = 1$。这时:

$$a - bx = \ln 1; \quad a - bx = 0; \quad x = a/b$$

$x = a/b$ 为种群的极限年龄,它表明种群的生存能力与高龄鱼的寿命,可见 a/b 也可以作为表示年龄结构的一个参数。

$$P = \sum_{i_0=1}^{S} \left(\frac{n_{i_0}}{N}\right)\left(\frac{N-n_{i_0}}{N-1}\right)$$

式中,S 为种的数目;N 为所有种的个体总数;n_{i_0} 为第 i_0 种生物的个体数。

$$M = \frac{\int_0^T N(\tau)\rho(\tau)\mathrm{d}t}{M_0}$$

式中,M_0 为种群起始生物量;T 为种群极限年龄;$N(\tau)$ 为群体中龄个体数;$\rho(\tau)$ 为年龄的个体的平均重。

$$Z = \frac{1}{m \cdot m'} \sum_{j'=1}^{m} \sum_{i'=1}^{m'} E_{j'i'}$$

式中,m,m' 为生物种类数;$Z_{i'j'}$ 为某江段第 i' 种生物对第 j' 种污染物的稳定度。

$$K = \frac{\sum_{i=1}^{8} k_i}{8 \cdot k_0}$$

$$K_i = \frac{N_t N_{t+1} \cdot \left[\left(\sum m_x \cdot l_x\right)^{\frac{1}{T}} - 1\right]}{N_t \cdot \left(\sum m_x \cdot l_x\right)^{\frac{1}{T}} - N_{t+1}}$$

式中,K_i 为 i 种鱼群的最大容量;m_x 为 x 龄雌体平均生殖 0 龄仔鱼数;l_x 为各龄鱼龄终时存活分数;N_t 为 t 年种群生存量;N_{t+1} 为 $(t+1)$ 年时种群生存量;K_0 为主要经济鱼的平均容量。

结合上述公式,导出 Q 的具体表达式如下,由此模型所得到的生态质量评价,与江体生态状况及污染状况有较好的对应。

$$Q = \left\{\left[\sum_{i_0=1}^{S}\left(\frac{n_{i_0}}{N}\right) \cdot \left(\frac{N-n_{i_0}}{N-1}\right)\right]^2 + \left[\frac{\frac{1}{n_1}\sum_{i=1}^{n_1}(a_{1_i}-b_{1_i})\frac{a_{1_i}}{b_{1_i}}}{I_0}\right]^2 + \left[\frac{\int_0^T N(\tau)\rho(\tau)\mathrm{d}t}{M_0}\right]^2 + \left[\frac{1}{m \cdot m'}\sum_{j'=1}^{m}\sum_{i'=1}^{m'} Z_{j'i'}\right]^2 + \left[\frac{\sum_{i=1}^{S'} k_i}{S' \cdot k_0}\right]^2\right\}^{\frac{1}{2}}$$

(三) 生态质量及其评价

这里所用的生态质量模型,是将 P、I、Z、K、M 5 个变量所确定的生态质量 Q,做为一个在 5 维空间运动着的点。

$$Q = \varphi(P、I、Z、M、K)$$
$$1 \geqslant P \geqslant 0$$
$$1 \geqslant I \geqslant 0$$

$$1 \geqslant Z \geqslant 0$$
$$1 \geqslant M \geqslant 0$$
$$1 \geqslant K \geqslant 0$$

以生物极少存在的污染源为零点,即 $Q_0 = 0$ 为坐标原点,采用 Mcintosh(1967)研究种群多样性处理多维的思想方法,以点 $Q \in R(5)$ 至原 Q_0 的距离来评价生态质量。

$$Q = \sqrt{\sum_j N_j^2}$$
$$N_j = P、I、Z、M、K$$

由于,$1 \geqslant N_j \geqslant 0$,所以 Q 值的变化范围
$$5 \geqslant Q_j \geqslant 0$$

未受污染时 $Q = 5$,最严重污染时 $Q = 0$,依据表 10-11,计算得到生态质量。

表 10-11 生态质量的参数变量值

江段	哈达湾	九站	渔楼	松江	五家	平风
I	0.03	0.17	0.39	0.54	0.53	0.58
P	0.003	0.01	0.07	0.23	0.31	0.40
Z	0.01	0.25	0.46	0.75	0.60	0.68
M	0.03	0.20	0.56	0.60	0.61	0.77
K	0.003	0.002	0.03	0.23	0.20	0.25

(金岚,1992)

Q 结果如下:

哈达湾	九站	渔楼	松江	五家	平风
0.04	0.36	0.83	1.15	1.07	1.27

按此计算结果 $0 \geqslant Q \geqslant 5$,应将生态质量分为 5 级。由于与生物监测及生物评价实际情况相对照,我们将计算所得生态质量的数值区间扩大,将 N_j 值乘以 2,得:

$$Q = \sqrt{\sum_j (2N_j)^2}$$

计算结果:

江段	哈达湾	九站	渔楼	松江	五家	平风
Q 值	0.09	0.73	1.65	2.30	2.14	2.54

从中可以得知,二松江中哈达湾至哨口的九站江段生态质量 $Q \leqslant 1$,哨口至红旗的渔楼江段生态质量 $1 \leqslant Q \leqslant 2$,红旗至三江口的各江段的生态质量皆 $2 < Q \leqslant 3$。

按实际情况,我们将二松江生态质量划分为 6 级(表 10-12):

表 10-12　生态质量评价

Q 值	污染等级	江段	生 态 状 况
0	极度污染	排污口	近似无生物生存
$0 < Q \leq 1$	严重污染	哈达湾 九站	生态系统内只有极耐污种及需污种生存,清水种极少存在或偶然出现
$1 < Q \leq 2$	重污染	渔楼	生态系统中以耐污染种群为结构的主要组成者及能量的主要形成者。污染物普遍分布,普遍超标
$2 < Q \leq 3$	中污染	松江 五家 平风	同未受污染时相比较,生态系统的结构层次、能量水平都出现明显变化,污染物在整个生态系统中普遍分布,部分出现超标现象
$3 < Q \leq 6$	轻污染	松花湖	生态系统具有完整的结构层次,各级生产水平基本正常,污染物在生态系统内有明显分布。仅对污染极敏感种群的种群数量及生物量等有显著影响,使其下降
$6 < Q \leq 10$	未污染	常态	

(金岚,1992)

(四) 生态质量与污染状况的关系

由于污染因子是多方面的,污染对生态的影响也是复杂的,我们取可以标度水体自净能力和污染状况的 BOD(记为 x)计算 Q 与 x 的相关关系,确定其相关方程。

对两者进行相关性检验,其负指数相关系数 $Q_{e \cdot x} = -0.9467$,显著性 0.01。回归方程为:

$$Q = e^{2.172 - 0.2096x}$$

回归曲线如图 10-3 所示。依据回归方程计算所得各江段的生态质量理论值如表 10-13 所示。

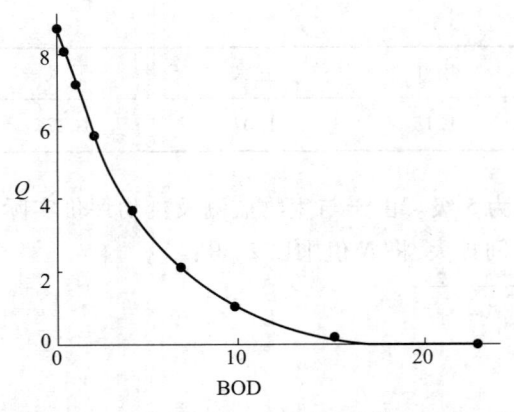

图 10-3　生态质量与 BOD 回归曲线(金岚,1992)

表 10-13　生态质量理论值

江段	理论值	计算值
天池	8.17	
松花湖	5.31	
平风	3.77	2.54
五家	2.81	2.14
松江	2.08	2.30
渔楼	1.13	1.65
九站	0.36	0.73
哈达湾	0.07	0.04

(金岚,1992)

由表 10-13 可知,哈达湾与九站江段属于严重污染的生态质量区,$Q \leq 1$;渔楼江段 $1 < Q \leq 2$,属重污染的生态质量区;松江与五家站属于中污染的生态质量区。平风从理论值看属于轻污染,与计算值差一个等级,但同江体实际状况相对照,理论值较为适宜,该江段水质、浮游生物、鱼群组成等状况与松花湖相近。松花湖的生态质量 $Q_松 = 5.31$,属于轻污染。由理论上推得天池的生态质量 $Q_天 = 8.17$,属于未受污染状态。然而天池是近于无生

物的,实际 Q 值趋于 0。出现这种矛盾,主要由于仅以 BOD 含量与 Q 值关系确定天池的生态质量,没有考虑其他因素,如水温、营养、气温、光照等。但这方面的资料尚不充足,有待今后进一步研究。我们所定义的生态质量仅是与污染因子相关联的,所以仅根据污染状况做理论推断是适宜的。天池出现的矛盾已超出了本章所要研究的内容,其他江段的结果还是适宜的。

四、生态系统健康评价

生态系统健康(ecosystem health)是指一个生态系统所具有的稳定性和可持续性,即在时间上具有维持其组织结构、自我调节和对胁迫的恢复能力。生态系统健康可以通过活力、组织结构和恢复力等 3 个特征进行定义。活力(vigor)表示生态系统的功能,可根据新陈代谢或初级生产力等来测度;组织结构(organization)是根据系统组分间相互作用的多样性及数量来评价;恢复力(resilience)也称抵抗力,是指系统在胁迫下维持其结构和功能的能力(Rapport 等,1998)。生态系统健康理论为环境管理提供了新的手段、技术支持和管理方式。生态系统健康评价是环境管理的基础和目的,为环境管理提供了新的思路,是环境管理的一个新方法。到目前为止,对几乎所有的水生生态系统类型(海洋、海岸、湿地、河流、河口和湖泊)及部分陆地生态系统类型(如森林、草原等),进行了研究。

以宁波市河流生态系统健康评价为例(赵彦伟和杨志峰,2005)。该案例以水量、水质、水生生物、物理结构与河岸带 5 大要素作为评价的指标体系,以"很健康、健康、亚健康、不健康、病态"作为 5 级评价标准,建立模糊层次综合评价程序与模型。以宁波的甬江干流、岩河、西河、大河为研究对象,进行城市河流生态系统健康评价,为其保护、维育与修复提供决策依据。

(一) 评价指标体系

城市河流生态系统健康评价的指标体系见表 10 – 14。

表 10 – 14 城市河流生态系统健康评价指标体系

评价要素	类别	详细指标
水量	水文状况	水工建设导致的流速变化与水位变化
	水量	开发利用率
水质	流体	水质平均污染指数
	底质	底泥平均污染指数
水生生物		鱼类生物完整性指数、珍稀鱼类存活状况
河岸带	水土流失控制	防护带宽度、河岸带植被覆盖
	景观建设	亲水景观建设面积、效果、可达性
	防洪	防洪标准
	交换能力	河岸与河道固化强度
物理结构	物理稳固性	河床、河岸稳定性
	连通性	与周围自然生态斑块连通性、河流廊道连续性
	栖息与洄游	栖息地、鱼道状况

(赵彦伟等,2005)

（二）评价标准

城市河流生态系统健康评价标准见表10-15。

表10-15 城市河流生态系统健康评价标准

指标	水资源开发利用率/%	防洪标准	鱼类生物完整性指数（IBI）	河岸管理带平均宽度		底泥平均污染指数	水质平均污染指数	其他指标（以分值表示）
				支流/m	干流/m			
病态	>40	5 a一遇	22以下	<8	<18	>1	>1	<1
不健康	30~40	5~30 a一遇	28~34	8~15	18~35	0.5~1	0.5~1	1~2
亚健康	20~30	30~50 a一遇	40~44	15~25	35~50	0.3~0.5	0.3~0.5	2~3
健康	10~20	50~100 a一遇	48~52	25~40	50~70	0.1~0.3	0.1~0.3	3~4
很健康	<10	100 a一遇以上	58~60	>40	>70	<0.1	<0.1	>4

注：其中水质平均污染指数的评价标准选用《地表水环境质量标准》（GB 3838—2002）的3级值；由于无对应标准，底泥平均污染指数的评价标准参照《土壤环境质量标准》（GB 15618—1995）的3级值。（赵彦伟等，2005）

（三）评价程序与模型

通过层次分析法确定权重，建立起模糊层次综合评判模型（赵彦伟和杨志峰，2005）。具体的评价程序与涉及模型如下：

（1）建立评价指标集：$I = \{u_1, u_2, \cdots, u_j, \cdots, u_n\}$，分别代表水量、水质、河岸带、水生物与物理结构等5大类各评价指标的集合，n代表各指标数目。

（2）建立（决策）评语集：指健康分级，分别代表n个具体评价指标的"病态、不健康、亚健康、健康、很健康"5种状态的标准。

（3）指标权重确定：用层次分析法确定各要素及类别权重，与各具体指标的层次总排序权重集$W = (w_1, w_2, \cdots, w_n)$。

（4）建立单因素评判矩阵R：根据各指标特征，拟定各具体指标的隶属函数，由隶属函数计算出5大类评价要素各指标的评判矩阵R。

（5）进行模糊层次综合评判：采用模糊合成加权线性变换完成模糊合成，即：$B = W \cdot R = (B_1, B_2, B_3, B_4, B_5)$，得出河流对5个健康级别的隶属度矩阵，并对结果进行归一化处理，从而评判各河流的健康状态。

（四）实证研究

以宁波的甬江干流、岩河、西河、大河为研究对象，进行城市河流生态系统健康评价，通过层次分析法确定各层权重与层次排序总权重，并根据模糊层次综合评判模型计算出各研究河流对各健康级别的隶属度（表10-16）。

总体上看，甬江干流和岩河对亚健康与健康状态隶属度较高，西河趋近于病态，凫溪存在着明显的健康特征，状况良好。按最大隶属度原则，甬江干流、岩河、西河与凫溪分别处于"亚健康、亚健康、病态、健康"状态。

表 10-16　基于隶属度的各河流生态系统健康评价结果

河流	甬江干流	岩河	西河	大河
病态	0	0.14	0.45	0
不健康	0.11	0.07	0.05	0
亚健康	0.46	0.59	0.30	0.11
健康	0.43	0.19	0.20	0.48
很健康	0	0.01	0	0.41

（赵彦伟等，2005）

第三节　人群健康环境影响评价

一、污染物沿食物链进入人体

在污染区，必须严防污染物沿食物链进入人体。保护人的健康是污染生态学研究的主要目的，为此我们在云南省开远市开展这方面的研究。根据开远市居民每人每天吃粮食 0.5 kg，蔬菜 0.5 kg，肉类（猪肉 70 g，鸡肉 8.4 g，鸭肉 4.2 g，鸡鸭内脏为 0.014 g），鸡蛋 35 g，鸭蛋 8.5 g，饮水 3 L 计，分析上述食品和水中 As、Pb、Cd、Hg、F、Cr、Mn 的含量，计算出每人每天 7 种元素实际摄入量（表 10-17）。根据上述 7 种元素每天实际摄入量和每天允许最高摄入量（表 10-17）之间的差距，得出是否会引起人体受害的结论。为了减轻人体受害，一方面可以调整食谱结构，食用污染物含量少的食品，并以此调整农业产业结构；同时改变作物（食品）的流动线路，以保证污染区人民的健康水平。例如，开远地区居民每日总摄入镉量已达最高允许摄入量下限的 94.8%，其中糙米就占总摄入量的 98%，说明该地区居民摄入的镉主要来自该地区的米。要减少镉害必须：第一，不能在镉污染区种植水稻，并应采取相应的农业技术措施以减少水稻对镉的吸收；第二，调整大米供需关系，改变污染物流动路线，即应供应镉污染区居民以商品粮，把污染区的大米适当外调。这样的结果可减少镉污染区居民食镉量，同时也不会转嫁污染，因为非污染区食品含镉量很低或没有，偶尔食用少量含镉食品并无害处。

在大气污染区范围内，叶菜类污染物含量远较其他类蔬菜高。在开远调查区范围内，白菜 29 个样品中 7 种元素（Pb、Cd、Hg、Cr、F、As、Mn）均检出，其中铅超标率 100%，氟超标率 97%，铬超标率 90%，汞超标率 28%；莴苣的超标率为铅 55%，氟 32%，汞 18%，镉 5%。白菜含毒量远比莴苣高。在综合污染分区上，白菜 29 个样品中轻污染区仅 1 个样品；中度污染区有 27 样品，占总数 94%；重污染区 1 个样品；没有清洁区。莴苣 22 个样品中，清洁区 1 个样品；轻度污染区 18 个样品，占总数 82%；中度污染区 4 个样品；没有重污染区。因此，在大气污染区不宜栽种叶菜类，以尽量避免毒物沿食物链（food chain）进入人体。为了避免二次污染，在污染区的秸秆不宜还田。若每 667 m^2 以 850 kg 稻草计，则每年将有砷 604 mg，氟 18 411 mg，汞 3.66 mg，铬 59.5 mg，锰 7 407 mg，铅 878.9 mg，镉 79.9 mg 还入稻田，应引起特别注意。

第十章 污染生态学中的环境质量评价问题

表 10-17 云南省开远市城镇居民每日摄入 7 种元素的量[①]

	食物消费量/g	Pb 含量/(μg·g⁻¹)	Pb 摄入量/μg	F 含量/(μg·g⁻¹)	F 摄入量/μg	Cr 含量/(μg·g⁻¹)	Cr 摄入量/μg	Hg 含量/(μg·g⁻¹)	Hg 摄入量/μg	Cd 含量/(μg·g⁻¹)	Cd 摄入量/μg	As 含量/(μg·g⁻¹)	As 摄入量/μg	Mn 含量/(μg·g⁻¹)	Mn 摄入量/μg
粮食	500	0.446 2	223.1	0.221	110.45	0.042 2	21.1	—	0.100 0	0.107	58.25	0.004 4	2.2	2.954	1.700 4
蔬菜	500	0.171 4	87	0.109 8	54.9	0.053 4	26.7	0.000 2	—	0.001 5	0.75	0.000 1	0.05	1.314	1.655
肉类 猪肉	70	—	—	—	—	1.576	110.32	—	—	—	—	—	—	0.037	0.259
肉类 鸡肉	8.4	0.042	0.358	—	—	1.417	11.903	—	—	—	—	—	—	0.127	0.106 7
肉类 鸭肉	4.2	0.100	0.420	6.73	28.27	1.107	4.649	—	—	—	—	—	—	0.168	0.070 5
肉类 鸡内脏	0.014	0.117	0.001 6	9.25	0.129 5	0.993	0.013 9	0.003	—	0.056	0.000 78	—	—	0.426	0.000 8
肉类 鸭内脏	0.014	0.163	0.002 3	13.11	0.184	1.201	0.016 8	—	—	0.010	0.000 14	—	—	0.644	0.009
肉类 鸡蛋	35	0.483	16.905	—	—	—	—	0.000 7	0.024 5	—	—	—	—	0.129	4.516
肉类 鸭蛋	8.5	0.317	2.695	9.5	80.75	—	—	—	0.012 6	0.012	0.102	—	—	0.206	0.175 0
饮水	3 L	未查出		0.084	0.252	—	—	0.000 4 μg/L	0.001 2	—	—	—	—	0.024	0.072
总计			330.84 μg·人⁻¹·d⁻¹		274.98 μg·人⁻¹·d⁻¹		174.70 μg·人⁻¹·d⁻¹		0.14 μg·人⁻¹·d⁻¹		54.103 μg·人⁻¹·d⁻¹		2.25 μg·人⁻¹·d⁻¹		4.5 μg·人⁻¹·d⁻¹
每日允许最高摄入量或正常摄入量			428.5 μg·人⁻¹·d⁻¹		3~5 mg·人⁻¹·d⁻¹		10~1 200 μg·人⁻¹·d⁻¹		42.86 μg·人⁻¹·d⁻¹		57.1~71.4 μg·人⁻¹·d⁻¹		3 000 μg·人⁻¹·d⁻¹		0.4~10 mg·人⁻¹·d⁻¹

注：本表摘自王焕校．污染生态学基础．昆明：云南大学出版社，1990．① Pb、As、Cd、Hg 每日允许最高摄入量根据 FAO/WHO 制定的标准。Mn、Cr 采用正常摄入量。（H. A 施罗德著《痕量元素与人类》）。

二、人群健康环境影响评价

人群健康环境影响评价是环境评价中的重要核心部分,它与其他的评价相比有其特殊原则和方法,因此在本章中单独予以介绍。

经济开发过程中,会带来许多环境问题,特别是大型工矿企业的开发,必然会带来环境的污染。因此开展工矿企业排放污染物的种类、浓度、排放方式、污染物在环境中迁移转化以及随食物链转移规律的研究非常重要,也就是说必须要开展以保障人体健康为目的的人群健康环境影响评价工作。

人群健康环境影响评价的内容主要有以下几方面。

(一) 确定评价范围,选好典型评价对象

建设项目的人群健康环境影响评价范围,原则上应与大气、地表水、地下水、土壤等有关专题的评价范围相同。但是,为了抓住评价重点,提高预测工作的准确性,工作人员常在评价区内容易污染的地段选择敏感目标作为典型评价对象。

典型评价对象的选择方法,通常是根据有关专题的影响预测结果而定。典型评价对象的数量,可以按所受影响的实际情况分别选择一至几个。

(二) 建立评价标准

鉴于目前国家尚未制订有关人群健康环境影响评价的标准,评价单位可以收集世界各地已经积累的环境污染与人群健康的相关资料、各国现行的环境卫生标准、世界卫生组织出版的《环境卫生基准》丛书以及科学实验资料(包括动物毒理学实验和人群流行病学调查),再结合我国实际情况提出相应的评价标准,经环境保护主管部门确认后,作为具体项目的评价标准使用。

(三) 开展环境影响预测

我国现行的人群健康环境影响预测方法根据国家环保局开发监督司(1992)的意见归纳有以下几种:

1. 类比预测法

类比预测法的基本做法是根据已有项目的环境污染致病原因的研究,对不同时期、地区及人群的发病率、死亡率、致癌、致畸、致突变作用等分别作比较,并与可疑因子的联系方面作出恰当的统计分析,以获得对某个病因学假设支持或不支持的证据。例如:某氯碱厂在生产过程中有氯气排出,据调查得知,对附近 1 000 m 以内 50 岁以上 258 人进行调查,发现"慢性支气管炎(慢支)"患者有 42 人,患病率为 16.3%;再对远离厂区 2 500 m 以外的对照点进行调查,50 岁以上者为 403 人,"慢支"患者有 38 人,患病率为 9.4%。两地的患病率如表 10 – 18。

显然,两地的患病率差别明显。由此可以认为,处于 1 000 m 以内的居民所受氯气的污染影响而导致老年"慢支"的患病率显著地高于 2 500 m 以外的居民。

再如,欲对某建设项目的飘尘致突变性进行预测,可以按表 10 – 19 所列项目进行类比。

表 10-18　距污染源 1 000 m 和 2 500 m 的老年居民"慢支"患病率比较

污染对象与污染源距离	氯气浓度			50 岁以上人口数	"慢支"患者	患病率(%)
	采样数	超过卫生标准				
		次数	%			
1 000 m 以内	89	42	47.2	258	42	16.3
2 500 m 以外	17	0	0	403	38	9.4

(国家环保局开发监督司,1992)

表 10-19　某建设项目的飘尘对 TA100 致突变性比较

采样点编号	净回变菌落数/m³	比例	采样点编号	净回变菌落数/m³	比例
1(对照点)	42	1	5	376.9	8.97
2	46.6	1.11	6	358.7	8.54
3	48.9	1.16	7	1 123.5	26.75
4	366.3	8.72			

(国家环保局开发监督司,1992)

为了确保类比预测的准确性,采用类比预测法时往往需要待项目建成投产若干年后,再经过回顾性类比调查,全面比较前后结果,才能验证对人群健康的影响程度。

2. 相关分析法

相关分析法的基本做法是通过人群健康环境现状调查,掌握人群健康指标和建设项目所在地区的环境质量及变化规律,建立相关分析模式,再预测环境质量变化对人群健康的相应影响。

例如:我国北方某城市,对该市 11 个区 1976—1978 年肿癌标化死亡率($\hat{y}$)与同一地区 20 年前的降尘数量(x)进行统计分析,得出回归方程为:

$$(\hat{y}) = 6.977 + 0.019\,5x$$

我国南方某城市,对肿癌标化死亡率($\hat{y}$)与大气中飘尘 x_1 和苯并[a]芘浓度 x_2 进行二元线性回归分析所得回归方程为:

$$(\hat{y}) = -17.488 + 116.94x_1 + 14.72x_2$$

根据 1960 年资料,对美国 117 个大城市进行多元回归分析,得出总死亡率与大气污染、人口统计、人口密度等因素的回归方程为:

$$MR = 19.607 + 0.041P + 0.071S + 0.001d + 0.41a + 6.87b + c$$

式中,MR 为总死亡率(1/10 000);P 为 2 周一次飘尘监测数据的算术平均数,$\mu g/m^3$;S 为 2 周一次硫酸盐浓度的最低数据,$\mu g/m^3 \times 10$;d 为人口密度,人/平方英里;a 为城市中非白色人种人口比重,%;b 为城市中≥65 岁老人的百分比,%;c 为误差。

但应注意,用相关分析模式计算预测值时,自变量(x)须在原测值范围内。当 x 值超过这一范围作预测时(即采用外推法),应注意外延不能太远,以避免影响预测精度。

3. 其他方法

如果条件允许,也可以利用趋势分析,X^2_{M-H} 检验、Logistic 回归模式等方法进行分析预测。

污染生态学中的环境评价需要讨论的问题很多,也很复杂,这里只是简单举几个例子予以说明,有些具体内容在前面有关章节中已谈及,不再重复。

附:

附表1 食品中汞允许量标准

品　种	限量/(mg·kg⁻¹)	品　种	限量/(mg·kg⁻¹)
粮食(成品粮)	≤0.02	肉、蛋(去壳)、油	≤0.05
薯类(土豆、白薯)、蔬菜、水果	≤0.01	蛋制品	按蛋折算
牛乳	≤0.01	鱼	≤0.3(其中甲基汞≤0.2)
乳制品	按牛乳折算	其他水产食品	参照鱼的标准

本标准由中华人民共和国卫生部提出,由卫生部食品卫生监督检验所归口,由上海市卫生防疫站起草,主要起草人吴其乐。

附表2 食品中镉允许量标准

品　种	限量/(mg·kg⁻¹)	品　种	限量/(mg·kg⁻¹)
大米	≤0.2	肉、鱼	≤0.1
面粉、薯类	≤0.1	蛋	≤0.05
杂粮(玉米、高粱、小米)	≤0.05	水果	≤0.03
蔬菜	≤0.05		

本标准由中华人民共和国卫生部提出,由卫生部食品卫生监督检验所归口,由上海市卫生防疫站起草,主要起草人吴其乐。

附表3 粮食、蔬菜等食品中六六六、滴滴涕残留量标准

品　种	限　量	
	六六六/(mg·kg⁻¹)	滴滴涕/(mg·kg⁻¹)
粮食(成品粮)	≤0.3	≤0.2
蔬菜、水果	≤0.2	≤0.1
鱼	≤2	≤1

本表摘自《食品中六六六、滴滴涕残留量》。①六六六以甲、乙、丙、丁4种异构体总计;②滴滴涕以对,对′-滴滴涕、对,对′-滴滴滴、对,对′-滴滴伊、邻,对-滴滴涕总计;③其他水产品参照鱼的标准执行。

附表4 食品中黄曲霉毒素B1允许量标准

品　种	限量/(μg·kg⁻¹)
玉米、花生油、花生及其制品	≤20
大米、其他食用油	≤10
其他粮食、豆类、发酵食品	≤5
婴儿代乳食品	不得检出

本表摘自《食品中黄曲霉素允许量(国家标准)》,其他食品可参照以上标准执行。

关于食品添加剂查询：

添加剂的允许使用品种、使用范围以及最大使用量或残留量查询（http://db.foodmate.net/2760-2011/a1.html）

不得添加食用香料、香精的食品名单查询（http://db.foodmate.net/2760-2011/b1.html）

允许使用的食品用天然香料名单查询（http://db.foodmate.net/2760-2011/b2.html）

允许使用的食品用合成香料名单查询（http://db.foodmate.net/2760-2011/b3.html）

可在各类食品加工过程中使用，残留量不需限定的加工助剂名单（不含酶制剂）查询（http://db.foodmate.net/2760-2011/c1.html）

第四节 环境污染的生态与健康风险评价

风险评价（risk assessment）广泛应用于自然灾害、资源利用、气候变化、产业经营、交通事故等很多方面，在环境保护领域，风险评价方法已用于有毒、有害化学物质的风险管理。以农药使用为例，农药是我国进入环境中数量最多、影响范围最广的有毒化学污染物质，残留在环境中的农药不仅对生态环境造成严重的污染与破坏，而且通过污染粮食、水产、蔬菜、水果等农副产品，直接威胁到人体的健康和生命安全。因此，长期使用有毒、有害化学物质对生态环境的影响以及所产生的后果是不容忽视的问题，需要通过生态风险评价来进行回答，为风险管理提供科学和技术支持及决策依据。在环境科学范畴内，风险评价按承受风险对象可分为生态风险评价（ecological risk assessment）和健康风险评价（health risk assessment）两大类。健康风险评价主要侧重于人体（包括人体和人群）的健康风险，而生态风险评价的主要对象是环境生物个体、种群和生态系统。就评价技术而言，生态风险评价技术从20世纪80年代末、90年代初才开始发展起来，较健康风险评价起步晚、成熟度低（胡二邦，2000）。

一、环境污染的生态风险评价

（一）环境污染生态质量风险评价的基本概念

风险（risk）是指不幸事件发生的可能性及其发生后将要造成的损害。这里，"风险概率"，即风险度指不幸事件发生的可能性；"风险后果"指不幸事件发生所造成的损害；两者的乘积就是风险（risk）。环境风险（environmental risk）是由自发的自然原因和人类活动引起的，通过环境介质传播，能对人类社会及自然环境产生破坏、损害及至毁灭性作用等不幸事件发生的概率及其后果。人类在发展经济、改造世界的过程中，不可避免的遇到各种环境风险问题。生态风险（ecological risk，ER）指一个种群、生态系统或整个景观的正常功能受到外界胁迫，从而在目前和将来减小该系统内部某些要素或其本身的健康、生产力、遗传结构、经济价值和美学价值的可能性。

生态风险评价是伴随着环境管理目标和环境观念的转变而逐渐兴起并得到发展的一个新的研究领域。20世纪70年代，各工业化国家"零风险"的环境管理逐渐暴露出弱点，进入 80 年代后,便产生了风险管理这一全新的环境政策。风险管理观念着重权衡风险级别与减少风险成本,着重解决风险级别与一般社会所能接受的风险之间的关系。生态风险评价正是为风险管理提供科学依据和技术支持的,因而得到了迅速发展,其已成为健康环境管理必不可少的一部分。

美国环保局在 1992 年颁布的生态风险评价框架中对生态风险评价进行了定义:评价负生态效应可能发生或正在发生的可能性,而这种可能性是归结于受体暴露在单个或多个胁迫因子下的结果。其目的就是用于支持环境决策。生态风险评价包括 4 个部分:危害评价(hazard assessment)、暴露评价(exposure assessment)、受体分析(receptor analysis)和风险表征(risk characterization)。

区域生态风险评价是在区域尺度上描述和评估环境污染、人为活动或自然灾害对生态系统及其组分产生不利作用的可能性和大小的过程。主要是为区域风险管理提供理论和技术支持,与种群或群落生态风险评价相比,其涉及的环境问题的成因及结果都具有区域性(付在毅和许学工,2001)。

生态风险评价的类型划分有 3 种依据。一是根据风险源的性质,划分为化学污染类风险源生态风险评价、生态事件(生物工程或生态入侵)类风险源生态风险评价、其他复合风险源(自然生态风险源、人类活动风险源)类生态风险评价。二是根据风险源的数量,划分为单一风险源生态风险评价、多风险源生态风险评价。三是根据风险受体的数量与空间尺度,划分为单一物种受体小范围生态风险评价、多物种受体区域范围生态风险评价。

目前,环境污染造成的生态风险是现今存在范围最广、风险最大,也是最有可能预测的一种生态风险。

(二) 环境污染生态质量风险评价方法

生态风险的产生原因多种多样,同时生态风险可发生在生态系统的不同层次上。当前有关生态风险评价的研究主要是评价污染物可能给生态系统及其组分带来的概率损失,常用的方法有商值法和暴露 - 反应法两种。

1. 商值法

商值法(contrast value method)是判定某一浓度化学污染物是否具有潜在有害影响的半定量生态风险评价方法,即依据已有文件或经验数据,设定需要受到保护的受体的化学污染物浓度标准,再将污染物在受体中的实测浓度与浓度标准进行比较获得商值,由商值得出"有无风险"的结论。当风险表征结果为无风险时,并非表明没有污染发生,而表示污染尚处于可以接受的程度。之后出现的改进的商值法把污染物在受体中浓度的"有无风险",改进为"多个风险等级"。改进的商值法有 2 类。

第一类是根据研究对象的特点,设定多个风险等级,将实测浓度与浓度标准进行比较获得的商值,用"多个风险等级"表示风险表征判断结果。路永正等在分析松花江 12 种鱼类的汞含量时,划分了无风险、低风险、较高风险、高风险 4 个风险等级。

第二类是以商值法为基础发展而成的地质累积指数法和潜在生态风险指数法。

(1) 地质累计指数法　德国海德堡大学 Müller 等在 1969 年研究河底沉积物时提出的一种计算沉积物中重金属元素污染程度的方法,自然条件下或者人为活动影响下重金属在环境中的分布评价均可使用此方法。地质累计指数法通过测量环境样本浓度和背景浓度计算地质累计指数值 I_{geo},以评价某种特定化学物造成的环境风险程度。计算公式如下：

$$I_{geo} = \log_2\left(\frac{C_n}{k \times BE_n}\right)$$

式中,I_{geo}为地质累积指数;C_n为样品中元素 n 的浓度;BE_n为环境背景浓度值;k 为修正指数,通常用来表征沉积特征、岩石地质以及其他影响。

（2）潜在生态风险指数法　瑞典 Hakanson 于 1980 年研究水污染控制时建立的一种计算水体中重金属等主要污染物的沉积学方法,同时作为国际上土壤（沉积物）重金属研究的方法之一,它结合环境化学、生物毒理学、生态学等方面的内容,以定量的方法划分出重金属潜在危害的程度。潜在生态风险指数法通过计算潜在生态风险因子（E_r^i）与潜在生态风险指数（RI）,可以对水体和土壤沉积物中的重金属的污染程度进行评价。计算公式如下：

$$C_f^i = C_D^i/C_R^i, \quad C_d = \sum_{i=1}^m C_f^i, \quad E_r^i = T_r^i \times C_f^i, \quad RI = \sum_{i=1}^m E_r^i$$

式中,C_f^i为金属 i 污染系数;C_D^i为金属 i 实测浓度值;C_R^i为现代工业化以前沉积物中第 i 种重金属的最高背景值;C_d为多金属污染度;T_r^i为金属 i 的生物毒性系数;E_r^i为金属 i 的潜在生态风险因子;RI 为多金属潜在生态风险指数（E_r^i、RI 等级划分标准见表 10 – 20）。

表 10 – 20　潜在生态风险因子、潜在生态风险指数分级与对应生态风险程度

生态风险程度	潜在生态风险因子 E_r^i	潜在生态风险指数 RI
极高	$E_r^i \geq 320$	
很高	$160 \leq E_r^i < 320$	$RI \geq 600$
高	$80 \leq E_r^i < 320$	$300 \leq RI < 600$
中等	$40 \leq E_r^i < 80$	$150 \leq RI < 300$
轻微	$E_r^i < 40$	$RI < 150$

（美国农药规划办公室（OPP）商值法风险表征值表）

由于分别计算 E_r^i 与 RI 的数值,因此潜在生态风险指数法的计算结果不仅能够反映单一重金属对环境造成的影响,还能够说明多种重金属并存时对周围环境造成的综合影响程度。同时,由于对 E_r^i 与 RI 的计算结果具有明确的划分等级标准,因而不同区域和时段的生态风险的评价结果之间也具有可比性。

商值法的数据和标准一般易于获得,且成本低、便于操作,因此在生态环境管理初期,可以通过设定合适物种的污染物标准浓度,以方便对生态风险进行管理。但商值法评价结果为半定量,属于一种低水平的风险评价,且由于不同物种对不同污染物之间敏感度的差异,对标准浓度的设定具有潜在的不准确性。改进的商值法在结果定量化上有很大进步,但仍有诸多不足,如无法反映污染物的浓度与被污染受体效应之间的关系;不能推论测度点之外的其他点上污染物浓度对受体的损伤效应;没有计算生态环境受到污染或损伤的范围等。

2. 暴露 – 反应法

暴露 – 反应法（exposure-response method）是依据受体在不同剂量化学污染物的暴露条件下产生的反应。建立暴露 – 反应曲线或模型,再根据暴露 – 反应曲线或模型,估计受体处于某种暴露浓度下产生的效应,这些效应可能是物种的死亡率、产量的变化、再生潜力变

化等的一种或数种。暴露-反应曲线或模型一般在危害评价过程中专门建立,并因污染物的种类、毒性、受体的种类的不同而变化。运用暴露-反应法可以对农作物的减产、鱼类数量减少等进行研究。针对单一物种建立的暴露-反应曲线或模型只能反映污染物对单一的被评价物种的危害效应,而无法反映对整个环境的危害程度。

目前有研究提出,将物种敏感性分布引入到对暴露在相同污染物中的不同物种的生态风险评价中,对于克服暴露-反应法的这个缺点做出了有益探索。同时,建立暴露-反应曲线或模型,需要大量的污染物暴露与受体效应的数据,由于很难获得足够量的与实际情况更为接近的慢性毒理数据,因而研究者往往采用受控条件下的急性毒理数据。这种基于受控条件下急性毒理数据的研究,可能会将污染物在实际环境中出现的次生效应或因转化而引起的受体效应增强或减弱排除在外,从而引起不必要的误差。

此外,用于化学污染类生态风险评价的方法还有污染指数法、回归过量分析法等。

二、环境污染的健康风险评价

(一) 环境污染的健康风险评价的基本概念

环境污染的健康风险评价(health risk assessment)是以风险度作为评价指标,把环境污染与人体健康联系起来,定量描述污染对人体产生健康危害的风险。分析对象为:污染物-环境质量-人群健康。

环境健康风险评价以美国国家科学院和美国环保局的成果最为丰富。美国国家科学院(National Academy of Sciences,NAS)认为环境污染的健康风险评价是描述人类暴露于环境危害因素之后,出现不良健康效应的特征。它包括若干个要素:以毒理学、流行病学、环境监测和临床资料为基础,决定潜在的不良健康效应的性质;在特定暴露条件下,对不良健康效应的类型和严重程度做出估计和外推;对不同暴露强度和时间条件下受影响的人群数量和特征给出判断;对所存在的公共卫生问题进行综合分析。健康风险评价的另一个特征,是在整个评价过程中的每一步都存在着一定的不确定性。

1983年美国国家科学院出版的红皮书《联邦政府的风险评价:管理程序》,提出风险评价"四步法",即风险识别、剂量—效应关系评价、暴露评价和风险表征。这成为环境风险评价的指导性文件,目前已被荷兰、法国、日本、中国等许多国家和国际组织所采用。随后,美国环境保护署(Environmental Protection Agency,EPA)根据红皮书制定并颁布了一系列技术性文件、准则和指南,包括1986年发布的《致癌风险评价指南》、《致畸风险评价指南》、《化学混合物的健康风险评价指南》、《发育毒物的健康风险评价指南》、《暴露风险评价指南》和《超级基金场地健康评价手册》,1988年颁布的《内吸毒物的健康评价指南》、《男女生殖性能风险评价指南》等。1989年,美国EPA还对1986年的指南进行了修改。因此,从1989年起,风险评价的科学体系基本形成,并处于不断发展和完善的阶段。

(二) 环境污染的健康风险评价方法

根据环境风险评价的结果,结合人群的居住分布情况确定评价范围。列出评价范围内对人体健康可能产生严重危害的物质(如致癌物质,具有较强遗传、生殖或者神经毒性的环境危险因素），作为候选危险因素；通过健康影响识别活动对上述候选环境危险因素进行筛查，最终确定需要进行评价的环境危险因素1~3个，即对健康危害严重（或者效应严重，例如致癌、致畸变、生殖毒性和致突变作用等，或者是影响人口众多）的主要化学品。对确定和可能的人类致癌物均需要进行致癌危险性评价；对于环境风险评价中属于剧毒的物质应进行急性健康影响的评价。根据国际癌症研究机构（International Agency for Research on Cancer，IARC）通过全面评价化学有毒物质致癌性的可靠程度而编制的分类系统，属于1组和2A组的化学物质为化学致癌物，其他为非致癌化学有毒物质；前者和放射性污染物属于基因毒物质，后者为躯体毒物质。在国外实行的环境健康风险评价标准中，主要根据上述标准对污染物质进行划分，然后评价。基因毒物质、躯体毒物质又可表述为有阈化学物质及无阈化学物质，有阈化学物质是指非致癌物与非遗传毒性的化合物，即已知或假设在一定暴露条件下，对动物或人不发生有害作用的化合物。无阈化学物质通常指致癌化合物，是已知或假设其作用是无阈的，即大于零的所有剂量都可以诱导出致癌反应的化合物。根据污染物质对人体产生的危害效应及大量的研究结果，可建立起各种不同性质的危害风险数学模型。

（三）环境污染的健康风险评价步骤

环境健康风险评价的4个步骤（即美国《联邦政府的风险评价：管理程序》提出的风险评价"四步法"）：①风险识别（hazard identification）指对人体健康产生危害的物质的识别；②剂量-反应评价（dose-response assessment）指暴露的不同水平会产生多大程度的负面作用；③暴露评价（exposure assessment），有多少人会暴露在有害物质下以及他们可能接受的剂量范围；④风险表征（risk characterization）阐述基于当前暴露水平和全面分析水平下，可能对人类健康产生的负面影响作用。最后进行风险比较分析，即相对于其他问题风险的严重程度。

1. 风险识别

风险识别（hazard identification）也称为危害判定，危害判定是根据污染物的生物学和化学资料，判定某种特定污染物是否产生危害。如果判定某污染物对健康产生危害，并进一步确定其危害的后果，如是否具有致癌性，或者是非致癌性等。通常应对污染物的下面一些情况进行评估：理化特性和暴露途径与暴露方式、结构活性关系、代谢与药代动力学资料、其他毒理学效应的影响、短期试验、长期动物研究、人类研究。

（1）诱变性风险评价：诱变性风险评价是评价某一特定化学物诱导DNA的遗传改变及化学物与人类生殖细胞相互作用的概率。分为8类等级。最高一类以人类流行病学资料为依据，以下5类将重点放在生殖细胞的实验而不是体细胞的实验，以体内实验而不是以体外实验，以真核细胞而不以原核细胞，以哺乳类而不以哺乳亚类。还有一类为非突变剂，另一类为无充分资料。

（2）发育毒性评价：发育毒性包括孕前（父或母），出生前发育期和生后性成熟时，暴露所致发育中生物的有害效应。发育效应的主要表现为发育中的生物的死亡、畸形、生长改变以及功能缺陷。由于发育中的生物是一个非常复杂的系统，故短期和体外试验对评价发育毒性并不适宜，相反，生物检测和人类流行病学资料是所有资料的主要来源。

2. 剂量-反应评价

剂量（dose）指机体暴露的剂量（外环境中的含量和暴露时间）或摄入量、外来化学物质被机体吸收的剂量及其在靶器官中的剂量等。剂量-反应评价(dose-response assessment)是对有害因子暴露水平与暴露人群或生物种群中不良健康反应发生率之间关系进行定量估算的过程,是风险评价的定量依据。生物体暴露于一定剂量的化学物质与其所产生反应之间存在一定的关系,称为剂量-反应关系。剂量-反应关系可分为两类:①指暴露某一化学物的剂量与个体呈现某种生物反应强度之间的关系,又称为剂量-效应关系;②指某一化学物的剂量与群体中出现某种反应的个体在群体中所占比例,可以%或比值表示,如死亡率、肿瘤发生率等。

3. 暴露评价

暴露(exposure)被定义为生物(在健康风险评价中为人)与某一化学物或物理因子的接触。暴露量大小可通过测定或估算在某一特定时期交换界面(即肺、胃肠、皮肤)的某种化学物的量。暴露评估是确定或估算(定量或定性)暴露量的大小、暴露频度、暴露的持续时间和暴露途径。

暴露评价的主要方面有:源项评估(污染源的表征);途径和结果分析(描述某种污染物如何从源到潜在暴露人群的转运情况);估算环境浓度(应用监测资料或用模式计算的潜在暴露人群位置的污染物水平的估算值);人群分析(描述潜在暴露人群和环境受体的大小、位置和习惯);综合暴露量分析(计算暴露水平和评估不确定性)。

暴露量评估的3个步骤:①表征暴露环境:即对普通环境的物理特点和人群特点进行表征,在这一步应确定气候、植被、地下水水文学以及地表水的情况,确定人群并描述有关影响暴露的特征,如相对于源的位置、活动方式以及敏感亚群的存在情况等。这一步应考虑到当前的人群特征,同时也应考虑将来人群的情况。②确定暴露途径:在这一步应确定过去人群暴露的途径。依据对源项、释放情况、类型和化学物在场所的位置、可能的化学物环境最终结果(包括存留、分离、转运和介质间的转换)及潜在暴露人群的位置和活动情况。对每一暴露途径确定暴露点和暴露方式(如食入、吸入)。③定量暴露:在这一步应对以上确定的每一途径上暴露量的大小、暴露频度和暴露持续时间进行定量。通常分两个阶段进行,即估算暴露浓度和计算摄入量。确定在暴露期将要暴露的化学物污染浓度。利用监测数据或化学转运及环境的最终结果模式进行估算暴露浓度。利用模式可估算当前污染介质中将来化学污染物的浓度或可能受到污染的介质中化学污染物的浓度,目前介质中的浓度及没有监测数据地点的浓度。计算在第二步确定的每一暴露途径上特定的化学物暴露量。暴露量以单位时间、单位体重与身体暴露的化学物的质量来表示,即 $mg/(kg \cdot d)$。化学物摄入量计算公式中包括的变量有暴露浓度、暴露率、暴露频度、暴露持续时间、体重和暴露平均时间。这些变量的数值取决于现场条件和潜在暴露人群的特征。

4. 风险表征

风险表征(risk characterization)是风险评价的最后一步,在这一步应将前面的资料进行总结,并综合进行风险的定量和定性表达。为了要表征潜在的非致癌效应,应进行摄入量与毒性之间的比较;而表征潜在致癌效应,应根据摄入量和特定化学物剂量反应资料估算个体终生暴露产生癌症的概率,对于主要的假设、科学判断以及评价中不确定性评估也应提出。

风险表征的第一步是对暴露评估、危害判定和剂量反应评估所需的暴露持续时间、摄入量估算、吸收调整系数、一致性检查、毒性等资料进行整理;第二步是对每一物质的各个不同暴露途径的癌症风险、非癌症风险进行定量并估算;第三步是将在同期影响相同个体的跨途径做风险综合,计算总癌症风险和总风险指数;第四步是评估并给出与场所特异的因素、危害判定和剂量反应评估因素的不确定性;第五步是将研究风险评价结果进行比较,进行场所特异的健康或暴露研究;第六步是将基准风险评价结果相加。

(四) 环境健康风险评价案例——铬渣污染场地健康风险评价

本案例借鉴美国环境保护署健康风险计算模型对污染场地健康风险评价的方法,以我国高原地区青海某铬渣污染场为例(张厚坚等,2010),通过对青海某化工厂铬渣污染场地钻孔采样,分析了样品质地及铬含量,得到了场地的水文地质及铬污染状况。根据场地区域生活现状,评估了现有条件下该场地对周边居民的潜在健康风险。

1. 危害性鉴定

铬是污染性金属元素,能引起人体中毒。铬在环境中主要以三价铬(Cr^{3+})和六价铬(Cr^{6+})形式存在,而以Cr^{6+}毒性最强。1990年国际癌症研究机构(IARC)将Cr^{6+}化合物定为人类确定致癌物。六价铬主要用于制不锈钢、汽车零件、磁带和录像带等,镀在金属上可防锈。对人主要是慢性毒害,它可以通过消化道、呼吸道、皮肤和黏膜侵入人体。通过呼吸空气中含有不同浓度的铬酸酐可有不同程度的沙哑、鼻黏膜萎缩,严重时还可导致鼻中隔穿孔和支气管扩张等。经消化道侵入时可引起呕吐、腹疼。经皮肤侵入时会产生皮炎和湿疹。长期或短期接触或吸入有致癌危险。在环境中经六价铬污染后的水在自然环境下,降解有害毒素需要100 a。

2. 暴露评定

(1) 表征暴露环境 根据某化工厂场地地形特征,以铬渣堆放区域为中心向外扩散布设采样点,将采样范围分为两个区域:由化工厂向西北和西南两个方向成菱形布设采样点;同时,在上游设置背景值点1及铬渣堆放场监控点44和45,共47个采样点(图10-4,图中以下星火村为原点)。采样及布点原理根据《土壤环境监测技术规范》(HJ/T 166—2004),当遇到地下水时,取水样并测量稳定水位,同时,取A、B、C泉出水及上星火村和下星火村的水井水样。

根据采样点的铬含量值进行Kriging插值分析,得到铬污染物含量分布等值线(图10-5,以图10-4中的23号原样点为坐标原点)。由图10-5可知,总Cr含量超过土壤环境质量3级标准值(300 mg/kg)的区域集中在化工厂内,其中,最大值达到12 000 mg/kg,污染面积约4 104 m²。污染区域内Cr^{6+}含量也很高,其最大值已达到7 732.7 mg/kg,最小值为25.5 mg/kg,污染状况与总Cr的分布趋势基本相同。从污染深度上看,污染物(Cr)已经下渗,深度达22 m。由于土壤中铬的下渗,在污染区域内地下水铬浓度严重超标,其中,采样点9的总Cr浓度高达1 890.1 mg/L,Cr^{6+}浓度为1 417.8 mg/L;受地下水的迁移-扩散作用的影响,A、B、C泉出水中总Cr浓度分别为65.0 mg/L、0.004 mg/L、1.05 mg/L,Cr^{6+}浓度分别为42.1 mg/L、0、0.77 mg/L;上星火村井水中总Cr浓度为0.55 mg/L,Cr^{6+}浓度为0.32 mg/L。

(2) 暴露途经分析 根据化工厂场地区域居民生活现状,以农田用地作为场地修复目标进行分析讨论,污染主要暴露途径为:①地表土壤污染物经降雨淋滤进入地下水,经地下

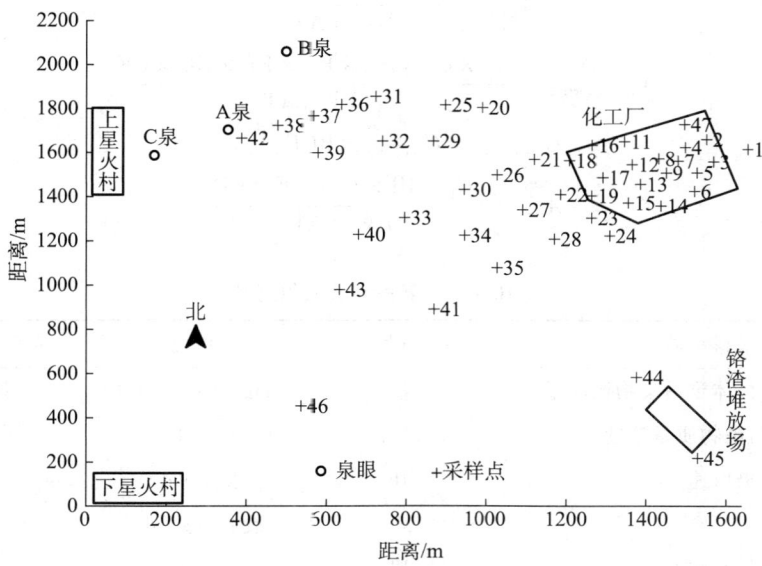

图 10-4 铬渣污染场地钻孔分布图

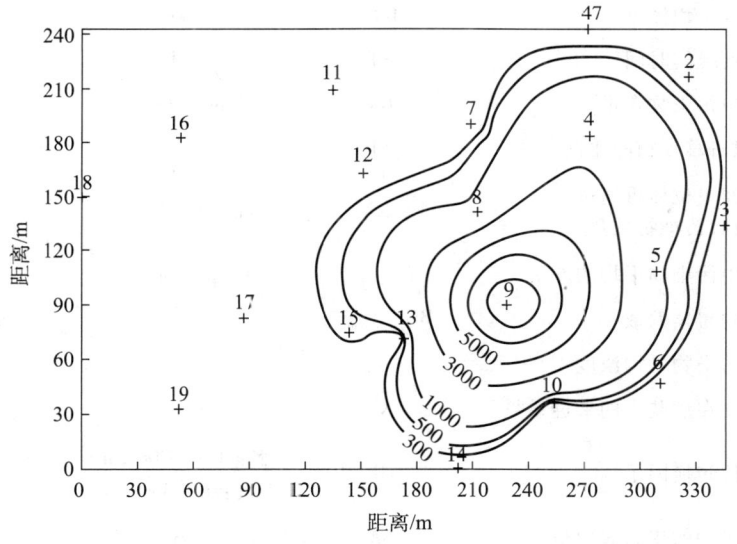

图 10-5 化工厂内表层土壤总 Cr 污染分布(图中数据单位:mg·L^{-1})

水对流扩散作用后暴露于下游居民,村民饮用地下水;②村民接触地下水及 A、B、C 泉的出水;③居民食用污染区农作物,污染物经过农作物富集后进入人体。由于场地区域以西北和东南风向为主,且化工厂和居民距离大于 1 000 m,因此,呼吸暴露途径不予考虑。

（3）暴露剂量计算方法 Cr^{6+} 通过呼吸途径暴露具有致癌性,但还没有文献表明经口暴露 Cr^{6+} 具有致癌性,因此,这里将铬归为有阈化合物。通过健康风险评价模型(式(10-14)~(10-17),式中各参数意义及取值见表 10-21),计算各途径(饮水、皮肤接触污染水体、植物富集作用、进食)的人体健康风险值。

第十章 污染生态学中的环境质量评价问题

$$A_{\text{Intake}} = \frac{C_w \times \text{IR} \times \text{EF} \times \text{ED}}{\text{BW} \times \text{AT}} \quad (10-14)$$

$$A_{\text{Absorbed Dose}} = \frac{K_p^w \times C_w \times \text{SA} \times \text{ET} \times \text{EF} \times \text{ED} \times \text{CF}}{\text{BW} \times \text{AT}} \quad (10-15)$$

$$C_{\text{plant-soil}} = C_{\text{soil-RZ}} \times \text{BCF}_{\text{soil-plant}} \quad (10-16)$$

$$A_{\text{Intake}} = \frac{C_F \times \text{IR} \times \text{FI} \times \text{EF} \times \text{ED}}{\text{BW} \times \text{AT}} \quad (10-17)$$

表 10-21 暴露系数及参考值

暴露系数	符号	单位	农田用地参考值
单位时间单位体重污染物摄取量	A_{Intake}	$\text{mg} \cdot \text{kg}^{-1} \cdot \text{d}^{-1}$	计算得出
水中污染物质量浓度	C_w	$\text{mg} \cdot \text{L}^{-1}$	分析测出
摄取速率	IR	水:$\text{L} \cdot \text{d}^{-1}$	2.0
		食物:$\text{kg} \cdot \text{d}^{-1}$	1.59
暴露频率	EF	水:$\text{d} \cdot \text{a}^{-1}$	350
暴露期	ED	a	30
人群平均体重	BW	kg	60
平均暴露时间	AT	d	10 500
食物中污染物含量	C_F	$\text{mg} \cdot \text{kg}^{-1}$	计算得出
污染是我占总食物的比例	FI		9%
单位时间单位体重通过皮肤吸收污染物数量	$A_{\text{Absorbed Dose}}$	$\text{mg} \cdot \text{kg}^{-1} \cdot \text{d}^{-1}$	计算得出
根区土壤中污染物平均浓度	$C_{\text{soil-RZ}}$	$\mu\text{g} \cdot \text{g}^{-1}$	分析测出
生物富集系数	$\text{BCF}_{\text{soil-plant}}$		8.50×10^{-5}
植物中污染物平均浓度	C_{plant}	$\mu\text{g} \cdot \text{g}^{-1}$	计算得到
水接触时污染物在皮肤中的渗透系数	K_p^w	$\text{cm} \cdot \text{h}^{-1}$	0.002
单位转换因子	CF	水:$1\text{L} \cdot 1\,000\,\text{cm}^{-3}$	
		土壤:$10^{-6}\,\text{kg} \cdot \text{mg}^{-1}$	
污染水体接触的皮肤表面积	SA	m^2	0.53
暴露时间	ET	$\text{h} \cdot \text{d}^{-1}$	0.5

3. 风险表征

采用国际上单污染物风险计算方法计算非致癌危害指数 HQ 和非致癌总危害指数 HI，以"1"作为非致癌风险警戒值，当危害指数大于1时，即认为存在非致癌风险。铬的健康风险评价指标见表 10-22。

$$HQ = A_{\text{Intake}}/RfD \text{ 或 } HQ = A_{\text{Absorbed Dose}}/RfD \quad (10-18)$$

$$HI = \sum HQ_i \quad (10-19)$$

式中，RfD 为非致癌参考剂量 $[\text{mg}/(\text{kg} \cdot \text{d})]$。

表 10-22 铬的健康风险评价指标

物质名称	经口暴露非致癌参考剂量 $(RfD)/(\mathrm{mg \cdot kg^{-1} \cdot d^{-1}})$	皮肤接触非致癌参考剂量 $(RfD)/(\mathrm{mg \cdot kg^{-1} \cdot d^{-1}})$
Cr^{3+}	1.5	7.5×10^{-3}
Cr^{6+}	0.003	6.00×10^{-5}

评价仅针对现有的污染状况分析健康风险值,由于化工厂已废弃,现有风险来源途径主要为饮水和皮肤接触,利用式(10-14)、(10-15)分别在现有条件下计算地下水中 Cr^{6+} 和 Cr^{3+} 的健康风险值(表 10-23)。由表 10-23 可知,通过饮用及皮肤接触水体中 Cr^{6+} 的风险值分别为 3.28、4.90,都大于 1,即存在非致癌风险;Cr^{3+} 的风险值小于 1,对治理要求不严格,可以不予考虑。由此可见,需要对化工厂内污染土壤及地下水中的 Cr^{6+} 进行治理,同时,在现有的条件下要加强上星火村村民的饮用水及 A 泉等暴露区域的管理。

表 10-23 现有污染状况下人体健康的风险指数

污染物	健康风险值			总风险
	饮水	皮肤接触	两者之和	
Cr^{6+}	3.28	6.11	9.39	9.42
Cr^{3+}	0.005	0.027	0.032	

评价过程中没有充分考虑在暴露期间人体的变化,使风险值和修复值的确定都存在偏差;缺乏对采样点的长期监测,因而在模型参数优化方面受到一定的限制;同时,受国内毒理学研究方面的限制,铬的参考剂量采用的美国 EPA 值,因而增加了评价的不确定性。

小结

该章节重点介绍了生态学中的环境质量评价的相关内容和研究实例。具体介绍了环境容量研究的程序、内容、参数的选择、生物质量卫生标准的确定、环境自净能力以及生态系统容量的计算方法和土壤环境容量的实例计算;通过介绍土壤污染评价及分区、生物污染评价及分区、生态质量评价以及生态系统健康评价的有关内容、方法和案例研究来介绍环境评价及分区的内容;介绍人群健康环境影响评价的内容,如评价对象、评价标准、人群健康环境影响预测及方法;特别指出要注意污染物沿食物链进入人体;根据环境污染的生态风险评价的分类介绍了健康风险评价和生态风险评价的基本概念和评价方法。

思考题

1. 什么叫环境质量和生态质量?什么叫环境质量评价?
2. 为什么要进行环境质量评价?评价中要注意什么问题?
3. 环境质量评价和生态质量评价有何异同?有何关系?各有什么意义?
4. 什么叫环境容量?研究环境容量有什么意义?环境容量与总量有什么关系?
5. 什么是环境质量标准?目前已制定出哪些质量标准?环境质量标准在环境容量和环境质量评价中有何意义?

6. 生态系统容量是如何计算的？要注意什么问题？
7. 土壤环境容量是如何计算的？
8. 如何进行土壤污染评价及分区？如何进行生物污染评价及分区？
9. 如何进行生态质量评价？举例说明。
10. 如何理解生态系统健康？生态系统健康评价有何意义？
11. 污染区居民应采取何种措施减少污染物沿食物链进入人体？
12. 为什么要开展人群健康环境影响评价？怎样开展？
13. 污染区居民怎样保护和营造一个利于人体健康的良好生态环境？
14. 什么叫生态风险评价？什么叫健康风险评价？
15. 简述生态风险评价的基本方法。
16. 简述健康风险评价步骤和方法。

建议读物

1. 王焕校. 污染生态学基础. 昆明：云南大学出版社，1990.
2. 胡二邦. 环境风险评价实用技术和方法. 北京：中国环境科学出版社，2000.
3. 郭仲伟. 风险分析与决策. 北京：机械工业出版社，1987.
4. 陆雍森. 环境评价. 上海：同济大学出版社，1999.

推荐网络资讯

1. http://www.shanghang.gov.cn/dzzw/fwbx/bmtd/kpzs/201009/P020100915414023591657.pdf
2. http://www.china-eia.com/

参考文献

安琼.氟乐灵在土壤中的降解及其影响因素的研究.应用生态学报,1993,4(4):418-422.

蔡庆华,刘建康.评价湖泊富营养化的一个综合模型.应用生态学报,2002,13(12):1674-1678.

蔡思义,郑振华,陆华,等.慢速渗滤土地处理法去除污水中污染物的效率研究.环境科学,1991,12(4):52-56.

蔡思义,郑振华,陆华,等.天津市污水慢渗土地处理系统水力负荷研究.中国环境科学,1992,12(6):438-443.

蔡煜东,汪列,姚林声.水质富营养化程度的人工神经网络决策模型.中国环境科学,1995,15(2):123-127.

曹洪法.陆地生态系统中的重金属污染.环境科学,1981,2:61-65.

曹幼琴,叶定一.六种有机污染物对土壤微生物的影响.土壤学报,1991,28(4):426-432.

曹志洪.施肥与土壤健康质量——论施肥对环境的影响.土壤,2003,35(6):450-455.

曹宗巽等.植物生理学(上册).北京:人民教育出版社,1979.

常学秀,王焕校.Cd^{2+}、Al^{3+}对蚕豆(Vicia faba)DNA合成及修复的影响.生态学报,1999,19(6):855-859.

常学秀,段昌群,王焕校.根分泌作用与植物对金属的抗性.应用生态学报,2000,11(2):315-320.

常学秀,文传浩,王焕校.Cd^{2+}、Al^{3+}作用下蚕豆(Vicia faba)UDS与微核相关性分析及高等植物UDS技术初探.应用生态学报,1999,10(5):596-598.

陈桂珠,缪绅裕,黄宝山.人工污水中的N在模拟秋茄湿地系统中的分配循环及其净化效果.环境科学学报,1996,16(1):44-49.

陈国定,朱文,黎明达,等.应用甲螨监测土壤污染的研究.中国环境科学,1991,11(2):102-103.

陈怀满,等.土壤-植物系统中的重金属污染.北京:科学出版社,1996.

陈怀满,郑春荣,周东美,等.关于我国土壤环境保护研究中一些值得关注的问题.农业环境科学学报,2004,23(6):1244-1245.

陈怀满.我国土壤污染现状、发展趋势及其对策建议.土壤学进展,1990,18(1):53-56.

陈家宽,杨继.植物进化生物学.武汉:武汉大学出版社,1994:153-208.

陈能场,陈怀满.重金属在根际中的化学行为.土壤学进展,1993,21(1):9-13.

陈铨荣,石英.用^{115m}镉研究水稻对镉的吸收和分配规律.环境科学,1978,(3):4-7,32.

陈同斌,黄泽春,黄宇营,等.蜈蚣草羽叶中砷及植物必需营养元素的分布特点.中国科学:C辑,2004,34(4):304-309.

陈同斌,阎秀兰,廖晓勇,等.蜈蚣草中砷的亚细胞分布与区隔化作用.科学通报,2005,50(24):2739-2744.

陈同斌.土壤化学性质对Cu的植物吸收效应和土壤有效Cu测定的影响.应用生态学报,1998,9(1):84-88.

陈英旭,朱祖祥.有机络合态Cr在土壤-植物系统中的污染行为.应用生态学报,1994,5(2):187-191.

程皓,陈桂珠,叶志鸿.红树林重金属污染生态学研究进展.生态学报,2009,29(7):3893-3900.

程先军,许迪,高占义.污水灌溉与污水土地处理系统试验及模拟仿真研究.农业工程学报,2008,24(2):46-51.

崔德杰,张玉龙.土壤重金属污染现状与修复技术研究进展.土壤通报,2004,35(3):366-370.

戴全裕,陈钊.多花黑麦草对啤酒废水净化功能的研究.应用生态学报,1993,4(3):334-337.

戴树桂.环境化学.2版.北京:高等教育出版社,2006.

单运峰.酸雨、大气污染与植物.北京:中国环境科学出版社,1994.

丁伯良.动物中毒病理学.北京:中国农业出版

社,1996.

丁疆华,舒强. 人工湿地在处理污水中的应用. 农业环境保护,2000,19(5):320-321.

丁延华. 污水芦苇湿地处理系统示范工程的研究. 环境科学学报,1992,13(2):8-13.

东北师范大学环境生物学研究室. 第二松花江污染对水土生物的影响及生态质量评价. 1982,139-151.

董慕新,张辉. 锌、镉在水稻植株吸收积累中的相互作用. 植物生理学通讯,1992,28(2):111-113.

段昌群,高圣义,王宏镔,等. 环境污染的全球化与环境污染的全球化与生物多样性的丧失//许智宏. 面向21世纪的中国生物多样性保护. 北京:中国林业出版社,2000.

段昌群,王焕校,姜汉侨. 蚕豆在重金属污染条件下数量性状的分化研究. 生态学报,1997,17(2):133-144.

段昌群,王焕校. 铅、镉、汞对蚕豆(Vicia faba L.)乳酸脱氢酶的影响. 生态学报,1998,18(4):68-72.

段昌群,王焕校. 1995. 重金属对蚕豆的细胞遗传学毒理作用和对蚕豆根尖微核技术的探讨. 植物学报. 37(1):14-24.

段昌群,王焕校,等. 重金属复合污染对蚕豆性状影响的模糊聚类与性状代间分化的摄动分析. 环境科学学报,1996,16(4):450-460.

段昌群,昝瑞光. 环境污染对生物进化的影响及环境生物学研究的新领域//侯秉政等. 《中国青年学者论环境》. 北京:中国环境科学出版社,1995:767-770.

段昌群. 环境生物学. 2版. 北京:科学出版社,2010.

段昌群. 在重金属污染条件下玉米和曼陀罗的生态分化与微进化. 昆明:云南大学博士论文,1997.

段昌群. 植物对环境污染的生态遗传学响应及分子生态机制//祖元刚等. 生态适应与生态进化的分子机理. 北京:高等教育出版社,2000.

段昌群. 植物对环境污染的适应与植物的微进化. 生态学杂志,1995,14(5):43-50.

傅显华,吴启堂. 不同物料对叶菜吸收镉铅的影响. 农业环境保护,1995,14(4):145-149.

高宏伟,马永和,段铭. 应用基因芯片对4种产毒霉菌的检测. 中国兽医学报,2005,25(4):376-381.

高吉喜,叶春,杜鹃,等. 水生植物对面源污水净化效率研究. 中国环境科学,1997,17(3):25-29.

高军,骆永明,滕应,等. 多氯联苯污染土壤的微生物生态效应研究. 农业环境科学学报,2009,28(2):228-233.

高米力. 放射性与环境. 北京:中国环境科学出版社,1989.

高圣义,王焕校,吴玉树. 锌污染对蚕豆(Vicia faba L.)部分生理生化指标的影响. 中国环境科学,1992,12(4):281-284.

高圣义. Zn的毒性及其与Cd的相互作用. 昆明:云南大学硕士学位论文,1988.

高拯民,吴维中,谢重阁,等. 致癌物苯并[a]芘对土壤-植物系统污染研究. 环境科学学报. 1981,1(1):12-30.

高拯民. 土壤-植物系统污染生态研究. 北京:中国科学技术出版社. 1986,201-216.

葛红莲,赵红六,陈龙. 污水灌溉对玉米幼苗生长及其活性氧清除系统的影响. 作物杂志,2009,3:24-26.

葛颂,洪德元. 遗传多样性及其检测方法//中国科学院生物多样性委员会. 生物多样性研究的原理与方法. 北京:科学出版社. 1994. 117-122.

耿春女,李培军,陈素华,等. 菌根生物修复技术在沈抚污水灌区的应用前景. 环境污染治理技术与设备,2002,3(7):51-55.

宫璇,李培军,张海荣,等. 菲对土壤酶活性的影响. 农业环境科学学报,2004,23(5):981-984.

郭伟,李培军. 污水快速渗滤土地处理研究进展. 环境污染治理技术与设备,2004,5(8):1-7.

郭永灿,王振中,赖勤,等. 株洲工业区土壤重金属污染与蚯蚓同工酶的研究. 应用生态学报,1995,6(3):317-322.

韩宏英. 汞对斜生栅藻(Scenedesmus obliquus)生长发育及光合作用的影响. 环境科学学报,1984,4(2):157-164.

何冰,叶海波,杨肖娥. 铅胁迫下不同生态型东南景天叶片抗氧化酶活性及叶绿素含量比较. 农业环境科学学报,2003,22(3):274-278.

何增耀,叶兆杰,吴方正,等. 农业环境科学概论. 上海:上海科学技术出版社,1991.

贺广凯. 黄渤海沿岸经济贝类中重金属残留量水平. 中国环境科学,1996,16(2):96-100.

贺建群,杨居荣,许嘉琳,等. 重金属及其交互作用对小麦幼苗中金属含量的影响. 生态学杂志,1992,11(4):5-10.

侯春梅,张志强,李明,等. 气候变化的影响与长期气候目标的建立研究进展. 地球科学进展,2005,11(20):1243-1249.

侯纪蓉,张雨风. 我国农药工业三废治理方法. 化工环境,1998,18(1-2):15-19;82-85.

胡海燕,王益权,张育林,等. 污染的灌溉水对农田土壤养分平衡的作用与影响. 干旱地区农业研究,2010,28(5):129-132,142.

胡绵好,袁菊红,杨肖娥. 水生蔬菜对富营养化水体净化及资源化利用. 湖泊科学,2010,22(3):416-420.

胡荣桂,李玉林,彭佩钦,等. 重金属镉、铅对土壤生化活性影响的初步研究. 农业环境保护,1990,4:6-9.

华珞,陈世宝,白玲玉,等. 有机肥对镉锌污染土壤的改良效应. 农业环境保护,1998,17(2):55-59,62.

黄会一,等. 木本植物对镉的吸收及体内分配. 生态学报,1982,2(2):139-146.

黄会一,等. 木本植物对土壤中镉的吸收、积累和耐性. 中国环境科学,1989,9(5):323-330.

黄建中. 农田杂草抗药性——产生机理、测定技术、综合治理. 北京:中国农业出版社,1995.

黄淑惠. 吸附金(Au^{3+})的真菌筛选. 微生物学通报,1991,18(1):11-14.

黄淑惠. 细菌固定金属的作用机制. 微生物学通报.1992,19(3):171-173.

黄玉瑶,赵忠宪,仪垂贵. 汞、DDT、六六六在蓟运河河口生态系统中的迁移、积累与循环. 环境科学学报,1984,4(1):57-64.

霍传林,王菊英,韩庚辰,等. 鱼体内EROD活性对多氯联苯类的指示作用. 海洋环境科学,2002,21(1):5-8.

甲田善一,林宏. 重金属潜在毒性的顺序. 金悦纳,雷春甫译. 环境科学丛刊,1984,5(3):80-85.

江桂斌. 持久性有毒污染物的环境化学行为与毒理效应. 毒理学杂志,2005,19(3增):179-180.

江苏省植物研究所. 城市绿化与环境保护. 北京:中国建筑工业出版社,1977.

江雅新,方晓红,万立骏,等. 一种新型荧光探针——分子信标的研究及应用进展. 分析化学,2004,32(5):668-672.

姜建国,吴生桂. 东湖原生动物群落结构变化与水质差异的相关研究. 生态学杂志,2000,19(5):40-44.

姜理英,杨肖娥,石伟勇,等. 植物修复技术中有关土壤重金属活化机制的研究进展. 土壤通报,2003,34(2):154-157.

姜岩,宋俊通. 作物根系对土壤生物活性的影响. 土壤学进展,1992,20(6):63-65.

蒋高明. 承德木本植物不同部位S及重金属含量特征的PCA分析. 应用生态学报.1996,7(3):310-314.

焦淑贞,姚建仁,郑永权等. ^{14}C-涕灭威在旱田土壤中的降解. 应用生态学报,1994,5(2):182-186.

金岚. 环境生态学. 北京:高等教育出版社,1992,59.

金相灿. 中国湖泊环境. 北京:海洋出版社,1995.

金志刚,张彤,朱怀兰. 污染物生物降解. 上海:华东理工大学出版社,1997,158-176.

凯恩斯J. 水污染的生物监测. 曹凤中,于亚平,译. 北京:中国环境科学出版社,1989.

孔繁翔. 环境生物学. 北京:高等教育出版社,2000.

孔刚,许昭怡,李华伟,等. 地下土壤渗滤法净化生活污水研究进展. 土壤,2005,37(3):251-257.

孔红梅,赵景柱,姬兰柱,等. 生态系统健康评价方法初探. 应用生态学报,2002,13(4):486-490.

孔庆新,吴燕玉. 镉污染土壤加改良剂后镉形态的变化. 农业环境科学学报,1984,(1):6-9.

赖德荣,杨春瑾,林岳夫. 以贻贝为指示生物监测厦门港水域汞的变化. 环境科学,1984,5(1):15-18.

李彩霞,张芬琴,王光忠. 铅对绿豆幼苗生长的影响. 植物资源与环境学报,2003,12(2):60-61.

李华林,王焕校.镉对玉米幼苗元素含量影响.昆明:云南大学硕士学位论文,1985.

李甲亮,郑平.氯化芳香族化合物的生物降解性能.环境污染与防治,1998,20(2):25-30.

李建华,王宝贞.氧化塘中氮和磷的去除.中国环境科学,1992,12(4):241-244.

李建政.环境毒理学.2版.北京:化学工业出版社,2010.

李科德,胡正嘉.芦苇床系统净化污水的机理.中国环境科学,1995,15(2)140-144.

李素英,王焕校.Pb、Cd、Zn 单元素及其不同组合污染对烟草品质的影响.中国环境科学,1990,10(6):451-460.

李文学,陈同斌,刘颖茹.刈割对蜈蚣草的砷吸收和植物修复效率的影响.生态学报,2005,25(3):538-542.

李效宇,李磊.微囊藻毒素与人类健康关系研究进展.中国公共卫生,2008,24(8):1016-1017.

李彦文,杨仁斌,郭正元.生物传感器在环境污染物检测中的应用.环境科学动态,2004(1):27-29.

李元.环境生态学导论.北京:科学出版社,2009.

李元.农业环境学.北京:中国农业出版社,2008.

李忠武,王振中,邢协加,等.农药污染对土壤动物群落影响的实验研究.环境科学研究,1999,12(1):49-53.

李宗义,邵强,郭伟云,等.用于环境监测的生物传感器.生物技术,2005,15(4):95-97.

梁继东,周启星,孙铁珩.人工湿地污水处理系统研究及性能改进分析.生态学杂志,2003,22(2):49-55.

梁涛,黄建国,王永敏,等.苏丹草对土壤中菲和芘修复作用的研究.中国农学通报,2010,26(4):295-299.

廖敏,等.镉在土水系统中的迁移特征.土壤学报,1998,35(5):179-185.

廖晓勇,肖细元,陈同斌.砂培条件下施加钙、砷对蜈蚣草吸收砷、磷和钙的影响.生态学报,2003,10:2057-2065.

林昌善,吴聿明,等.环境生物学.北京:中国环境科学出版社,1986.

林舜华,陈章龙.汞镉对水稻叶片光合作用的影响.环境科学学报,1981,1(4):324-330.

林玉锁.土壤对重金属缓冲性能的研究.环境科学学报,1995,15(3):289-293.

林治庆,黄会一.木本植物对汞抗性的研究.生态学报,1989,9(4):315-319.

林稚兰,田哲贤.微生物对重金属的抗性及解毒机理.微生物学通报,1998,25(1):36-39.

刘惠君,郑魏,刘维屏.新农药吡虫啉及其代谢产物对土壤呼吸的影响.环境科学,2001,22(4):73-76.

刘建国,唐孝炎,胡建信.持久性生物累积性有毒污染物与国际相关控制策略和行动.环境保护,2003,(4):52-56.

刘军,李先恩,王涛,等.药用植物中铅的形态和分布研究.农业环境保护,2002,21(2):143-145.

刘军,温学森,郎爱东.植物根系分泌物成分及其作用的研究进展.食品与药品,2007,9(3):63-65.

刘期松,杨桂芬,张春桂,等.草甸棕壤中镉、铅含量对微生物类群和生化活性的影响.环境科学学报,1986,6(4):385-394.

刘强,刘嘉麒,贺怀宇.温室气体浓度变化及其源与汇研究进展.地球科学进展,2000,15(4):453-460.

刘润堂,许建中.中国污水灌溉现状、问题及其对策.中国水利,2002,(10):123-125.

刘小兵,蒋柏泉,刘海.生物传感器应用于环境监测的新进展.环境科学与技术,2004,27(4):111-113.

刘晓麒,等.脂质过氧化引起的 DNA 损伤研究进展.生物化学与生物物理进展,1994,21(3):218-222.

刘彦随,刘玉,郭丽英.气候变化对中国农业生产的影响及应对策略.中国生态农业学报,2010,4(18):905-910.

刘营,孔繁翔,杨积晴.菌根真菌对环境污染物的降解/转化能力概述.上海环境科学,1998,17(2):4-6.

刘支前,等.表面活性剂对草甘膦叶面吸收的影响.农药,1998,37(4):31-34.

刘祖祺,张石诚.植物抗性生理学.北京:中国农业出版社,1994.

楼根林等.镉在成都壤土和几种蔬菜中累积规律

的研究．农村生态环境,1990,(2):40-44.

陆雍森．环境评价．上海:同济大学出版社,1999,531-558.

罗虹,刘鹏,宋小敏．重金属镉、铜、镍复合污染对土壤酶活性的影响．水土保持学报,2006,20(2):94-96.

罗厚枚,等．土壤重金属复合污染对作物的影响．环境化学,1994,13(5):427-431.

罗进贤．假单胞杆菌抗镉基因的克隆．环境科学学报,1988,8(4):461-466.

罗民波,段昌群,沈新强,等．滇池水环境退化与区域内物种多样性的丧失．海洋渔业,2006,28(1):71-78.

吕朝晖,王焕校．镉铅对小麦醇脱氢酶基因表达影响的初步研究．环境科学学报,1998,18(5):500-503.

吕家珑,张一平,王旭东,等．长期单施化肥对土壤性状及作物产量的影响．应用生态学报,2001,12(4):569-572.

马放．环境生物技术．北京:化学工业出版社,2003,246-253.

马建民,王焕校．铅污染对小麦生态型的影响．环境科学学报,1998,18(4):438-441.

马克明,孔红梅,关文彬,等．生态系统健康评价:方法与方向．生态学报,2001,21(12):2106-2116.

马世骏．现代生态学透视[Ⅰ]．北京:科学出版社,1989.

马祥爱,秦俊梅,冯两蕊．长期污水灌溉条件下土壤重金属形态及生物活性的研究．中国农学通报,2010,26(22):318-322.

曼宁 WJ,费德尔 WA．大气污染物的植物监测．黄楚豫,王瑞金,译．北京:中国环境科学出版社,1987.

毛亮,靳治国,高扬,等．微生物对龙葵的生理活性和吸收重金属的影响．农业环境科学学报,2011,30(1):29-36.

孟范平,吴方正．土壤的 PAHs 污染及其生物治理技术进展．土壤学进展,1995,23(1):32-41.

孟玲,王焕校．云南会泽铅、锌矿污染导致小麦种子蛋白基因表达的变化．作物学报,1998,24(3):376-379.

孟紫强．环境毒理学基础．2版．北京:高等教育出版社,2010.

孟紫强．生态毒理学原理与方法．北京:科学出版社,2006.

闵焕．圆叶无心菜对 Pb 胁迫的响应及累积机理．昆明:云南农业大学硕士学位论文,2010.

牛慧等．非生长产黄青霉吸附铅的研究．微生物学报,1993,33(6):459-463.

潘洁,孟繁雨．垃圾肥对土壤和农产品重金属含量的影响．农业环境保护,1998,17(3):109-112.

彭鸣,王焕校,吴玉树,等．铅、镉在玉米幼苗中的积累和迁移．环境科学学报,1989,9(1):61-67.

乔玉辉,李花粉,马祥爱．污染生态学．北京:化学工业出版社,2008.

秦大河．进入21世纪的气候变化科学——气候变化的事实、影响与对策．科技导报,2004,7:4-7.

邱东茹,吴振斌．环境雌激素对动物和人体的影响及作用的机制．水生生物学报,1997,21(4):365-374.

山根靖弘,贺田横一．环境污染物质与毒性:无机篇．贺振东等,译．成都:四川人民出版社,1981.

山根靖弘,贺田横一．环境污染物质与毒性:有机篇．贺振东等,译．成都:四川科学技术出版社,1985.

沈德中．污染土壤的植物修复．生态学杂志,1998,17(2):59-64.

沈永明．城市污水能耗与节约．国外环境科学与技术,1983,1:26-30.

沈振国,陈怀满．土壤重金属污染生物修复的研究进展．农村生态环境,2000,16(2):39-44.

沈振国,等．重金属超量积累植物研究进展．植物生理学通讯,1998,34(2):133-139.

盛建武,何苗,施汉昌,等．环境致病微生物现代生物检测技术．给水排水,2005,31(8):101-105.

盛连喜．环境生态学导论．北京:高等教育出版社,2002.

施国涵．土壤微生物对灭幼脲3号杀虫剂代谢作用的研究．环境科学学报,1990,10(3):296-302.

石雷,杨璇．人工湿地植物量及其对净化效果影响的研究.生态环境学报,2010,19(1):28-33.

孙赛初,王焕校,李启任.水生维管束植物受镉污染后的生理变化及受害机制初探.植物生理学报,1985,11(2):113-121.

孙铁珩,李培军,周启星.土壤污染形成机理与修复技术.北京:科学出版社,2005.

孙铁珩,周启星,李培军.污染生态学.北京:科学出版社,2001.

孙铁珩,周启星.污染生态学的研究前沿与展望.农村生态环境,2000,16(3):42-45,50.

孙铁珩,周启星.污染生态学研究的回顾与展望.应用生态学报,2002,13(2):221-223.

陶涛,王凯军,许晓鸣.水解池-稳定塘工艺对难降解有机污染物的去除.环境科学,1993,14(5):47-50.

滕应,黄昌勇,龙健,等.铅锌银尾矿区土壤微生物活性及其群落功能多样性研究.土壤学报,2004,41(1):113-119.

滕应,黄昌勇,龙健,等.铜尾矿污染区土壤酶活性研究.应用生态学报,2003,14(11):1976-1980.

滕应,黄昌勇.重金属污染土壤的微生物生态效应及其修复研究进展.土壤与环境,2002,11(1):85-89.

田家怡,张洪凯,薄景美,等.小清河有机化合物污染及其对污灌区生态系统的影响.生态学杂志,1993,12(4):14-22.

涂从.不同土壤中铜生态环境效应差异的探讨.中国环境科学,1993,13(5):361-365.

汪嘉熙.大气氟化物对植物的影响.中国环境科学,1984,4(6):16-21.

汪敏,郑师章.凤眼莲与根际细菌相互作用的研究.应用生态学报,1994,5(3):309-311.

王保军,刘志培,杨惠芳.单甲脒农药的微生物降解代谢研究.环境科学学报,1998,18(3):296-302.

王德铭,邓家齐,夏宜静,等.综合生物塘系统的研究.环境科学,1991,12(4):20-23.

王定勇,等.大气汞对土壤-植物系统汞累积的影响研究.环境科学学报,1998,18(2):194-198.

王栋枝.综合生物毒性指标在水体污染监测中的应用.环境保护科学,1992,18(1):85-87.

王贵玲,蔺文静.污水灌溉对土壤的污染及其整治.农业环境科学学报,2003,22(2):163-166.

王红旗,陈延君,孙宁宁.土壤石油污染物微生物降解机理与修复技术研究.地学前缘:北京中国地质大学,北京大学,2006,13(1):134-139.

王宏镔,束文圣,蓝崇钰.重金属污染生态学研究现状与展望.生态学报,2005,25(3):596-605.

王焕校,吴玉树.污染生态学研究.北京:科学出版社,2006.

王焕校,刘醒华,周建刚,等.铅在生态系统中的迁移积累规律的初步研究.云南大学学报:自然科学版,1983,(1,2):213-223.

王焕校,刘醒华,周建刚.工业城市市郊的农业布局问题.中国环境科学,1988,8(4):31-38.

王焕校,孙赛初,况平,等.高等水生植物中镉的富集分配规律及危害.环境科学学报,1984,4(3):248-256.

王焕校,王丽萍,张帆.几种食用鱼对铅的吸收富集规律的初步研究.云南大学学报:自然科学版,1985,7(3):349-356.

王焕校,吴玉树.筛选抗氯、吸氯植物的研究.环境科学,1980,4:28-31.

王焕校,吴玉树.植物受氯气危害后,叶汁pH及细胞膜透性的变化.中国环境科学,1981,1(3):61-64,80.

王焕校.污染生态学基础.昆明:云南大学出版社,1990.

王家玲.环境微生物学.2版.北京:高等教育出版社,2004.

王静,乔雄梧,朱九生,等.四种农药对土壤微生物的影响Ⅰ:土壤呼吸的变化.应用与环境生物学报,1999,5:155-157.

王凯军,许晓鸣,陶涛,等.水解池-稳定塘处理工艺研究.中国环境科学,1992,12(2):81-86.

王敏健,朗佩珍,龙风山,等.第二松花江中游鱼类有机污染的研究.中国环境科学,1990,10(2):82-88.

王庆敏,冯国洲,曹洪法.汞的形态与水稻吸收关系的研究.环境科学,1982,1(5):69-72.

王淑芳,胡连生,纪有海,等.重金属污染黑土中固氮菌及反硝化菌作用强度的测定.应用生态学报,1991,2(2):174-177.

王惟咨,何增耀.铬对土壤生化代谢的影响.中国环境科学,1990,10(6):446-451.

王新,吴燕玉. 改性措施对复合污染土壤重金属行为影响的研究. 应用生态学报,1995,6(4):440-444.

王新,吴燕玉. 重金属在土壤-水稻系统中的行为特征. 生态学杂志,1997,6(4):10-14.

王勋陵. 生物指示学. 兰州:兰州大学出版社,1994.

王占华. 四种常见农药对土壤呼吸作用的影响及其危害性评价. 长春:东北师范大学硕士学位论文,2004.

王兆群,王芹,丁长春. 发光细菌法监测工业废水综合毒性. 仪器仪表与分析监测,2002(1):33-35.

王振中,张友梅,邢协加,等. 有机磷农药对土壤动物群落结构的影响研究. 生态学报,1995,16(4):357-365.

王振中,张友梅. 湘江流域工业污染源对农田生态系统土壤动物群落影响的研究. 应用生态学报,1990,1(2):156-164.

王正贵,封超年,郭文善,等. 除草剂异丙隆对麦田土壤微生物数量及酶活性的影响. 应用与环境生物学报,2010,16(5):688-691.

魏复盛,陈静生,吴燕玉,等. 中国土壤背景值研究. 环境科学,1991,12(4):12-19.

魏树和,周启星. 重金属污染土壤植物修复基本原理及强化措施探讨. 生态学杂志,2004,23(1):65-72.

翁焕新. 重金属在牡蛎(Crassostrea virginica)中的生物积累及其影响因素的研究. 环境科学学报,1996,16(1):51-58.

吴邦灿. 现代环境监测技术. 北京:中国环境科学出版社,1999.

吴兰香. 某化工厂铬污染对工人和居民的健康影响. 公共卫生与预防医学,2010,21(4):106-107.

吴启堂. 一个定量植物吸收土壤重金属的原理模型. 土壤学报,1994,31(1):68-76.

吴生桂,沈韫芬. 从时空异质性看东湖富营养化中原生动物的演替. 生态学报,2001,21(3):446-451.

吴涛,康建成,王芳,等. 全球海平面变化研究新进展. 地球科学进展,2006,7(21):730-733.

吴晓磊. 人工湿地废水处理机理. 环境科学,1995,16(3):83-86.

吴燕玉,余国营,王新,等. Cd、Pb、Cu、Zn、As复合污染对水稻的影响. 农业环境保护,1998,17(2):49-54.

吴燕玉,张学询,陈涛,等. 论张士灌区的重金属环境容量. 生态学报,1981,1(3):275-282.

吴宇澄,骆永明,滕应,等. 土壤中二噁英的污染现状及其控制与修复研究进展. 土壤,2006,38(5):509-516.

吴玉树,李森林. 水生维管束植物对滇池水体的净化效应. 生态学报,1988,8(4):347-352.

吴玉树,王焕校,鲍奕佳. 水生维管束植物对水体铅污染的反应、抗性和净化作用. 生态学报,1983,3(3):185-195.

吴自荣. 发光细菌冷冻干燥剂的制备及其在环境监测中的应用. 中国环境监测,1993,9(3):32-34.

武宝玕. 抑制光合作用型除莠剂对植物光合系统的作用机制. 植物生理学通讯,1983,(4):14-20.

武汉大学,复旦大学生物学微生物学教研室编. 微生物学. 2版. 北京:高等教育出版社,1987:329.

夏北成. 污染生态学的三级相关关系的原理. 生态学杂志,1998,17(3):30-36.

夏汉平. 人工湿地处理污水的机理与效率. 生态学杂志,2002,21(4):51-59.

夏增禄. 土壤环境容量研究. 北京:气象出版社,1986:1-35.

夏增禄. 土壤重金属作物效应的区域分异. 生态学报,1994,14(1):102-105.

夏增禄. 污灌区重金属的容量研究. 中国环境科学,1981,1(2):46-52.

肖细元,廖晓勇,陈同斌,等. 砷超富集植物蜈蚣草中磷和钙的亚细胞分布及其耐砷毒的关系. 环境科学学报,2006,26(6):954-961.

谢育新. 蚕豆根尖微核技术监测农药污染的研究. 环境保护科学,1993,19(1):82-84.

熊广政,裘小松. 数学期望和方差在环境质量评价中的应用. 环境科学,1980,(4):53-55.

熊先哲,张学询,李培军,等. 土壤砷环境容量及其数学模型的研究. 环境科学,1987,8(1):

参考文献

8-14.

熊治廷. 环境生物学. 北京:化学工业出版社,2010.

熊治廷. 植物抗污染进化及其遗传生态学代价. 生态学杂志,1997,16(1):53-57.

徐和宝,汪嘉熙,谢明云. 铅对几种作物生长影响及其体内的积累. 植物生态学及地植物学丛刊,1983,7(4):273-279.

徐红宁,许嘉琳. 土壤环境中重金属复合污染对小麦的影响. 中国环境科学,1993,13(5):367-371.

徐红宁,杨居荣,许嘉琳. 作物对Cd的吸收与根系阳离子交换容量. 农业环境保护,1995,14(4):150-153.

徐康宁,汪诚文,刘巍,等. 稳定塘藻类生长规律及其影响的中试研究. 农业环境科学学报,2009,28(7):1473-1477.

徐明,杨坚波,林玉娣,等. 饮用水微囊藻毒素与消化道恶性肿瘤死亡率关系的流行病学研究. 中国慢性病预防与控制,2003,11(3):112-113.

徐谦. 我国化肥和农药非点源污染状况综述. 农村生态环境,1996,12(2):39-43.

徐瑞薇,胡钦红,靳伟,等. 多效唑在土壤中降解、吸附和淋溶作用. 环境化学,1994,13(1):53-58.

徐卓. 土壤中镉铜复合污染对水稻生长效应的影响. 农村生态环境,1993,(3):48-50.

徐祖信,姜雅萍. 湖泊营养状态的综合水质标识指数评价及检验. 同济大学学报:自然科学版,2009,37(8):1044-1048.

许桂莲,王焕校,吴玉树,等. Zn、Cd及其复合对小麦幼苗吸收Ca、Fe、Mn的影响. 应用生态学报,2001,12(2):275-278.

许嘉琳,杨居荣. 陆地生态系统中的重金属. 北京:中国环境科学出版社,1996.

许皖菁,颜贻明,吴方正. 桑叶表面氟化物吸附积累规律的统计研究. 环境污染与防治,1998,20(3):19-21.

严健汉,詹重慈. 环境土壤学. 武汉:华中师范大学出版社,1985.

严小龙,张福锁. 植物营养遗传学. 北京:中国农业出版社,1997.

阎海,雷志芳,叶常明. 斜生栅藻降解邻苯二甲酸二甲酯和苯胺的动力学研究. 环境科学学报,1998,18(2):216-220.

颜素珠等. 八种水生植物对污水中重金属——铜的抗性及净化能力的探讨. 中国环境科学,1990,10(3):166-170.

杨红玉,王焕校. 绿藻的镉结合蛋白及其耐镉性初探. 植物生理学报,1985,11(4):357-365.

杨红玉,王焕校. 某些绿藻对镉的富集作用及毒性反应. 环境科学学报,1990,10(1):64-71.

杨会青,孔祥清,王智慧. 四种除草剂对根瘤菌、AMF等土壤微生物的影响. 微生物学通报,2009(4):511-514.

杨景辉. 土壤污染与防治. 北京:科学出版社,1995.

杨居荣,贺建群,等. 农作物耐性的种内和种间差异Ⅰ种间差. 应用生态学报,1994,5(2):192-196.

杨居荣,鲍子平. 镉、铅在植物细胞内的分布及其可溶性结合形态. 中国环境科学,1993,13(4):263-268.

杨居荣,车宇瑚,王华东. 北京地区土壤重金属容量的研究. 环境科学学报,1984,4(2):143-149.

杨居荣,葛家瑞,张美庆,等. 砷及重金属对微生物的影响. 环境科学学报,1982,2(3):190-198.

杨居荣,贺建群,张国祥,等. 农作物对镉毒害的抗性机理探讨. 应用生态学报,1995,6(1):87-91.

杨居荣,贺建群,等. 农作物镉耐性的种内和种间差异Ⅱ:种内差异. 应用生态学报,1995,6(增):132-141.

杨居荣,黄翌. 植物对重金属的耐性机理. 生态学杂志,1994,13(6):20-26.

杨居荣,蒋婉茹. 小麦耐受Cd胁迫的生理生化机制探讨. 农业环境保护,1996,15(3):97-101.

杨居荣,任燕,刘虹,等. 砷对土壤微生物及土壤生化活性的影响. 土壤,1996,2:101-109.

杨柳春,郑明辉,刘文彬,等. 有机物污染环境的植物修复研究进展. 环境污染治理技术与设备,2002,3(6):1-7.

杨培苏,江树人,赵洪波. 烟嘧磺隆在玉米和土壤中的残留分析和消解动态研究. 农药,1998,37(1):31-33.

杨树华,曲仲湘,王焕校. 铅在水稻中的迁移积累及其对水稻生长发育的影响．生态学报,1986,6(4):313-323.

杨文涛,刘春平,文红艳．浅谈污水土地处理系统．土壤通报,2007,38(2):394-398.

杨肖娥,龙新宪,倪吾钟．超富集植物吸收重金属的生理及分子机制．植物营养与肥料学报,2002,8(1):8-15.

杨旭,李春艳,万鲁河,等．人工湿地处理农业径流研究．中国农学通报,2010,26(15):349-352.

杨永华,姚健,华晓梅．农药污染对土壤微生物群落功能多样性的影响．微生物学杂志,2000,20(2):23-25,47.

日本机械工业联合会,等．水域的富营养化及其防治对策．杨祯奎,胡保林,译;程振华校．中国环境科学出版社,1987.

姚健,杨永华,沈晓蓉,等．农用化学品污染对土壤微生物群落 DNA 序列多样性影响研究．生态学报,2000,20:1021-1027.

叶志鸿,陈桂珠,蓝崇钰．宽叶香蒲净化塘系统净化铅/锌矿废水效应的研究．应用生态学报,1992,3(2):109-194.

易筱筠,党志,石林．有机污染物污染土壤的植物修复．农业环境保护,2002,21(5):477-479.

由文辉．我国土壤动物学研究概况与展望．土壤学进展,1994,22(4):11-17.

于常荣,等．松花江鱼类有机污染物的研究．中国环境科学,1994,14(4):283-287.

余国营,刘永定,丘昌强,等．滇池水生植被演替及其与水环境变化关系．湖泊科学,2000,12(1):73-80.

余国营等．重金属复合污染对大豆生长的影响及其综合评价研究．应用生态学报,1995,6(4):433-439.

余叔文．二氧化硫对植物的伤害和植物对二氧化硫的抗性．植物生理学通讯,1983,(3):7-14.

余志敏,袁晓燕,施卫明．面源污染水治理的人工湿地治理技术．中国农学通报,2010,26(3):264-268.

俞顺章,赵宁,资晓林,等．饮水中微囊藻毒素与我国原发性肝癌关系的研究．中华肿瘤杂志,2001,23(2):96-99.

虞云龙,陈英旭,潘学东．降解菌 HD 接种和非接种根围土壤中丁草胺的降解动力学研究．土壤学报,2002,39(4):575-581.

曾健,等．水生植物净化三肼污水的研究．环境污染与防治,1997(4):32-36.

张爱云,蔡道基．除草剂对土壤微生物活性、土壤氨化作用和硝化作用的影响．农村生态环境,1990,3:62-66.

张崇甫,陈述云．统计分析方法及其应用．重庆:重庆大学出版社,1995.

张春桂,许华夏,姜晴楠,等．高浓度 Cd、Pb 污染水域中的微生物生态．应用生态学报,1993,4(4):423-429.

张福锁,王激清,张卫峰,等．中国主要粮食作物肥料利用率现状与提高途径．土壤学报,2008,45(5):915-924.

张福锁．植物根引起的根际 pH 值改变的原因及效应．土壤通报,1993,24(1):43-45.

张汉波,任维敏,邵启雍,等．重金属污染环境中的节杆菌群体遗传结构分化．生态学报,2005,25(10):2569-2573.

张厚坚,王兴润,陈春云,等．典型铬渣污染场地健康风险评价及修复指导限值．环境科学学报,2010,30(7):1445-1450.

张纪伍,梁伟,李德波,等．土壤铜、铅、锌复合污染对水稻的生态效应．农村生态环境,1997,13(1):16-20.

张景荣,章敏,朱法华,等．江苏省丰、沛、铜重氟病区动物体中氟的含量及其与环境的关系．中国环境科学,1998,18(3):256-259.

张久根,蔡士悦．土壤矿物油及其污染．农业环境保护,1993,12(4):166-170.

张绮耘,吴景峰,王煊军．植物在人工湿地污水处理系统中净化能力研究．环境科学与技术,2009,32(B,12):279-281.

张笑一,潘渝生．重金属致毒的化学机理．环境科学研究,1997,10(2):45-49.

张学询,熊先哲,王玉顺,等．辽河下游草甸棕壤重金属环境容量及其应用．环境科学学报,1988,8(3):295-306.

张毓琪,陈叙龙．环境生物毒理学．天津:天津大学出版社,1993.

张云孙,王焕校．种子中镉的积累对蚕豆(*Vicia faba*)质量的影响．环境科学学报,1986,6(2):199-206.

参考文献

张志杰. 环境污染生态学. 北京:中国环境科学出版社,1989.

张灼. 污染环境微生物学. 昆明:云南大学出版社,1997.

赵安娜,冯慕华,郭萧,等. 沉水植物氧化塘对污水厂尾水深度净化效果与机制的小试研究. 湖泊科学,2010,22(4):538-544.

赵大君,郑师章. 凤眼莲根分泌物氨基酸组分对根际肠杆菌属 F_2 细菌的趋化作用. 应用生态学报,1996,7(2):207-212.

赵沁娜,徐启新,杨凯,等. 潜在生态危害指数法在典型污染行业土壤污染评价中的应用. 华东师范大学学报,2005,3(1):111-116.

赵贤四,朱惠刚. 大气颗粒有机提取物对大鼠肝细胞 DNA 合成的影响. 环境与健康杂志,1996,13(3):105-107.

赵学敏,虢清伟,周广杰,等. 改良型生物稳定塘对滇池流域受污染河流净化效果. 湖泊科学,2010,22(1):35-43.

赵彦伟,杨志峰. 城市河流生态系统健康评价初探. 水科学进展,2005,16(13):349-355.

赵永宏,邓祥征,战金艳,等. 我国湖泊富营养化防治与控制策略研究进展. 环境科学与技术,2010,33(3):92-98.

郑京. 温室效应对环境的影响. 山东环境,2003,(1):51-52.

中国大百科全书·环境科学卷. 北京:中国大百科全书出版社,1983.

中国环境状况公报,2010.

周大石,马汐平,刘玉晶,等. 沈阳市大气微生物区系分布的研究. 环境保护科学,1994,20(1):10-14.

周鸿,曲仲湘,王焕校. 铅对几种农作物的影响及迁移积累规律初探. 环境科学学报,1983,3(3):222-234.

周伦,鱼达,余海,等. 饮用水源中的微囊藻毒素与大肠癌发病的关系. 中华预防医学杂志,2000,34(4):37-39.

周宁,王荣娟,孟庆娟,等. 寒地黑土中阿特拉津降解菌的筛选及降解特性. 环境工程学报,2008,2(11):1560-1563.

周启星,孙铁珩. 土壤-植物系统污染生态学研究与展望. 应用生态学报,2004,15(10):1698-1702.

周启星,安鑫龙,魏树和. 大型真菌重金属污染生态学研究进展与展望. 应用生态学报,2008,19(8):1848-1853.

周启星. 复合污染生态学. 北京:中国环境科学出版社,1995.

周泳,涂从. 铅在紫色土-水稻体系中的植物效应及形态. 农村生态环境,1993,(2):54-57.

朱泮民,陈寒玉. 环境生物学. 徐州:中国矿业大学出版社,2011.

朱立煌,胡乃壁,瞿文学,等. 龙葵叶绿体的阿特拉津抗性基因 psbA 的核苷酸序列及有关分析. 遗传学报,1989,16(5):381-388.

朱南文,闵航,陈美慈. 施用甲胺磷的土壤细菌变化效应和耐受菌的分离与鉴定. 土壤通报,1999,30(1):44-45.

诸惠昌,Stevens DK. 用人工湿地处理乳制品厂废水的研究. 环境科学,1996,17(5):30-32.

祖艳群,李元,胡文友. 重金属与植物 N 营养之间的交互作用及其生态学效应. 农业环境科学学报,2008,27(1):7-14.

Adrian RC, Mikael C, Fabienne B, et al. Comparative CdNA-AFLP analysis of Cd-tolerant and -sensitive genotypes derived from crosses between the Cd hyperaccumulator *Arabidopsis halleri* and *Arabidopsis lyrata* ssp. *petraea*. Journal of Experimental Botany, 2006, 57(12):2967-2983.

Adriano KC. Trace Elements in the Terrestrial Environment. Springer-Verlag, Inc, New York, 1986, 107-154.

Aery NC, Jagetiya BL. Relative toxicity of cadmium, lead, and zinc on Barley. *Commun. Soil Sci. Plant Anal.* 1997, 28(11&12):949-960.

Al-Hiyaly SAK, McNeilly T, Bradshaw AD, et al. The effects of zinc concentration from electtricity pylons. Genetic constraints on selection for zinc tolerance. Heredity, 1993, 70:22-32.

Anderberg RJ, Walker-Simmons MK. Isolation of a wheat cDNA clone for an abscisic acid-inducible transcript with homology to protein kinases. PNAS, 1992, 89(21):10183-10187.

Anderson SL, Sadinski SJ, Suk W. Genetic and molecular ecotoxicology: A research framework. (Presented at Napa Conference on Genetic and Molecular Ecotoxicology, Yountville, CA, USA) Environ. Health Perspect.——Genetic and Molecular Ecotoxicology,1994,102(12) Suppl. ,3-8.

Anderson SL, Wild GC. Linking genotoxic response and reproductive success in ecotoxicology. (Presented at Napa Conference on Genetic and Molecular Ecotoxicology, Yountville, CA, USA) Environ. Health Perspect.——Genetic and Molecular Ecotoxicology,1994,102(12) Suppl. ;9-12.

Anioi A. Genetics of tolerance to Aluminium in wheat (*Triticum aestivum* L. Thell). Plant and Soil,1990, 23:223-227.

Antonovics J, Bradshaw AD Heavy metal tolerance in plants. Advances in Ecological Research,1971,7: 1-85.

Antonovics J, Bradshaw AD, Turner RG. Heavy metal tolerance in plants. Advances in Ecological Research,1971,7:1-85.

Antonovics J. The genetics and evolution of differences between closely adjacent plant populations with special reference to heavy metal tolerance. University of Wales Press. 1966,26-121.

Antonovics J, Evolution in closely adjacent plant populations. V. Evolution of self fertility. Heredity(London) ,1968,23:219-238.

Assaf NA, Tuzeo RF. Influence of carbon and nitrogen application on the mineralization of atrazine and its metabolites in soil. Pesticide Science, 1994, 41 (1):41-47.

Avise C John. Molecular Markers, Natural History and Evolution. New York: Chapman & Hall. , 1994, 3-15.

Azpiazu MN, Romero F, Diaz JM. Metal distribution and interaction in plant cultures on artificial soil. Water, Air and Soil Pollution, 1986, 28 (1-2): 1-26.

Baath E. , Diaz-Ravina M, Frostegard A, et al. Effect of metal-rich sludge amendments on the soil microbial community. Applied and Environmental Bicrobiology,1998,64: 238-245.

Baker AJM, Brooks RR. Terrestrial higher plants which hyperaccumulate metallic elements——A review of their distribution, ecology and phytochemistry. Biorecovery,1989,1:81-126.

Baker AJM, Ecophysiological aspects of zinc tolerance in *Silene maritime*. New Phytologist, 1978, 80: 635-642.

Baker AJM, Grant CJ, Martin MH, et al Induction and loss of cadmium tolerance in *Holcus lanatus* L. and other grasses. New Phytologist,1986,102:575-587.

Baker AJM, Metal tolerance. New Phytologist. 1987, 106,93-111.

Baker AJM, McGrath SP, Sidoli CMD, et al. The possibility of in situ heavy metal decontamination of polluted soils using crops of metal-accumulating plants. Resources, Conservation and Recycling, 1994,11:41-49.

Baldwin IL, Modifications of the soil flora induced by applications of crude petroleum. Soil Sci,1992,14: 465-475.

Banuelos GS, Ajwa HA, Mackey B, et al. Evaluation of different plant species used for phytoremediation of high soil selenium. Journal of environmental quality,1997,26(3):639-646.

Barbault R, Sastrapradja SD. Generation, maintenance and loss of biodiversity. In: (Heywood, V. H. eds). *Global Biodiversity Assessment.* UNEP, Cambridge University Press. 1995,193-274.

Barton L, David A. Sabatini. Transport and Remediation of Subsurface Contaminants. Washington D. C. ; American Chemical Society,1992,99-107.

Baumann G, Raschke E, Bevan M, et al. Functional analysis of sequences required for transcriptional activation of a soybean heat shock gene in transgenic tobacco plants, EMBO J. 1987,6:1161-1166.

Bazzaz FA, Carlson RW. The heamy metals on plants I: inhibition of gas exchanges in sunflower by lead, cadmium, nitrogen and thallium. Environment Pollution,1974,7:241-246.

Bedford KR. Heavy Metals in Environment. Department of Scientific and Industrial Research, 1990, pp1-36.

Bell JNB, Ashmore MR, Wilson GB. Ecological genetics and chemical modification of the atmosphere. In: (GE Taylor et al. Eds.) Ecological genetics

参考文献

and air pollution. Springer-Verlag, New York, 1991, 33-59.

Bella DA. Tidal flats in estuarine water quality analysis. Ecological Series Report, Environ Prot Agency, Corvallis, Oregon, 1975, 186.

Bennet RJ, Breen CM, Fey MV. Aluminum-induced changes in the morphology of the quiescent center, proximal meristem and growth region of the root of *Zea mays*. S Afr J BOT, 1985, 51: 355-362.

Benton MJ, Diamond SA, Guttman SI. A genetic and morphometric comparison of *Helisoma trivolvis* and *Gambusia holbrooki* from clean and contaminated habitats. Ecotoxicology and Environmental Safety, 1994, 29(1): 20-37.

Benton MJ, Guttman SI. Allozyme genotype and differential resistance to mercury pollution in the *Caddisfly nectopsyche-albida* II Multilocus genotypes. Can J Fish Aquat Sci, 1992, 49(1): 147-149.

Bergmann F, Gregorius HR. Levels of genetic variation in European silver fir (*Abies alba*). Are they related to the species´s decline? Genetica, 1990, 82: 1-10.

Bergmann F, Scholz F. Selection effects of air pollution in Norway spruce (*Picea abies*) populations. In: Scholze F and Gregorius H R et al. (eds) Genetic effects of air pollution in forest tree populations. Springer-Verlag, Berlin. 1988, 141-160.

Bernard A, Hermans C, Brocckaer F, et al. Food contamination by PCBs and dioxins. Nature, 1999, 401: 231-232.

Bishop JA, Cook LM. Genetic consequences of man made change. Academic Press, London, New York and San Francisco, 1980, 177-208.

Bishop JA, Reymen RA. Industrial melanism and the urban environment. Adv Ecol Res, 1980, 11: 373-404.

Bisol PM, Alay F, Gavilan JF, et al. Influencia del ambiente sobre la estructura genetica de dos poblaciones de *Chelina dombeyanna* (Bruguiere, 1789) del rio biobio. Bol Soc Biol Concepcion (Chile), 1994, 65: 181-185.

Blake L, Goulding KWT, Mott CJB, et al. Changes in soil chemistry accompanying acidification over more than 100 years under woodland and grass at Rothamsted Experimental Station UK. European Journal of Soil Science, 1999, 50: 401-412.

Boundy-Mills KL, de Souza ML, Mandelbaum RT, et al. The atzB gene of Pseudomonas sp. strain ADP encodes the second enzyme of a novel atrazine degradation pathway. Applied and Environmental Microbiology, 1997, 63(3): 916-923.

Bowen JE, Physiology of genotype differences in zinc and copper uptake in rice and tomato. Plant and Soil, 1987, 99: 115-125.

Bradshaw AD. Some of the evolutionary consequences of being a plant. Evolutionary Biology, 1972, 5: 25-47.

Bradshaw AD and McNeilly T, Evolution in relation to environmental stress. In: George E Taylor Jr, Louis F Pitelka and Michael T Clegg (ed), Ecological genetics and Air pollution. New York, Berlin, Heidelberg and London: Springer-Verlag. 1990, 11-32.

Bradshaw AD. Population of *Agrostis tenius* resistant to lead and zinc poisoning. Nature, 1952, 169: 1098-1102.

Bradshaw AD. The evolution of metal tolerance and its significance for vegetation establishment on metal contaminated sites. In: International Conference on Heavy metals in Environment (T. C. Hutchinson ed.). University of Toronto Press, Toronto, 1975, 599-622.

Bradshaw AD. The importance of evolutionary ideas in ecology and vice versa. In: Shorrocks B(ed) Evolutionary ecology. 23rd Symposium of the British Ecology Society, Leeds. Blackwell, London. 1982, 1-25.

Braude GL, Nash AM, Wolf WJ. Cadmium and lead content of soybean products. J Food Sci, 1980, 45: 1187-1189.

Breese EL. The measurement and significance of genotype-environment interactions in grasses. Heredity, 1969, 24: 27-44.

Bricker SB, Clement CG, Pirhalla DE, et al. Nationalnm Estuarine Eutrophication Assessment. Effects of Nutrient Enrichment in the Nation's Estuaries. NOAA-NOS Special Projects Office, 1999.

Brooks RR, Shaw S, Marfil AA. The chemical form and physiological function of nickel in some Iberian *Alyssum* species. Physiol Plant, 1981, 51: 167-170.

Brown SL, Chaney RL, Angle JS, et al. Zinc and cadmium uptake by hyperaccumulator *Thlaspi caerulescens* grown in nutrient solution. Soil Sci Soc Am J, 1995, 59: 125-133.

Camargo JA, Alonso A, de la Puente M. Eutrophication downstream from small reservoirs in mountain rivers of Central Spain. Water Research, 2005, 39(14): 3376-3384.

Cansfield PE, Racz GJ, Degradation of hydrocarbon sludges in the soil, Canadian journal of soil science, 1978, 58(3), 339-345.

Cao X, Ma LQ, Shiralipour A. Effects of compost and phosphate amendments on arsenic mobility in soils and arsenic uptake by the hyperaccumulator *Pteris vittata* L.. Environmental Pollution, 2003, 126: 157-167.

Caseley JC, Broadbent FE. The effect of five fungicides on soil respiration and some nitrogen transformations in yolo fine sandy loam[J] Bulletin of Environmental Contamination and Toxicology, 1968, 3(1): 58-64.

Cast CH, Jansen E, Bierling J, et al. Heavy metals in mushrooms and their relationship with soil characteristics. Chemosphere, 1988, 17(4): 789-799.

Cataldo CC, Garland TR, Wildung RE. Cadmium uptake, kinetics in intact soybean plants. Plant Physiology, 1983, 73: 844-848.

Chagnon NL, Guttman SI. Biochemical analysis of allozyme copper and cadmium tolerances in fish using starch gel electrophoresis. Environ Toxicol Chem, 1989, 8(12): 1141-1148.

Chakrabarty AM. Genetic Basis of the Biodegradation of Salicylate in *Pseudomonas*. Journal of bacteriology, 1992, 112(2): 815-823.

Chaleff RS, Mauvais CJ. Acetolactate synthase is the site of action of two sulfonylurea herbicides in higher plants. Science, 1984, 224(4656): 1443-1445.

Chaney RL. Plant uptake of inorganic waste constituents. In: Parr JF, Marsh PD, Kla JM. eds. *Land Treatment of Hazadous Wastes*. Park Ridge, NJ: Noyes Data Corporation. 1983, pp. 50-76.

Chase RM, Boshier DH. Population genetics of *Cordia alliodora* (Boraginaceae), a neotropical tree. 1. Genetic variation in natural populations. American Journal of Botany, 1995, 82(4): 468-475.

Chen BD, Zhu YG, Smith FA. Effects of arbuscular mycorrhizal inoculation on uranium and arsenic accumulation by Chinese brake fern (*Pteris vittata* L.) from a uranium mining-impacted soil. Chemosphere, 2006, 62: 1464-1473.

Christiansan-Wenigerd. 不同耐铝性小麦品种的联合固氮和根系有机酸分泌作用. 吴列洪, 王建林, 译. 土壤学进展, 1992, 20(6): 30-34.

Chuiko GM, Slynko YV. Relation of allozyme genotype to survivorship of juvenile bream, *Abramis brama* L., acutely exposed to DDVP, an organophosphorus pesticide. Bulletin of Environmental Contamination and Toxicology, 1995, 55(5): 738-745.

Clausen J, Keck DD, Hiesey WM. Experimental studies on the nature of species. I. Effects of varied environments on western Northern American plants. Carnegie Inst Washington Publ, No. 520, 1960.

Codd GA, Morrison LF, Metcalf JS. Cyanobacterial toxins: risk management for health protection. Toxicol Appl Pharmacol, 2004, 203(3): 264-272.

Cornfield AH. Effects of addition of 12 metals on carbon dioxide release during incubation of an acid sandy soil. Geoderma, 1977, 19(3): 199-203.

Cox RM. The sensitivity of pollen from various coniferous and broad laved trees to combinations of acidity and trace metals. New Phytologist, 1988, 109: 193-201.

Czarnecka E, Nagao RT, Key JL, et al. Characterization of Gmhsp26-A, a stress gene encoding a divergent heat shock protein of soybean: heavy-metal-induced inhibition of intron processing, Mol Cell Biol, 1988, 8: 1113-1122.

Dahmani-Muller H, van Oort F, Gélie B, et al. Strategies of heavy metal uptake by three plant species growing near a metal smelter. Environmental Pollution, 1999, 109: 1-8.

De Bruxelles GL, Peacock WJ, Dennis ES. Abscisic acid induces the alcohol dehydrogenase gene in *Ar-*

参考文献

abidopsis. Plant Physiology, 1996, 111 (2): 381-391.

de Figueiredo DR, Azeiteim UM, Esteves SM, et al. Microcystin-producing bloms-a serious global public health issue. Ecotoxicol Environ Safety, 2004, 59:151-163.

De Souza ML, Wackett LP, Sadowsky MJ. The atzABC genes ecoding atrazine catabolism are located on a setransmissible plasmid in *Pseudomonas* sp. strain ADP. Appl Environ Microbiol, 1998, 64: 1033-1036.

Depledge MH. Genotypic toxicity: implications for individuals and populations. (Presented at Napa Conference on Genetic and Molecular Ecotoxicology, Yountville, CA, USA) Environ. Health Perspect. ─ Genetic and Molecular Ecotoxicology, 1994, 102 (12) Suppl, 101-104.

Dietrich D, Ioeger S. Guidance values for microcystis in water and cyanobacteria supplement-products blue green algal supple-ments: a reasonable or misguided approach. Toxicol Appl Pharmacol, 2004, 203(3): 273-289.

Ehleringer JR. Estimating costs of air pollution resistance. In: George E Taylor Jr, Louis F Pitelka and Michael T Clegg (ed), Ecological genetics and Air pollution. New York, Berlin, Heidelberg and London: Springer-Verlag. 1990, 203-208.

Erickson JM, Pfister K, Rahire M, et al. Molecular and biophysical analysis of herbicide-resistant mutants of *Chlamydonas reinhardtill*: Structure-function relationship of the photosystem? D1 polypeptied. The Plant Cell, 1989, 1, 361-371.

Falco SC, Dumas KD, Livak KJ. Nucleotide sequence of the yeast ILV2 gene with encodes acetolactate synthase. Nucleic Acides Res, 1985, 13:4011-4027.

Falco SC, McDevitt RE, Chui CF, et al. Engineering herbicide-resistant actolactate synthase. In: Developments in Industrial Microbiology (Cooney and Sebek eds). Journal of Industrial Microbiology, 1988, Supplement 4, 187-194.

Farago ME. 1981. Metal-tolerant plants. Chemtech, 1981: 684-687.

Fitter AH and Hay RKM. Environmental physiology. Academic Press, 1981, 200-260.

Fox GA. Tinkering with the Tinkerer: pollution versus evolution. (Presented at Napa Conference on Genetic and Molecular Ecotoxicology, Yountville, CA, USA) Environ. Health Perspect. ──Genetic and Molecular Ecotoxicology, 1994, 102(12) Suppl, 93-100.

Foy CD, Chaney RL, White MC. The physiology of metal toxicity in plants. Ann Rev Plant Physiol, 1978, 29:511-566.

Francoa I, Contina M, Bragatob G, et al. Microbiological resilience of soils contaminated with crude oil. Geoderma, 2004, 121(1): 17-30.

Frati F, Fanciullip P, Posthuma L. Allozyme variation in reference and metal-exposed natural populations of *Orchesella cinctainsecta* (Collembola). Biochem Syst Ecol, 1992, 20(4):297-310.

Fuerst EP, Vaughn KC. Mechanism of paraquat resistance, Weed Technology, 1990, 4: 150-156.

Galli U, Schüepp H, Brunold C. Heavy metal binding by mycorrhizal fungi. Physiologia Plantarum, 1994, 92(2):364-368.

Gartside DW, McNeilly T. The potential for evolution of heavy metal tolerance in plants. II Copper tolerance in normal populations of different plant species. Heredity, 1974, 32:335-349.

Gaugitsch H, Torgerson H. Streamlining regulations, keeping high safe standards: Revised criteria for the assessment of releases of genetically modified organisms (GMOs) into the environment. AMBIO, 1995, 28(1):47-50.

Geburek TH, Scholz F, Knabe W, et al. Genetic studies by isozyme gene loci on tolerance and sensitivity in an air polluted *Pinus sylvestris* field trial. Silvae Genetica, 1987, 36:49-53.

George AG. Application Guidelines for Sludges Contaminated with Toxic Elements, Jour, WPCF, 1977, 1212-1218.

Georghiou GP, Taylor CE. Operational influences in the evolution of insecticide restance. J econ Ent, 1977, 70:653-658.

Gilvear DJ, Heal KV. Hydrology and the ecological quality of scottish river ecosystems. The Science of the Total Environment,2002,294(1-3):131-159.

Giordani P, Brunialti G, Alleteo D. Effects of atmospheric pollution on lichen biodiversity (LB) in a Mediterranean region (Liguria, northwest Italy). Environmental Pollution,2002,118,53-64.

Grill E, Winnacker EL, Zenk MH. Synthesis of seven different homologous phytochelatins in metal-exposed Sohizosaccharomyces pombe cells. Federation of European Biochemical Societies, 1987, 197: 115-120.

Grosser et al. Indigenous and enhanced mineralization of pyrene,benzo[a]pyrene,and carbazole in soils. Applied and Environmental Microbiology,1991,57 (12):3462-3469.

Hagemeyer J, Lulfsmann A, Perk M, et al. Are there variations of trace element concentrations (Cd,Pb,Zn) in wood of Fagus trees in Germany? Vegetatio, 1992,101,55-63.

Han F, Shan XQ, Zhang J, et al. Organic acids promote the uptake of lanthanum by barley roots. New Phytologist,2005,165: 481-492.

Hartnett ME, Chui CF, Mauvais CJ, et al. Herbicide-Resistant Plants Carrying Mutated Acetolactate Synthase Genes. Managing Resistance to Agrochemicals,1990,31:459-473.

Hawksworth DL. The resource base for biodiversity assessments. In:(Heywood, V. H. eds). *Global Biodiversity Assessment.* UNEP, Cambridge University Press,1995,545-606.

Hedrick PW, McDonald JF. Regulatory gene adaptation: an evolutionary model. Heredity, 1980, 45: 85-99.

Heidecher G. Structrual analysis of plant genes. Ann Rev Plant Physiol,1986,37:439-466.

Heimbach F. Correlation between data from laboratory and field tests for investigating the toxicity of pesticides to ear-thworms. Soil Boilogy and Biochemistry,1992,24(12):1749-1753.

Herdemann, A; Volkner,W, Mengs U. Genotoxicity of aloeemodin in vitro and in vivo. Mutation Research,1996,367(3): 123-133.

Hetzel F, McColl JG. Silicon, aluminum, and oxalic acid interactions in two california forest soils. Commun. Soil. Sci. Plant Anal., 1997, 28(13&14): 1209-1222.

Hewitt EJ. Plant mineral nutrition. London: English Universities Press,1975.

Hickey DAS, McNelly T. Competition between metal tolerant and normal plant populations: A field experiment on normal soil. Evolution, 1975, 29: 458-464.

Hirschberg J, Ohad N, Pecker I, et al. Isolation and characterization of herbicide resistant mutants in the *cyanobaoterium* Synechococcus R2. Zeitschrift fur Naturforschung,1987,42C:758-761.

Huang JW, Chen JJ, Berti NR, et al. U uptake in *B. chinensis* in relation to exudation of citric acid. Environmental science and Technology, 1998, 32: 2004-2008.

Hue NV, Craddock GR, Adams F. Effects of organic acids on aluminium toxicity in subsoils. Soil Science Society of America Journal,1986,50:28-34.

Hughes DW, Galau GA. Temporally modular gene expression during cotyledon development. Genes and Development,1989,3:359-369.

Hughes MA, Dunn MA. The molecular biology of plant acclimation to low temperature. J Exp Bot,1996,47 (296):291-305.

Ingram C. The evolutionary basis of ecological amplitude of plant species. University of Liverpool,1988, 16-26.

J 凯恩斯. 水污染的生物监测. 曹凤中,于亚平,译. 北京:中国环境科学出版社,1989.

Jackson JF, Linskens HF. Metal ion induced unscheduled DNA synthesis in *Petunia* pollen. Molecular and General Genetics,1982,187: 112-115.

Jensen KIN, Stephenson GR, Hunt LA. Detoxification of atrazine in three gramineae subfamilies. Weed Science,1977,25(3):212-206.

Kahle H. Response of roots of trees to heavy metals. Env Exp Bot,1993,33:99-119.

Kalac P, Svaboda L. A review of trace element concentrations in edible mushrooms. Food Chemistry, 2000,69:273-281.

Kandeler E, Luftenegger G, Schwarz S. Influence of heavy metals on the functional diversity of soil microbial communities. Bilogy and Fertility of Soils, 1997,23: 299-306.

Kapusta G, Rouwenhorts DL. Interaction of selected pesticides and *Rhizobium japonicum* in pure culture and under field conditions. Agron J,1973,65(1): 112-115.

Kavlock RJ, Daston JP, Derasa C, et al. Research needs for risk assessment of health and environmental effects of endocrine disrupters: A report of the U. S. EPA-sponsored workshop. Environmental Health Perspective, 1996, 104 (supplement 4): 715-740.

Kendall RJ, Dickerson RL. Principles and processes for evaluating endocrine disruption wildlife. Environ Toxicol Chem,1996,15:1253-1254.

Kimbara K, Hashimoto T, Fukuda M. Isolation and characterization of a mixed culture that degraded polychlorinated biphenyl. Agric Biol Chem, 1988, 52:2885-2901.

Kimura M. Evolutionary rate of molecular evolution. Nature,1968,217: 624-626.

Kitagishi K. Heavy Metal Pollution in soil of Japan, Tokyo:Japan Scientific Societies Press,1981.

Kligerman AD, Doerr CL, Tennant AH, et al. Cytogenetic studies of three triazine herbicides: II. In vivo micronucleus studies in mouse bone marrow. Mutation Research/Genetic Toxicology and Environmental Mutagenesis,2000,471(1-2): 107-112.

Koeppe DE. Sead: Understanding the minimal toxicity of lead in plants. In Lepp, N. W. (Ed.) Effect of Heavy Metal Pollution on plants. Applied Science Publishers, London and New Jersey,1981, Vol. 1.

Koes RE, Sptelt CE, Mol JNM. The chalcone synthase multigene family of Petunia (V30): Differential light-regulated expression during flower development and UV light induction, Plant Cell, 1989, 1: 105-114.

Krämer U, Grime GW, Smith JAC, et al. Micro-PIXE as a technique for studying nickel localization in leaves of the hyperaccumulator plant *Alyssum lesbiacum*. Nuclear Microprobe Technology and Applications,1997,130 (1-4):346-350.

Kruckeberg AR. An essay: the stimulus of unusul geologies for plant speciation. Systematical Botany, 1986,11:455-463.

Kruckeberg AR. Biological aspects of endemism in higher plants. Annual Review of Ecology and Systematics,1985,16:447-479.

Kruger EL, Anhalt JC, Sorenson D. Atrazine degradation in pesticide-contaminated soils. In: Phytoremediation of Soil and Water Contaminants. Washington DC: American Chemical Society,1997,54-64.

Kumar A, Doan H, Barnes M, et al. Response and recovery of acetylcholinesterase activity in freshwater shrimp, *Paratya australiensis* (Decapoda: Atyidae) exposed to selected anti-cholinesterase insecticides. Ecotoxicology and Environmental Safety, 2010,73: 1503-1510.

Küpper H, Lombi E, Zhao FJ, et al. Cellular compartmentation of cadmium and zinc in relation to other elements in the hyperaccumulator *Arabidopsis halleri*. Planta,2000,212(1):75-84.

Kuusi T, Laaksovirta K, Liukkonen-Lilja H, et al. Lead, cadmium and mercury contents of fungi in the Helsinki area and in unpolluted control areas. Zeitschrift fur Lebensmitteluntersuchung und-Forschung A,1981,173:261-267.

Ladson AR, White LJ, Doolan JA, et al. Development and testing of an index of stream condition for water way management in Australia. Freshwater Biology, 1999,41 (2):453-468.

Lande R, Arnold SJ. The measurement of selection on correlated characters. Evolution, 1983, 37: 1210-1226.

Lange OL, Nobel PS, Osmond CB, et al. Physiological plants ecology III. Responses to the chemical and biological environment. Berlin: Springer-Verlag, 1983,240-300.

Laulier M, Amiard JC, Amiard-Triquet C. Response of the bivalve *Mavoma balthica* exposed to acute dose of metals: allozyme genetype effects. Marine Environmental Research,1995,39(1-4):361-362.

Lavie B, Nevo E. Differential fitness of allelic isozymes in the marine gastropods *Littorina punctat* and *Lttorina neritoides* exposed to the environmental stress of the combined effects of cadmium and mercury pollution. Environment Management, 1987, 11(3):345-349.

Lee KY, Townsend J, Black M, et al. The molecular basis of sulfonylurea herbicide resistance in tobacco. EMBO Journal. 1988, 7(5): 1241-1248.

Lee SC, Cheng HL, Chang JT. Allozyme variation in the large-scale mullet *Liza macrolepis* (Perciformes: Mugillidae) from coastal waters of western Taiwan. Zoological Studies, 1996, 35(2):85-92.

Lees DR. Industrial melanism: genetic adaptation of animals to air pollution. Trends in Genetics, 1980, 16:136-141.

Lepp NW. Effects of heavy metals pollution on plants. Vol 1. Effects of tree heals on plant function. London and New York: Applied Science Publishers, 1981.

Leung H M, Ye Z H, Wong M H. Interactions of mycorrhizal fungi with *Pteris vittata* (As hyperaccumulator) in As-contaminated soils. Environmental Pollution, 2006, 139: 1-8.

Li M, Hue NV, Hussain SKG. Changes of metal forms by organic amendments to Hawaii soils. Commun. Soil Sci. Plant Anal, 1997, 28(3-5): 381-394.

Li Y, Chaney RL, Brewer EP, et al. Phytoextraction of nickel and cobalt by hyperaccumulator Alyssum species grown on nickel-contaminated soils. Environ Sci Technol, 2003, 37(7): 1463-1468.

Liaw J, Chang SF, Hsiao FC. *In vivo* gene delivery into ocular tissues by eye drops of poly(ethylene oxide)-poly(propylene oxide)-poly(ethylene oxide) (PEO-PPO-PEO) polymeric micelles. Gene Therapy, 2001, 8(13):999-1004.

Liu JG, Li GH, Shao WC. Variations in uptake and translocation of copper, chromium and nickel among nineteen wetland plant species. Pedosphere, 2010, 20(1):96-103.

Logemenn J, Mayer JE, Schell J et al. Differential expression of genes in potato tubers after wounding. Proc. Natl. Acad. Sci. USA. 1988, 85:1136-1140.

Lolkema PC, Vooijs R. Copper tolerance in *Silence cucubalus*. Subcellular distribution of copper and its effects on chloroplasts and plastocyanin synthesis. Planta, 1986, 167(1):30-36.

Long XX, Yang XE, Ye ZQ, Ni WZ, Shi WY. Differences of uptake and accumulation of zinc in four species of Sedum. Acta Botanica Sinica, 2002, 44: 152-157.

Louise FP. Evolutionary responses of plants to anthropogenic pollutants. Trends in Ecology & Evolution, 1988, 3(9):233-236.

Lu SL, Hu HY, Sun YX. Effect of carbon source on the denitrification in constructed wetlands. Journal of Environmental Sciences, 2009, 8:1036-1043.

Ma LQ, Komar KM, Tu C, et al. A fern that hyperaccumulates arsenic. Nature, 2001, 409:579.

Ma TH, Xu X. The improved Allium-Vicia root tip micronucleus assay for clastogenicity of environmental pollutants. Mutation Research, 1995, 334(2): 185-195.

Ma TH, Xu Z, Xu C, et al. The improved Allium/Vicia root tip micronucleus assay for clastogenicity of environmental pollutants. Mutation Research, 1995, 334(2): 185-195.

Ma TH. *Vicia* cytogenetic tests for environmental mutagens: A report of the U. S. Environmental Protection Agency Gene-Tox Program. Mutation Research, 1982, 99:257-271.

Machon N, Lefranc M. Isozymes as an aid clarify the taxonomy of french elms. Heredity, 1995, 74: 39-47.

Macnair MR. The genetics of copper tolerance to heavy metals in the *Mimulus guttatus* (Scrophulariaceae). Unpublished Ph. D thesis, University of Liverpool, 1976.

Macnair MR. The genetics of metals tolerance in vascular plants. New Phytologist, 1993, 124:541-559.

Macnair MR. Tolerance of high plants to toxic materials. In: Bishop J A and L M Cook (ed), Genetic Consequences of Man MAde Change. London and New York: Academic Press. 1981, 177-208.

Macnair MR. Why the evolution of resistance to anthropogenic toxins normally involves major gene changes: the limits to natural selection. Genetica 1991, 84:213-219.

Mateos MP. 重金属对土壤氧化还原酶的影响. 涂从简, 译. 土壤学进展, 1989, 17(4):64-65.

参考文献

Mathys W. The role of malate, oxalate, and mustard oil glycosides in the evolution of zinc-resistance in herbage plants. Physiologia Plantarum, 1977, 40 (2): 130-136.

Matthews DJ, Moran BM, McCabe PF, et al. Zinc tolerance, uptake, accumulation and distribution in plants and protoplasts of five European populations of the wetland grass *Glyceria fluitans*. Aquatic Botany, 2004, 80: 39-52.

Mazur BJ, Falco SC. The development of herbicide resistant crops. Annual Review of Plant Physiology and Plant Molecular Biology, 1989, 40: 441-470.

McBride M, Sauve S, Hendershot W. Solubility control of Cu, Zn, Cd and Pb in contaminated soils. European Journal of Soil Science, 1997, 48: 337-346.

McBridge M. Trace and toxic elements in soils. Environmental Chemistry of Soils. New York: Oxford University Press Inc, 1994, 308-341.

McGrath SP, Shen ZG, Zhao FJ. Heavy metal uptake and chemical changes in the rhizosphere of *Thlaspi caerulescens* and *Thlaspi ochroleucum* grown in contaminated soils. Plant and Soil, 1997, 180: 153-159.

McIntosh RP. 生态学的概念与理论发展. 徐嵩龄, 等, 译. 北京: 中国科学技术出版社, 1993.

McLaughlin SB, McConathy RK. Effects of SO_2 and O_3 on allocation of C14- phtotsynthate in *Phaseolus vulgaris*. Plant Physiology, 1983, 73: 630-634.

McNeely JA, Gadgil M. Human influence on biodiversity. In: (Heywood, V. H. eds). Global Biodiversity Assessment. UNEP, Cambridge University Press. 1995, 823-914.

Meagher RB, Rugh CL, Kandasamy MK, et al. Engineered phytoremediation of mercury pollution in soil and water using bacterial genes. In: Phytoremediation of Contaminated Soil and Water, Terry N, Banuelos G (eds.). London: Lewis Publishers, 2000, 201-219.

Meharg AA, Hartley-Whitaker J. Arsenic uptake and metabolism in arsenic resistant and nonresistant plant species. New Phytologist, 2002, 154: 29-43.

Meharg AA, Macnair MR. Suppression of the high-affinity phosphate-uptake-system- a mechanism of arsenate tolerance in *Holcus lanatus* L. Journal of Experimental Botany, 1992, 43: 519-524.

Merrell D J. 生态遗传学. 黄瑞复, 等, 译. 北京: 科学出版社, 1991, 356.

Michelot D, Siobud E, Dore J C, et al. Update of metal content profiles in mushrooms-toxicological implications and tentative approach to the mechanisms of bioaccumulation. Toxicon, 1998, 36(12): 1997-2012.

Moffat AS. Plant proving their worth in toxic metal cleanup. Science, 1995, 269: 302-303.

Monnet F, Bordas F, Deluchat V, et al. Use of the aquatic lichen Dermatocarpon luridum as bioindicator of copper pollution: Accumulation and cellular distribution tests. Environmental Pollution, 2005, 138: 455-461.

Mooney HA, Koch GW. the impact of resing CO_2 concentrations on the terrestrial biosphere. AMBIO, 1994, 23(1): 74-76.

Morgan GB, Bretthauer EW. Metals in bioenvironmental systems. Anal Chem, 1977, 49: 1210A-1214A.

Mudd J B and Kozlowsi TT. Responses of plants to air pollution. Academic Press. 1975.

Mulbry WW, Karns JS, Kearney PC, et al. Identification of a plasmid-borne parathion hydrolase gene from *Flavobacterium* sp. by southern hybridization with opd from Pseudomonas diminuta. Appl Environ Microbiol, 1986, 51(5): 926-930.

Murooka Y, Ishizaki T, Nimi O, et al. Cloning and expression of a Streptomyces cholesterol oxidase gene in Streptomyces lividans with plasmid pIJ702. Appl Environ Microbiol, 1986, 52(6): 1382-1385.

Negoro S, Taniguchi T, Kanaoka M, et al. Plasmid-determined enzymatic degradation of nylon oligomers. Journal of bacteriology, 1983, 155(1): 22-31.

Nevo E, Belies A. The evolutionary significance of genetic diversity: ecological, demographic and life history correlates. Molecular Ecology, 1993, 2(4): 269-277.

Nevo E, Lavie B, Noy R. Mercury selection of allozymes in marine gastropods: prediction and verification in natural revisited. Environmental Monitoring and Assessment, 1987, 9: 233-238.

Nevo E, Lavie B. Differential viability of allelic isozymes in the marine gostropod *Cerithium scabridum* exposed to the environemtnal stress of nonionic detergent and crude oil-surfactant mixtures. Genetica,1989,78:205-213.

Newman MC, Unger MA. 生态毒理学原理. 赵园,王太平,译. 北京:化学工业出版社,2007.

Newman MC, Jagoe CH. Ecotoxicology: A Hierarchical Treatment. New York:Lewis Press,1996,133-268.

Nishizono H, Ichikawa H, Suziki S, et al. The role of the root cell wall in the heavy metal tolerance of *Athyrium yokoscense*. Plant and soil,1987,101:15-20.

Ochiai EI, Toxicity of heavy metals and biological defense. Principles and Applications in bioinorganic chemistry-Ⅶ. J Chem Educ,1995,72(6):479-483.

Ortiz DE, Ruscitti T, McCue KF, et al. Transport of metal-binding peptides by HMT1, a fission yeast ABC-type vacuolar membrane protein. J Biol Chem,1995,270:4721-4728.

Parsons JR, Sijm DTHM, Laar A, et al. Biodegradation of chlorinated biphenyls and benzoic acids by *pseudomonas* strain. Appl Microbiol Biotechnol,1988,29:81-84.

Paul CF, Tam A. Heavy metal tolerance by ectomycorrhizal fungi and metal amelioration by *Pisolithus tinctorius*. Mycorrhiza,1995,5(3):181-187.

Payne J F, Fancey A, Rahimtula AD, et al. Review and perspective on the Iise of mixed function oxygenase enzylnes in biological monitoring. Comp Biochem Physiol C,1987,86:233-245.

Pellet DM, Papernik LA, Kochian LV. Multiple aluminum-resistance mechanisms in wheat (roles of root apical phosphate and malate exudation) Plant Physiology,1996,112:591-597.

Peter GC, Andren T. Ecotoxicology of metals in the aquatic environment. In: Newman C Michael and Charles H Jagoe. Ecotoxicology -A Hierachical Treatment. Boca Raton and New York:Lewis Publishers,1996,11-58.

Peterson PJ. The distribution of zinc-65 in *Agrostis tenuis* sibth. and *A. stolonifera* L. tissues. Journal of Experimental Botany,1969,20(4):863-875.

Peterson PJ. Adaptation to toxic metals. In: Metal and Micronutrients: Uptake and Utilization by Plants. Robb DA., Pierpoin WS(Eds). London: Academic Press,1983,51-69.

Phillips PC, Arnold SJ. Visualizing mutivariate selection. Evolution,1989,43:1209-1222.

Pianka ER. Evolutionary Ecology. Harper and Row, New York,1978.

Pollard AJ, Baker AJM. Quanitaative genetics of zinc hyperaccumulation in *Thlaspi caerulescens*. New Phytologist,1996,132:113-118.

Powell MJ, Davies MS, Francis D. The influence of Zinc on the cell cycle in the root meristen of a zinc-tolerant and a non-tolerant cultivar of *Festuca rubra* L. New Phytologist,1986,102(3):419-428.

Prasad DDK, Prasad ARK. Effect of lead and mercury on chlorophyll synthesis in mung bean seedlings. Phytochemistry,1987,26(4):881-883.

Prasad MNV. Cadmium toxicity and tolerance in vascular plants. Environmental and Experimental Botany,1995,35(4):525-545.

Randall EW, Mahieu N, Powlson DS, et al. Fertilization effects on organic matter in physically fractionated soils as studied by ^{13}C NMR: Results from two long-term field experiments. European Journal of Soil Science,1995,46:557-565.

Rapport DJ, Costanza R, McMichael AJ. Assessing ecosystem health. Trends in Ecology & Evolution,1998,13(10):397.

Ray SS, Swanson H. Alteration of keratinceyte diferentiation and senecence by the tumor promoter dioxin. Toxicol Appl Phannacol,2003,192:131-145.

Record FA. 酸雨手册. 北京:原子能出版社,1986.

Reeves RD, Baker AJM. Studies on metal uptake by plants from serpentine and non-serpentine populations of *Thlaspi goesingense* Halacsy (Cruciferae). New Phytologist,1984,98:191-204.

Reeves RD, Brooks RR. European species of *Thlaspi* L. (Cruciferae) as indicators of ickel and zinc. J Geochem Explor,1983,18:275-283.

Reeves RD. Nickel and zinc accumulation by species

参考文献

of *Thlaspi* L., *Cochearia* L. and other genera of the Brassicaceae. Taxon,1988,37: 309-318.

Reiter RS, Coors JG, Sussman MR, et al. Genetical analysis of tolerance to low-phosphorus stress in maize using restriction fragment length polymorphism. Theoretical and Applied Genetics,1991,82: 561-568.

Richard B, Lanzilotta RP, Pramer D. Stability and effects of some pesticides in soil. Appl Environ Microbiol,1967,15(1): 67-75.

Risk Analysis for Health and Environmental Management, Environmental Management Development In Indonesia Project (CIDA),1990.

Roark S, Brown K. Effects of metal contamination from mine tailings on allozyme distributions of populations of great plains fishes. Environmental Toxicology and Chemistry,1996,15(6):921-927.

Robinson BH, Chiarucci A, Brooks RR, et al. The nickel hyperaccumulator plant *Alyssum bertolonii* as a potential agent for phytoremediation and phytomining of nicke. Journal of Geochemical Exploration,1997,59(2):75-86.

Roose ML, Bradshaw AD. Evolution of resistance to gaseous air pollutants. In: Effects of Gaseous Air Pollution in Agriculture and Horticulture. Unsworth MH, Ormrod DP (eds), Butterworth Scientific, 1982:379-409.

Roose ML. Genetics of response to atmospheric pollutants. In: Taylor Jr GE et al. (eds), Ecological genetics and Air pollution. New York, Berlin, Heidelberg and London: Springer-Verlag,1990,111-126.

Rueff J, Chiapella C. Development and validation of alternative metabolic systems for mutagenicity testing in short-term assays. Mutation Research,1996, 353(1-2): 151-176.

Rugh CL, Wilde HD, Stack NM, et al. Mercuric ion reduction and resistance in transgenic Arabidopsis thaliana plants expressing a modified bacterial merA gene. Proc Natl Acad Sci U S A,1996,93: 3182-3187.

Sadowsky MJ, Tong Z, de Souza M, et al. AtzC is a new member of the amidohydrolase protein superfamily and is homologous to other atrazine-metabolizing enzymes. Journal of Bacteriology,1998,180(1):152-158.

Salisbury FB, Ross CW. Plant Physiology. Belmont: Wadsworth Publishing Company,Inc,1992.

Salt DE, Prince RC, Pickering IJ, et al. Mechanisms of cadmium mobility and accumulation in Indian mustard. Plant Physiology,1995,109: 1427-1433.

Salt DE, Wagner GJ. Cadmium transport across tonoplast of oat roots: Direct demonstration of a Cd^{2+}/H^{+} antiport activity. Abst. 9th int. Workshop on Plant Membrane biol. Univ california, Davis, CA, 1992,241.

Sarkar MC. Longterm effect of fertilizer on soil ecologies system. Fertilizer news,1990,35(12):81-85.

Sedlmeier R, Altenbuchner J. Cloning and DNA sequence analysis of the Mercury resistance genes of *Streptomyces lividans*. Mol Gen Genet,1992,236: 76-86.

Shaner DL. Mechanism of resistance to acetolactate sythase/ actohydroxycide synthase inhibitors, Herbicide Resistance in weeds and Crops (Caseley J C ed.), Butterworth-heinemann Ltd,1991.

Shaw AJ, 1990. Ecological genetics of plant populations in polluted environment. In: Taylor Jr GE (eds), Ecological genetics and Air pollution. London: Springer-Verlag,11-32.

Shaw J, Beer SC. Potential for the evolution of heavy metal tolerance in *Bryum argentum*, a moss. I. Variation within and among populations. Bryologist, 1987,92:73-81.

Shen H, Wang YT. Biological reduction of chromium by *E. coli*. Environmental Engineering, 1994, 120(3):560-571.

Sholz F. Population-level processes and their relevance to the evolution in plants under gaseous air pollutants. In: Taylor Jr GE (eds), Ecological Genetics and Air pollution. London: Springer-Verlag. 1990,11-32.

Shugart HH, Smith TM. the potential for application of individual-based simulation models for assessing the effects of global change. Ann Rev Ecol Syst, 1992,23:15-38.

Singh DP, Singh SP. Action of heavy metals on Hill

activity and O$_2$ evolution in *Anacystis nidulans*. Plant Physiology,1987,83: 13-17.

Slade P. Photochemical degradation of paraquat. Nature,1965,207:515-516.

Slatkin M. Ecological character displacement. Ecology,1980,61,163-177.

Smith DR, Flegal AR. Lead in the biospHere: Recent trends. AMBIO,1995,24(1):21-23.

Smith JM. Evolutionary Genetics. London: Oxford University Press,1989,92-303.

Stfens JC. The heavy metal-binding peptides of plants. Annual Review of Plant Physiology and plant molecular Biology,1990,41,553-575.

Street PF. A Palae Perspectives: Changes in terrestrial ecosystem. AMBIO,1994,23(1):37-43.

Suhayda CG, Hang A. Organic acids reduce aluminum toxicity in maize root membranes. Physiol Plant,1986,68:189-195.

Symeonidis L, McNelly, Bradshaw AD, 1985. Interpopulation variation in tolerance to cadimum, copper, lead, nickel and zinc in nine populations of *Agrostis capillaris* L. New phytologist, 101: 317-324.

Taylor GE, Murdy WH. Population differentiation of an annual plant species, *Geranium carolinianum*, in response to sulfur dioxide. Botanical Gazette 1975,136:212-215.

Taylor GE, Tingey DT, Gunderson CA. Photosynthesis, carbon allocation, and growth of sulfur dioxide ecotypes of *Geranium carolinianum* L. Oecologia,1986,68:350-357.

Tomsett AB, Thurman DA. Molecular biology of metal tolerance of plants. Plant, Cell and Environment,1988,11:383-394.

Tranvik L, Sjorgren M, Bengtsson G. Allozyme polymor-phism and protein profile in *Orchesella bifasciata* (Collembola): Indicative of extended metal pollution? Biochemical Systematics and Ecology,1994,22(1):13-23.

Trebst A. The topology of the plastoquinone and herbicide binding peptides of Photosystem II in the thylakoid membrane, Zeitschrift fur Naturforschung,1986,41c,240-245.

Trebst YThe Molecular Basis of Resistance of Photosystem II herbicide. Herbicide Resistance in Weeds and Crops. Butterworth-Heinemann Ltd. In Great Britain,1991,145-164.

Tsadilas CD, Dimoyiannis D, Samaras V. Effect of zeolite application and soil pH on cadmium sorption in soils. Commun. Soil Sci Plant Anal, 1997, 28 (17&18): 1591-1562.

Tscherko D, Kandeler E. Ecotoxicological effects of fluorine deposits on microbial biomass and enzyme activity in grassland. European Journal of Soil Science,1997,48,329-335.

Tu C, Ma LQ. Effects of arsenic concentrations and forms on arsenic uptake by the hyperaccumulator ladder brake. Journal of Environmental Quality,2002,31: 641-647.

Tu S, Ma LQ. Comparison of arsenic and phosphate uptake and distribution in arsenic hyperaccumulating and nonhyperaccumulating fern. Journal of Plant Nutrition,2004,27: 1277-1242.

Tu S, Ma LQ. Interactive effects of pH, arsenic and phosphorus on uptake of As and P and growth of the arsenic hyperaccumulator *Pteris vittata* L. under hydroponic conditions. Environmental and Experimental Botany,2003,50: 243-251.

Turner R G, Marshall C. The accumulation of zinc by subcellular fractions of roots of *Agrostis Tenuis* Sibth. in relation to zinc tolerance. New Phytologist,1972,71(4):671-676.

Utschig LM, Bryson JW, O'Halloran TV. Mercury-199NMR of the metal receptor site in MerR and its protein-DNA complex. Science, 1995, 268 (21): 380-385.

Vallee BL, Ulmer DD. Biochemical effects of mercury, cadmium and lead. Ann Rev Biochem, 1972, 41:91-128.

Vazquez MS, Oriz J, Nesterova IV, et al. Synthesis and Properties of Cell-Targeted Zn(II)-Phthalocyanine-Peptide Conjugates. Bioconjugate Chemistry,2007,18(2): 410-420.

Verkleij JAC, Kcevoets P. Poly(γ-glutamylcysteinyl) glucines or phytochelatins and their role in cadmium tolerant of *Silene vulgaris*. Plant cell Environ,

参考文献

1990,13: 913-921.

Visoottiviseth P, Francesconi K, Sridokchan W. The potential of Thai indigenous plant species for the phytoremediation of arsenic contaminated land. Environmental Pollution,2002,118(3):453-461.

Vlassak K, Heremans KAH, Van Rossen AR. Dinoseb as a specific inhibitor of nitrogen fixation in soil. Soil Biology and Biochemistry,1976,8(2):91-93.

Wallace A. Additive, protective, and synergistic effects on plants with excess trace elements. Soil Science, 1982,133(5):319-323.

Wang XL, Cui ZG, Guo Q. Distribution of nutrients and eutrophication assessment in the Bohai Sea of China. Chinese Journal of Oceanology and Limnology,2009,27(1): 177-183.

Werner M. Enzymes of Heavy-metal-resistant and non-restant populations of *Silene cucubalus* and their interaction with some heavy metals *in vitro* and *in vivo*. Physiol. Plant,1975,33:161-165.

Werner M. The role of malate, oxalate and mustard oil glycosides in the evolution of zinc-resistance in Hergabe plants. Physiol. Plant, 1977,40:131-136.

White AJ, Dunn MA, Brown K, et al. Comparative analysis of genomic sequence and expression of a lipid transfer protein gene family in winter barley. Journal of Experimental Botany, 1994, 45(281): 1885-1889.

Whitelaw CA, Le Huquet JA, Thurman DA, et al. The isolation and characterisation of type II metallothionein-like genes from tomato (*Lycopersicon esculentum* L.). Plant Molecular Biology, 1997, 33(3):503-511.

Whiting SN, Souza MP, Terry N. Phizosphere bacteria mobilize Zn for hyperaccumulation by *Thlaspi caerulescens*. Environmental Science & Technology, 2001,35:3144-3150.

Wilke BM. Long-term effects of different inorganic pollutants on nitrogen transformations in a sandy canbisol. Biogy and Fertility of Soils,1989,7(3): 254-258.

Wilson GB, Bell JNB. Studies on the tolerance to sulphur dioxide of grass populations in polluted areas. IV. The spatial relationship between tolerance and a point source of pollution. New Phytologist, 1985, 102:563-574.

Witzel B. The Influence of Zinc on the Uptake and Loss of Cadmium and Lead in the Woodlouse, *Porcellio scaber* (Isopoda, Oniscidea). Ecotoxicology and Environmental Safety,2000,47: 43-53.

Wolterbeek B. Biomonitoring of trace element air pollution: principles, possibilities and perspectives. Environmental Pollution,2002,120:11-21.

Woolhouse HW. Toxicity and tolerance in the responses of plants to metals. In: Physiological Plant Ecology III: Response to the chemical and Biological Environment (Lang OL eds) Springer-Verlag, Berlin, New York,1983.

Wu L, Bradshaw A D. The potential for evolution of heavy metal tolerance in plants. 3. The rapid evolution of copper tolerance in *Arostis stolonifera*. Heredity (London),1975,34:165-187.

Yan H, Ye CM, Yin CQ. Kinetics of phthalate ester biodegradation by chlorella pyrenoidosa. Environmental Toxicology and Chemistry, 1995, 14(6): 931-938.

Ye ZH, Baker AJM, Wong MH, et al. Zinc, lead and cadmium tolerance, uptake and accumulation in populations of *Typha latifolia* L. New Phytologist, 1997,136: 469-480.

Ye ZH, Baker AJM, Wong MH, et al. Zinc, lead and cadmium tolerance, uptake and accumulation by the common reed, *Phragmites australis* (Cav.) Trin. ex Steudel. Annals of Botany,1997,80: 363-370.

Zhao FJ, Hamon RE, Lombi E, McLaughlin MJ, McGrath SP. Characteristics of cadmium uptake in two contrasting ecotypes of the hyperaccumulator *Thlaspi caerulescens*. Journal of Experimental Botany,2002,53: 535-543.

Zhu W, Wan L, Zhao LF. Effect of nutrient level on phytoplankton community structure in different water bodies. Journal of Environmental Sciences, 2010,22(1)32-39.

后 记

《污染生态学》教材第3版已完成,这是大家共同努力的结果。特别是王宏镔老师对本版的完成,付出了巨大的劳动,帮我做了很多的工作,在此深表感谢。

第2版出版至今已近10年,污染生态学发展很快,大批高质量的论文和相关的生物治污的工程成果不可胜数。一方面说明污染生态学科发展迅速,同时也说明第2版已落后于现实,要认真地修改、补充,否则将被淘汰出局。第3版在整体思路、框架和学术体系上和第2版没有太大变化,但章的安排有些调整,总体上要求第3版必须反映当代和服务于当代,要有自己的特色。在第3版付印之际,谈几点体会和感想。

一、我与污染生态学

我从事污染生态工作有一定偶然性。1973年在广州参加"水稻起源"总课题组总结会期间,曾听人说:植物能吸收环境中的污染物,并把它分解为无毒;同时,我的恩师南京大学仲崇信教授来信中也提及此事。对于这方面的知识一无所知的我,只感到惊奇、不可思议,但也隐约感到这可能是我们生态学工作者可以探讨的一个新领域,是生态学能为环境污染治理服务的一个新方向。经过一段时间考虑,我终于下决心要从事这个领域的探索和研究。

决心好下,困难很多。我是从事宏观生态领域工作的,一无实验室,更无任何仪器设备。同时又是一个人,单枪匹马的单干户。碰到的困难和问题之多,可想而知。但看准了,再大困难也得干。在这种信念支持下,在各级领导的关心和帮助下,我不断克服困难,艰辛地一步步向前走。

经过一段时间的努力和研究实践,终于于1981年在云南大学生物系首次开设"污染生态学"专题课。1984年受中国环境科学学会的委托,由我主持在昆明举办全国污染生态学培训班(由我主讲污染生态学,同时有王德铭教授主讲环境生物学,余叔文教授主讲大气污染与植物,樊德方教授主讲农药污染)。来自全国120多位污染生态学和环境科学工作者参加培训,探讨污染生态学的有关问题。我采用的《污染生态学》教材是我已使用多年的污染生态学讲义。这本讲义尽管比较简单,略显粗糙,但已能反映我对这门学科的整体思路和学术体系。在这本讲义中,我把污染生态学定义为:在污染条件下生物与环境之间的关系规律,是生态学和环境科学相互交叉、融合、重组的应用基础性学科。内容包括生物学(生理、生化、生长、发育、遗传等)、生态学(个体、种群、群落、生态系统在污染条件下的变化规律)、环境科学(大气、水、土壤特性,污染现状,变化规律),还包括化学、物理和保护生物学等学科的有关领域。这是一门多学科交叉的分支学科。

我以污染物在生物体内及食物链传递过程中的"生物过程"为主线,以环境中污染物的迁移规律及生物防治为目标。上述思路和总体内容很受学员欢迎。他们在总结会上一致认为:内容新颖,观点鲜明,思路清晰,目标明确,既有理论又有实践范例。学员的评价给予我极大的鼓励,增强了我的信心。这种培训班既是培训学员,也是向学员学习的机会,让我收获很大。通过教学实践,和反复修改终于在1990年由云南大学出版社首次出版《污染生态学基础》教材。其后在高等教育出版社建议下,我们组建了编写组,在这本《污染生态学基础》基础上,大量补充我们自己和国内外最新研究成果,补充了动物和微生物的内容使教材内容更全面、更丰富,并在2000年正式在高等教育出版社出版(本科生教材),2002年第2版改为研究生教材。2006年在科学出版社出版了为这两本教材配套的参考书《污染生态学研究》(我与吴玉树教授等合著)。

二、章节安排及彼此之间的关系

新版仍是10章,分基础篇和应用篇两部分。基础篇偏重理论和规律性问题,但也有应用内容;应用篇是在上篇基础理论特别是污染物运行规律的基础上,对如何应用于实践,为保护环境服务进行阐述,但也含有很多基础理论和规律性内容。这种划分是相对的。

为了使读者加深对本书的理解,我重点阐述了基础篇部分生物过程中各环节(吸收、迁移、富集、毒害、解毒、抗性、适应进化)之间的关系。上述各章是独立的,但彼此不可分割,是相互协调、相互制约和相互补充的一种辩证关系。如富集是毒害的基础,但也是解毒机理的一部分,富集还可增强吸收和污染物在体内的迁移运转。不了解这种深层次的关系,是很难学好污染生态学的。

(一)吸收、迁移

污染物只有进入生物体内,才能对生物产生影响。污染物进入生物体内的途径几乎相同于营养物质的吸收、迁移途径。以植物为例,大气污染物和某些生长激素主要通过叶片(特别是叶片的气孔)进入叶内(少量可以由叶表皮和枝茎的皮孔进入),再通过叶肉细胞间的传递进入韧皮部,再输送到根部,其中一部分污染物从根部转移释放到土壤、水中;根部吸收的污染物也经根内细胞间传递,进入木质部,在木质部随蒸腾流从根到茎、枝、叶、花、果。上述途径与营养物质的吸收、迁移遵循相似规律。

植物吸收污染物后很快发生迁移,只有迁移后,吸收区的污染物含量降低,才可保证吸收继续进行。如不发生迁移,吸收区污染物浓度很高,就抑制吸收;同时,由于吸收区污染物浓度太多,污染物对吸收区产生毒害作用,破坏吸收区的吸收功能,吸收减少或停止。迁移是持续吸收的动力,吸收又是提供污染物在生物体内迁移的物质基础。这两个过程是生物过程的基础,因此安排在第一章。

这里要补充说明的有两类特殊类型的植物。一类是拒吸收植物,这类植物生活在环境污染较重的地区,仍能拒绝吸收,植物体内污染物浓度很低;另一类植物能强烈吸收环境中的污染物并把它富集在体内。体内富集量甚至超过其他植物的100倍或更多,仍不出现明显受害症状,但需付出一定的生态代价,导致生物量偏低。这两类植物都有一定应用价值,前者可应用于作物,如何减少作物对污染物的吸收是目前的一个研究方向;后者是超富集植物,可用于治理已受污染的环境,但必须克服生物量低的缺点。这两类植物是当前研究的重点,也是一个难点。

（二）富集

生物体内污染物超过一定限值就会对生物产生危害,使生物体开始出现受害症状的污染物浓度称为最小有作用浓度。但要注意的是,污染物在生物体内不同部位的富集效应是不同的,大致可分为与非活性物质结合和与活性物质结合两大类。

如果污染物与非活性物质如细胞壁、导管壁等的纤维素、木质素、半纤维素结合或把污染物输送至液泡,并贮存在液泡内,尽管体内污染物相对浓度很高,但一旦结合就会失去毒性,不再参加细胞的代谢活动。这种与非活性污染物的结合过程实际上是一种解毒机制,它能促使污染物的活性降低,使生物对污染物的吸收、迁移持续进行,也就是说它也是吸收和迁移的动力。

与非活性物质结合的污染物,在一定条件下又能从非活性物质中解释出来,变为活性污染物,对生物产生毒害作用。我们要研究污染物与非活性物质固定结合、解释规律,尽量避免污染物从非活性物质中释放出来。

如果污染物与生物体的活性物质结合就严重了,其结果有两种可能性。其一是与细胞内金属硫蛋白、类金属硫蛋白、植物络合素等结合,使污染物的毒性降低,有一定的解毒作用,但生物要付出一定代价,会使这些蛋白质失去活性、变性;其二是与活性物质中的关键物质结合,如各类酶系、核仁中的染色体等结合。这些关键物质的结构和功能一旦受到破坏、失去活性,生物的新陈代谢活动就会受阻或彻底破坏,生物的生长发育就会受阻或发生畸变,可能导致生物死亡。

我们要培养抗性植物或超富集植物,就是力求把大量污染物富集在非活性物质为主的器官、组织中,使污染物被结合、固定、失去活性,失去与活性物质结合的机会。如用超富集植物大量吸收污染物以减轻环境污染。但应采用多种措施(包括基因工程)提高超富集植物的生物量。

（三）毒害作用

污染物的毒害作用是吸收迁移、富集等综合作用的结果。毒害作用包括污染物对生物的营养吸收、新陈代谢、生长、发育等生理生化的影响,也包括对生物的形态、组织、结构、产量和质量的影响。其中最重要的是对生理生化的影响,这是受害的基础和机制,而毒害作用的关键部位是各类酶系和核仁中的染色体。

对生物起毒害作用的浓度或总量,并非生物体内污染物的总量,严格地说应是生物体内与生命活性物质结合的污染物总量。目前这两类结合物很难分开来计算,因此采用生物体内某污染物总量作为受害浓度的计量度仅是权宜之计。但也有一定理由,因为生物体内某污染物总量和与生物体内活性物质结合的量有一定的相关性。用污染物总量来代表受害浓度值有一定的道理,并且易于操作。

生物受污染物毒害程度有不同的标准和计量方法,最常用和最直接的方法是观察形态上的变化,特别是植物叶片受害的面积及程度、生物生长发育受阻、生物产量下降程度以及生理生化反应减缓程度等。在上述症状指标中生理生化反应最敏感,也易定量,有人建议把它作为受害的监测指标,但难度较大,测试方法不易。用植物叶片受害面积及颜色变化简单易行,成本低,但很难定量。农作物和家畜(禽)、鱼等可食部分污染物含量与人体健康的关系规定了卫生标准。超过卫生标准的食品食之有害。

人体本身受污染物毒害程度常用头发、尿液或血液中毒物含量多少来衡量，如发 Pb、尿 Pb 等，上述指标直接采自人体，更直接可靠。

（四）解毒

生物体内污染物的浓度持续增加，生物受到伤害，同时生物自身也进行解毒，这两个过程是同时进行的。生物体的解毒功能使体内污染物活性浓度减少，又可促进生物对污染物继续吸收、迁移。生物的解毒作用有多方面：

第一种是富集解毒，即生物体对污染物的结合钝化作用。就是把污染物结合固定在非活性物质上或固定在液泡内，使污染物失去活性，不再参加体内的代谢活动，这是一种解毒的好方法。有人计算，有多达 70% 以上的污染物可以固定在生物的细胞壁、导管、筛管壁、液泡内。第二种解毒是对某些污染物通过代谢活动，使金属元素发生价态的变化而降低毒性；对有机污染物如农药、石油、洗涤剂、塑料、染料等经生物体内氧化 – 还原、水解、脱烃、脱卤、脱羧，芳环羧基化和异构化过程，使有机污染物毒性降低或完全失去毒性。但需注意的是，某些有机污染物在代谢过程中的中间产物或终端产物的毒性反而增强。

生物还能改变代谢途径来降低污染物的毒性，如抗硒植物，在硒污染时能改变蛋白质代谢方式，使 S 和 Se 的代谢途径分开，保证蛋白质代谢正常进行。

生物还能通过气孔或根系，把污染物排出体外。

生物解毒作用是污染生态学研究的重点之一，希望能深入研究解毒机制和找出控制各种解毒作用的目的基因，使生物解毒作用能按人的需要可控进行。

（五）抗性

抗性是生物吸收、迁移、富集、解毒诸作用的综合结果。解毒能力强的生物是抗性生物，但抗性生物不等于解毒能力强的生物，因为抗性生物（主要指抗性植物）还包括不吸收（拒吸收）污染物的一类植物。这类特殊类型的植物生长在污染区，但它"出污泥而不染"，"拒绝"吸收污染物，体内污染物含量很低，不受毒害。

在污染区我们需要如超富集的这类抗性强的植物，它能吸收环境中大量的污染物而减少环境中污染物的量；我们更需要拒吸收污染物的这类抗性植物，在污染区栽培拒吸收污染物的作物，而不会使污染物沿食物链进入人体。研究拒吸收植物的拒吸收机理并把它应用到作物，是污染区农业发展的一种关键技术，是污染生态学研究的一个重点。

（六）生态适应与进化

在上述"生物过程"的长期作用下，生物种群开始分化，对污染敏感的个体消失，甚至整个种群消失；有的逐渐适应污染环境，形成与污染环境相适应的形态、生理生化、生长、发育、遗传等新的特征。种群适应分化的结果，还能通过遗传多样性和种群变化，引起整个生态系统的改变。这章可以把它作为上篇的总结，作为"生物过程"的一个结果。

三、研究的进展

我们在污染生态学研究的整个过程中，已开始探索某些新的研究领域。如在污染条件下,植物根系分泌物(主要是次生代谢产物)的成分、功能、变化及应用价值,可能会形成污染化学生态学;研究在污染条件下,基因在净化、抗性方面的作用,可能会形成污染分子生物学;研究在长期污染条件下生物的变异、适应和进化规律,可能会形成污染进化生态学。这些方面的研究还刚刚开始,有待进一步探索。

四、存在问题和建议

(一) 如何提高湿地特别是人工湿地处理污水的能力

1. 防止湿地处理生活污水时悬浮物堵塞问题。
2. 合理配置人工湿地的各类植物和微生物类群,使它们发挥各自优势,克服季节性差异和对营养物质和污染物吸收的差异,彼此取长补短,各自发挥净化优势。
3. 防止湖泊内的湿地(特别是人工湿地)加速填平使湖泊逐步沼泽化,加速湖泊消亡。
4. 如何构建完整、高效的有一定自我维护能力的陆-水(湖泊)生态系统,增强生态系统整体净化能力。

(二) 几个理论问题探讨

1. 超富集植物的超富集机制,如何增加超富集植物的生物量。
2. 拒吸收植物的拒吸收机制,能否培育拒多种污染物的植物,因为环境中多为复合污染。
3. 能否利用生物代谢的解毒机理,使代谢解毒向有利于人类需要的方向发展。
4. 污染区植物根系分泌物是对污染物解毒或增强其吸收的一种适应。如何应用根系分泌物功能,进一步研究根系分泌物是否有特殊用途,能否筛选出在工、农、医、国防上有特殊用途的物质?
5. 生物监测是环境监测的一个重要组成部分,能否筛选出既简易方便,又能定量的监测生物和生物群落?
6. 湖泊中浮游生物种群对富营养化非常敏感,可以根据浮游生物群落中的建群种和伴生种的结构和数量,来监测富营养化的程度。

王焕校
2012.4 于昆明

术 语 表

二氧化硫(sulfur dioxide)
人工湿地(constructed wetland)
人为污染源(anthropogenic pollution sources)
土地处理系统(land treatment system)
土壤(soil)
土壤自净(soil self-purification)
土壤自净能力(ability of soil self-purification)
土壤污染(soil pollution)
土壤污染评价(evaluation of soil pollution)
土壤环境质量标准(environmental quality standard for soils)
土壤环境容量(soil environmental capacity)
土壤背景值(soil background value)
土壤重金属污染(heavy metal pollution)
工业黑化现象(industrial melanism)
大气污染(air pollution)
大进化(macroevolution)
内分泌干扰物(endocrine disrupting chemical, EDCs)
水体污染(water pollution)
水体污染源(water pollution sources)
水质量标准(environmental quality standard for water)
气窝(air pocket)
分子信标(molecular beacon)
风险评价(risk assessment)
风险识别(hazard identification)
风险表征(risk characterization)
丙二醛(malondialdehyde, MDA)
生态风险评价(ecological risk assessment)
生态代价(ecological cost)
生态系统服务功能(function of ecosystem service)
生态系统健康(ecosystem health)
生态系统容量(ecosystem capacity)
生态质量(ecological quality)
生态质量评价(ecological quality assessment)
生物传感器(bio-sensor)
生物芯片(biochip)

生物的屏蔽作用(bio-sequestration)
生物的解毒作用(bio-detoxification)
生物放大(bio-magnification)
生物指示(bio-indicatoring)
生物指数(biological index)
生物浓缩(bio-concentration)
生物监测(bio-monitoring)
生物积累(bio-accumulation)
生物富集(bio-enrichment)
生理代价(physiological cost)
白色污染(white pollution)
丛枝菌根真菌(arbuscular mycorrhizal fungi, AMF)
主动运输(active transport)
发光细菌(luminous bacteria)
扩散(diffusion)
地理宗(geographic races)
过氧化物酶(peroxidase, POD)
过氧化氢酶(catalase, CAT)
协同作用(synergistic effect)
光化学烟雾(photochemical smog)
光合作用(photosynthesis)
回避作用(avoidance)
优先污染物(priority pollutant)
任意引物聚合链反应(arbitrarily primed-PCR, AP-PCR)
伤带(banding)
自然污染源(natural pollution sources)
自然沉降法(natural sinking method)
自然湿地(natural wetland)
杀虫剂(insecticide)
杂合优势(heterozygote superiority)
危害评价(hazard assessment)
多氯联苯(polychlorinated biphenys, PCBs)
关键种(keystone species)
污水灌溉(sewage irrigation)
污染物(pollutant)
安全浓度(safe concentration)
农药(pesticide)

阳离子交换量(cation exchange capacity)
进化生态毒理学(evolutionary ecotoxicology)
进化代价(evolutionary cost)
进化污染生态学(evolutionary pollution ecology)
远期危害(long-termed damage)
汞(mercury,Hg)
抗性(resistance)
抗性指数(resistance index,RI)
抗氧化系统(antioxidant system)
块斑(blotch)
芯片实验室(lab-on-chip)
环境内分泌干扰物(environmental endocrine disruptors,EEDs)
环境自净能力(environmental self-purification capacity)
环境质量(environmental quality)
环境质量评价(environmental quality assessment)
环境质量标准(environmental quality standard)
环境容量(environmental capacity)
环境激素(environmental hormones)
表型模写(phenocopy)
非共质体(apoplast)
非预定 DNA 合成(unscheduled DNA synthesis,UDS)
呼吸作用(respiration)
物种大绝灭(mass extinction)
质体流(mass flow)
金属硫蛋白(metallothionein,MT)
受体分析(receptor assessment)
京都协议(Kyoto protocol)
剂量(dosage)
放射性污染(radioactive pollution)
空气质量标准(environmental quality standard for air)
建立者效应(founder effects)
限制性内切酶酶切片段长度多态性(restriction fragment length polymorphism,RFLP)
持久性生物累积性有毒污染物(persistent bioaccumulative & toxic chemicals,PBTs)
持久性有机污染物(persistent organic pollutants,POPs)
持久性有毒化学污染物(persistent toxic substances,PTS)

持久性有毒物(persistent toxicity substances,PTS)
颉颃作用(antagonism effect)
指示生物(indicatoring organisms)
挥发性有机物(volatile organic compounds,VOCs)
相加作用(additive effect)
面污染源(area pollution sources)
耐性(tolerance)
点污染源(point pollution sources)
适应代价(adaptation cost)
重金属(heavy metal)
重金属迁移(translocation of heavy metal)
重金属转化(transformation of heavy metal)
食物链(food chain)
独立作用(independent joint action)
急性危害(acute damage)
前适应(pre-adaptation)
逆境生理生态学(stress physiological ecology)
活性氧(active oxygen)
染色体畸变率(chromosome aberration rate)
浓缩系数(concentration factor)
除草剂(herbicide)
热污染(thermal pollution)
热激蛋白(heatshock protein)
核酸探针(nuclear acid probe)
根际(rhizosphere)
根际效应(rhizosphere effect)
砷(arsenic,As)
原位生物修复(*in situ* bioremediation)
致死浓度(lethal concentration)
致病生物(pathogenic organisms)
监测生物(monitoring organisms)
铅(lead,Pb)
氧化塘(oxidation ponds)
健康风险评价(health risk assessment)
效应浓度(effective concentration)
烟(smoke)
烟雾(smog)
被动运输(passive transport)
基因芯片(gene chip)
营养状态指数(trophic state index)
累积效应(accumulative effect)
铜(copper,Cu)
混合功能氧化酶系(mixed function oxidase system

术语表

MFOS)
随机引物扩增的 DNA 多态性(random amplified polymorphism DNA, RAPD)
蛋白质芯片(proteinchip)
斑迹(mottling)
超氧化物歧化酶(superoxdie dismutase enzyme, SOD)
超量积累植物或超富集植物(hyperaccumulator)
植物生长调节剂(plant growth regulator)
植物固定技术(phytostabilization)
植物挥发技术(phytovolatilization)
植物修复技术(phytoremediation)
植物提取技术(phytoextraction)
植物螯合素(phytochelatins, PC)
最大无作用浓度(maximal no-effect level)
最小有作用浓度(minimal effect level)
最小因子定律(Liebig's law of minimum)
锌(zinc, Zn)
湿地(wetland)
温室气体(greenhouse gas)
温室效应(greenhouse effect)
富营养化(eutrophication)
富集系数(enrichment factor)
隔离作用(compartmentalization)
雾(fog)
微宇宙试验(microcosms test)
微进化(microevolution)
微核率(micronuclear rate)
新陈代谢(metabolism)
煤粉尘(coal dust)
聚合酶链式反应(polymerase chain reaction, PCR)
酸雨(acid rain)
雌激素受体(estrogen receptor, ER)
膜脂过氧化(membrane lipid peroxidation)
慢性危害(chronic damage)
撞击法(impacting method)
暴露评价(exposure assessment)
镉(cadmium, Cd)
糖被(glycocalyx)
避性(avoidance)